www.ingramcontent.com/pod-product-compliance
Lightning Source LLC
Chambersburg PA
CBHW071906230426
43671CB00010B/1499

NOUVELLE ÉDITION ENTIÈREMENT REVUE

ÉLÉMENTS USUELS
DES SCIENCES
PHYSIQUES ET NATURELLES

Cours supérieur

Anatomie et physiologie. — Hygiène — Zoologie. — Botanique.
Géologie. — Physique. — Chimie.

Par M. Gaston BONNIER
Membre de l'Institut, Professeur à la Sorbonne,
Ancien Professeur à l'École Normale Supérieure,
Membre de la Commission des Sciences de l'Enseignement primaire,

et M. A. SEIGNETTE
Inspecteur Général H[re] de l'Enseignement Primaire
Directeur du *Journal des Instituteurs*

432 gravures sur bois par CLÉMENT et MILLOT

Ouvrage adopté pour les Écoles de la Ville de Paris
et inscrit sur toutes les listes des Villes et des Départements

PARIS
LIBRAIRIE GÉNÉRALE DE L'ENSEIGNEMENT
1, RUE DANTE (V[e] ARR[t]), 1

LIBRAIRIE GÉNÉRALE DE L'ENSEIGNEMENT, 1, RUE DANTE, PARIS (V°)

OUVRAGE RECOMMANDÉ PAR LE MINISTRE DE L'INSTRUCTION PUBLIQUE

Petite Flore

POUR LA

DÉTERMINATION FACILE DES PLANTES, SANS MOTS TECHNIQUES

Ouvrage à l'usage des Écoles Primaires

AVEC 898 FIGURES INÉDITES

Par M. Gaston BONNIER

Membre de l'Institut, Professeur à la Sorbonne

ET

M. G. de LAYENS

Lauréat de l'Académie des Sciences

Nouvelle Édition

Un volume de poche, cartonné : 1 fr. 50

AVEC DES NOTIONS DE BOTANIQUE, PLANS DE LEÇONS, QUESTIONNAIRES, INDICATION DES PROPRIÉTÉS DES PLANTES, ETC.

Ouvrage adopté pour les Écoles de la Ville de Paris et inscrit sur la plupart des listes départementales.

Les ouvrages publiés jusqu'à présent pour trouver le nom des plantes présentent de très grandes difficultés à celui qui n'est pas familiarisé avec le langage botanique. D'ailleurs, les descriptions des végétaux, si détaillées qu'elles soient, ne remplacent jamais des figures dessinées d'après nature.

En rédigeant la Petite Flore, les auteurs de la *Nouvelle Flore* ont cherché à faciliter aux Maîtres l'étude pratique de la Botanique dans les Écoles. Les indications y sont multipliées, les termes scientifiques exclus ; tout est disposé dans ce petit ouvrage pour rendre les leçons faciles et attrayantes.

Cette flore contient les plantes les plus répandues dans l'intérieur de la France.

On trouvera ci-contre une page de la Flore.

PRÉFACE

DE LA PREMIÈRE ÉDITION

Les nouveaux programmes pour l'Enseignement Primaire comprennent les éléments usuels des sciences physiques et naturelles répartis en trois cours. Cet ouvrage est le développement du Cours supérieur, tel qu'il est indiqué dans le programme.

La méthode des leçons de choses, qui a dû être exclusivement mise en pratique dans les Cours élémentaire et moyen doit ici se combiner avec un exposé plus étendu et plus scientifique de cet enseignement.

Toutefois, nous avons toujours cherché à ne conserver que les mots techniques qui sont absolument indispensables; plutôt que d'arides nomenclatures, nous avons mis en évidence les faits d'observation usuels. Dans l'exposé des sciences physiques, nous avons choisi les raisonnements les plus simples, appuyés sur les expériences les plus faciles à réaliser.

Les nombreuses figures qui accompagnent le texte ont *toutes* été faites spécialement pour cet ouvrage par MM. Clément et Millot.

L'accueil si favorable fait au Cours élémentaire et au Cours moyen nous fait espérer que ce nouveau volume pourra rendre quelques services à un enseignement dont le succès s'accroît tous les jours.

G. BONNIER
A. SEIGNETTE.

Cette nouvelle édition a été complètement refondue et, à la demande d'un grand nombre de maîtres, l'anatomie et la physiologie de l'homme ont reçu un plus grand développement. Plusieurs figures nouvelles ont été ajoutées, d'autres ont été modifiées.

LIBRAIRIE GÉNÉRALE DE L'ENSEIGNEMENT. E. ORLHAC, Éditeur
1, rue Dante, PARIS (Ve).

Les noms des fleurs

trouvés par la Méthode simple
sans aucune notion de Botanique
par M. Gaston BONNIER
Professeur de Botanique à la Sorbonne, Membre de l'Institut.

372 PHOTOGRAPHIES EN COULEURS
et 2715 figures en noir

Ouvrage indiquant les propriétés médicales des plantes, leurs usages agricoles et industriels, les plantes recherchées par les abeilles, les noms vulgaires, etc.

Ce volume renferme toutes les plantes répandues en France, en Belgique, dans les plaines de la Suisse, et, en général, tous les végétaux communs en Europe

Un volume de poche (336 pages illustrées et 64 planches en couleurs sur papier glacé comprenant la Méthode simple et les 2715 figures en noir).

Prix, cartonné demi-toile, 5 fr. 50 (*franco 6 fr.*),
Relié, 6 fr. (*franco 6 fr. 60*).

La *Méthode simple* a pour but de faire trouver les noms des plantes sans aucune connaissance de l'organisation des fleurs et sans aucune notion de botanique.

---

*Le même ouvrage que le précédent
<u>sans</u> les planches en couleurs.*

La méthode simple
pour trouver les Noms des fleurs

Un volume de poche, 336 pages avec 2715 figures dans le texte.
Prix : 1 fr 80 (*franco 2 fr.*).

On peut aussi avoir les planches en couleurs tirées à part, avec un texte sur le verso en prenant l'ouvrage du même auteur.

Les Plantes utiles et nuisibles
formant 8 séries.
Chaque série contient 8 cartes
avec 46 photographies en couleurs

Prix d'une série : 0 fr. 30 (*franco 0 fr. 35*).
Prix des huit séries . 2 fr. 40 (*franco et recommandé par la poste 2 fr. 75*)

L'HOMME

(ANATOMIE ET PHYSIOLOGIE. — HYGIÈNE)

PREMIÈRE LEÇON.

Digestion.

1. Nécessité de l'alimentation. — Modification des aliments dans la bouche. 1. Il est inutile de démontrer que l'homme ne peut vivre sans se nourrir; tout le monde sait qu'un jeûne prolongé ne tarde pas à altérer la santé et finit même par entraîner la mort. Lorsqu'on étudie les organes du corps humain, on doit donc se demander d'abord de quelle façon l'homme se nourrit.

2. Après avoir introduit les aliments dans la bouche, on peut quelquefois les avaler immédiatement; mais ordinairement leur volume et leur dureté ne le permettent pas. Il serait impossible, par exemple, d'avaler une grosse bouchée de pain sec : il faut d'abord, en la mâchant, la diviser en petits morceaux, puis l'imprégner avec la salive; c'est alors seulement qu'on peut l'avaler. Nous allons donc étudier successivement l'opération par laquelle les aliments sont broyés sous l'action

---

1 — 1. Quel est l'effet d'un jeûne prolongé ? — 2 Quelles sont les deux actions que subit dans la bouche une bouchée de pain que l'on vient d'y introduire ?

des dents et l'opération par laquelle ils sont imprégnés de salive.

2. Action des dents; diverses parties d'une dent. — 1. La mastication des aliments se fait au moyen des *dents*, portées par les machoires. A propos des mouvements que l'on fait pour mâcher, remarquons que la mâchoire inférieure est seule mobile, tandis que la supérieure est invariablement fixée au crâne.

2. Une dent ne se compose pas seulement de la partie extérieure, elle se prolonge encore dans l'intérieur de la gencive en formant une ou plusieurs pointes. On appelle *couronne* de la dent la portion extérieure à la gencive, et *racine* de la dent tout ce qui est, au contraire, enfoncé dans la gencive.

3. Si nous coupons une dent en long (fig. 1), nous voyons qu'elle n'a pas partout la même structure. Vers le centre, se trouve une cavité remplie de matières molles, c'est ce qu'on appelle la *pulpe dentaire* P; tout autour, on remarque la matière dure qui forme la plus grande masse de la dent, c'est l'*ivoire* I. Dans la couronne, on voit tout autour de l'ivoire une couche de matière plus brillante et plus dure; c'est ce qu'on appelle l'*émail* E. Dans la racine de la dent l'ivoire est entouré d'une substance semblable à celle des os c'est le *cément* C.

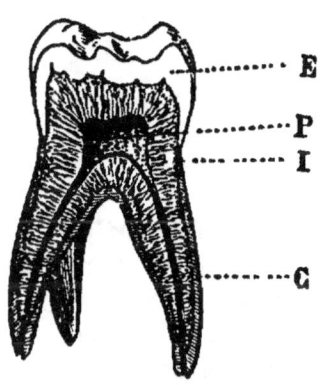

fig. 1. — Dent, coupée en long, E, émail; I, ivoire; P, pulpe; C, cément.

4. L'émail sert à protéger l'ivoire qui pourrait être attaqué par certains aliments acides, tels que le vinaigre. Quand, à la suite d'un accident, un morceau de l'émail est enlevé, l'ivoire se trouve à découvert et se détruit peu à peu. Aussi lorsqu'une dent est attaquée, la partie entamée s'élargit rapidement. C'est pour parer à cet inconvénient que, lorsqu'une dent a

---

2. — 1. Comment se fait la mastication? Les deux machoires sont elles mobiles? — 2 Combien de parties distingue-t-on dans une dent? — 3 Décrivez la structure d'une dent, telle qu'on l'observerait si l'on coupait cette dent par le milieu dans le sens de la longueur. — 4. A quoi sert l'émail? Qu'est-ce que plomber une dent?

perdu de son émail, on *plombe* cette dent, c'est-à-dire qu'on recouvre avec une matière inattaquable la partie de l'ivoire qui est mise à nu.

3. Différentes sortes de dents. — 1. Examinons la moitié droite de la mâchoire inférieure de l'homme ; nous voyons qu'elle porte huit dents qui n'ont pas toutes la même forme.

2. Les deux dents qui sont en avant sur cette moitié de la mâchoire ne possèdent qu'une racine, et leur couronne est en forme de lame ; on les appelle les *incisives* (*i*, fig. 2). Les incisives servent à couper les aliments ; lorsque nous mordons un morceau de pain ou un fruit, ce sont les incisives qui détachent le morceau que nous allons manger.

3. A côté des incisives, se trouve une dent qui a une forme un peu différente (*c*, fig. 2). La couronne est plus grosse, plus arrondie et plus pointue. Cette dent, et celle qui lui correspond sur l'autre moitié de la mâchoire, sont appelées *canines*, parce qu'elles sont très développées chez le chien Chez l'homme, les canines servent à couper, à peu près comme les incisives.

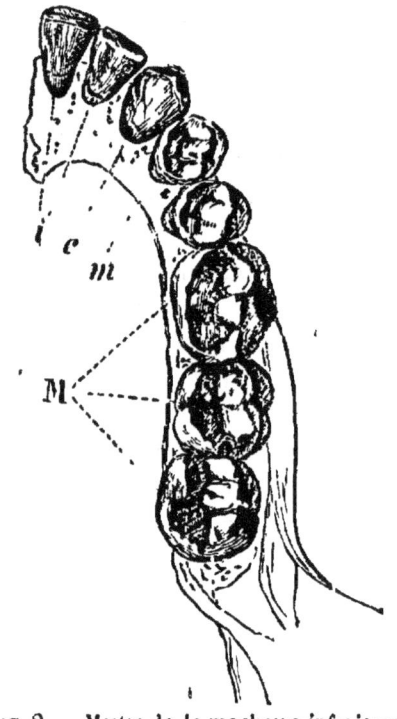

Fig. 2 — Moitié de la machoire inférieure de l'homme, vue par dessus : *i*, incisives ; *c*, canines ; *m*, petites molaires, M, grosses molaires

4. Après les canines, viennent les dents qui servent à broyer les aliments, ce sont les *molaires* (*m*, M, fig. 2) au nombre de cinq Elles ont toutes une couronne large terminée à sa partie supérieure par une surface étendue présen-

---

3. — 1. Combien de dents compte-t-on dans la moitié droite de la mâchoire inférieure ? - 2. Décrivez une incisive - 3. Décrivez une canine — 4. Décrivez une molaire.

tant un certain nombre de mamelons. C'est à la forme de leur couronne que les molaires doivent de pouvoir broyer facilement les aliments.

5. Mais toutes les molaires ne se ressemblent pas. Les deux premières (*m*, fig. 2) à partir de la canine sont plus petites que les autres, on les appelle les *petites molaires*; les trois autres plus grosses M sont les *grosses molaires* ou molaires proprement dites. On appelle dent de sagesse la dernière grosse molaire de chaque côté.

6. Ce que nous venons de voir pour la moitié droite de la mâchoire inférieure serait à répéter pour la moitié gauche de la même mâchoire où nous trouverions aussi 2 incisives, 1 canine, 2 petites molaires et 3 grosses molaires.

La mâchoire supérieure porte le même nombre de dents que la mâchoire inférieure, c'est-à-dire, en tout : 4 incisives, 2 canines, 4 petites molaires et 6 grosses molaires.

En résumé, un homme a donc 32 dents : 8 incisives, 4 canines, 8 petites molaires et 12 grosses molaires.

7. Mais si l'homme a 32 dents, l'enfant n'en a que vingt, c'est la *première dentition*. Ces vingt dents sont remplacées par vingt autres vers l'âge de sept ans et il s'y ajoute huit nouvelles molaires, puis vers seize ans apparaissent d'ordinaire les quatre dents de sagesse.

4. Action de la salive. Passage des aliments dans l'arrière-bouche. — 1. Pendant que les aliments sont broyés, ils sont en même temps imprégnés par la salive. Mais la salive elle-même qui se trouve toujours dans notre bouche, d'où vient-elle? Elle est produite par des organes spéciaux appelés *glandes salivaires*, P, SM, SL (1) qui se trou-

(1) On distingue plusieurs sortes de glandes salivaires Les deux plus grosses, situées sous l'oreille, sont les glandes parotides ; sur la figure 3, on en voit une en P. Deux autres, placées en bas et en arrière, sont les glandes sous-maxillaires (SM, fig. 3) et les deux dernières, placées sous la langue, sont les glandes sublinguales SL

DIGESTION. 5

vent logés plus ou moins profondément dans les parois de la bouche, et jusque vers les tempes (fig. 3); la salive arrive dans la bouche conduite par de petits canaux S, W, R.

2. Lorsque les aliments sont mâchés et imprégnés de salive, on les avale. Il est facile de se rendre compte par soi-même de la façon dont cela se fait. Les aliments réduits en bouillie sont d'abord rassemblés par la langue en une petite boule appelée *bol alimentaire*; cette boule est placée entre la langue et le palais qui forme la paroi supérieure de la bouche; puis, la langue s'appliquant contre les dents d'en haut et contre le palais, pousse en arrière le bol alimentaire qui sort ainsi de la bouche pour passer dans l'arrière-bouche.

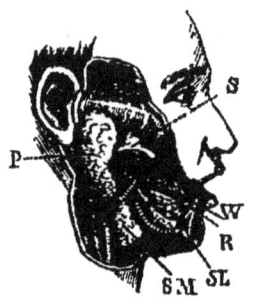

Fig. 3 — P, SM, SL, glandes salivaires; S, canal qui amène dans la bouche la salive des glandes P — W, R, canaux qui amènent-la salive des glandes SM, SL.

3. L'*arrière-bouche* est comme une sorte de carrefour où viennent aboutir : 1º un conduit qui communique avec la cavité du nez (N, fig. 4); 2º la *trachée-*

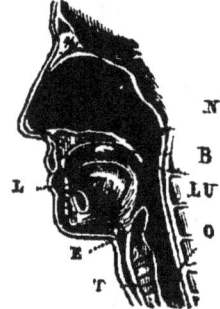 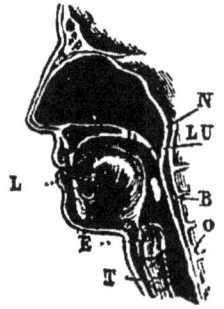

Fig. 4 — Devant de la tête, qu'on suppose coupée en long, montrant l'arrière-bouche. Le bol alimentaire B est encore dans la bouche; N, cavité du nez; LU, voile du palais; E, épiglotte; T, trachée-artère; O, œsophage; L, langue.

Fig. 5 — Le bol alimentaire est dans l'arrière-bouche; le voile du palais LU ferme l'entrée de la cavité du nez et l'épiglotte E ferme l'entrée de la trachée-artère; le bol alimentaire passera donc dans l'œsophage O.

---

2. Quels sont les mouvements qui se produisent dans la bouche quand on avale? Comment se fait le passage du bol alimentaire dans l'arrière-bouche? — 3. Décrivez l'arrière-bouche. Quelles sont les ouvertures que l'on y remarque?

artère T qui conduit aux poumons; 3° *l'œsophage* O qui conduit à l'estomac. Or c'est seulement dans l'œsophage que le bol alimentaire doit passer; voyons comment il évite les deux autres ouvertures.

4. Entre la bouche et l'arrière-bouche se trouve une membrane fixée sur le palais et appelée *voile du palais* (LU, fig. 5); cette membrane va fermer, en haut de l'arrière-bouche, l'ouverture qui communique avec la cavité du nez N. Lorsque la fermeture est incomplète, une partie des aliments peut remonter jusque dans le nez; mais c'est là un accident sans gravité. Ainsi donc, grace au voile du palais qui se relève, le bol alimentaire ne peut pas aller dans le nez.

D'un autre côté, près de l'ouverture de la trachée-artère se trouve une petite membrane appelée *épiglotte* E qui est ordinairement relevée (E, fig. 4, mais, lorsque passe le bol alimentaire, l'épiglotte se rabat, ferme la trachée-artère (E, fig. 5) et empêche ainsi les aliments d'y entrer. La moindre particule qui pénètre dans la trachée-artère occasionne une toux très pénible. Tout le monde a éprouvé cet accident; on dit qu'on a avalé de travers. Ainsi donc, le bol alimentaire, grâce à l'épiglotte, ne peut entrer dans la trachée-artère.

5. OEsophage; estomac; intestin. — 1. Le bol alimentaire, ne pouvant entrer ni dans le nez ni dans la trachée-artère, arrive donc dans l'œsophage (O, fig. 6, 7), par lequel il descend rapidement pour se rendre dans l'estomac (E, fig. 6)

2. L'estomac est une sorte de poche assez volumineuse qui communique d'un côté avec l'œsophage et de l'autre avec l'intestin (cf, fig. 96). Les parois de l'estomac produisent pendant la digestion un liquide appelé *suc gastrique*, qui se mêle aux aliments et leur fait subir certaines transformations. C'est surtout la viande qui est attaquée et en quelque sorte dissoute par le suc gastrique. Pour mieux mêler les aliments et les imprégner de suc gastrique, l'estomac se con-

---

4. Qu'est-ce que le voile du palais? Quelle est sa fonction? — Qu'est-ce que l'epiglotte? Quelle est sa fonction? — Qu'est-ce qu'avaler de travers?
5. — 1. Que devient le bol alimentaire quand il quitte l'arrière-bouche?
2. Decrivez l'estomac — Ou est placé l'estomac? Quel liquide secretent les parois de l'estomac? Sur quels aliments agit surtout le suc gastrique? Comment ce suc gastrique se mêle-t-il aux aliments?

tracte par des mouvements dont nous ne ressentons pas l'impression.

3. Les aliments restent dans l'estomac pendant un temps plus ou moins long; dans tous les cas, au bout d'un certain temps, l'estomac se contracte de façon à chasser tous les aliments dans l'intestin (*i, i*, C, I, I, *fig*. 6) qui est un long tube formant un grand nombre de replis. Les aliments cheminent lentement dans l'intérieur de ce tube et y subissent des modifications qui leur permettent d'être utilisés pour l'entretien des organes. L'intestin peut se diviser en deux parties : 1° l'*intestin grêle* (*d, i, i*, fig. 8) qui se replie sur lui-même un grand nombre de fois; 2° le *gros intestin* (C, I, I, fig. 6) qui part en C du petit intestin, remonte à droite, traverse le corps de droite à gauche et redescend en R. C'est surtout dans l'intestin grêle, qui est la partie la plus longue et la plus mince, que les aliments sont modifiés. Nous allons voir comment certains organes déversent dans l'intestin grêle les liquides spé-

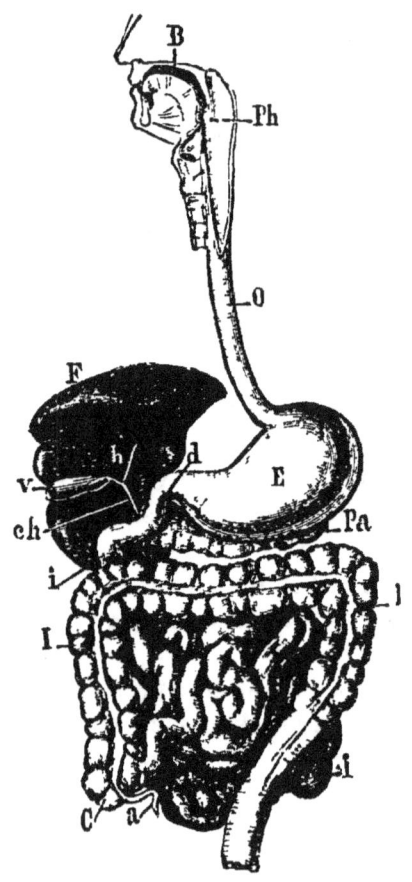

Fig. 6 — Parties du corps qui servent a digérer, ou appareil digestif — B, bouche; Ph, arrière bouche; O, œsophage; E, estomac; d, i, i, intestin grêle; C, a I, I, gros intestin, I, côlon, r, vésicule biliaire; h, ch, canaux amenant la bile, Pa, pancréas

---

3. Où vont les aliments en quittant l'estomac ? — Décrivez l'intestin grêle. — Décrivez le gros intestin. — Dans quelles parties de l'intestin les aliments subissent-ils les transformations les plus importantes?

ciaux qui servent à continuer la digestion commencée par le suc gastrique.

6. Pancréas. Foie. — 1. Le *pancréas* (Pa, fig. 6, est formé par une masse molle d'un rose pâle situé entre l'estomac et le dos. Le suc que produit cet organe arrive dans l'intestin par un petit canal et se mêle aux aliments. L'action du *suc pancréatique* se fait sentir sur presque tous les aliments. La viande, la graisse, le pain, la plupart des légumes sont transformés partiellement en un liquide; ce liquide peut passer dans le sang pour servir à l'entretien des différents organes.

2. A peu près au niveau où débouche le canal du pancréas, on voit dans l'intestin l'orifice d'un second canal (*ch*, fig. 6) qui arrive d'un organe beaucoup plus considérable et de couleur rouge foncé. Cet organe, qui est le *foie* (F, fig. 6), produit un liquide verdâtre et de saveur amère nommé *bile* dont une partie s'accumule dans un sac (*v*, fig. 6) appelé *vésicule biliaire*. Le rôle de la bile n'est pas très bien connu ; son action semble très faible dans la digestion. Nous verrons plus loin (§ 17 *bis*) que le foie possède une autre fonction plus importante que la production de la bile.

7. L'action du suc gastrique et du suc pancréatique est la plus importante. — 1. Par la digestion, les aliments doivent devenir assimilables, c'est-à-dire susceptibles de pénétrer dans le sang et d'être utilisés. Ils subissent pour cela de nombreuses modifications. Quelles sont les plus essentielles ?

2. On peut, à la rigueur, se nourrir en avalant les aliments sans le concours des dents ni de la salive. D'autre part, la bile n'a pas d'action importante dans la digestion. Les plus importantes modifications des aliments sont donc celles qui sont produites par le suc gastrique et le suc pancréatique. S'ils ne subissaient pas l'action de ces liquides, les aliments traverseraient l'appareil digestif sans aucun profit pour l'organisme. C'est pour cette raison qu'une petite quantité de nourriture,

---

6 — 1. Qu'est-ce que le pancreas ? — Où est-il placé ? — Quelles sont les fonctions du suc pancréatique ? — 2. D'où vient la bile ? — Où arrive-t-elle dans l'intestin ?

7. — 1. Quand dit-on que les aliments sont assimilables ? — 2. Sur quoi agit surtout le suc intestinal ? Quels sont les liquides qui produisent sur les

complètement transformée par les sucs digestifs, est bien plus utile qu'une grande quantité de matières qui resteraient presque inattaquables.

8. Absorption. — 1. Voyons maintenant comment les aliments digérés passent dans le sang pour nourrir les différents organes. Ce passage des aliments digérés dans le sang est ce qu'on nomme l'*absorption*.

2. En examinant avec soin les parois intérieures de l'intestin, on remarque comme des sortes de poils arrondis. C'est par là que la partie utile des aliments digérés est absorbée; les matières digérées et devenues liquides que renferme l'intestin filtrent à travers les parois, et pénètrent de cette manière jusque dans des canaux qui vont les mêler au sang.

9. Hygiène de la digestion. — 1. *Il faut manger lentement.* — Il faut manger lentement; les aliments, en effet, se digèrent mieux et plus vite s'ils ont été écrasés par les dents et bien insalivés, c'est-à-dire s'ils ont été bien mâchés. Quand on mange trop vite, on avale des morceaux trop gros qui ne sont pas humectés par la salive et qui se transforment alors beaucoup plus difficilement en liquides.

Si l'on mâche bien, on diminue beaucoup le travail de l'estomac, on facilite la digestion.

2. *Les dents se détériorent facilement.* — Le bon état des dents a donc une grande importance pour la digestion; et l'on ne saurait trop ménager des organes si utiles.

C'est avec la plus grande attention qu'il faut éviter de casser avec les dents des objets durs; une dent, en effet, peut se briser ou se fendre, sans que rien y paraisse tout d'abord; c'est seulement plusieurs mois après que la fente s'agrandit, et qu'on est averti de son existence par les vives douleurs que tant de personnes connaissent.

---

aliments les transformations les plus importantes ? — Dans quel cas une petite quantité de nourriture peut-elle être plus utile qu'une quantité plus considérable ?

8. — 1. Qu'appelle-t-on absorption ? — 2. Par où se fait l'absorption ? Par où passent les matières absorbées avant de se mêler au sang ?

9. — 1. Quel inconvénient y a-t-il à manger trop vite ? — 2. Que peut-il arriver si l'on casse avec les dents des objets très durs ? Citez une des causes fréquentes des douleurs de dents.

3. Le même effet se produit souvent quand on boit un liquide froid immédiatement après avoir mangé quelque chose de très chaud. Les dents qui étaient très chaudes, se refroidissent subitement, elles peuvent alors se fendiller et ne tardent pas à se gâter.

4. *Il faut manger de la viande et des légumes.* — Il y a des aliments qui sont plus rapidement digérés les uns que les autres; les viandes sont de digestion plus facile que les légumes, elles nourrissent davantage; mais il serait mauvais de ne se nourrir que de viande. D'un autre côté si on ne mangeait jamais que des légumes, cette nourriture ne donnerait pas assez de force pour travailler. On doit donc se nourrir à la fois de viandes et de légumes afin de ne pas trop fatiguer l'estomac.

5. *Une alimentation trop abondante rend la digestion pénible.* — L'estomac est très élastique et peut renfermer une grande quantité d'aliments, mais la digestion devient très pénible si l'on mange trop. Il faut cesser de manger dès qu'on n'a plus faim et même ne jamais manger au point de se sentir appesanti après le repas.

Un repas doit réparer les forces, et ne doit pas être une cause de fatigue.

6. *Sel, vinaigre, citron, poivre, moutarde, etc.* — Le sel facilite la digestion, son usage est indispensable. L'emploi du vinaigre ou du citron mêlés à beaucoup d'eau active aussi la digestion, mais leur abus est dangereux et doit être soigneusement évité. Il en est de même du poivre, de la moutarde, de l'ail qui facilitent la digestion, mais qui à la longue fatiguent l'estomac; si l'estomac est bon, il n'a pas besoin d'excitants; s'il est mauvais, les excitants ne le rendront pas meilleur.

7. *Vin, liqueurs fortes.* — L'eau est la boisson la meilleure et la plus naturelle; cependant on se trouve bien, pour faciliter la digestion, d'ajouter un peu de vin à l'eau; l'usage du vin pur ne peut avoir que de mauvais effets pour les enfants et les

---

3. Quel effet peut se produire sur les dents quand on boit un liquide froid après avoir mangé quelque chose de chaud ? — 5. De quoi doit se composer notre alimentation ? — 4 Quel est l'effet d'une nourriture trop abondante ? — 6. Quel est l'effet des excitants sur la digestion ? Quelle action l'abus des excitants aurait-il sur l'estomac ? — 7 L'usage du vin

DIGESTION. 11

jeunes gens. L'usage de l'eau-de-vie et des liqueurs fortes est presque toujours funeste à la santé; prises en petite quantité, les liqueurs activent la digestion, mais c'est en usant les organes.

Quant à ceux qui prennent avant leur repas des liqueurs fortes, de l'absinthe, par exemple, pour exciter leur appétit, ils se font le plus grand mal; ils abrègent leur existence en usant inutilement leur estomac.

8. Conditions d'une bonne digestion. — Si la digestion vient à s'arrêter, les mouvements de l'estomac cessent; les aliments y restent en provoquant des sensations très pénibles. Il est bon de prendre un peu d'exercice après les repas, tout en évitant de se trop fatiguer; un excès de fatigue peut en effet arrêter la digestion.

Une sensation de froid très vif ou de grande chaleur est aussi une cause de trouble dans la digestion. Il est mauvais de se mettre à lire ou à travailler au sortir de table; le sang se porte à la tête et la digestion se fait mal.

Enfin, il est extrêmement dangereux de prendre un bain quand on n'est pas absolument à jeun; bien des gens, en se baignant trop tôt après leur repas, payent de leur vie leur ignorance ou leur imprudence.

RÉSUMÉ

1 à 6. Diverses parties de l'appareil digestif. — Les diverses parties de l'appareil digestif sont les suivantes :

1° La *bouche* contenant la langue et les dents; la salive provenant des glandes salivaires s'y déverse.

2° L'*arrière-bouche* qui communique avec la bouche et avec les cavités du nez;

3° L'*œsophage*, tube par où les aliments se rendent à l'estomac;

4° L'*estomac*, vaste poche dont les parois portent des glandes qui fournissent le suc gastrique,

---

pui est-il bon pour les enfants ? Quelle est l'action des liqueurs fortes? — Quel est l'effet des liqueurs fortes sur l'estomac, quand on est à jeun? — 8. Que se passe-t-il dans l'estomac si la digestion est arrêtée ? — Quel serait l'effet d'une grande fatigue après le repas ? — Citez quelques circonstances qui sont de nature à troubler la digestion ? — Quel peut être l'effet d'un bain pris peu de temps après un repas ?

5° *L'intestin*, long tube replié ou débouche, vers son extrémité supérieure D, le conduit qui provient du *pancréas* P et qui y déverse le suc pancréatique. C'est au même endroit qu'y arrive aussi la bile produite par le foie; les parois mêmes de l'intestin y déversent le suc intestinal.

1 à 7. Digestion. — Les aliments solides sont coupés et broyés par les dents (incisives, canines et molaires), et imprégnés de salive dans la bouche. Sous l'action de la langue, des dents et de la salive, il se forme une petite masse (bol alimentaire) qui passe dans l'arrière-bouche. Le voile du palais empêche cette masse d'aller dans les cavités du nez ; l'épiglotte s'oppose à son entrée dans la trachée-artère : le bol alimentaire est donc conduit dans l'œsophage, qui l'amène jusqu'à l'estomac.

Dans l'estomac, les aliments sont soumis à l'action du suc gastrique, et, dans l'intestin, à celle du suc pancréatique. C'est surtout par ces deux sucs digestifs qu'une grande partie des aliments est transformée en un liquide qui peut passer dans le sang. Cette action est complétée par celle du suc intestinal. Le rôle de la bile est relativement peu important.

8. Absorption. — Le liquide, provenant de la transformation des aliments par la digestion, filtre à travers les parois de l'intestin et pénètre dans des canaux qui vont déverser le liquide nutritif dans le sang.

9. Hygiène de la digestion. — Les dents sont des organes délicats qui doivent être ménagés. Les dents se cassent facilement au contact de corps trop froids ou trop chauds ; elles se cassent aussi sous l'action d'une forte pression contre un corps dur.

L'alimentation doit être variée; elle doit se composer de viande et de légumes. L'excès d'alimentation rend la digestion pénible et tend à détruire la santé.

Les excitants facilitent momentanément la digestion, mais leur emploi habituel nuit beaucoup à l'estomac.

La digestion peut être arrêtée pendant quelque temps par diverses causes qu'il faut savoir éviter : une forte chaleur, un froid très vif, un exercice trop violent.

DEUXIÈME LEÇON.

Circulation du sang.

10. Utilité de la circulation; appareil circulatoire. — 1. L'étude de la digestion nous a montré comment les aliments dont nous faisons notre nourriture sont transformés, puis absorbés par les papilles intestinales, et vont enfin se mêler au sang. Voyons maintenant de quelle façon chaque partie de notre corps peut profiter du résultat de la digestion et utiliser, pour réparer ses pertes, le liquide nutritif absorbé par l'intestin.

Le sang, après avoir puisé dans l'intestin les matières utiles à la nutrition, va les répartir ensuite dans toutes les parties du corps : c'est ainsi que la *circulation du sang* complète l'œuvre de la digestion.

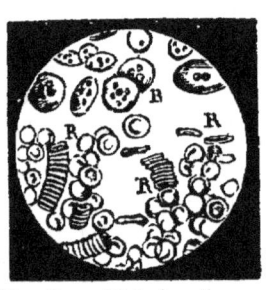

Fig. 7. — Globules du sang. — R, globules rouges, plats et ronds ; B, globules blancs, de forme irrégulière, ces derniers sont beaucoup moins nombreux que les globules rouges.

2. Le sang, qui se trouve dans tout le corps et y circule d'une façon continue, est renfermé dans un système de canaux auxquels on donne le nom d'*appareil circulatoire*.

3. Le *cœur* (fig. 8) est la partie la plus importante de l'appareil circulatoire; cet organe sert à lancer le sang dans toutes les parties du corps. Les *artères* sont des canaux qui conduisent le sang du cœur dans les différents organes, et les *veines* sont des canaux qui ramènent le sang des organes vers le cœur. On donne aux veines et aux artères le nom de *vaisseaux sanguins*.

4. Le *sang* qui est renfermé dans l'appareil circulatoire est, comme on sait, un liquide rouge. Si l'on en regarde une

---

10. — 1. Quel est le but de la circulation du sang ? — 2 Comment appelle-t-on l'appareil dans lequel circule le sang ? - 3 Quelles sont les différentes parties qui composent l'appareil circulatoire ? - 4. Que voit-on si l'on regarde le sang au microscope ?

goutte au microscope, on voit que la couleur rouge est due à la présence d'un grand nombre de petits corps rouges, ronds et aplatis, qu'on appelle les globules du sang (R, fig. 7); il y a aussi des globules blancs, mais en petit nombre (B, fig. 7).

11. Cœur; battements du cœur. — 1. Le cœur est un organe charnu (fig. 8), à peu près de la grosseur du poing. Il est situé en avant et dans la partie supérieure de la poitrine, la pointe étant tournée en bas et inclinée à gauche.

Si nous coupons le cœur de haut en bas (fig. 9), nous voyons qu'il se compose de deux parties distinctes, l'une à droite et l'autre à gauche. Chacune de ces parties comprend deux cavités qui communiquent entre elles.

2. La cavité supérieure de chaque côté s'appelle l'*oreillette*, et l'inférieure le *ventricule*. Il y a donc deux oreillettes (OD et OG, fig. 9 et 10) sans communication entre elles, une à droite et une à gauche; il y a de même, au-dessous des oreillettes deux ventricules (VD et VG, fig. 8 et 9) séparés par une cloison. Chaque oreillette communique avec le ventricule correspondant par un orifice muni de soupapes appelées *valvules*. Les quatre parties du cœur sont en communication avec des vaisseaux sanguins qui permettent au sang d'y entrer ou d'en sortir.

3. Nous allons maintenant étudier la façon dont le sang circule dans tout le corps. Pour cela, nous commencerons par voir ce qui se passe dans la partie gauche du cœur (ou cœur gauche). Nous verrons le sang sortir du ventricule gauche et nous le suivrons ensuite dans les organes jusqu'à ce qu'il soit revenu à ce même ventricule gauche.

Pour que le sang, en partant du ventricule gauche, aille dans toutes les parties du corps, il faut qu'il soit lancé avec une grande force, aussi les parois du ventricule gauche (VG, fig. 9) sont-elles très épaisses et se contractent-elles avec une grande énergie.

4. L'oreillette gauche (OG, fig. 9) quand elle est pleine de

---

11. — 1. Où est placé le cœur? Quelle est sa grosseur? Quelle est sa forme? De combien de parties le cœur est-il composé? Combien y a-t-il de cavités dans le cœur? — 2. Quel est le nom des diverses cavités du cœur? Ces cavités communiquent-elles entre elles? Comment communiquent-elles? — 3. Les parois des deux ventricules ont-elles la même épaisseur? Comment expliquez-vous cette différence? — 4. Comment le sang

sang, chasse ce sang dans le ventricule; le ventricule se remplit alors, se contracte et chasse le sang dans une grosse artère qui est l'artère *aorte (aa*, fig. 8 et 9 et A, fig. 10).

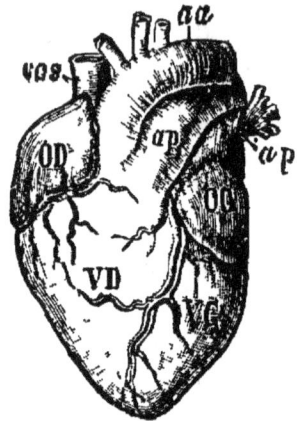

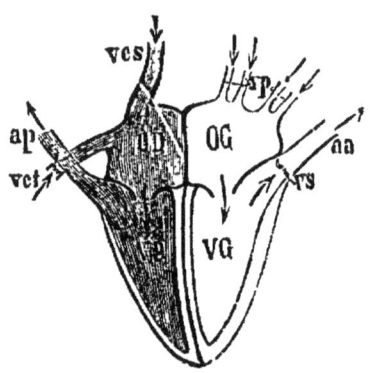

Fig. 8. — Cœur, vu a l'extérieur. OD, oreillette droite; OG, oreillette gauche; VD, ventricule droit; VG, ventricule gauche; *aa*, artère aorte; *vcs*, veine cave supérieure; *ap, ap*, les deux branches de l'artère pulmonaire.

Fig. 9. — Figure théorique représentant le cœur coupé en long. — OD, oreillette droite; OG, oreillette gauche; VD, ventricule droit; VG, ventricule gauche; *vci*, veine cave inférieure; *vcs*, veine cave supérieure; *ap*, artère pulmonaire; *vp*, veines pulmonaires; *aa*, artère aorte; *vs*, valvules qui empêchent le sang de revenir de l'aorte dans le ventricule.

5. Chaque fois que le ventricule se contracte, la pointe du cœur vient frapper contre la poitrine; on peut ressentir ce choc en appliquant la main sur le côté gauche de la poitrine. C'est là l'origine de l'opinion généralement reçue, que le cœur est à gauche; en réalité, le cœur est à peu près au milieu de la poitrine, c'est seulement la pointe qui est inclinée à gauche.

6. L'orifice qui fait communiquer l'oreillette avec le ventricule est disposé de telle sorte que le sang aille toujours de l'oreillette dans le ventricule et jamais en sens inverse. Ce mouvement des valvules qui se trouvent à cet orifice peut se comparer à celui d'une fenêtre qui s'ouvre vers l'intérieur d'une

---

passe-t-il de l'oreillette gauche dans le ventricule gauche? Dans quel vaisseau se rend le sang en quittant le ventricule gauche? — 5. Comment expliquez-vous le choc que l'on ressent sur la poitrine à chaque battement du cœur? — 6. Comment se font les mouvements des valvules qui se trouvent entre une oreillette et un ventricule?

chambre : si on pousse les battants par l'extérieur, on ouvre la fenêtre; si on les pousse par l'intérieur, on la ferme. De même, le sang ouvre l'orifice lorsqu'il est comprimé dans l'oreillette, et le ferme quand il est comprimé dans le ventricule.

Ainsi donc, quand l'oreillette gauche OG est remplie de sang l'orifice s'ouvre et le sang passe dans le ventricule gauche VG. Quand le ventricule gauche se contracte, l'orifice se ferme et le sang ne pouvant repasser dans l'oreillette est projeté dans l'artère aorte *aa*.

12. Artères; pouls. — 1. Le sang qui sort du ventricule gauche va se répandre dans toutes les parties du corps; aussi l'artère aorte (A, A, fig. 10) qui sort du ventricule gauche se divise-t-elle en un grand nombre d'autres artères; en partant du cœur elle se recourbe en forme de crosse, puis redescend vers la partie inférieure du corps, et envoie des ramifications dans la tête (C), dans les bras (A, fig. 12), dans les jambes (A I, fig. 10) et dans les principaux organes.

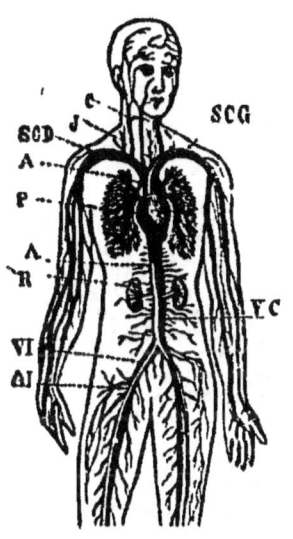

Fig. 10. — Ensemble des artères et des veines. — P, poumons. Les veines iliaques VI, la veine cave inférieure VC, les veines jugulaires J et les veines sous-clavière droite et gauche SCD, SCG conduisent le sang noir au cœur; l'artère aorte A envoie le sang rouge dans le corps; C, artères carotides; AI, artères iliaques; R, reins.

2. Mais l'artère qui va dans un bras, par exemple, doit donner du sang à toutes les parties du bras; il faut donc qu'elle se divise à son tour en canaux de plus en plus fins. Les dernières ramifications des artères sont tellement petites qu'on leur a donné le nom de *capillaires* (C, fig. 11), exprimant ainsi qu'elles ne sont pas plus grosses qu'un cheveu.

3. La marche du sang dans les artères présente une particularité intéressante. Nous avons vu que le sang

---

12. — 1. Quelle est la forme de l'artère aorte et comment se divise-t-elle? — 2 Comment nomme-t-on les ramifications les plus fines des artères? — 3 Comment expliquez-vous les battements du pouls? Qu'est-ce que tâter le pouls?

CIRCULATION DU SANG.   17

était chassé dans les artères par les battements du cœur qui se produisent à certains intervalles. Le courant du sang n'est donc pas continu, mais présente un certain nombre de saccades correspondant aux battements du cœur. On ressent chacune de ces saccades en mettant le doigt sur une artère ; c'est ce qu'on appelle dans le langage ordinaire, tater le *pouls*. On peut ainsi compter le nombre des battements du cœur et apprécier leur régularité, ce qui est d'une grande utilité en médecine. Ces battements se produisent dans toutes les artères, mais c'est dans certaines artères du poignet qu'il est le plus facile de les sentir avec le doigt. Dans ce cas, en effet, l'artère est située entre la peau et un os ; en appuyant le doigt contre l'os on comprime donc l'artère, et on peut plus facilement compter les pulsations.

13. Capillaires; sang rouge et sang noir. — 1. Nous avons vu que les artères telles que l'artère A (fig. 11) se divisent en une infinité de petits vaisseaux capillaires (C, fig. 11) qui amènent le sang dans toutes les parties du corps. Le

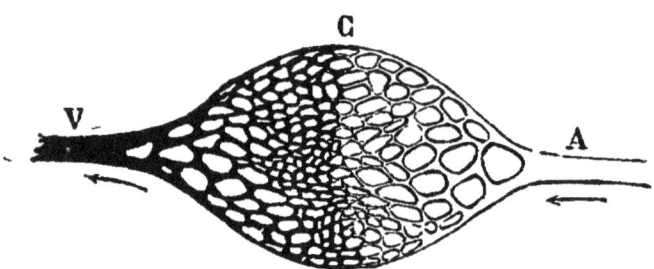

Fig. 11. — Vaisseaux capillaires dans lesquels le sang rouge se transforme en sang noir ; A, artère contenant du sang rouge ; C, capillaires ; V, veine renfermant du sang noir. — Les flèches indiquent dans quel sens le sang circule.

nombre de ces vaisseaux est si grand qu'on ne peut faire une piqûre même très légère en un point quelconque du corps, sans briser quelques-uns de ces vaisseaux, et en faire sortir un peu de sang.

2. Pendant son passage dans les vaisseaux capillaires, le sang dépose les matières nutritives qui sont utiles à chaque

---

13. — 1. Pourquoi le sang apparaît-il dès qu'on se pique ? — 2. Quelles sont les fonctions du sang dans les capillaires ?

partie du corps, et reprend les résidus devenus inutiles. C'est à travers les parois des vaisseaux capillaires que se fait cet échange de matières. De cette façon, chaque organe peut se nourrir avec les substances qui ont été préparées par la digestion.

3. Aussi n'est-il pas étonnant que le sang se soit modifié en traversant les capillaires. Dans les artères que nous venons d'observer, il est d'un rouge vif, on l'appelle alors le *sang rouge;* en sortant des capillaires, il est d'un rouge très foncé, presque noir, on l'appelle alors le *sang noir.*

Cette différence de couleur que nous avons remarquée entre les deux sortes de sang ne persiste pas lorsque le sang est sorti des vaisseaux. En effet, le sang noir, exposé à l'air, prend rapidement la même coloration que le sang rouge.

14. Veines. — 1. Après que le sang a servi à nourrir toutes les parties du corps, il faut qu'il revienne au cœur; ce sont les veines qui l'y ramènent. Les capillaires se réunissent entre eux, forment de petites veines qui se fusionnent à leur tour pour se réunir en une veine plus considérable, telle que la veine V (fig. 12); de telle sorte que le sang d'un même organe revient vers le cœur par une seule veine.

2. Les veines venant des différents organes se réunissent ensuite les unes aux autres et finissent par ne plus former que deux gros vaisseaux qui sont les *veines caves.* La veine cave supérieure (Vcs, fig. 9) est formée par les veines qui arrivent de la tête, des bras et de la partie supérieure du corps, et la veine cave inférieure (*vci,* fig. 9) recueille le sang qui vient des jambes et des parties inférieures et moyennes du corps. Les deux veines caves viennent déboucher ensemble dans l'oreillette droite du cœur (en OD, fig. 9).

15. Circulation générale et circulation pulmonaire. — 1. Nous venons de voir que le sang rouge,

---

3. De quelle couleur est le sang qui vient de l'artère aorte? De quelle couleur devient-il dans les capillaires? — Le sang noir exposé à l'air conserve-t-il cette couleur?

14. — 1. Que deviennent les vaisseaux capillaires dans lesquels le sang est devenu noir? Où se rendent les veines formées par l'ensemble de ces capillaires? — 2 Combien y a-t-il de veines aboutissant à l'oreillette droite? Comment se nomment ces veines?

15. — 1. Indiquez la circulation du sang dans le bras.

CIRCULATION DU SANG.

parti du ventricule gauche, se répand dans toutes les parties du corps. Pour fixer les idées, examinons, par exemple, ce qui se passe dans le bras. Le bras (fig. 12), reçoit le sang rouge par une artère spéciale, qui part de l'aorte, et se divise en plusieurs autres artères (A, A, A, fig. 12). Dans les capillaires répandus dans tout le bras, le sang rouge devient noir, puis retourne au cœur par des veines V, V, V; celles-ci se réunissent en une seule veine qui se rend dans la veine cave supérieure et ramène le sang dans l'oreillette droite du cœur (od, fig. 12).

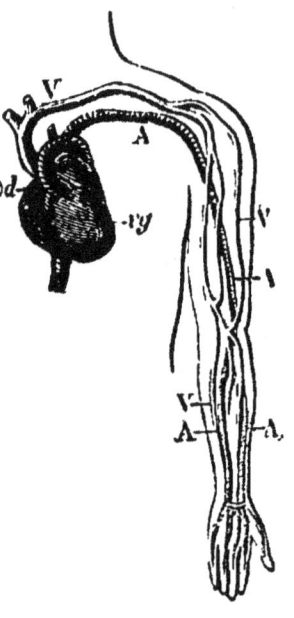

Fig. 12. — Le sang rouge partant du ventricule gauche rg arrive au bras par les artères A, A, d'où il revient à l'état de sang noir par les veines V, V, jusqu'à l'oreillette droite od.

2. Le sang noir ramené par les veines de toutes les parties du corps est donc arrivé dans la partie du cœur qu'on peut appeler le cœur droit. Ce sang, devenu noir, ne peut plus servir à nourrir les organes. Comment retrouvera-t-il les qualités du sang rouge? Nous nous rappelons qu'au contact de l'air le sang noir devient rouge (§ 13); or, dans l'organisme, c'est encore au contact de l'air que le sang noir se transformera en sang rouge et c'est dans les poumons (1) que se trouve l'air nécessaire à cette transformation.

3. Le cœur droit envoie donc le sang noir dans les poumons, comme le cœur gauche envoie le sang rouge dans toutes les parties du corps. Mais comme les poumons se trouvent très près du cœur, les contractions du ventricule droit sont moins fortes que celles du ventricule gauche. L'oreillette droite chasse le sang dans le ventricule droit, puis le ventricule droit se contracte pour pousser le sang dans *l'artère pulmonaire*

(1) On étudiera les poumons dans le chapitre suivant, § 21

---

2. Où doit se rendre le sang noir qui est dans le cœur droit pour redevenir rouge? — 3. Indiquez les mouvements qui se produisent dans le cœur droit pour envoyer le sang noir dans les poumons.

qui se rend dans les poumons. Dans le cœur droit comme dans le cœur gauche, le sang va toujours de l'oreillette dans le ventricule et jamais en sens inverse.

4. L'artère pulmonaire, comme nous le voyons, contient du sang noir tandis toutes les autres artères renferment du sang rouge. Cette artère pulmonaire se partage en deux branches dont chacune va dans un poumon. Pour amener le sang au contact de l'air, les branches de l'artère pulmonaire se divisent en un grand nombre de ramifications très fines que nous appellerons *capillaires des poumons*. Ces capillaires arrivent au contact de l'air dans la cavité du poumon ; leurs parois sont assez minces pour que le sang noir qu'ils renferment puisse devenir rouge comme s'il était exposé à l'air.

5. Le sang redevenu rouge peut maintenant servir à nourrir les organes ; aussi va-t-il revenir dans le cœur gauche d'où nous avons vu qu'il se répand dans tout le corps. Ce sont les *veines pulmonaires* qui recueillent le sang au sortir des capillaires du poumon et le ramènent dans l'oreillette gauche. Ces veines contiennent donc du sang rouge à l'inverse de toutes les autres veines. Les veines pulmonaires arrivent au cœur au nombre de quatre ; il y en a deux pour chaque poumon.

16. Comment les matières digérées arrivent dans le sang. — 1. Le sang s'est donc en quelque sorte régénéré dans les poumons. Mais il n'a pas pu réparer, au contact de l'air, toutes les pertes qu'il a faites en traversant les capillaires du corps. Il faut encore que les matières nutritives préparées par la digestion viennent s'ajouter à lui pour lui rendre toutes ses qualités nutritives.

2. Nous avons vu (§ 8) que ces matières digérées sont absorbées dans l'intestin par de petites saillies des parois que nous avons appelées papilles intestinales. Dans ces papilles viennent se terminer de très fins canaux, où arrivent par filtration

---

4. De quelle couleur est le sang dans l'artère pulmonaire ? Quelle est la forme de cette artère ? Quelle est la disposition de ses dernières ramifications ? Que se passe-t-il dans les capillaires pulmonaires ? — 5. Où se rend le sang qui a traversé les poumons ? De quelle couleur est le sang dans les veines pulmonaires ? Combien y a-t-il de veines pulmonaires ?

16. — 1. Le sang s'est-il complètement régénéré dans les poumons ? Quelle action doit-il subir pour reprendre toutes ses qualités nutritives ? — 2. Quelles sont les fonctions qui s'accomplissent dans les papilles intestinales ?

les matières liquides renfermées dans l'intestin. Tous ces canaux se réunissent en un seul conduit (C*l*, fig. 13), qui déverse son contenu dans la veine venant du bras gauche et de là dans la veine cave supérieure V*c*. (fig. 13).

Lorsque le sang a ainsi reçu des matières nutritives provenant de l'intestin, et qu'il est devenu rouge dans les poumons au contact de l'air, il a tout à fait réparé les pertes qu'il avait faites en nourrissant les organes.

17. Rôle du foie dans la composition du sang. — 1. Nous avons vu que le sang rouge devenait noir en traversant les capillaires du corps, que le sang noir devenait rouge en traversant les capillaires des poumons ; le sang subit encore d'autres changements, qui, pour être moins apparents, n'en sont pas moins importants.

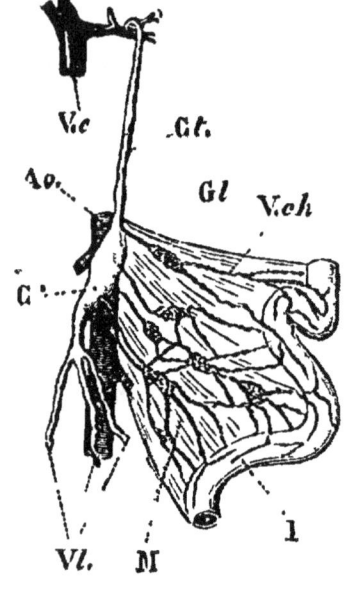

Fig. 13 — I, intestin ; V*ch*, vaisseaux qui absorbent les matières digérées dans l'intestin ; ces vaisseaux se réunissent en un seul canal C*l*, qui vient rejoindre la veine cave V*c* par l'intermédiaire de la veine venant du bras gauche.

Une partie du sang de la circulation générale pénètre dans le foie par une grosse veine appelée *veine porte*; il subit dans cet organe certaines modifications importantes (1).

(1) En arrivant au foie par la veine porte, le sang contient, entre autres substances, du sucre dont la quantité varie suivant la qualité des aliments qui ont été absorbés, tandis qu'en sortant du foie (par la veine V*h*, fig. 13), la proportion du sucre que contient le sang est *toujours la même*. C'est que le foie a retenu l'excès du sucre que pouvait renfermer le sang lorsqu'il arrive par la veine porte, et n'a laissé au sang qui s'en va au cœur que juste la proportion de sucre convenable. Le sucre qui est ainsi retenu par le foie est transformé en une substance solide que se présente sous la forme de grains extrêmement petits, appelée *glycogène*. Le glycogène est ainsi mis en réserve dans le foie et peut se transformer en sucre lorsque ce dernier vient à manquer.

— Que deviennent tous les petits canaux qui se trouvent dans les papilles intestinales ? Où aboutit le canal qui réunit tous ces petits canaux ?

17. — 1. Qu'est-ce que la veine porte ? Où se rend le sang qu'a traversé le foie

Le sang sort du foie par une veine qui le ramène dans la veine cave inférieure.

2. En traversant les différentes parties du corps, le sang reçoit certaines matières inutiles telle que l'urée, l'acide urique, etc.; ces matières se séparent du sang dans les *reins* (R, fig. 10) et sont ensuite rejetées. Nous savons que le foie rejette aussi la bile qui renferme des substances inutiles à l'organisme.

18. Hygiène de la circulation. — 1. Tout ce qui empêche la circulation de se faire librement, est mauvais pour la santé. Ainsi, il est dangereux d'avoir le cou trop serré, parce qu'alors les veines sont comprimées, le sang qui monte à la tête par les artères ne peut plus descendre facilement par les veines; il reste dans la tête, ce qui peut faire beaucoup de mal.

De même, des effets très fâcheux, de vraies maladies, peuvent se produire si l'on porte des vêtements qui compriment longtemps les bras ou les jambes.

2. C'est pour la même raison que, si l'on reste longtemps baissé, la tête placée très bas, on a la figure toute rouge quand on relève la tête; il serait mauvais de rester longtemps dans cette attitude.

RÉSUMÉ.

10. Appareil circulatoire. — L'appareil de la circulation du sang comprend les parties principales suivantes : le *cœur*, organe central de la circulation; les *artères*, canaux qui conduisent le sang partant du cœur, et les *veines*, canaux qui ramènent le sang au cœur.

11. Cœur. — Le *cœur*, organe charnu, situé en avant et dans la partie supérieure de la poitrine, est formé de quatre poches; deux *ventricules* à parois épaisses et des oreillettes à parois minces. L'oreillette gauche communique avec le ventricule gauche; l'oreillette droite communique avec le ventricule droit; mais il n'y a aucune communication directe entre le cœur gauche (oreillette

---

2 Citez quelques substances dont le sang débarrasse le corps.
18. — Que se produit-il si l'on a le cou, les jambes, les bras trop serrés?
— 2 Que se produit-il si l'on reste longtemps la tête très basse par rapport au reste du corps?

et ventricule gauches) et le cœur droit (oreillette et ventricule droits). Le battement du cœur est produit par la contraction des ventricules qui a pour effet de pousser la pointe du cœur vers la gauche.

12 et 13. Artères. — Veines. — Les artères sont généralement logées profondément dans le corps. Quand les artères sont à la surface du corps, on peut y remarquer des battements dûs à l'impulsion donnée au sang par le cœur. Les veines sont souvent à la surface du corps. — Les veines sont réunies aux artères par les capillaires.

14 et 15. Circulation générale et circulation pulmonaire. — On peut distinguer deux parties dans l'ensemble de la circulation.

1° Par la *circulation générale*, le sang rouge est conduit du ventricule gauche du cœur dans les diverses parties du corps où il devient d'une couleur rouge très foncé, presque noire. Le sang noir est ensuite ramené à l'oreillette droite du cœur, d'où il passe dans le ventricule droit.

2° Par la *circulation pulmonaire*, le sang noir, ramené vers le cœur, est conduit depuis le ventricule droit jusqu'aux *poumons*, où il redevient rouge au contact de l'air. Le sang redevenu rouge

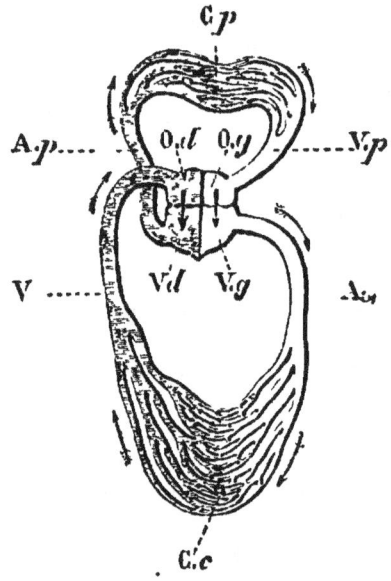

Fig. 11 — Figure montrant la circulation du sang. — Le sang rouge venant du ventricule gauche du cœur V g, arrive, par les artères A, dans tout le corps C c où il devient noir. Le sang noir est ramené, par les veines V a l'oreillette droite du cœur O d, d'où il passe dans le ventricule droit V d qui le projette par les artères pulmonaires A p dans les poumons C p. — Là, le sang redevient rouge et est ramené, par les veines pulmonaires V p jusque dans l'oreillette gauche O g d'où il passe dans le ventricule gauche, et ainsi de suite.

retourne à l'oreillette gauche du cœur, d'où il passe dans le ventricule gauche ; de là il est conduit dans la circulation générale, et ainsi de suite.

Suivons le sang depuis le ventricule gauche jusqu'à ce qu'il revienne à ce même ventricule gauche. Le ventricule gauche (V. g. fig. 11), en se contractant, ferme la communication avec l'oreillette gauche O g. Le sang rouge qu'il contient est donc lancé dans l'aorte A et par suite dans les artères générales du corps. De la

il passe dans les capillaires C*c* où il se transforme en sang noir et est ramené par les veines du corps V à l'oreillette droite O*d*. L'oreillette droite, en se contractant, fait passer le sang noir dans le ventricule droit V*d* ; ce ventricule se contracte à son tour en fermant la communication avec l'oreillette droite, et projette le sang noir dans les artères pulmonaires A*p* ; de là, le sang noir arrive aux capillaires des poumons, C*p* où il se transforme en sang rouge au contact de l'air. Le sang ainsi redevenu rouge dans les poumons, est repris par les veines pulmonaires V*p* qui le ramènent dans l'oreillette gauche du cœur. L'oreillette gauche se contracte et fait passer le sang rouge dans le ventricule gauche. Nous sommes ainsi revenu à notre point de départ.

16 et 17. Absorption et élimination. — Mais le sang qui circule ainsi continuellement dans le corps pour le nourrir, perd une partie de ses éléments nutritifs, et le passage dans les poumons ne suffit pas pour les lui rendre ; aussi reçoit-il les substances alimentaires qui viennent de la digestion. La partie digérée des aliments est absorbée dans l'estomac et l'instestin grêle ; elle est conduite par de petits canaux dans un canal principal qui remonte vers le dos et va se déverser dans une veine située près du cou ; c'est ainsi que les aliments viennent se mêler au sang pour entretenir ses propriétés nutritives.

Ajoutons qu'une partie du sang traverse le foie et les reins, lesquels lui enlèvent les substances inutiles qui sont rejetées au dehors.

18. Hygiène de la circulation. — La circulation du sang doit toujours se faire régulièrement. Tout ce qui empêche cette régularité des mouvements du sang (cou trop serré, tête située plus bas que les pieds) est mauvais pour la santé,

TROISIÈME LEÇON.

Respiration.

19. Respiration ; composition de l'air. — 1. Nous avons vu dans l'étude de la circulation que le sang noir se transforme en sang rouge au contact de l'air et nous avons

---

19 — 1 Qu'est que la respiration ?

dit que ce changement se produit dans les poumons. Nous allons maintenant étudier la *respiration*, c'est-à-dire la manière dont se fait cette transformation du sang noir en sang rouge, au moyen de l'air qui entre dans les poumons.

2. Puisque c'est l'air qui agit sur le sang noir pour le transformer en sang rouge, il faut savoir de quoi se compose l'air qui nous entoure. On apprend en chimie (voyez § 299 et suivants) que l'air est formé par le mélange de deux gaz ayant des propriétés très différentes. Dans l'un, une allumette ne peut pas brûler, un animal ne peut pas vivre; c'est l'*azote*. Si nous plongeons une allumette dans un tube rempli d'azote, elle s'éteint (fig. 16). Un oiseau placé dans une cloche remplie d'azote meurt rapidement (fig. 15).

Fig. 15 — Sous une cloche remplie d'azote un oiseau ne peut plus respirer et meurt.

L'autre gaz, au contraire, non seulement permet à une allumette de brûler, mais encore la rallume, pourvu qu'elle ait

Fig. 16. — Dans une éprouvette pleine d'azote une allumette s'éteint.

Fig. 17. — Dans une éprouvette pleine d'oxygène une allumette présentant encore quelques points rouges se rallume.

2. De quoi est composé l'air? Qu'est-ce que l'azote? Qu'est-ce que l'oxygène?

conservé quelque partie rouge (fig. 17) : il suffit que l'atmosphère d'une cloche en renferme une certaine quantité pour qu'un animal renfermé sous la cloche puisse vivre. Ce gaz est l'*oxygène*.

Ainsi donc, l'air est un mélange d'azote et d'oxygène ; il renferme à peu près quatre parties d'azote pour une d'oxygène.

Cet air dont nous venons de donner la composition, nous l'aspirons dans nos poumons et nous le rejetons ensuite après qu'il a servi à transformer le sang noir en sang rouge.

20. Dégagement de gaz carbonique et absorption d'oxygène pendant la respiration. — 1. Voyons maintenant si l'air n'est pas modifié pendant la respiration. Pour cela, sous une cloche bien fermée, mettons un oiseau et laissons-le respirer pendant un certain temps. Si nous avons eu la précaution de mettre sous la cloche un verre renfermant de l'eau de chaux limpide, nous verrons bientôt cette eau se troubler. Or l'air ne trouble l'eau de chaux que lorsqu'il contient une certaine quantité d'un gaz appelé *gaz carbonique*. C'est le gaz piquant au goût qu'on voit se dégager en petites bulles dans l'eau de seltz.

L'oiseau, en respirant, a donc dégagé du gaz carbonique. Si nous prolongeons l'expérience encore quelque temps, nous verrons l'oiseau donner des signes d'inquiétude, respirer difficilement et puis enfin mourir (fig. 15). Si nous introduisons une allumette allumée sous la cloche, nous la voyons s'éteindre. Il n'y a donc plus d'oxygène : l'oiseau l'a absorbé en respirant. Cette expérience prouve donc qu'en respirant

Fig 18 — Lorsqu'on souffle dans de l'eau de chaux, le gaz carbonique qui sort des poumons trouble cette eau de chaux.

---

20. - 1. Quelle transformation subit dans les poumons l'air que nous y introduisons ? Comment prouve-t-on ces transformations ? Qu'est-ce que l'asphyxie ?

les animaux dégagent du gaz carbonique et absorbent de l'oxygène. Les animaux ne pouvant vivre sans respirer et l'oxygène étant nécessaire à la respiration, il s'ensuit que l'oxygène est nécessaire à la vie. On doit donc sous peine de courir un grand danger ne pas rester dans un espace où l'oxygène ne se trouve pas en quantité suffisante. On appelle *asphyxie* la mort causée par le défaut d'oxygène.

2. On peut démontrer d'une façon encore plus simple le dégagement de gaz carbonique pendant la respiration. Il suffit de souffler avec un tube dans un verre d'eau de chaux, on voit bientôt l'eau de chaux se troubler (fig. 18).

Il se fait donc dans les poumons un échange de gaz entre l'air et le sang. L'air cède au sang de l'oxygène et lui prend du gaz carbonique. C'est cet échange de gaz qui constitue la *respiration*.

21. Appareil respiratoire. — 1. Nous savons maintenant ce que c'est que la respiration, il nous reste à examiner de quelle façon l'air pénètre jusque dans les poumons. Chaque fois que nous aspirons, l'air entre par la bouche ou le nez, puis passe dans l'arrière-bouche, et de là pénètre, par une sorte d'embouchure nommée *larynx* (L, fig. 19), dans un tube appelé *trachée-artère* (T, fig. 19). Pour que la trachée-artère ne se ferme pas, les parois contiennent des sortes d'anneaux incomplets formés de matières cartilagineuses ; ce sont les premiers de ces anneaux qu'on peut sentir en avant, à la base du cou.

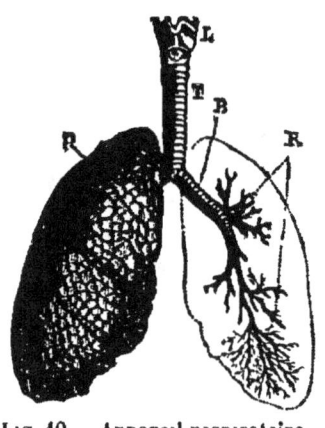

Fig. 19.— Appareil respiratoire. — L'air passe par le larynx L et par la trachée T, en allant aux poumons P. Le poumon de droite est ouvert pour montrer les ramifications R des bronches B

---

2. Comment prouve-t-on que l'air qui sort des poumons renferme du gaz carbonique? Quel est l'échange du gaz qui constitue la respiration?
21. — 1. Décrivez la trachée-artère. Qu'est-ce que le larynx?

2. La trachée-artère se partage ensuite en un grand nombre de ramifications que l'on nomme les *bronches* (B, R, fig. 19). La trachée-artère se divise d'abord en deux grosses bronches dont chacune B se rend dans un poumon et s'y divise en ramifications de plus en plus petites R.

3. L'ensemble des bronches et de leurs ramifications forme deux masses distinctes, situées l'une à droite et l'autre à gauche de la poitrine. Ces deux masses constituent comme deux grands sacs. Ce sont les *poumons*. Il y a un poumon droit et un poumon gauche.

4. C'est à l'extrémité des dernières ramifications des bronches, qu'aboutissent les artères pulmonaires qui amènent le sang noir du cœur ; elles se terminent par des capillaires en formant une sorte de réseau ; c'est de là aussi que repartent les veines pulmonaires qui ramènent le sang rouge au cœur. Le sang noir se transforme donc en sang rouge dans les parois amincies qui terminent les bronches. L'échange gazeux entre l'air et le sang se fait à travers la très mince membrane des vaisseaux sanguins les plus fins.

22. Comment l'air pénètre dans les poumons. — 1. Nous venons de voir le chemin que l'air suit pour pénétrer dans les poumons, mais nous ne savons pas par quel mécanisme nous pouvons faire entrer cet air dans les poumons, puis rejeter au dehors l'air chargé de gaz carbonique. Une expérience très simple nous aidera à le comprendre. Prenons une cloche en verre fermée en bas par un

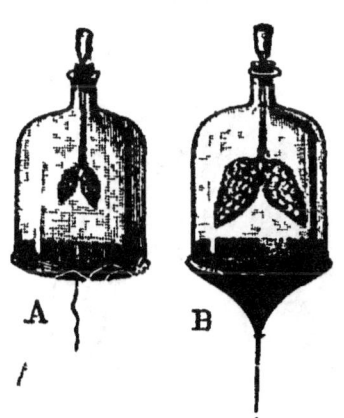

Fig. 20 et 21. — Expérience pour montrer comment l'air entre dans les poumons.

---

2. Qu'est-ce que les bronches ? — **3.** Que forment les ramifications des bronches ? Comment sont constitués les poumons ? — **4.** Où aboutissent les capillaires provenant de la ramification des artères pulmonaires ? Où naissent les capillaires dont la réunion forme les veines pulmonaires ? A travers quoi se fait l'échange gazeux dans les poumons ?

22. — 1. Décrivez une expérience qui explique la manière dont l'air s'introduit dans les poumons.

RESPIRATION.

disque en caoutchouc et percée en haut d'un trou fermé par un bouchon et traversé par un tube en verre ; au bout de ce tube, nous fixons la trachée-artère et les poumons d'un petit animal (1) de façon à ce que l'intérieur des poumons communique avec l'atmosphère par le tube (A, fig. 20); tirons alors en bas le disque en caoutchouc; le volume de la cloche sera ainsi augmenté : il y aura donc un appel d'air. D'un autre côté, le tube de verre étant la seule ouverture de la cloche, l'air entrera par ce tube et viendra gonfler les poumons (B). Si nous laissons maintenant revenir le disque en caoutchouc à sa première position, le volume de la cloche diminuera de nouveau, l'air qui est entré sera chassé, et les poumons se dégonfleront (A).

2. Comparons maintenant ce que nous venons de voir à ce qui se passe dans la respiration. La cavité de la poitrine que nous pouvons comparer à la cloche de verre est fermée en bas par une sorte de plancher mobile appelé le *diaphragme* (d, fig. 22 et 23), qui joue le même rôle que le disque en caoutchouc.

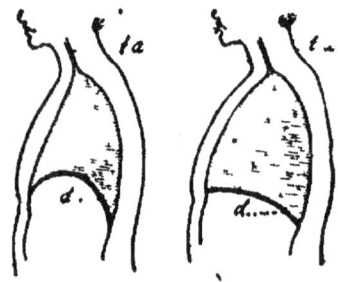

Fig. 22 et 23. — Figures théoriques représentant le fonctionnement du diaphragme d; ta, trachée-artère. Dans la figure 22 le diaphragme est relevé lorsqu'on rejette l'air ; dans la figure 23 il est abaissé lorsqu'on aspire l'air.

Chaque fois que nous aspirons l'air, le diaphragme s'abaisse (fig. 23, à droite), et la cavité de la poitrine augmente de volume, comme tout à l'heure le volume de la cloche augmentait lorsque le disque en caoutchouc s'abaissait. L'air entre donc par la trachée-artère dans les poumons, comme il entrait par le tube de verre. Lorsque le diaphragme se relève, (fig. 22), l'air est chassé de nos poumons, comme il était tout à l'heure chassé des poumons qui ont servi à faire l'expérience, lorsque le disque en caoutchouc remontait.

(1) D'une grenouille par exemple. On peut remplacer les poumons par un simple ballon de caoutchouc dégonflé.

---

2. Montrez que ce qui se passe dans les poumons est comparable à ce qui se produit dans cette expérience. Quel est le rôle du diaphragme dans la respiration ?

COURS SUP. 2

28. Hygiène de la respiration.

— 1. Si l'on faisait rentrer de nouveau dans les poumons cet air qui vient d'en sortir, il ne produirait plus le même effet, il ne changerait plus la couleur du sang; cet air est *vicié*.

2. L'air peut être vicié par d'autres causes que la respiration. Tout ce qui brûle, et en général, tout ce qui diminue la pureté de l'air rend cet air moins bon à respirer; c'est pour cela que l'air est toujours plus sain à la campagne que dans la ville. Beaucoup de personnes, surtout des enfants, qui sont malades dans une ville, retrouvent la santé après avoir respiré quelques jours l'air pur de la campagne. C'est pour la même raison que la santé des travailleurs de la campagne est bien meilleure que celle des ouvriers des villes.

3. On a constaté que pendant une heure, la respiration d'un homme viciait à peu près 10 mètres cubes d'air.

4. Si l'on se trouvait enfermé dans une chambre qui n'aurait aucune ouverture, l'air de cette chambre ne pourrait bientôt plus servir à la respiration; on ressentirait une gêne de plus en plus grande et l'on finirait par étouffer, on serait *asphyxié*.

5. Il faut donc que l'air d'une chambre se renouvelle. S'il y a du feu dans cette chambre, le tirage de la cheminée suffit à ce renouvellement : l'air de la chambre est constamment entraîné dans le tuyau de la cheminée et est remplacé par de l'air pur qui arrive par toutes les autres ouvertures de la chambre; mais pour cela, il ne faut pas mettre aux portes et aux fenêtres des bourrelets trop épais qui empêchent l'air de passer; car alors, la cheminée fumerait. S'il n'y a pas de feu, il faut que la chambre soit assez grande ou qu'il y ait des ouvertures, portes ou fenêtres, qui restent ouvertes.

6. C'est surtout pendant la nuit, alors qu'on reste longtemps

---

28. — 1. Si l'on faisait rentrer dans les poumons l'air qui vient d'en sortir, le sang noir se transformerait-il en sang rouge ? — 2. Citez des causes qui peuvent vicier l'air. L'air de la campagne est-il meilleur que celui des villes? Pourquoi ? — 3. Quelle est la quantité d'air vicié en une heure par une seule personne ? — 4. Qu'arriverait-il si l'on restait longtemps enfermé dans une chambre qui n'aurait aucune ouverture ? — 5. Comment se renouvelle l'air d'une chambre où il y a du feu? Quel est l'effet des bourrelets qui ferment trop bien les portes et les fenêtres ? — 6. Dans quelles circonstances l'air non renouvelé a-t-il le plus d'action sur nous?

dans la même chambre que les effets de l'air non renouvelé peuvent avoir de l'action sur nous.

7. Toutefois, même si la chambre était petite, il ne faudrait pas laisser la fenêtre ouverte ; le froid de la nuit produit des effets encore plus mauvais ; cette imprudence pourrait rendre malade les personnes qui sont dans la chambre et surtout causer des maux d'yeux souvent très graves.

24. Le chauffage peut vicier l'air. — 1. Le chauffage par les poêles est moins sain que le chauffage par les cheminées ; un poêle, même avec un bon tirage, ne peut renouveler l'air d'une chambre aussi complètement que le fait une cheminée ; de plus, il y a des poêles qui laissent pénétrer dans la chambre des gaz provenant de la combustion du bois ou du charbon qu'on y brûle ; les poêles de fonte, si généralement employés à cause de leur prix peu élevé, sont presque tous dans ce cas.

2. Un autre inconvénient des poêles, c'est de dessécher beaucoup l'air ; si l'on est resté quelque temps dans une chambre où il y a un poêle, on ressent une grande soif et l'on éprouve des picotements pénibles aux yeux : cette sensation est due à ce que les poumons cèdent beaucoup de vapeur d'eau à l'air, et à ce que les yeux se dessèchent. Il faut pour éviter ces effets ne jamais oublier de mettre de l'eau dans une assiette, sur un poêle : cette eau s'évapore peu à peu et empêche ainsi l'air de devenir trop sec.

3. L'usage des chaufferettes est également malsain, à cause des gaz que dégage le charbon qu'on y met.

4. Le charbon, en effet, quand il brûle dans un endroit où l'air ne se renouvelle pas facilement, donne comme produit de combustion un gaz nommé *oxyde de carbone* qui est un poison énergique ; il suffit de respirer de l'air renfermant une très

---

7. Est-il bon de laisser ouvertes pendant la nuit les fenêtres d'une chambre où l'on couche ?

24. — 1. Le chauffage par une cheminée est-il plus sain que le chauffage par un poêle ? Pourquoi ? — Pourquoi les poêles de fonte sont-ils moins bons que les autres ? — 2. Quel peut être l'effet produit par le dessèchement de l'air d'une chambre où il y a un poêle ? Pourquoi faut-il toujours mettre de l'eau sur un poêle ? — 3. En quoi l'usage des chaufferettes peut-il être malsain ? — 4. Quel est le gaz que dégage le charbon quand il brûle mal ? Quel effet produit l'oxyde de carbone quand il se mêle à l'air qu'on respire ?

petite quantité de ce gaz, pour en ressentir les effets pernicieux, des maux de têtes, des vertiges; si l'on restait quelque temps sous cette action, un véritable empoisonnement se produirait.

5. Cet empoisonnement est dû à ce que le gaz dégagé par le charbon empêche le sang noir de se combiner avec l'oxygène; le sang passe alors dans les poumons sans pouvoir y prendre de l'oxygène; il revient au cœur et de là à toutes les parties du corps, en restant impropre à entretenir la vie.

25. Les mouvements de la poitrine doivent se faire librement. 1. L'air entre dans nos poumons et en sort, environ 17 fois dans une minute; rien ne doit gêner la régularité des mouvements de la poitrine qui causent cette entrée et cette sortie de l'air; il ne faut pas, par exemple, appuyer la poitrine contre la table sur laquelle on travaille, ni avoir des vêtements trop serrés sur la poitrine.

2. Quand on court, les mouvements respiratoires sont très actifs, le sang arrive très vite au cœur, qui bat rapidement et avec force; il se produit alors quelquefois au côté une douleur vive qu'on nomme le *point de côté*; cette douleur est due à ce l'augmentation du volume des poumons qui viennent presser avec force les organes voisins; il faut alors cesser de courir pendant quelques instants, et attendre que la douleur ait complètement cessé avant de recommencer sa course.

RÉSUMÉ.

19. Composition de l'air. — L'air est un mélange de deux gaz, qui contient environ une partie de gaz *oxygène* et quatre parties de gaz *azote*. L'oxygène est un gaz qui rallume une allumette encore rouge; l'azote au contraire éteint une allumette enflammée. Un animal placé dans l'oxygène respire plus activement que dans l'air; placé dans l'azote, un animal ne peut plus respirer.

20. Respiration. — Par la respiration, on absorbe l'oxygène de l'air et l'on renvoie du gaz carbonique, gaz qui éteint aussi

---

5. A quoi est dû l'empoisonnement par l'oxyde de carbone?

25 — 1 Combien de fois environ l'air entre-t-il et sort-il dans les poumons en une minute? Citez des circonstances où les mouvements de la poitrine ne pourraient pas se faire régulièrement? — 2. A quoi est dû le point de côté?

une allumette enflammée, mais qui se distingue de l'azote en ce qu'il trouble l'eau de chaux.

Cet échange de gaz entre l'organisme et l'atmosphère, constitue la *respiration* et a pour résultat la transformation du sang noir en sang rouge. Le sang noir est chargé de gaz carbonique qui est rejeté au dehors, et se transforme en sang rouge en absorbant de l'oxygène.

24. Appareil respiratoire. — L'appareil respiratoire se compose essentiellement des parties suivantes :

1° La *trachée-artère*, tube dont la partie supérieure (*larynx*) communique avec l'arrière-bouche et par conséquent avec le nez et la bouche, par où les gaz peuvent être introduits ou rejetés. La trachée-artère se divise, à la base, en deux ramifications principales qui sont les bronches.

2° Les *poumons* forment comme deux sacs situés à droite et à gauche de la poitrine. Chaque poumon est constitué par l'ensemble des ramifications de plus en plus petites de la bronche qui lui correspond. A la surface des dernières ramifications des bronches viennent se ramifier les capillaires des poumons. Ces capillaires relient les artères pulmonaires amenant le sang noir, aux veines pulmonaires qui ramènent au cœur le sang devenu rouge dans les poumons par son contact avec l'air.

22. Comment l'air entre dans les poumons. — La cavité de la poitrine est fermée en bas par une sorte de lame mobile appelée *diaphragme*; lorsque le diaphragme est abaissé par les mouvements de la respiration, la cavité de la poitrine augmente de volume; l'air, en passant par le nez ou la bouche, puis par l'arrière bouche et la trachée-artère, entre dans les poumons. Au contraire, lorsque le diaphragme se relève, l'air mêlé de gaz carbonique est chassé des poumons et rejeté au dehors par le nez ou par la bouche.

23. Hygiène de la respiration. — L'air que l'on a respiré est vicié, il ne peut plus servir à la respiration; il faut donc nécessairement que l'air d'une chambre où l'on se tient soit fréquemment renouvelé. Le courant d'air causé par le tirage des poêles et surtout par celui des cheminées, est très utile à cet effet; mais il faut absolument que tous les gaz produits par la combustion soient entraînés par le tirage; certains de ces gaz sont de véritables poisons.

Tout ce qui tend à gêner les mouvements réguliers de la poitrine est un obstacle à la respiration et doit être évité.

QUATRIÈME LEÇON.

Squelette, sensibilité et mouvement.

26. Squelette. — 1. Le corps de l'homme renferme des parties dures appelées ordinairement *os* et qui servent à soutenir les autres organes. C'est l'ensemble de ces parties dures, formant en quelque sorte la charpente du corps de l'homme, qui se nomme le *squelette* (fig. 25). A chaque partie du corps correspond une partie du squelette. On peut diviser le squelette en trois parties : la *tête*, le *tronc*, les *membres*. La tête, le tronc, les membres, renferment des os particuliers que nous allons étudier successivement.

2. *Os de la tête.* — Vers le haut de la tête, nous voyons que les os forment une large boîte à peu près arrondie qui renferme et protège le cerveau, c'est le *crâne* (1 2, 3, 4, fig. 24). Il suffit d'un peu d'attention pour reconnaître que le crâne est formé de plusieurs os. Sur les bords de ces os, nous voyons de fines dentelures (fig. 24) qui s'engrènent exactement sur celles de l'os voisin. C'est à cette disposition que le crâne doit sa solidité. Les plus importants de ces os sont :-les deux os *pariétaux* (2, fig. 24), qui forment la partie supérieure du crâne ; l'os *frontal* 3 en avant, vers le front, l'os *occipital* 1 en arrière, vers la nuque, et les deux os *temporaux* 4 qui sont les os des tempes. En bas, la boîte du crâne est fermée par deux os, l'*ethmoïde* et le *sphénoïde*, os de la tête cachés dans l'intérieur de la tête. On voit seulement une partie du *sphénoïde* à l'extérieur (10, fig. 24).

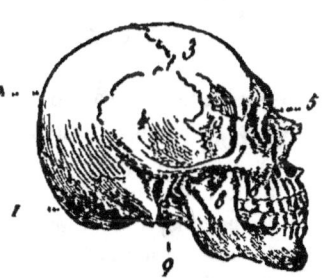

Fig 24. — Os de la tête. 1, occipital; 2, pariétal; 3, frontal; 4, temporal; 5, os du nez; 6, maxillaire supérieur; 7, os des joues; 8, maxillaire inférieur; 9, trou occipital par où passe la moelle; 10, sphénoïde.

---

26. — 1. Qu'est-ce que les os ? Qu'est-ce que le squelette ? Comment divise-t-on le squelette ? — 2. Qu'est-ce que le crâne ? Le crâne est-il formé de plusieurs pièces ? Citez les principaux os du crâne ?

SQUELETTE, SENSIBILITÉ ET MOUVEMENTS. 25

3. En avant de la tête, nous voyons d'autres os, ce sont les *os de la face* (F, fig. 25) : les deux *os du nez* (5, fig. 24) ; les

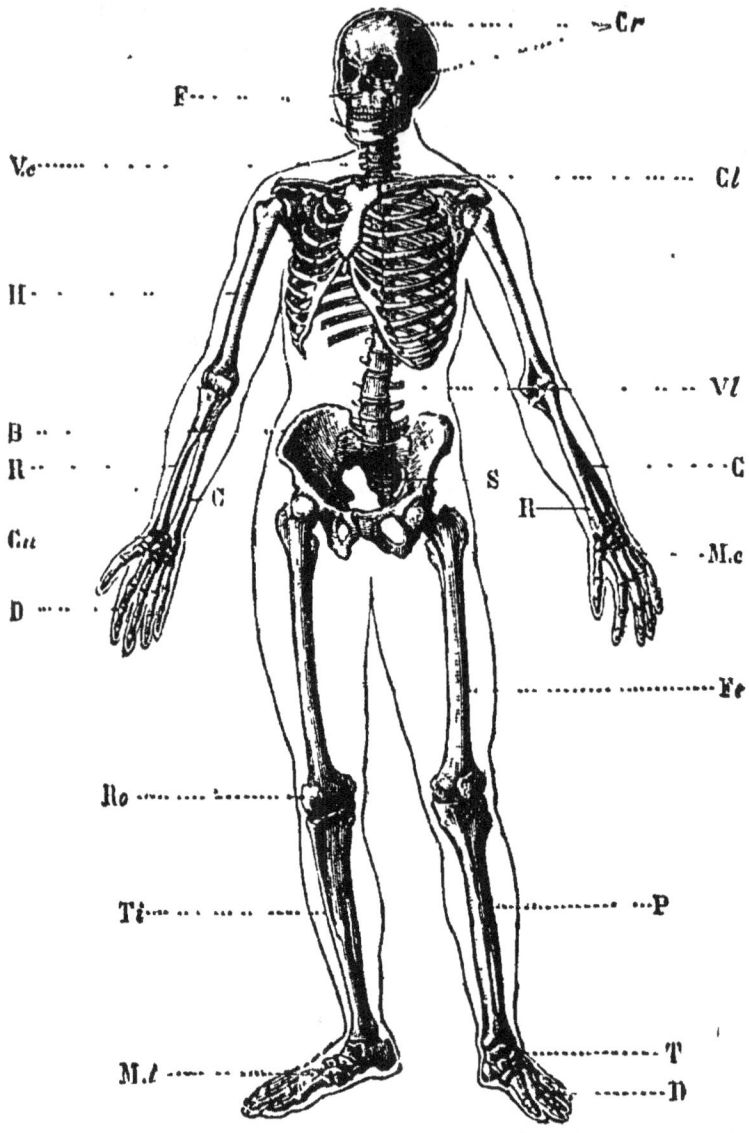

Fig. 25. — Ensemble des os de l'homme. Cr, os du crâne ; F, os de la face ; Vc, vertèbres cervicales ; Cl, clavicule ; O, (en blanc) omoplate, Vl, vertèbres lombaires ; H, humérus ; C, cubitus ; Ca, os du carpe ; Mc, os du métacarpe ; D, os des doigts ; B, os du bassin ; S, sacrum ; Fe, fémur ; Ro, rotule ; Ti, tibia ; P, péroné ; Mt, Tb, os du pied.

3. Citez les principaux os de la face. Quel est le seul os de la tête qui soit mobile ?

deux *os des joues* (7, fig. 24), qui forment les pommettes; l'*os maxillaire supérieur* (6, fig. 24) et l'*os maxillaire inférieur* (8, fig. 24). Ce dernier est le seul os de la tête qui soit mobile. C'est grâce aux mouvements de cet os que les dents peuvent broyer les aliments. Tous les autres os de la tête sont invariablement liés les uns aux autres, et c'est seulement leur ensemble qui peut tourner sur le cou.

4. *Os du tronc.* — Passons maintenant à l'examen du tronc. En dessous de l'os occipital vient s'articuler une série d'os empilés les uns sur les autres (Vc, Vl, fig. 25.) Chacun de ces os est une *vertèbre;* leur ensemble forme la *colonne vertébrale.* Examinons séparément une des vertèbres : en avant, se trouve une partie pleine en forme de disque arrondi (C. fig. 26), c'est le *corps* de la vertèbre; par derrière, du côté du dos, la vertèbre est creusée d'un trou et forme une sorte d'anneau qui porte trois prolongements, un sur chaque côté (*al, al*, fig. 26) et l'autre par derrière *ae*.

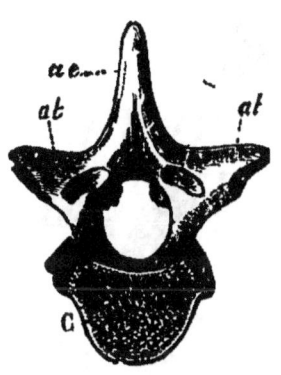

Fig. 26. — Vertèbre; C, corps de la vertèbre; *ae* prolongement de la vertèbre du côté du dos; *al, al*, prolongements latéraux.

5. Les vertèbres s'empilent les unes sur les autres de façon à ce que le corps de l'une repose sur le corps de celle de dessous; de cette manière, les anneaux sont superposés et forment un canal qui s'étend tout le long de la colonne vertébrale. Dans le cou, on compte sept vertèbres analogues à celles que nous avons décrites; ce sont les vertèbres du cou ou *vertèbres cervicales* (Vc, fig. 25).

6. Au dessous du cou, nous voyons d'autres vertèbres; comme elles sont rangées tout le long du dos, ce sont les

---

4. Citez les principaux os qui forment le tronc. Décrivez une vertèbre. Qu'est-ce que la colonne vertébrale ? — 5. Quelle est la disposition des vertèbres les uns par rapport aux autres ? Qu'est-ce que les vertèbres cervicales ? Combien y en a-t-il ? — 6. Qu'est-ce que les vertèbres dorsales ? Quels sont les os qui viennent se fixer aux vertèbres dorsales ? A quels os les côtes se relient-elles en avant de la poitrine ? Toutes les côtes se relient-elles directement au sternum ?

vertèbres dorsales; elles ont à peu près la même forme que les vertèbres du cou, mais elles s'en distinguent en ce que sur chaque vertèbre dorsale viennent se fixer deux arcs osseux que tout le monde connaît sous le nom de *côtes*. Par devant, les côtes se relient à un os plat (*sternum* ou os de la poitrine) qui se trouve au milieu de la poitrine (voyez figure 25). Cependant le sternum n'occupe que la partie supérieure de la poitrine et les côtes inférieures ne peuvent s'y rattacher directement.

7. Il y a 12 paires de côtes et par conséquent 12 vertèbres dorsales. Les 7 premières paires de côtes qui s'insèrent directement sur le sternum sont les *côtes proprement dites*, les autres sont les *fausses côtes*.

8. L'ensemble des côtes, des vertèbres dorsales et du sternum forme, nous le voyons, une sorte de cage largement ouverte par le bas : on l'appelle *cage thoracique*, du nom de *thorax* qu'on a donné à l'ensemble de la cage et de son contenu. La cage thoracique sert à protéger le cœur et les poumons.

9. La colonne vertébrale se continue au-dessous des côtes dans la région qu'on appelle les lombes ; de là le nom de *vertèbres lombaires* (Vl, fig. 25) que nous donnerons aux vertèbres situées au-dessous des vertèbres dorsales. Les vertèbres lombaires ressemblent aux vertèbres dorsales, mais elles ne portent pas de côtes ; elles sont au nombre de 5.

10. En somme, nous avons trouvé dans le squelette du tronc : la colonne vertébrale qui comprend 7 vertèbres cervicales, 12 vertèbres dorsales et 5 vertèbres lombaires ; 7 paires de côtes venant s'insérer sur le sternum et 5 paires de fausses côtes : en tout, 12 paires de côtes portées par les 12 vertèbres dorsales. A la suite des vertèbres lombaires, on voit, sur la figure 25, un os S appelé *sacrum* se prolongeant par un autre os bien plus petit, le *coccyx* qui termine la colonne vertébrale.

---

7. Combien y a-t-il de paires de côtes ? Comment divise-t-on les côtes ? Combien y a-t-il de vertèbres dorsales ? — 8 Qu'appelle-t-on cage thoracique ou thorax ? Quels sont les organes enfermés dans la cage thoracique ? — 9. Qu'est-ce que les vertèbres lombaires ? Portent-elles des côtes ? Combien y a-t-il de vertèbres lombaires ? — 10 En somme combien y a-t-il de vertèbres et combien y a-t-il de côtes ? Quels sont les os qui terminent la colonne vertébrale à la base ?

11. A la partie supérieure de la cage *thoracique*, on trouve deux os de chaque côté; l'un de ces os large et plat est appliqué sur les côtes du côté du dos, c'est l'*omoplate* (O, marqué en blanc sur la fig. 25); l'autre, appelé *clavicule* (Cl, fig. 25), est mince et arrondi, et s'attachant d'un côté sur le sternum, va de l'autre côté rejoindre l'omoplate sur l'épaule. Chacun des membres supérieurs est ainsi solidement relié au tronc par deux os.

A la partie inférieure du tronc, se trouve une sorte de ceinture très solide qui forment les os du bassin. Ces os du bassin sont reliés en arrière à l'os nommé *sacrum* qui est formé de vertèbres soudées entre elles.

12. C'est vers le point de jonction de l'omoplate et de la clavicule que nous voyons s'insérer l'os du bras (H, fig. 25)(1) appelé *humérus*. Le bras peut se mouvoir dans toutes les directions autour de l'épaule; cela tient à la manière dont il est articulé. Nous voyons, en effet, que l'humérus se termine par une sorte de tête arrondie mobile dans une cavité de l'omoplate où elle va s'insérer.

Après le bras, vient l'avant-bras qui contient deux os. L'un le *cubitus* (C, fig. 25), forme le coude par son extrémité qui vient s'articuler sur l'humérus. Cette articulation est telle que lorsque l'humérus est immobile, le cubitus ne peut se mouvoir que dans un seul plan; on peut s'en convaincre en se prenant le bras gauche, au-dessus du coude, avec la main droite et en remuant l'avant-bras gauche. Si le bras ne tourne pas, les mouvements de l'avant-bras ne peuvent se faire que dans un seul plan. L'avant-bras ne peut se mouvoir que dans un plan, mais il peut tourner sur lui même; c'est ainsi que nous pouvons faire tourner notre main sur elle-même

---

(1) En description anatomique, on réserve le nom de *bras* à la partie du membre supérieur qui va de l'épaule au coude.

---

11. Qu'est-ce que l'omoplate? Qu'est-ce que la clavicule? Qu'est-ce que les os du bassin? Qu'est-ce que le sacrum? — Décrivez l'ensemble des os formant la cage thoracique. — **12.** Quel est l'os qui forme le bras? Comment l'humérus vient-il s'insérer par la cage thoracique? Quels sont les os qui forment l'avant-bras? Quelle est la différence entre les mouvements du radius et ceux du cubitus? Quels sont les os du poignet et de la main?

sans remuer le bras, en tournant seulement l'avant-bras. Cela tient au mode d'articulation du second os de l'avant-bras, le *radius* (R, fig. 25). C'est qu'en effet le radius peut tourner autour du cubitus sans que ce dernier os se meuve. Le poignet et la main sont formés de plusieurs os reliés les uns aux autres auxquels font suite les os des doigts (Ca, Mc et D, fig. 25) (1).

13. Les membres inférieurs se rattachent au tronc par les gros os du *bassin* (B, fig. 25) qui sont réunis en arrière par le *sacrum* (S, fig. 25).

Dans une cavité des os du bassin vient s'articuler l'os de la cuisse (F, fig. 25) appelé *fémur*. Cette articulation est comparable à celle de l'huméius sur l'omoplate ; aussi la cuisse peut-elle tourner dans tous les sens autour du bassin.

14. De même que la cuisse renferme un os correspondant à l'os du bras, la jambe en renferme deux correspondant aux deux os de l'avant-bras. Le *tibia* (Ti, fig. 25) est comparable au cubitus et peut se mouvoir dans une seule direction autour de son articulation avec le fémur. Près de cette articulation, nous remarquons un petit os arrondi dont l'analogue n'existe pas dans le bras, c'est la *rotule* (Ro, fig. 25). Le *péroné* P correspond au radius, mais il ne peut pas tourner autour du tibia comme le radius tourne autour du cubitus. Pour tourner le pied, on est donc obligé de tourner en même temps la jambe et la cuisse.

Le squelette du pied présente à peu près la même composition que celui de la main ; il est formé d'un certain nombre d'os (os du *tarse* (T, fig. 25) et du *métatarse* (Mt, fig. 25) sur lesquels viennent s'attacher les doigts.

27. Sensibilité; Nerfs. — 1. Nous avons étudié jusqu'ici les principaux organes qui servent à entretenir la vie, sans nous occuper de la façon dont l'homme peut entrer en rapport

(1) Les os du poignet s'appellent os du *carpe* (Ca, fig. 25), ceux de la main os du *métacarpe* (Mc, fig 25) et ceux des doigts *phalanges* (D, fig 25)

---

13. Comment les membres inférieurs se rattachent-ils au tronc ? Comment se nomme l'os de la cuisse ? — 14. Quels sont les os de la jambe ? Quelle différence y a-t-il entre les mouvements du tibia et du péroné et ceux des os correspondants de l'avant-bras ? Qu'est-ce que la rotule ? — 15 Quels sont les os du pied?

27. — 1. Qu'est-ce que la sensibilité ? Donnez des exemples de la sensibilité

avec les objets qui l'entourent. Nous savons tous cependant que presque chaque partie de notre corps peut servir à nous rendre compte de ce qui nous environne : nos yeux nous font connaître la couleur et la forme des objets; nos oreilles nous font percevoir les sons produits dans notre voisinage; nos doigts nous permettent d'apprécier la forme, la dureté, la température de ce que nous touchons. Cette faculté que nous avons de percevoir des impressions a reçu le nom de *sensibilité*.

2. Toutes les parties du corps sont plus ou moins sensibles. Ainsi, si nous piquons avec une épingle un point quelconque de notre bras, nous ressentons immédiatement une impression de douleur. Mais à quoi donc devons-nous de ressentir cette impression ? Si l'on pouvait examiner avec soin la partie de notre bras qui a été piquée, on y verrait de petits filets blancs qu'on nomme *nerfs* qui se ramifient à l'intérieur des chairs. Dans les autres parties du corps ces filets blancs existent aussi et sont d'autant plus nombreux que la région qu'on examine est plus sensible. De plus, lorsque par suite d'un accident ou d'une opération, l'un de ces filets a été coupé, toute la partie du corps où ce filet se ramifiait devient insensible. Ces nerfs sont donc les organes de la sensibilité. Dans toutes les parties du corps qui peuvent nous transmettre

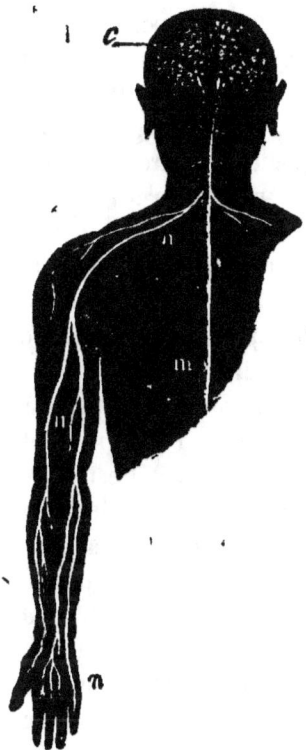

Fig. 27. — Les nerfs *n*, en se séparant de la moelle *m*, se ramifient dans tout le corps. Les nerfs sensitifs portent au cerveau, les sensations qu'ils reçoivent. Les nerfs moteurs transmettent aux muscles les ordres que donne le cerveau.

---

2. Montrez que toutes les parties du corps sont sensibles. Au moyen de quels organes ressentons-nous les impressions ? Qu'arrive-t-il si un nerf est coupé ?

SQUELETTE, SENSIBILITÉ ET MOUVEMENTS. 41

des impressions nous trouvons des nerfs; aux yeux aboutissent des nerfs sans lesquels nous ne pourrions pas voir; les oreilles ont d'autres nerfs sans lesquels nous ne pourrions entendre.

28. Moelle épinière; cerveau. — 1. Suivons l'un des petits nerfs dont nous venons de parler; dans le bras, par exemple, nous voyons qu'il se réunit à d'autres nerfs semblables à lui (fig. 27). Il se forme ainsi un nerf plus gros (*n, n*, fig. 27) qui remonte tout le long du bras et se dirige vers la colonne vertébrale. Là, nous voyons ce nerf passer par l'intervalle de deux vertèbres et se réunir à un gros cordon nerveux que nous appellerons *moelle épinière* (*m*, fig. 27). La moelle épinière est renfermée dans le canal formé par la superposition des vertèbres, elle reçoit les nerfs venant des différentes parties du corps. Nous voyons une paire de nerfs arriver à chaque intervalle qui sépare une vertèbre de sa voisine ; il y a donc autant de paires de nerfs que de vertèbres.

2. A la partie supérieure de la colonne vertébrale, la moelle épinière se réunit, par le trou de l'os occipital, à une masse blanchâtre qui est le *cerveau* (fig. 28). Le cerveau est formé par une matière analogue à celle de la moelle épinière et des nerfs. A son point de jonction avec la moelle épinière, se trouve un renflement appelé *cervelet* (*c*, fig. 28). La partie supérieure du cerveau présente de nombreuses circonvolutions; elle est divisée en deux moitiés qui ont reçu le nom d'*hémisphères* (C, fig. 28).

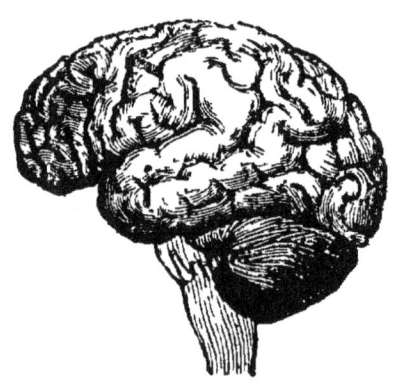

Fig. 28. — Cerveau de l'homme, vu de côté. C, hémisphères ; c, cervelet.

---

28. — 1. Où vont se rattacher les petits nerfs que l'on peut observer à la surface des corps ? Par quoi est formée la moelle épinière ? Dans quoi est enfermée la moelle épinière ? Comment les nerfs arrivent-ils à la moelle épinière? — 2. Comment se termine la partie supérieure de la moelle épinière ? Qu'est-ce que le cerveau ? Qu'est-ce que le cervelet ? Qu'appelle-t-on hémisphères du cerveau ?

3. Tous les nerfs se relient donc au cerveau, soit par l'intermédiaire de la moelle épinière, comme les nerfs du bras que nous venons d'examiner, soit directement au cerveau, comme ceux du nez ou des yeux, par exemple.

4. Les nerfs qui, par suite d'un accident ne communiquent plus avec le cerveau, ne peuvent nous transmettre aucune impression. Le cerveau est donc l'organe qui nous fait percevoir les impressions que les nerfs lui transmettent des différentes parties du corps.

29. Nerfs sensitifs et nerfs moteurs. — **1.** Ce sont les nerfs qui nous permettent de sentir. Mais tous les nerfs servent-ils à la sensibilité ? Il peut arriver dans certains accidents qu'un nerf soit coupé et que la partie du corps où se rend ce nerf reste sensible. Mais alors, cette partie du corps demeure privée de mouvements, elle est paralysée. Il y a donc des nerfs qui servent à la sensibilité et d'autres qui servent aux mouvements. Dans les différentes parties du corps on trouve en effet deux sortes de nerfs qui ont exactement la même apparence, les uns sont les *nerfs sensitifs,* les autres les *nerfs moteurs ;* tous vont rejoindre la moelle épinière et le cerveau.

Il y a de nombreux nerfs qui sont formés par la réunion d'un nerf moteur et d'un nerf sensitif ; ce sont des nerfs mixtes qui servent à la fois à la sensibilité et au mouvement.

2. L'existence de ces deux sortes de nerfs, moteurs et sensitifs, nous explique comment certains membres peuvent rester sensibles en cessant d'être mobiles, ou rester mobiles en cessant d'être sensibles. C'est seulement lorsque les nerfs moteurs et sensitifs qui se rendent dans un membre sont altérés à la fois, que le membre est en même temps insensible et paralysé.

3. Mais si les nerfs moteurs et les nerfs sensitifs sont indépendants les uns des autres, ils se complètent néanmoins, et

---

3. Comment les nerfs se relient-ils au cerveau ? — 4. Quelle est la fonction du cerveau ? Donnez la preuve de la fonction du cerveau ?

29. — 1. Combien y a-t-il de sortes de nerfs ? Montrez la différence qui existe entre les nerfs sensitifs et les nerfs moteurs ? Qu'appelle-t-on nerfs mixtes ? — 2. Expliquez quelques faits qui montrent l'indépendance des nerfs moteurs et des nerfs sensitifs. — 3. Citez un exemple qui montre l'action combinée des nerfs moteurs et des nerfs sensitifs.

c'est grâce aux services que nous rendent les uns et les autres que nous pouvons nous mettre en rapports avec les objets extérieurs. Un exemple nous fera comprendre comment fonctionnent les différentes parties du système nerveux dans un cas déterminé. Si nous approchons notre main très près d'une bougie, nous ressentons d'abord une sensation de chaleur désagréable, puis nous retirons notre doigt. Voyons comment cela peut s'expliquer. La chaleur de la bougie agit sur les ramifications du nerf sensible qui vient se terminer sous la peau de la main. Ce nerf transmet la sensation de chaleur à la moelle épinière, et la moelle épinière la transmet au cerveau. C'est alors seulement que nous avons conscience de la sensation de chaleur. En même temps que la chaleur, nous ressentons une gêne provenant de l'excès même de cette chaleur et nous voulons retirer notre main; mais nous ne pouvons le faire que lorsque notre volonté de retirer la main est passée du cerveau à la moelle épinière et de la moelle épinière à la main par l'intermédiaire d'un nerf moteur.

4. Les nerfs sensitifs servent donc à transmettre à la moelle épinière, et de là au cerveau, les impressions reçues dans les différentes parties du corps, et les nerfs moteurs ont pour rôle de transmettre aux différentes parties du corps les ordres de mouvements venus du cerveau par la moelle épinière.

30. Muscles. — 1. Les nerfs peuvent nous servir à ressentir des impressions et à faire des mouvements. Pour le premier usage les nerfs seuls sont suffisants; mais pour le second, il n'en est pas de même : un nerf seul ne peut effectuer un mouvement, il faut qu'il s'unisse à d'autres organes que nous allons étudier maintenant.

2. Presque tous les os sont recouverts d'une substance molle qu'on appelle généralement la chair, nous donnerons le nom de *muscles* à la partie rouge de la chair, celle qui constitue la viande chez les animaux de boucherie. C'est dans les muscles que viennent se terminer les nerfs du mouvement.

---

4. Résumez l'action des nerfs moteurs et des nerfs sensitifs
30. — 1. Les nerfs sont-ils suffisants pour exécuter des mouvements?
— 2. A quoi faut-il qu'un nerf soit uni pour faire exécuter des mouvements au corps? Décrivez un muscle. Donnez un exemple d'un mouvement produit par un muscle.

Sous l'action de ces nerfs, les muscles se contractent et par conséquent se raccourcissent, leurs deux bouts se rapprochent donc ; si ces deux bouts sont attachés sur deux os différents et mobiles l'un par rapport à l'autre, ces deux os se rapprocheront et un mouvement se trouvera ainsi effectué.

3. Pour nous rendre mieux compte de la façon dont se fait un mouvement, examinons ce qui se passe lorsque nous rapprochons notre main de notre épaule. Dans le bras, se trouve un muscle b (*fig.* 29) appelé *biceps*, qui s'attache d'un côté

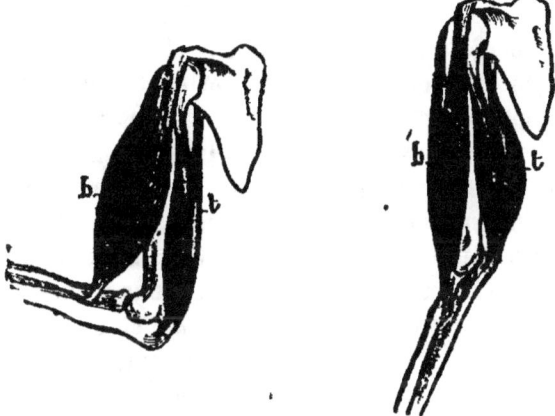

Fig. 29. — b, biceps ; t, triceps. — Les biceps en se contractant (fig. de gauche) rapproche le bras de l'avant-bras ; le triceps en se contractant (fig. de droite) eloigne le bras de l'avant-bras.

sur le haut de l'humérus, de l'autre côté sur le radius. Un autre muscle *t* appelé *triceps* est situé de l'autre côté de l'humérus et s'attache en bas sur le cubitus. Chaque fois que le biceps *b* se contractera, le triceps *t*, sera relaché, et l'avant bras se rapprochera donc du bras en tournant autour de l'articulation du coude, et par conséquent la main se rapprochera de l'épaule (fig. 29, à gauche). Cette position persistera aussi longtemps que le biceps restera contracté ; mais dès que la contraction cessera, le triceps *t* se contractant à son tour (fig. 29, à droite) la main s'éloignera de l'épaule.

---

3. Décrivez le jeu des muscles biceps et triceps.

SQUELETTE, SENSIBILITÉ ET MOUVEMENTS.   45

4. Les autres mouvements peuvent s'expliquer d'une façon analogue ; ils sont produits par la contraction d'un muscle qui rapproche ou éloigne deux os. Les muscles eux-mêmes ne se contractent que sous l'action d'un nerf. Les mouvements exigent donc le concours des nerfs et des muscles. On pourrait presque dire que les nerfs commandent le mouvement, et que les muscles l'exécutent.

31. Hygiène des mouvements. — 1. La forme régulière du corps peut être très facilement altérée, si l'on prend la mauvaise habitude de se mal tenir. Le corps garde alors d'une manière définitive l'attitude vicieuse qu'on a prise. Si, par exemple, on s'habitue à ne pas se tenir bien droit, si on laisse la colonne vertébrale se voûter, on ne pourra bientôt plus se redresser complètement et le dos s'arrondira de plus en plus.

2. Il y a aussi des professions qui obligent ceux qui les exercent à garder pendant très longtemps la même attitude, ce qui finit quelquefois par causer des déformations définitives, des difformités.

3. On doit donc faire grande attention à sa tenue, surtout quand on lit ou quand on écrit ; il faut autant que possible, garder la colonne vertébrale bien droite et ne pas trop pencher la tête ; outre l'inconvénient de déformer la taille, l'habitude de se mal tenir peut causer des déplacements d'organes qui occasionnent de nombreuses maladies.

4. La circulation du sang se fait mal dans les muscles qui n'agissent pas ; le manque d'exercice a pour effet de les rendre moins élastiques ; ils se transforment presque entièrement en tendons, ou bien se remplissent de graisse. Dans un cas comme dans l'autre, la souplesse des muscles est assez diminuée pour qu'ils ne puissent plus exécuter sans accident (entorse, foulure, etc.) un mouvement un peu énergique.

---

4. Résumez l'action des nerfs sur les muscles.
31. — 1. Que peut-il arriver si l'on se tient mal ? Donnez en un exemple ? — 2. Comment certaines professions peuvent-elles causer des difformités. — 3. Citez des circonstances habituelles où l'on doit faire attention à se bien tenir. Citez un inconvénient de la déformation de la taille — 4. Qu'arrive-t-il si les muscles n'agissent pas ? Que deviennent alors les muscles ? Quels inconvénients cette transformation cause-t-elle ?

5. Le défaut d'exercice est surtout à redouter, quand il est limité à certains muscles, comme cela a lieu, par exemple, dans des usines où les ouvriers font toujours les mêmes mouvements. Les muscles qui exécutent ces mouvements se développent plus que les autres; il peut en résulter des difformités. On doit donc recommander à ces ouvriers, lorsqu'ils ne sont pas au travail, d'exécuter souvent d'autres mouvements que ceux qu'ils font en travaillant.

32. Excès de fatigue; gymnastique. — **1.** Si l'excès du repos est nuisible pour la santé, l'excès de fatigue doit aussi être évité. Quand on a eu accidentellement beaucoup de fatigue, il en résulte une douleur générale dans les muscles, c'est la *courbature*, qui n'est pas habituellement de longue durée.

2. L'exercice exagéré est beaucoup plus dangereux quand l'excès porte sur une trop grande force développée brusquement, si par exemple, on a soulevé des poids très lourds; on peut, dans ce cas, se donner un *effort*, ce qui peut causer les accidents les plus graves.

3. Quand l'excès de fatigue est habituel, il provoque un affaiblissement dans tout l'organisme qui ne peut plus réparer ses pertes, et, généralement, l'amaigrissement se produit. En effet, si l'on se fatigue beaucoup, il faut aussi manger beaucoup, mais il ne faudrait pas croire que l'organisme puisse absorber une quantité de nourriture proportionnée à la fatigue: il y a un moment où la fatigue devient excessive. On est alors arrivé à ce point, précisément, quand les pertes de l'organisme ne peuvent être réparées par la nourriture.

4. L'usage de la gymnastique entretient la vigueur et la souplesse des muscles; elle facilite ainsi la circulation générale du sang, et contribue par conséquent au fonctionnement régulier des organes.

---

5. Quel est le grand inconvénient de ne mouvoir habituellement que certains muscles.

32. — 1. Qu'arrive-t-il si l'on s'est accidentellement fatigué ? — 2. Peut-il y avoir des inconvénients à porter des poids trop lourds ? — 3. Quel est l'effet d'un accès de fatigue habituel ? Peut-on toujours réparer par une bonne nourriture l'affaiblissement produit par la fatigue ? — 4. Quel est l'effet de la gymnastique ?

5. La gymnastique est surtout utile à l'âge ou les organes se développent encore, c'est-à-dire chez les enfants et les jeunes gens.

6. On doit toujours éviter les exercices difficiles et dangereux et ne pratiquer que ceux qui peuvent développer régulièrement et progressivement les forces du corps.

33. Hygiène du système nerveux ; abus des liqueurs fortes, du tabac. — **1.** Le système nerveux est très délicat ; des maladies graves se produisent dès qu'il cesse de fonctionner régulièrement.

Un choc sur la tête ou sur la colonne vertébrale peut avoir les plus fâcheuses conséquences, comme de faire perdre la raison ou de rendre paralytique.

2. Mais le véritable poison pour le système nerveux, c'est l'abus des liqueurs fortes prises à jeun, surtout de l'absinthe ; c'est par milliers qu'il faut compter les hommes qui tous les ans deviennent fous par suite de cette funeste habitude de boire des liqueurs fortes. L'homme ivre devient pendant son ivresse, une brute dangereuse, contre laquelle il faut se mettre en garde. Et même quand l'ivresse s'est dissipée, quelle confiance peut inspirer cet homme qui a pris l'habitude de s'enivrer ? Il promet bien de ne plus boire, mais son cerveau est déjà atteint par le terrible poison ; sa volonté n'a plus la force de dominer sa passion, et cet homme, à la première occasion, manquera aux promesses qu'il a faites cependant avec sincérité.

3. L'usage du tabac a aussi un effet sur le système nerveux ; pour les enfants, chez lesquels le cerveau n'est pas encore entièrement développé, cet usage serait très mauvais : le tabac les rendrait paresseux, leur intelligence deviendrait plus lente.

Pour les grandes personnes, le tabac n'est jamais bien bon,

---

5. A quel âge la gymnastique est-elle surtout utile ? Pourquoi ? — 6. Quels sont les exercices a éviter dans la gymnastique ? Quels sont ceux qu'on doit pratiquer ?

33. — 1. Citez des preuves de la délicatesse du système nerveux 2. Quel est l'un des plus violents poisons qui agit sur le système nerveux ? Quelle est l'une des conséquences les plus fréquentes de l'usage de l'absinthe ? Quel est l'un des premiers effets de l'usage de l'absinthe ? — 3 Quel est l'effet produit par l'usage du tabac chez les enfants ?

mais à moins qu'on n'en fasse abus, ses effets ne sont pas aussi fâcheux.

4. La conséquence la plus à craindre de l'abus du tabac, c'est peut-être la soif que l'on ressent quand on a beaucoup fumé. C'est ainsi que bien des hommes ont commencé à s'habituer peu à peu à la boisson.

RÉSUMÉ

26. Squelette. — L'ensemble des parties dures qui forment comme la charpente du corps de l'homme constitue le *squelette*.

Les diverses pièces dont se compose le squelette sont les *os* qui correspondent aux différentes parties du corps : la tête, le tronc, les membres.

Les principaux os du squelette de l'homme sont les suivants:

1° *Os de la tête.* — Les os de la tête sont les os du crâne et les os de la face.

Les *os du crâne* sont : le frontal, les deux temporaux, les deux pariétaux et l'occipital, en dehors ; l'ethmoïde et le sphénoïde en dedans, séparant le crâne de la face. Les principaux *os de la face* sont les deux os du nez, les deux os des joues, l'os de la mâchoire supérieure et l'os de la mâchoire inférieure ; ce dernier est le seul os de la tête qui soit mobile.

2° *Os du tronc.* — Du côté du dos se trouvent 24 os placés à la suite les uns des autres depuis l'os occipital jusqu'à la base du tronc. Ces os sont des vertèbres, et leur ensemble forme la colonne vertébrale.

On distingue les vertèbres suivantes :

7 vertèbres cervicales situées au-dessous de la tête et qui ne portent pas d'autres os;

12 vertèbres dorsales situées au-dessous des premières ; chacune de ces vertèbres porte un paire de côtes ;

5 vertèbres lombaires situées au-dessous des vertèbres dorsales et ne portant pas de côtes;

En tout 24 vertèbres.

Les côtes sont des os allongés, au nombre de 12 paires partant des vertèbres dorsales ; les sept premières paires de côtes se rattachent directement au sternum, os situé en avant de la poitrine.

---

4. Quelle est, chez les grandes personnes, une des conséquences les plus à craindre dans l'usage du tabac ?

SQUELETTE, SENSIBILITÉ ET MOUVEMENTS.

Au-dessous des vertèbres lombaires, se trouvent le sacrum et le coccyx, qui terminent la colonne vertébrale.

3° Os des membres. — Chaque membre supérieur est relié au tronc par deux os, l'omoplate en arrière et la clavicule en avant. De l'omoplate, part l'humerus ou os du bras qui se continue par les deux os de l'avant-bras, le cubitus et le radius ; ce dernier porte les os du poignet qui se continuent à leur tour par les os de la main et des doigts (phalanges).

Chaque membre inférieur est relié au sacrum par une masse osseuse appelée os du bassin ; au bassin vient se rattacher l'os de la cuisse (fémur) qui se continue par les os de la jambe (péroné et tibia) ; le dernier porte les os du pied.

27 à 28. Système nerveux. — Le système nerveux est l'appareil de la sensibilité et des mouvements. C'est grâce au système nerveux que l'on ressent les impressions ; c'est par le système nerveux et avec l'aide des muscles que se font et se règlent les divers mouvements du corps.

Les *nerfs*, petits cordons blancs qui sont répandus dans toutes les parties du corps à côté des artères et des veines, viennent tous se réunir plus ou moins directement à la *moelle épinière* et au *cerveau*. La moelle épinière est un long cordon nerveux logé dans la colonne vertébrale ; elle se termine par le cerveau, grosse masse nerveuse qui remplit l'intérieur du crâne. On distingue à la base du cerveau, et en arrière, un renflement appelé cervelet ; au-dessus et recouvrant le cervelet, sont les deux hémisphères du cerveau.

29. Nerfs sensitifs et nerfs moteurs. — Dans les différentes parties du corps, on trouve deux sortes de nerfs qui ont tout à fait le même aspect ; les uns sont les *nerfs sensitifs* qui transmettent les sensations à la moelle épinière et au cerveau où ces sensations sont perçues ; les autres sont les *nerfs moteurs* qui, du cerveau et de la moelle épinière, se rendent dans les diverses parties du corps où ils président aux mouvements.

30. Mouvements. — Pour produire des mouvements, il faut que les nerfs moteurs soient unis aux *muscles*, masses qui forment ce qu'on nomme ordinairement la chair, et qui constitue la viande chez les animaux de boucherie.

Sous l'action des nerfs, les muscles se contractent et produisent un mouvement. Si les muscles ainsi contractés sont attachés par leurs deux extrémités à des os différents, ils peuvent rapprocher ces os l'un de l'autre. C'est ainsi que l'avant-bras peut se mouvoir sur le bras, c'est pour la même raison que la mâchoire inférieure peut s'abaisser, etc.

31 à 32. Hygiène des mouvements. — Le corps peut

garder facilement d'une manière définitive la forme qu'on lui fait prendre habituellement; ainsi est-il mauvais de s'habituer à se tenir mal. Les muscles qui n'agissent pas perdent leur élasticité. Il faut, autant que possible, faire fonctionner tous les muscles du corps.

L'excès de fatigue accidentel cause une courbature ou un effort.

L'usage de la gymnastique, régulier et méthodique développe la force et la souplesse. La gymnastique est très utile aux enfants et aux jeunes gens; mais tous les exercices trop violents ou dangereux doivent être évités.

33. Hygiène du système nerveux. L'usage des liqueurs fortes a les plus funestes influences sur le système nerveux; l'abus des boissons alcooliques est cause de graves maladies; l'abus du tabac a aussi de fâcheuses conséquences.

CINQUIÈME LEÇON

Organes des sens

34. Œil. — 1. Un œil, vu de face, présente une partie blanche (S, fig. 30) ordinairement appelée blanc de l'œil et une partie colorée, arrondie, située au milieu de la partie blanche. Dans la région colorée elle-même, nous pouvons distinguer deux régions. Tout autour, nous voyons un anneau (I, fig. 30) brun, bleu ou gris, selon les individus: c'est l'*iris*; et, vers le centre, un cercle noir P qui n'est autre chose qu'un trou percé dans l'iris : c'est la *pupille*.

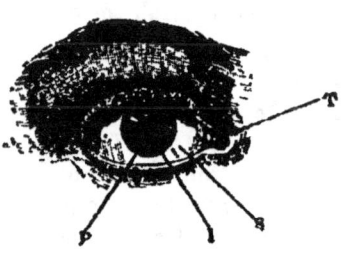

Fig. 30. — Œil vu de face. — S, sclérotique (blanc de l'œil); I, iris; P, pupille: T, trou lacrymal, par où les larmes se rendent dans les fosses nasales.

---

34. — 1. Décrivez un œil vu de face. Qu'est-ce que l'iris ? — Qu'est-ce que la pupille ?

ORGANES DES SENS.

2. En relevant les paupières, replis de la peau qui recouvrent l'œil en haut et en bas, on peut voir que le blanc des yeux se continue encore au delà de la partie visible ordinairement. L'œil a, en effet, la forme d'une boule (globe de l'œil) logée dans une cavité appelée *orbite*, qui est creusée dans les os de la tête. L'œil est mobile dans son orbite, et la pupille se tourne toujours du côté des objets que nous voulons voir.

3. Mais comment l'œil peut-il nous faire voir les objets qui sont devant la pupille? Une expérience bien facile va nous le montrer. Prenons une lentille de verre (L, fig. 31) formée,

Fig. 31. — En plaçant une lentille L devant une fenêtre F, on voit sur une feuille de papier l'image renversée *f*, de la fenêtre.

comme on sait, par un disque de verre bombé sur ses deux faces et plaçons-la devant la fenêtre F. En mettant une feuille de papier à quelques centimètres derrière la lentille, nous voyons se former sur la feuille de papier une image réduite et renversée de la fenêtre (*f*, fig. 31).

4. Si l'on perfectionne un peu cette expérience, on obtient un bien meilleur résultat. Mettons devant la lentille une plaque percée d'un trou qui ne laissera venir la lumière que des objets dont nous voulons avoir l'image; derrière la lentille, mettons une boite C, peinte en noir à l'intérieur, dans laquelle se fera l'image (fig. 32). Cette boite obscure rendra l'image plus visible en empêchant la lumière d'arriver de côté.

---

2. Quelle est la forme de l'œil tel qu'on le voit si l'on relève les paupières? Qu'est-ce que l'orbite de l'œil? — 3. Comment l'œil nous fait il voir les objets qui sont devant la pupille? — 4. Décrivez une expérience qui montre comment les nerfs des yeux peuvent recevoir l'impression des objets qui sont devant eux?

Mettons enfin, là où doit se faire l'image, une plaque de verre dépoli (*g*, fig. 32), nous aurons un véritable appareil de

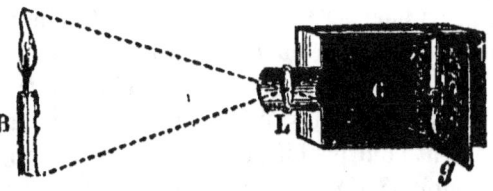

Fig. 32. — Une bougie B fait son image renversée *b* sur une glace en verre dépoli *g* qui est au fond d'une chambre noire C ; L, lentille.

photographie. Nous verrons se former sur la plaque une image très nette et renversée *b* des objets situés devant l'appareil, par exemple de la bougie B.

Cette expérience va nous faire comprendre comment les nerfs des yeux peuvent recevoir une impression des objets qui sont devant nous.

5 Examinons maintenant un œil coupé en deux parties par

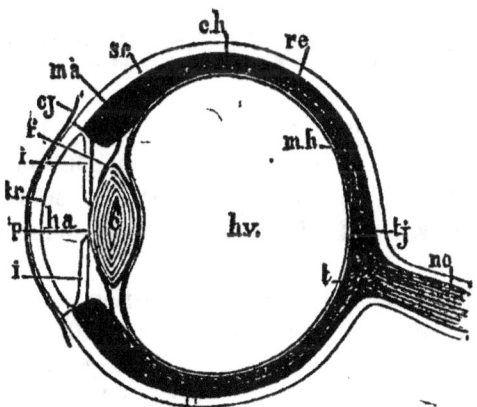

Fig. 33. — Œil coupé d'avant en arrière. — *i*, iris ; *p*, pupille ; *c*, cristallin, *re*, rétine ; *ch*, choroïde ; *sc*, sclérotique ; *c.tr*, cornée transparente ; *cj*, conjonctive ; *h a*, humeur aqueuse ; *h v*, humeur vitrée ; *mh*, membrane hyaloïde ; *t*, tache aveugle ; *tj'*, tache jaune ; *no*, nerf optique ; *ma*, muscles accommodateurs.

un plan vertical (fig. 33). On peut remarquer que l'enveloppe

---

6. Que remarque-t-on sur la partie antérieure de la sclérotique ?

blanche (*sc*, fig. 33) (*sclérotique*) qui entoure l'œil devient transparente en avant *c*, *tr* ; c'est pour cela que nous pouvons voir l'iris *i* et la pupille *p* situés par dessous.

6. En arrière de la pupille, se trouve un corps transparent bombé sur ses deux faces (*c*, fig. 33), tout à fait semblable au verre d'une loupe: c'est le *cristallin* (1). Derrière le cristallin, la sclérotique est tapissée à l'intérieur par une enveloppe noire (*ch*, fig. 33) appelée *choroïde*, qui joue le rôle de la boîte noircie à l'intérieur que nous avons mise derrière la loupe. Enfin la choroïde se double d'une membrane (*re*, fig. 33), appelée *rétine*, qui n'est autre chose que le prolongement du gros nerf *no* que nous voyons arriver par derrière l'œil. C'est sur la rétine que se feront les images, comme tout à l'heure elles se faisaient sur la plaque de verre.

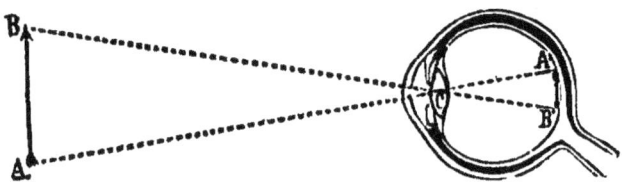

Fig. 34. — Formation des images dans l'œil. — C, cristallin ; AB, objet; A'B', image renversée sur la rétine.

7. La constitution de l'œil est donc tout à fait semblable à celle d'un appareil photographique. La lumière arrive sur le cristallin par le trou de la pupille et on voit se former sur la rétine une image renversée des objets (fig. 34). L'impression que cette image fait sur la rétine est transmise au cerveau par le nerf optique et c'est de cette manière que nous recevons l'impression de la vue des objets.

Nous comprenons maintenant pourquoi nous tournons na-

(1) La cavité de l'œil est remplie en avant du cristallin par un liquide transparent appelé *humeur aqueuse* (*ha*, fig. 33) et en arrière par une autre matière transparente aussi, mais gélatineuse; c'est *l'humeur vitrée* (*hv*, fig. 33).

---

6. Qu'est-ce que le cristallin ? Qu'est-ce que la choroïde ? De quelle couleur est la choroïde? Qu'est-ce que la rétine? Sur quelle partie de l'œil se font les images ? — 7. A quel appareil peut-on comparer l'œil ? Pourquoi tournons-nous la pupille du côté des objets que nous voulons voir ?

turellement la pupille de nos yeux du côté des objets que nous voulons voir. C'est que la lumière ne peut pénétrer jusqu'à la rétine qu'en passant par le trou de la pupille.

8. Dans ces mouvements, le frottement du globe de l'œil est adouci par de petits bourrelets de graisse qui se trouvent contre les parois de l'orbite. D'un autre côté, les larmes qui imbibent continuellement le devant de l'œil rendent insensible le frottement des paupières.

Les larmes sont produites par des glandes qui se trouvent en dessus du globe des yeux, elles se répandent sur la surface de l'œil, grâce au clignement des paupières, et s'écoulent enfin dans les fosses nasales par un petit trou qu'on peut voir près du nez, dans le coin de l'œil en T (fig. 41).

35. Oreille; sons. — 1. Les oreilles nous servent à percevoir les sons. Nous savons qu'à chaque oreille aboutit un nerf, que nous appellerons nerf de l'oreille ou *nerf acoustique*. Lorsqu'un de ces nerfs est coupé ou blessé, nous n'entendons plus par l'oreille correspondante, c'est donc le nerf acoustique qui transmet au cerveau les impressions du son. Mais comment lui-même reçoit-il ces impressions? Avant de résoudre cette question, disons en quelques mots ce que c'est qu'un son.

2. On apprend en physique qu'un son est produit par des mouvements de l'air très petits et très rapides auxquels on a donné le nom de *vibrations*. Ces vibrations partent du point où se produit le son et se propagent ensuite dans toutes les directions. Lorsque ces vibrations rencontrent des obstacles très résistants, comme des murs épais, elles sont arrêtées et le son n'est pas entendu au delà de l'obstacle. Mais il n'en est pas de même lorsque l'obstacle rencontré par le son est une membrane mince et tendue. Alors les mouvements de l'air se transmettent à la membrane, qui vibre à son tour et peut même reproduire le son. En tout cas, les mouvements de la membrane se transmettent à l'air qui est de l'autre côté, et le son

---

8 Comment le frottement de l'œil contre les parois de l'orbite est-il adouci? D'où viennent les larmes? Quelle est leur utilité?

35. — 1. Quelle est la fonction du nerf acoustique? — 2. Par quoi est produit un son? Qu'arrive-t-il si des vibrations de l'air arrivent jusqu'à une membrane mince et tendue?

ORGANES DES SENS. 65

continue à se propager. Les membranes minces et tendues n'arrêtent donc pas les sons, mais peuvent servir à les transmettre.

3. Cela posé, voyons comment l'oreille sert à transmettre les sons au nerf acoustique. La partie extérieure de l'oreille se compose d'un repli membraneux de la peau entourant une petite cavité qui s'enfonce dans l'os temporal (C, fig. 35).

4. Les sons qui arrivent de différentes directions sont ren-

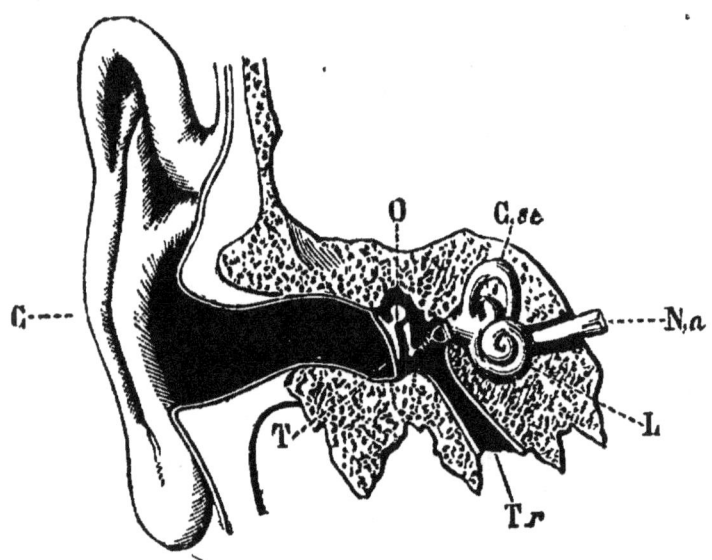

Fig. 35. — Oreille, coupée de façon a montrer ses différentes parties. — C, partie du pavillon qui est en face du canal auditif externe; T, membrane du tympan; O, oreille moyenne renfermant de petits osselets; Tr, trompe d'Eustache; Csc, canaux semi-circulaires; L, limaçon; Na, nerf acoustique.

voyés par la partie membraneuse, ou *pavillon* de l'oreille, dans le conduit extérieur de l'oreille (1). Au fond de ce canal, est une membrane mince et tendue, qui est la membrane du *tympan* T. Les sons arrivant sur cette membrane la font vibrer et peuvent ainsi se propager dans une petite cavité située au delà du tympan.

(1) Conduit auditif externe.

---

3. Comment est formée la partie extérieure de l'oreille ? — 4. Qu'est-ce que le pavillon ? Qu'est-ce que le tympan ? Quelle est l'action du tympan ?

5. Cette cavité (O, fig. 35) nommée *oreille moyenne* communique avec l'arrière-bouche par un canal appelé *trompe d'Eustache* (Tr, fig. 35). L'oreille moyenne peut donc recevoir des sons non seulement par le canal auditif externe, mais encore par la bouche. C'est ce qui explique pourquoi en se bouchant les oreilles et en ouvrant la bouche on peut encore entendre les sons.

6. Enfin, au fond de l'oreille moyenne, du côté opposé à la membrane du tympan se trouve *l'oreille interne* qui est la partie la plus importante de l'oreille. C'est là que le nerf acoustique Na vient aboutir à l'intérieur de petits organes de forme spéciale plongés dans un liquide. Une branche de ce nerf se termine dans trois petits canaux en demi-cercle Csc qu'on appelle *canaux semi-circulaires;* une autre branche arrive dans un petit canal enroulé, appelé pour cela *limaçon* L, et enfin une troisième branche aboutit dans une cavité qui est le *vestibule.* L'oreille interne n'étant séparée de l'oreille moyenne que par de très minces membranes tendues, les sons peuvent arriver jusqu'à elle et impressionner le nerf acoustique.

36. Odorat. — **1.** Nous savons que c'est par le nez que nous percevons les odeurs; les corps odorants émettent de très petites particules qui, en pénétrant dans le nez, nous donnent la sensation de l'odeur de ces corps. Il ne suffit pas pour que nous percevions une odeur, que les particules odorantes pénètrent dans le nez, il faut encore qu'elles arrivent au contact de nerfs spéciaux, les *nerfs de l'odorat*.

2. Les nerfs de l'odorat viennent se terminer à la partie supérieure de la cavité du nez ou fosses nasales. Les fosses nasales sont divisées en deux parties par une cloison qu'on aperçoit à l'entrée du nez; à chacune de ces parties correspond un nerf. Les dernières ramifications arrivent dans une membrane analogue à une peau très fine qui tapisse les fosses nasales; comme ces ramifications se terminent très près de la surface, elles peuvent être impressionnées par les particules odorantes.

---

5. Qu'y a-t-il du côté externe du tympan? Qu'est-ce que la trompe d'Eustache? — 6. Qu'est-ce que l'oreille interne? Comment elle-elle formée? Comment le nerf acoustique est-il impressionné?

36. — 1. Comment se fait la perception des odeurs? — 2. Décrivez les fosses nasales.

ORGANES DES SENS.

37. Goût. — 1. Le sens du goût nous permet d'apprécier la saveur des objets que nous mettons dans notre bouche. Mais toute la bouche n'est pas sensible au goût. C'est la langue seule qui est impressionnée par les objets ayant du goût, et encore on peut remarquer que toutes ses parties ne le sont pas également. Il est facile de reconnaître par soi-même les régions qui sont le plus sensible; il suffit pour cela de promener sur sa langue un morceau de sel. Lorsque le morceau de sel sera sur le milieu de la langue, nous le sentirons à peine; tandis que lorsqu'il passera sur les bords et vers le bout, nous aurons la sensation très forte d'un objet salé.

2. Dans les parties sensibles de la langue, on peut voir de petits points qui font saillie au-dessus de la surface; c'est dans ces petites saillies que viennent se terminer les dernières ramifications du nerf spécial qui transmet au cerveau la sensation du goût.

38. Toucher. — 1. Le sens du toucher qui nous permet d'apprécier la forme, la dureté, la température des corps qui nous entourent, se manifeste plus ou moins sur toute la surface de notre corps; mais le bout des doigts est doué d'une sensibilité particulière: en touchant un objet avec le bout des doigts nous pouvons percevoir beaucoup de détails qui nous échapperaient si nous touchions le même objet avec le reste de la main.

2. Ce sont des nerfs qui en venant se terminer dans la peau même nous rendent sensibles au toucher. Si nous examinions une coupe faite dans la peau du bout du doigt, nous verrions en effet que sous une mince pellicule insensible, qui est l'*épiderme*, se trouvent de petits nerfs qui peuvent ressentir les impressions les plus faibles reçues à la surface de la peau.

Tous les nerfs sensibles pourront nous transmettre avec une netteté plus ou moins grande les impressions du toucher. On

---

37. — 1. Quel est le siège du goût? Prouvez cette localisation du goût — 2. Que voit-on sur la surface de la langue? Décrivez comment se fait la perception des saveurs

38. — 1. En quoi consiste le sens du toucher? Où le toucher est-il le plus développé? — 2. Décrivez le mécanisme du toucher. Comment sont disposés les nerfs qui nous donnent la perception du toucher?

pourrait rattacher le toucher à la sensibilité générale plutôt que d'en faire un sens spécial.

39. Hygiène des organes des sens. — 1. Si la peau n'est pas très souple, si elle est gercée par le froid, ou si elle est recouverte de corps étrangers qui la salissent, le toucher perd beaucoup de sa délicatesse.

2. L'habitude de manger des aliments d'une saveur très forte, du poivre, des piments, de l'ail diminue beaucoup la délicatesse du goût ; il en est de même de l'usage des liqueurs fortes.

3. L'oreille est un organe très délicat. Un bruit très violent, comme une détonation, peut être la cause d'une grande diminution dans la finesse de l'ouïe, et même quelquefois rend complètement sourd. Tout corps étranger qui s'introduirait dans le conduit de l'oreille produirait le même effet s'il y restait. Pour que l'ouïe reste fine, il faut donc que ce conduit soit toujours parfaitement propre.

4. Si la lumière est trop vive, elle fait mal aux yeux ; pour en diminuer l'éclat, on met ordinairement des verres colorés en bleu ou en noir ; on a donné à ces verres le nom de *conserves*.

5. Une lumière trop faible fatigue les yeux ; la vue souffrirait à la longue d'un éclairage insuffisant. En général, la lumière des bougies, des lampes, du gaz est mauvaise, surtout si on lit des livres imprimés en caractère un peu fins ou si l'on fait un travail où il faille regarder de très petits objets. Les yeux alors deviennent rouges et le lendemain matin on en souffre ; si l'on se fatigue souvent ainsi les yeux, il peut en résulter des maladies graves.

6. Pour regarder un objet assez petit, comme les lettres d'un mot écrit dans un livre, on se place ordinairement à une

---

39. — 1. Quelles sont les circonstances qui peuvent habituellement diminuer la sensibilité du toucher ? — 2. Quel est l'effet produit sur le goût par l'usage d'aliments d'une saveur très forte, ou de liqueurs fortes ? — 3. Citez quelques faits qui prouvent la grande délicatesse de l'organe de l'ouïe. — 4. Comment empêche-t-on la lumière trop vive de faire mal aux yeux ? — 5. Quel est l'effet d'une lumière trop faible ? Quel est, en général, l'effet de la lumière artificielle, bougies, lampes, gaz, sur les yeux ? — 6. A quelle distance se met-on généralement d'un petit objet pour le voir nettement, sans fatigue ? Quand est-on myope ?

trentaine de centimètres de cet objet. Les enfants prennent souvent l'habitude de regarder de très près ce qu'ils lisent ou ce qu'ils écrivent, c'est là une mauvaise habitude,

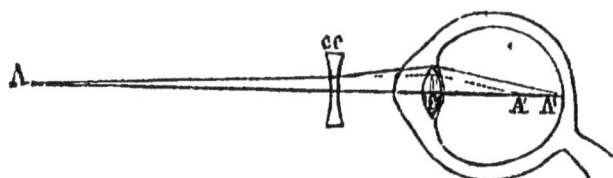

Fig 36. — Œil myope — cc, verre de lunettes ; C, cristallin, A, objet qui sans le verre ferait son image en A', et qui grâce au verre fait son image en A¹, sur la rétine

parce que, quand on l'a prise, on ne peut plus voir nettement les objets un peu éloignés et l'on est obligé de mettre les yeux tout près de ce qu'on regarde; on est devenu *myope*.

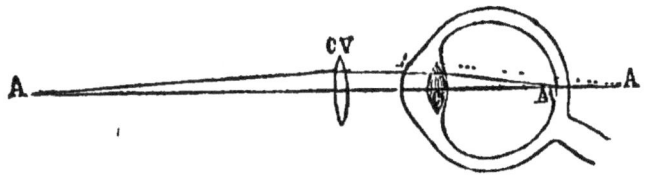

Fig 36. *bis*. — Œil presbyte — cv, verre de lunettes ; C, cristallin ; A, objet qui, sans le verre, ferait son image en A' et qui grâce au verre fait son image en A¹, sur la rétine.

7. Pour corriger cette disposition, il faut mettre devant les yeux, des verres creux au milieu et épais sur les bords (cc, fig. 36). Ces verres font que le myope voit les objets éloignés de lui comme s'ils étaient plus près; il les voit donc nettement.

8. Un *presbyte*, est au contraire, une personne qui ne voit nettement que les objets placés à une certaine distance et qui est alors obligée de s'éloigner de tout ce qu'elle veut regarder. On peut aussi corriger ce défaut en mettant des verres devant les yeux ; mais ces verres n'ont pas la même forme que ceux employés par les myopes; ils sont épais au milieu et minces sur les bords (cv, fig. 36 *bis*). Le presbyte voit alors les objets rapprochés de lui aussi nettement que s'ils étaient éloignés.

---

7. Comment corrige-t-on la myopie ? — 8. Quand est on presbyte ? Comment corrige-t-on la presbytie ?

RÉSUMÉ

34 et 34 bis. Œil. — L'œil sert à percevoir l'image des objets. Cet organe qui a la forme d'un globe est placé dans une cavité appelée orbite creusée dans les os de la tête.

Les parties principales de l'œil sont les suivantes : derrière la partie la plus bombée de l'œil, se trouve une sorte d'écran en forme d'anneau (*iris*), percé d'un trou (*pupille*) ; en arrière de l'iris et de la pupille est placé le *cristallin*, corps transparent semblable au verre d'une loupe. A travers le cristallin, les objets extérieurs viennent former une image sur la *rétine*, membrane mince qui vient s'épanouir à l'intérieur de l'œil ; la rétine est le prolongement du nerf optique qui transmet au cerveau l'impression que produisent les images.

L'œil est protégé par les paupières, replis de la peau. Les frottements du globe de l'œil dans ses mouvements sont atténués par les larmes, produites par une glande située au-dessus de l'œil.

35 et 35 bis. Oreille. — L'oreille sert à percevoir les sons. Les parties principales de l'oreille sont :

1° L'*oreille externe* formée par le pavillon, repli membraneux de la peau, et le canal extérieur de l'oreille ; l'oreille externe reçoit les sons, c'est-à-dire les mouvements de l'air produits par les vibrations des corps ;

2° L'*oreille moyenne* qui forme une petite caisse fermée du côté l'extérieur par la membrane du tympan ; cette partie de l'oreille communique avec l'arrière-bouche et se trouve ainsi remplie d'air ; elle transmet les sons à l'oreille interne.

3° L'*oreille interne* qui est remplie par un liquide et où viennent aboutir les ramifications compliquées du nerf acoustique ; c'est là qu'est reçue l'impression des sons, et cette impression est transmise au cerveau par le nerf acoustique.

36. Odorat. — L'odorat donne la sensation des odeurs à deux nerfs qui se ramifient dans les cavités du nez ou *fosses nasales*, ces nerfs sont les *nerfs olfactifs*.

37. Goût. — Le goût des aliments est ressenti par la langue et surtout par le bout de la langue. On y trouve de petits renflements nommés *papilles* qui sont à l'extrémité des ramifications des nerfs transmettant au cerveau les sensations du goût.

38. Toucher. — Les nerfs sensitifs qui viennent sur la surface du corps deviennent très fins et forment de petits filets qui se répandent dans la peau ; les sensations reçues par tous ces petits nerfs quand quelque chose touche la peau, constituent le

sens du toucher ; elles sont transmises au cerveau par les nerfs sensitifs

39. Hygiène de la vue. — Les *myopes* ne voient bien que de très près ; on corrige cette disposition au moyen de verres creux au milieu et épais sur les bords. Les *presbytes* ne peuvent voir que de loin ; on corrige cette disposition au moyen de verres épais au milieu et minces sur les bords.

RÉSUMÉ GÉNÉRAL

Les divers organes du corps humain ; résumé général.

1° Disposition des divers organes du corps humain. — Nous venons d'étudier séparément les différents organes qui constituent le corps de l'homme ; nous allons maintenant jeter un coup d'œil sur l'ensemble de ces organes, afin de bien voir comment ils sont placés les uns par rapport aux autres.

Prenons le squelette comme point de départ, et voyons de quelle manière les autres parties viennent s'y rattacher. Les os sont entourés de muscles et de membranes où circulent les nerfs, les veines et les artères. Dans les membres, nous ne trouvons rien de plus.

La tête renferme, en haut et en arrière, le cerveau CV (fig. 37) placé dans le crâne au sommet de la moelle épinière M. Du côté de la face, se trouvent la bouche et les principaux organes des sens.

Dans le tronc, nous savons qu'il existe une grande cavité limitée en haut par les os de la cage thoracique. C'est ce qu'on appelle la *cavité générale du corps* qui se prolonge jusqu'aux os du bassin ; dans sa partie inférieure, qui est l'abdomen, la cavité générale n'est pas entourée d'os.

La cavité générale du corps est en effet divisée pour ainsi dire en deux étages par le diaphragme (*d,d*, fig. 37), membrane mobile et tendue en travers, que nous avons signalée à propos de la respiration.

En dessus du diaphragme, se trouve la poitrine ou *thorax*. On y voit le cœur C entouré presque complètement par les poumons P,P qui sont rattachés à l'arrière-bouche par la trachée T. L'œsophage qui arrive de la bouche passe derrière le cœur et traverse le diaphragme.

En dessous du diaphragme se trouve la cavité abdominale ou

abdomen qui renferme l'estomac E et tout l'intestin I, r, ainsi que le foie F et le pancréas (ce dernier est caché par l'estomac sur la figure).

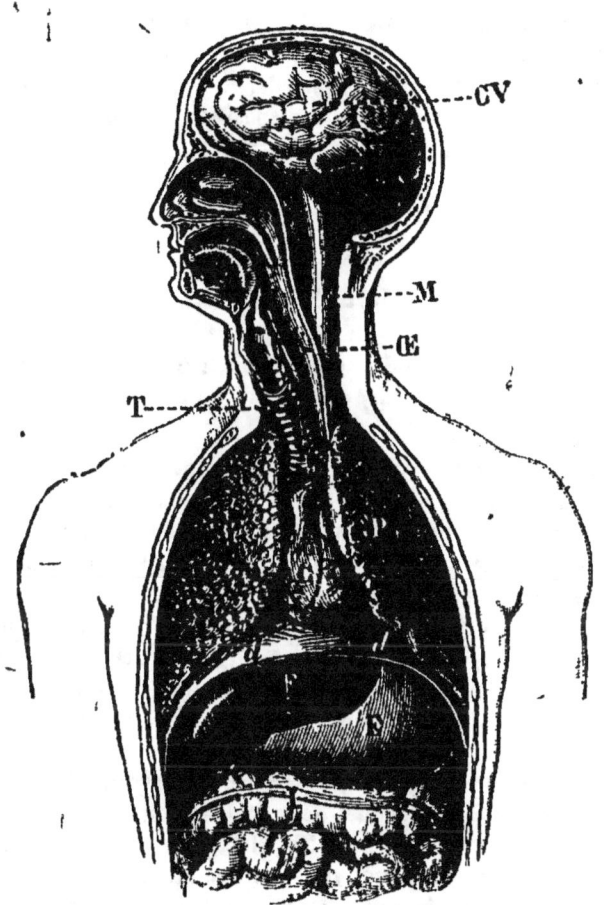

Fig. 37. — Disposition des principaux organes du corps humain. — CV, cerveau ; M, moelle épinière ; Œ, œsophage ; E, estomac F, foie. I, i, intestin ; C, cœur ; T, trachée-artère ; P, P, poumons ; d, d, diaphragme.

2° Principales fonctions du corps humain. — Lorsqu'un certain nombre de parties du corps concourent à accomplir un même résultat général, on dit qu'elles exercent une *fonction* de l'organisme. C'est ainsi, par exemple, que l'ensemble des rôles remplis par le cœur, les artères, les veines et les capillaires pour faire circuler le sang dans toutes les parties du corps, constitue la fonction de la circulation.

Les principales fonctions du corps humain sont les suivantes :

Ce sont d'abord les fonctions qui servent à nourrir le corps ou *fonctions de nutrition :*

1° *Digestion*. Les aliments mis dans la bouche sont broyés par les dents et imbibés de salive. Ils passent ensuite dans l'arrière-bouche, dans l'œsophage, et arrivent dans l'estomac où ils sont attaqués par le suc gastrique; puis dans l'intestin où l'action la plus importante qui se produise est celle du suc pancréatique. C'est là surtout que les aliments sont réduits en liquides qui sont absorbés et passent dans le sang;

2° *Circulation :* Le sang est le liquide qui va nourrir toutes les parties du corps. Le cœur, par ses mouvements, projette le sang dans les artères qui vont le distribuer partout. Après avoir nourri le corps, le sang qui était rouge devient noir, et est ramené au cœur par les veines;

3° *Respiration :* Le sang noir est alors projeté du cœur dans les poumons, où il devient rouge au contact de l'air amené par le nez ou par la bouche dans la trachée-artère; cet air pénètre jusque dans les dernières ramifications des bronches. Le sang, redevenu rouge, est ramené au cœur, d'où il est envoyé de nouveau dans toutes les parties du corps.

4° *Élimination :* Le sang doit se débarrasser de certaines substances inutiles à la nutrition du corps; ces substances sont prises par les reins et le foie et rejetées au dehors; on dit qu'elles sont *éliminées*.

En second lieu, viennent les fonctions de la sensibilité et des mouvements, c'est-à-dire qui mettent le corps en relation avec les objets extérieurs; ce sont les *fonctions de relation :*

1° *Sensibilité*. Les sensations sont reçues par les nerfs sensitifs qui les transmettent aux centres nerveux (moelle épinière et cerveau).

L'ensemble des sensations reçues par les petits nerfs sensitifs de la peau forment le sens du *toucher*. Les autres sens sont la *vue*, l'*ouïe*, l'*odorat*, le *goût*. On reçoit l'impression de la vue des objets par la rétine, membrane nerveuse qui est au fond de l'œil et se prolonge par le nerf optique qui se rend au cerveau. On perçoit les sons par la partie interne de l'oreille où s'épanouit le nerf acoustique. On sent les odeurs par les nerfs placés dans le haut et le fond de la cavité du nez. On goûte avec la langue qui a de petites papilles nerveuses à sa surface.

2° *Mouvements*. Les parties dures qui sont à l'intérieur du corps sont les os dont l'ensemble forme le squelette; les muscles sont des masses de chair qui peuvent se contracter sous l'action des nerfs moteurs.

Les mouvements des différentes parties du corps sont produits par l'action des nerfs moteurs sur les muscles qui, le plus sou-

vent, prennent leur point d'appui sur les os et peuvent les déplacer en se contractant.

DEVOIRS À FAIRE

N° 1. — Décrire les diverses parties d'une dent ; différentes sortes de dents (§§ **2** et **3**).

N° 2. — Actions de la salive, du suc gastrique et du suc pancréatique sur les aliments (§§ **4**, **6** et **7**).

N° 3. — Décrire le cœur de l'homme (§ **11**).

N° 4. — Montrer quelles sont les différences entre les artères et les veines ; capillaires (§§ **12**, **13** et **14**). Décrire la circulation du sang (§§ **11**, **12**, **13**, **14** et **15**).

N° 5. — Indiquer la composition de l'air ; ce que c'est que la respiration (§ **10**).

N° 6. — Appareil respiratoire de l'homme ; comment on respire (§§ **21** et **22**).

N° 7. — Montrer comment le chauffage peut vicier l'air ; hygiène de la respiration (§§ **23**, **24** et **25**).

N° 8. — Décrire les principaux os de la tête et du tronc (§ **26**).

N° 9 — Décrire les principaux os des membres (§ **26**).

N° 10. — Expliquer ce qu'on entend par nerfs sensitifs et nerfs moteurs ; moelle épinière et cerveau (§§ **27**, **28** et **29**).

N° 11. — Décrire les principales parties de l'œil (§ **34**).

N° 12. — Décrire l'oreille (§ **35**).

N° 13. — Qu'est-ce qu'un myope ? Un presbyte ? Comment corrige-t-on la myopie et la presbytie ? (§ **39**).

N° 14. — Résumez la disposition des divers organes du corps de l'homme. (Résumé général, 1°).

N° 15. — Résumez les principales fonctions du corps humain. (Résumé général, 2°).

II

ANIMAUX

(ZOOLOGIE)

SIXIÈME LEÇON.

Les divers animaux vertébrés.

10. Les vertébrés. — Divers groupes de vertébrés. — 1. Les animaux à os ou animaux *vertébrés* se reconnaissent à ce qu'ils ont, à l'intérieur de leur corps, des parties dures qui en forment la charpente ; ce sont des os dont l'ensemble forme le *squelette*.

2. La partie du squelette qui ne manque jamais est la colonne vertébrale, suite d'os placée au-dessous de la tête du côté du dos. Un serpent, qui n'a pas de membres, a des vertèbres ; une grenouille, qui n'a pas de côtes, a des vertèbres. Ainsi tous les animaux à os ont des vertebres ; c'est pour cela que l'on a donné le nom de vertébrés aux animaux à os. Un chat, une poule, un serpent, une grenouille, une carpe sont des animaux vertébrés.

3. On peut ajouter que si l'on blesse un de ces animaux, il sort de la blessure un sang rouge ; tandis que le plus souvent, si on blesse un animal sans os : colimaçon, araignée, mouche, etc., on voit que le sang n'est pas rouge.

---

10. — 1. A quoi reconnaît-on les animaux a os ? — **2.** Quelle est la partie du squelette qu'on trouve toujours chez tous les animaux a os ? — Citez quelques exemples de vertèbres — **3.** Quelle est la couleur du sang chez les vertebres ?

4. Les vertébrés peuvent être séparés en cinq groupes, de la manière suivante :

1° Animaux ordinairement recouverts de poils, et qui allaitent leurs petits.................... *Mammifères.*

Exemple : chat.

2° Animaux couverts de plumes, dont les petits ne sont pas allaités........ *Oiseaux.*

Exemple : poule.

3° Animaux à peau nue, d'apparence écailleuse, respirant toujours dans l'air............... *Reptiles.*

Exemple : lézard.

4° Animaux à peau nue, changeant de forme avec l'âge, respirant d'abord dans l'eau et ensuite dans l'air........ *Batraciens.*

Exemple : grenouille

5° Animaux à peau ordinairement couverte d'écailles, respirant toujours dans l'eau.............. *Poissons.*

Exemple : carpe.

Occupons-nous d'abord des mammifères.

II. Les mammifères. — **1.** Les mammifères se reconnaissent aux caractères suivants : *la peau est ordinairement recouverte de poils; les petits sont allaités.*

2. On peut ajouter que chez les mammifères la température du corps ne varie pas, le corps a toujours la même chaleur, même lorsqu'il fait très froid; enfin, les mammifères respirent toujours dans l'air; aussi, lorsqu'ils vivent dans la mer, comme la baleine et le dauphin, il faut qu'ils reviennent à chaque instant à la surface pour mettre leur tête hors de l'eau afin de respirer à l'air.

---

4. — Énumérez les divers caractères des cinq groupes d'animaux vertébrés.

II. — 1. Quels sont les caractères principaux des mammifères ? — 2. La température de leurs corps varie-t-elle ? Respirent-ils toujours dans l'air ?

LES DIVERS ANIMAUX VERTÉBRÉS

Les divers animaux mammifères qui se ressemblent par tous ces caractères, diffèrent beaucoup entre eux cependant; examinons quelques-uns de ces animaux.

42. Singes. — 1. On peut placer à part les *Singes*, qui se reconnaissent facilement, leurs pieds ayant la même conformation que leurs mains; on peut dire qu'ils ont *quatre mains*. Le pouce du pied peut, comme celui de la main, venir se placer devant chacun des autres doigts, ce qu'on n'observe pas chez les autres animaux.

2. On ne trouve pas de singes à l'état sauvage en France, mais on peut en rencontrer en Algérie et dans le reste de l'Afrique; en Asie et en Amérique, il y en a de nombreuses espèces.

3. Nous pouvons citer l'*Orang-outang* parmi les singes d'Afrique (fig. 38), le *Sapajou*, parmi les singes d'Amérique; ce dernier est de beaucoup plus petite taille; il a une queue très développée qui peut s'enrouler autour des branches et par laquelle il se suspend.

Fig. 38 — Orang-outang (singe); haut : 1m,30.

43. Carnivores. — 1. On peut réunir sous le nom de

Fig. 39 — Tête de chat, montrant les dents des carnivores. — M, molaires tranchantes; C, canines développées; I, incisives.

Fig. 40 — Tigre (carnivore), long . 2 mètres

Carnivores les mammifères qui *se nourrissent de chair*. On les reconnaît surtout à la forme de leurs dents molaires (M,

---

42. — 1. A quel caractère reconnaît-on surtout le groupe des singes ? — 2. En quelles contrées en rencontre-t-on ? — 3. Citez un singe d'Afrique, un singe d'Amérique.

43. — 1. Quels sont les caractères des carnivores ? — Comment sont

fig. 39) qui sont à la fois coupantes et munies de pointes; leurs dents canines (C, fig. 39) sont très fortes et servent à déchirer.

2. Les carnivores coupent la chair en faisant mouvoir leur machoire inférieure de bas en haut ou de haut en bas comme une des lames d'une paire de ciseaux dont l'autre lame resterait fixe. En général, les carnivores ont les ongles très développés et allongés, formant des griffes solides qui peuvent retenir leur proie.

3. Le *Chat* ou le *Tigre* (fig. 40) peuvent être cités parmi les mammifères qui présentent le mieux le caractère des carnivores. Leurs griffes peuvent se retirer ou s'enfoncer dans la chair, leur corps souple peut s'élancer par bonds, leurs yeux sont disposés pour voir facilement par une lumière très faible et leur odorat très développé leur permet de reconnaître de loin les animaux qu'ils poursuivent.

4. Le *Chien*, qui a aussi l'odorat très développé, est un autre carnivore. Il faut en rapprocher le *Renard* et le *Loup* qui lui ressemblent beaucoup.

5. L'*Ours* (fig. 41) est un carnivore moins bien caractérisé.

Fig. 41. — Ours (carnivore); long. : 1m,20.

Il peut manger des fruits. Au lieu de marcher sur l'extrémité des doigts comme les autres carnivores, il s'avance en posant le pied tout entier sur le sol (voy. fig. 41), ce qui lui donne une allure plus lourde et plus massive. On trouve encore quelques ours en France, dans les Alpes ou les Pyrénées.

44. Insectivores. — 1. Nous pouvons réunir, sous le

---

faites leurs dents molaires? leurs dents canines? — 2. De quelle manière les carnivores font-ils mouvoir leur machoire inférieure? Comment sont faits leurs ongles? — 3. Citez les carnivores qui présentent le mieux ces caractères. — 4. Nommez des animaux sauvages qui ressemblent beaucoup au chien. — 5. En quoi l'ours diffère-t-il des autres carnivores? Trouve-t-on encore des ours en France?

44. — 1. Quels sont les caractères des insectivores ?

nom d'*Insectivores*, les mammifères qui se nourrissent d'insectes. On les reconnaît à la forme de leurs dents.

2. Ainsi, regardons les dents de la *taupe* (fig. 42), nous y distinguons trois sortes de dents comme chez les carnivores; les molaires M sont munies de petites pointes pour briser la carapace des insectes, mais elles ne sont pas coupantes comme celles du chat; les canines C et les incisives I sont beaucoup plus petites.

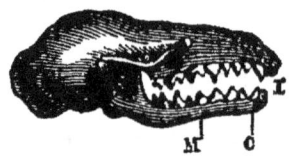

Fig. 42. — Os de la tête d'une taupe montrant les dents des insectivores M, molaires pointues; C, canines peu développées; I, incisives.

3. Le *Hérisson* (voyez plus loin, fig. 133), dont les poils sont réunis en piquants sur le dos et qui peut se pelotonner en boule, afin de se protéger contre les carnivores; la *Musaraigne* (fig. 43) qu'on pourrait prendre au premier abord pour une petite souris, sont, comme la *Taupe*, des animaux insectivores.

Fig. 43 — Musaraigne (insectivore); long. : 0m,07.

4. On peut en rapprocher les *Chauves-souris* (fig. 44) qui vont aussi le soir à la recherche des insectes. Les chauves-souris ont leurs pattes de devant transformées en ailes. Les doigts sont allongés, écartés les uns des autres et réunis par une peau épaisse. Leurs ailes pourraient les faire prendre pour des oiseaux, mais à leur peau recouverte de poils on reconnaît que ce sont des mammifères. D'ailleurs, les petits des chauves-souris sont allaités par leur mère et ne sortent pas d'un œuf comme les petits des oiseaux.

Fig. 44. — Chauve souris (insectivore); long. : 0m,10.

---

2. Comment sont faites les dents de la taupe? — 3. Citez d'autres Insectivores? — 4. Comment sont faites les chauves-souris? Pourquoi ne sont-ce pas des oiseaux?

45. Rongeurs. — 1. Si nous comparons les dents du rat (fig. 45) à celles du chat (fig. 39), ou de la taupe (fig. 42), nous voyons tout de suite une grande différence. Chez le rat, il n'y a pas de canines; on ne trouve que deux sortes de dents : les molaires M qui ne sont pas pointues comme chez le chat ou la taupe, et les incisives I qui sont relativement très grandes. Ces incisives très développées, et ordinairement au nombre de 4, deux en haut, deux en bas, servent aux rongeurs pour couper les végétaux dont ils font leur nourriture et permettent de les reconnaître facilement. Elles sont taillées en coin à l'extrémité, et tandis qu'elles s'usent de ce côté elles repoussent continuellement par la base.

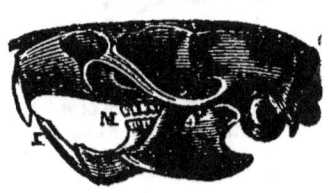

Fig. 45. — Os de la tête d'un rat montrant les dents des rongeurs; I, incisives très grandes; M, molaires; il n'y a pas de canines.

2. Nous nommerons *Rongeurs* les mammifères qui ont les dents ainsi faites. Pour ronger avec leurs molaires les morceaux détachés avec les incisives, les rongeurs font mouvoir la mâchoire inférieure d'avant en arrière et d'arrière en avant, la rangée des molaires M fonctionne ainsi à la manière d'une lime et réduit en poudre même le bois ou les graines dures.

Fig. 46. — Écureuil (rongeur); long.: 0m,20.

3. L'*Écureuil* (fig. 46) qui grimpe sur les arbres et ronge les glands de chêne ou les pommes de pin, le *Rat*, la *Souris*, qui dévorent les grains ou les provisions, sont des animaux rongeurs. D'autres rongeurs vivent d'herbes, comme le *Lapin* ou le *Lièvre*.

46. Ruminants. — 1. Étudions les dents d'un mouton.

---

45. — 1. Comment sont faites les dents du rat? — 2. Quels sont les principaux caractères des rongeurs? Comment les rongeurs font-ils mouvoir leur mâchoire inférieure? 3. Citez d'autres rongeurs que le rat.

46. — 1. Comment sont faites les dents du bœuf? Ont-ils des inci-

LES DIVERS ANIMAUX VERTÉBRÉS. 71

ou d'un bœuf (fig. 47); nous trouvons qu'il n'y a aussi que deux sortes de dents chez ces animaux comme chez les rongeurs, les molaires M et les incisives I; mais il n'y a pas d'incisives à la mâchoire supérieure. A l'extrémité de cette mâchoire (en O, fig. 47), on trouve un bourrelet corné sans dents.

2. En outre, tandis que tous les mammifères dont nous avons parlé (carnivores, insectivores, rongeurs), ont des griffes au bout de leurs doigts, le bœuf et le mouton ont des ongles très épais faisant

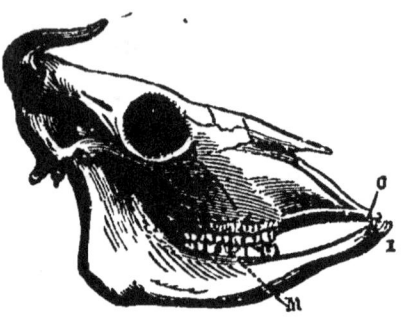

Fig. 47. — Os de la tête d'un bœuf, montrant les dents des ruminants. — M, molaires; I, incisives de la mâchoire inférieure; il n'y en a pas en O à la mâchoire supérieure; pas de canines.

tout le tour des doigts et formant ce qu'on appelle des *sabots*. A chaque patte, il y a deux doigts ainsi munis de sabots qui posent sur le sol et forment de cette manière le pied fourchu de ces animaux.

3. On sait que lorsqu'un bœuf ou un mouton a brouté, on le voit souvent se coucher à terre et mâcher l'herbe qu'il a avalée quelques heures auparavant. L'herbe lui vient donc une seconde fois dans la bouche. La première fois, le bœuf la coupe avec ses incisives et surtout avec sa langue, et elle passe dans une poche de son estomac; la seconde fois, il la fait revenir dans la bouche, la broie au moyen de ses dents molaires et la fait repasser dans une autre poche de l'estomac où elle est digérée. On dit que le bœuf ou le mouton *ruminent*.

4. Nous appellerons donc *Ruminants* les mammifères qui font venir les aliments une seconde fois dans la bouche pour les broyer; leur pied est fourchu et muni de sabots. En général, ils n'ont pas de dents canines, et leur mâchoire supérieure est en outre dépourvue d'incisives.

---

sives aux deux mâchoires? — **2** Comment sont faits les ongles du mouton ou du bœuf? Quelle est la forme de l'extrémité de leur pied? — **3** De quelle manière mangent le mouton et le bœuf? Qu'est ce que ruminer? — **4.** Quels sont les caractères des ruminants.

5. Le *Bœuf*, le *Mouton*, la *Chèvre*, sont des animaux ruminants domestiques (voyez §§ 73, 74 et 75). Parmi les ruminants sauvages de nos pays, on peut citer le *Cerf*, qui diffère des précédents parce que ses cornes (appelées bois), tombent tous les ans.

6. En Afrique et en Asie, on emploie comme bête de somme le *Chameau*, qui n'a ni corne ni bois et qui possède trois sortes de dents, ce qui le distingue des autres ruminants.

47. Pachydermes. — **1.** On réunit sous le nom de *Pachydermes* les mammifères qui ont des sabots ainsi que les ruminants mais qui ne ruminent pas. Ils ont en général trois sortes de dents. C'est ce qu'on peut voir en étudiant les dents d'un *Sanglier* (fig. 48), dont les dents canines forment les défenses. Leur peau est ordinairement très épaisse; ils se nourrissent le plus souvent de végétaux.

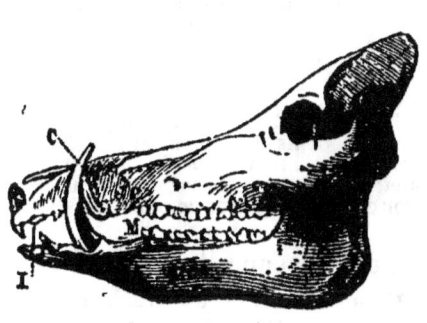

Fig. 48. — Os de la tête d'un sanglier montrant les dents — C, canines formant les défenses; I et M, incisives et molaires.

2. Le *Sanglier* et le *Porc* ont quatre doigts aux pattes; le *Cheval* (voy. plus loin § 76) n'en a qu'un. On rapproche aussi des pachydermes les *Éléphants* d'Asie ou d'Afrique, dont le nez est allongé en forme de trompe et qui a des incisives très longues formant les défenses.

48. Mammifères marins. — **1.** Les *Mammifères marins* ont les membres disposés pour nager et habitent la mer.

---

5. Citez des animaux domestiques de notre pays qui sont ruminants. — Citez un animal ruminant sauvage. — En quoi le cerf diffère-t-il des ruminants dont on vient de parler? — **6.** Quels sont les caractères du chameau?

47. — **1.** A quoi reconnaît-on les pachydermes? — **2.** Citez quelques animaux pachydermes et donner leurs principaux caractères

48. — **1.** Quels sont les caractères des mammifères marins?

2. Il y en a dont les quatre membres sont développés et qui ont des dents disposées comme celles des carnivores; tels sont les *Phoques*. Ces animaux peuvent non seulement nager, mais encore se traîner sur le sol en faisant mouvoir leurs pattes. On les trouve surtout en abondance dans les régions polaires.

3. D'autres ont plus encore la forme des poissons, et sont

Fig. 49 — Baleine (cétacé); long. . 2)^m.

munis de dents comme le *Dauphin*, ou dépourvus de dents comme la *Baleine* (fig. 49); mais, bien que leur peau ne soit pas couverte de poils, on les reconnaît pour des mammifères, car leur corps est toujours chaud et leurs petits sont allaités comme ceux des autres mammifères.

RÉSUMÉ.

40. Vertébrés. — Les animaux *Vertébrés* se reconnaissent à ce qu'ils ont des os à l'intérieur de leur corps et en particulier la suite des os appelés vertèbres, formant la colonne vertébrale. Le sang de ces animaux est rouge.

On distingue cinq groupes de vertébrés.

1° Les *Mammifères*, qui ont ordinairement des poils sur la peau et dont les petits sont allaités.

---

2. A quoi reconnaît-on les phoques? — 3. Citez d'autres mammifères marins

2° Les *Oiseaux*, qui sont recouverts de plumes.
3° Les *Reptiles*, dont la peau a une apparence écailleuse.
4° Les *Batraciens*, qui ont la peau unie et qui respirent d'abord dans l'eau, puis dans l'air lorsqu'ils sont plus âgés.
5° Les *Poissons*, dont la peau est ordinairement couverte d'écailles et qui respirent toujours dans l'eau.

41 à 48. Mammifères. — Les animaux mammifères, qui ont la peau ordinairement couverte de poils et dont les petits sont allaités, ont encore le caractère d'avoir le corps toujours à la même température.

On les divise en plusieurs groupes dont les caractères sont résumés dans le tableau suivant :

MAMMIFÈRES.

Terrestres.
- à griffes.
  - Pouce du pied pouvant s'opposer aux autres doigts. . . . . *Singes.*
  - Pouce du pied ne pouvant pas s'opposer aux autres doigts.
    - Trois sortes de dents.
      - Molaires coupantes . . . . *Carnivores.* Ex. : chat, chien.
      - Molaires à petites pointes *Insectivores* Ex. : hérisson, taupe.
    - Deux sortes de dents, pas de canines. . . . . *Rongeurs.* Ex. : rat, écureuil.
- à sabots.
  - Animaux qui ruminent, mâchant une seconde fois les aliments avalés *Ruminants.* Ex. : Bœuf, mouton.
  - Animaux qui ne ruminent pas. .*Pachydermes* Ex. : cheval, porc.

Marins. — *Mammifères marins.* Ex. : Phoque, baleine.

SEPTIÈME LEÇON.

Les Oiseaux.

49. Les oiseaux. — 1. Nous savons qu'un oiseau, une poule par exemple, diffère par beaucoup de caractères de tous les animaux mammifères que nous venons d'examiner. Comme les mammifères, il est vrai, les oiseaux sont des animaux à os, qui respirent dans l'air et qui ont le corps toujours à la même température, restant chaud par les plus grands froids; mais on distingue les *Oiseaux* des mammifères aux caractères suivants :

2. Ils portent des plumes; leurs petits ne sont pas allaités, et en sortant d'un œuf, ils prennent tout de suite leur nourriture ordinaire; en général les membres de devant sont disposés pour voler et les membres de derrière pour marcher ou pour nager. Ils n'ont pas de dents, mais les mâchoires portent des lames cornées et dures qui forment le bec.

50. Oiseaux de proie ou Rapaces. — 1. Les *Oiseaux de proie*, tels que le *faucon*, sont des oiseaux qui vivent de chair, comme les carnivores. On les reconnaît à leur bec dont la partie supérieure est plus longue que l'autre, recourbée vers le bas et pointue (fig. 51); leurs pattes ont quatre doigts très forts, trois en avant et un en arrière, portant des griffes solides, recourbées et aiguës (fig. 50).

Fig. 50 et fig. 51 — Bec et patte de faucon montrant les caractères des oiseaux de proie (bec crochu, ongles recourbés)

---

49 — 1. En quoi les oiseaux ressemblent-ils aux mammifères? —
2. Quels sont les caractères qui distinguent les oiseaux?
50. — 1. A quoi reconnaît-on les oiseaux de proie?

2. Le *Faucon*, la *Buse* (fig. 52), l'*Épervier*, sont les oiseaux de proie les plus répandus dans nos pays; il faut citer aussi l'*Aigle* et le *Vautour*.

Fig. 52. — Buse (oiseau de proie); long. : 0m,40.

3. Tous ces oiseaux ont la vue très perçante. Ils peuvent voir à une très grande distance l'animal dont ils veulent faire leur proie, lorsqu'ils planent dans l'air au-dessus de lui.

4. Ces oiseaux de proie qui chassent pendant le jour, détruisent surtout beaucoup de petits oiseaux qui nous sont utiles en mangeant des insectes; ils détruisent quelquefois aussi des oiseaux de basse-cour ou des agneaux; on doit les considérer comme des animaux nuisibles.

5. Mais ce n'est pas le cas de la *Chouette* ou du *Hibou* (voyez plus loin fig. 134) qui sont des oiseaux de proie chassant la nuit les souris et les mulots.

51. Grimpeurs. — 1. Considérons maintenant le *Pic* (fig. 53). C'est un oiseau qu'on rencontre souvent dans les bois. On le voit monter en tournant sur le tronc des arbres et sur les branches où il recherche les insectes.

Fig. 53 — Pic (grimpeur); long.: 0m,20.

2. En observant la patte du pic (fig. 54) il est facile de voir que deux doigts sont dirigés en avant et deux en arrière. Ces pattes ainsi conformées sont utiles au pic pour grimper le long des arbres. C'est le principal caractère auquel on reconnait les oiseaux *grimpeurs*.

3. Quant au bec du pic (fig. 53) nous pouvons remarquer qu'il est pointu et très dur; l'oiseau s'en sert pour frapper de petits coups secs sur l'écorce des arbres afin d'en faire sortir les insectes dont il fait sa nourriture.

---

2 Citez quelques oiseaux de proie. — **3** Ces oiseaux ont-ils une bonne vue? — **4.** Pourquoi les oiseaux de proie qui chassent le jour, sont-ils des animaux nuisibles? — **5.** Citez des oiseaux de proie qui chassent la nuit. — Sont-ils utiles? — Pourquoi?

51. — **1.** Qu'est-ce que le pic? — **2.** Quel est le principal caractère des grimpeurs? — **3.** Comment est fait le bec du pic?

4. Le *Coucou*, le *Perroquet*, ont les doigts de leurs pattes disposés comme le pic; ce sont aussi des grimpeurs.

52. Nageurs ou Palmipèdes.

— **1.** L'*Oie* (fig. 56) et le *Canard* ont des pattes d'une forme très différente de celles des oiseaux dont nous venons de parler. Les doigts (fig. 57) au lieu d'être séparés sont réunis entre eux par une membrane. Ces oiseaux ne peuvent pas percher mais ils nagent dans l'eau. Nous réunirons sous le nom de *Nageurs*

Fig. 54 et fig. 55. — Bec et patte de pic, montrant les caractères des grimpeurs (pattes à deux doigts en avant et deux doigts en arrière).

Fig. 56. — Oie (nageur); haut: 0m,45.

Fig. 57 et fig. 58. — Bec et patte d'une oie montrant les caractères des oiseaux nageurs (bec plat et pattes à doigts réunis).

tous les oiseaux qui ont les pattes ainsi conformées.

2. Le bec de l'oie (fig. 58) ou celui du canard est plat et muni de petites dentelures qu'il ne faudrait pas prendre pour de vraies dents.

3. La peau des oiseaux nageurs tels que le canard, l'oie (fig. 56), le *Cygne*, produit une matière grasse qui se répand sur les plumes et empêche leur corps de s'imbiber d'eau.

4. Certains oiseaux nageurs se servent aussi de leurs ailes pour nager dans

Fig. 59. — Pingouin (nageur), haut: 0m,50.

---

4. Citez d'autres oiseaux grimpeurs.

52. — 1. Quel est le caractère des oiseaux nageurs? — 2. Comment est fait le bec de l'oie ou du canard? — 3. Qu'a de remarquable la peau des oiseaux nageurs? — 4. Qu'est-ce que les pingouins? Où habitent-ils?

l'eau, tels sont les *pingouins* (fig. 59) qui habitent les mers glaciales voisines du pôle nord.

53. Gallinacés. — 1. On a réuni sous le nom de *Gallinacés* (mot tiré du nom latin du coq) des oiseaux qui ont les

Fig. 60 — Faisan (gallinacé); long : 0m,80.

Fig. 61. — Pigeon (gallinacé); long. : 0m,25.

pattes développées pour la marche, et dont les doigts sont réunis à la base seulement par une courte membrane. Leurs ailes étant relativement moins grandes, ils volent lourdement et ne restent jamais très longtemps en l'air. On les reconnaît aussi à leurs narines, qu'on voit un peu au-dessus du bec, et qui sont recouvertes par une écaille molle.

2. La *Poule*, le *Faisan* (fig. 60), le *Pigeon* (fig. 61), la *Perdrix*, la *Caille* sont des gallinacés.

54. Oiseaux de rivage ou Échassiers. — 1. Regardons maintenant un *Héron* (fig. 62);

Fig. 62 — Héron (oiseau de rivage); haut. 0m,83.

c'est un oiseau qui habite le bord des eaux où il se nourrit surtout de poissons et de grenouilles. Son aspect est bien différent de celui des oiseaux dont nous avons déjà parlé. Ce qu'on remarque tout de suite c'est la grande longueur de ses pattes, son cou allongé et son bec aussi très long.

2. Pour aller à la pêche, on le voit

---

53. — 1. A quoi reconnaît-on les gallinacés ? — 2 Citez différents gallinacés

54. — 1. Qu'est-ce que le héron ? — De quoi se nourrit cet oiseau ? — 2 Comment pêche t-il ?

s'avancer sur ses longues pattes comme sur des échasses; il peut s'éloigner ainsi de la rive jusqu'à une certaine distance sans que son corps touche l'eau. La longueur de son bec et celle de son cou, lui permettent de saisir brusquement un poisson sans déranger la position de ses pattes et de son corps.

3. La *Cigogne*, la *Bécasse* (voyez fig. 119), qui ont des caractères analogues, sont, comme le héron, des *Oiseaux de rivage*.

55. Passereaux. — 1. On a réuni sous le nom gé-

Fig. 63. — Pie (passereau); long. : 0m,30.

Fig. 64 — Mésange à tête bleue (passereau); long : 0m,08

néral de *Passereaux* tous les oiseaux qui n'ont pas les caractères de ceux dont nous venons de parler.

2. Les uns ont le bec assez fort et allongé comme la *Pie* (fig. 63) ou le *Corbeau*, le *Moineau*, la *Mésange* (fig. 64); d'autres le bec fin comme la *Fauvette* et le *Rossignol*. Certains passereaux se reconnaissent à leur bec fendu, comme l'*Hirondelle* (voyez plus loin, fig. 136).

3. Tous les passereaux, en général, ont les ailes très développées et les pattes au contraire assez courtes; ils sont conformés pour voler pendant longtemps.

---

3. Quels sont donc les caractères des oiseaux de rivage? Citez quelques oiseaux de rivage.
55. — 1 Quels sont les oiseaux qu'on a réunis sous le nom de passereaux? — 2 Citez quelques passereaux en indiquant la forme de leur bec. — 3. Les passereaux sont-ils des oiseaux qui volent facilement et pendant longtemps?

56. Nids des oiseaux, migration des oiseaux. —

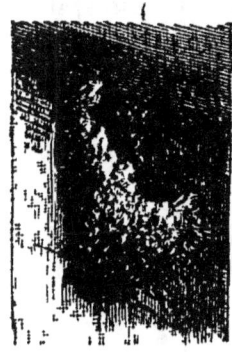

Fig. 65. — Nid d'hirondelle.

1. On sait que la plupart des oiseaux construisent des *nids* où ils pondent et couvent leurs œufs et dans lequel ils élèvent souvent leurs petits pendant un certain temps. Les oiseaux qui volent très bien, comme l'hirondelle, construisent leurs nids (fig. 65) dans les endroits escarpés, sur les rochers ou sur les murailles. Le nid de l'hirondelle est bâti avec une sorte de mastic formé par des débris de plantes, du gravier et de la terre délayés avec la salive de l'oiseau.

Fig. 66. — Nid de fauvette.

2. Le nid de la fauvette (fig. 66) est placé sur la branche d'un arbre, il est formé de petits brins de tiges tressés ensemble.

3. Les oiseaux qui volent mal, comme la perdrix, font souvent leur nid sur le sol. Le pic établit le sien dans le creux d'un tronc d'arbre qu'il agrandit avec son bec.

4. Beaucoup d'oiseaux ont l'habitude de changer de pays suivant les saisons, et de se déplacer ainsi chaque année; c'est ce qu'on nomme une *migration*.

5. Ainsi les hirondelles passent l'été dans nos régions et vont au contraire en hiver dans les pays plus chauds, lorsque les insectes commencent à disparaître dans nos contrées.

6. Les oiseaux du Nord, comme les canards sauvages, viennent chez nous pendant l'hiver pour trouver des rivières qui ne sont pas gelées; ils arrivent en octobre par petites troupes voyageant le soir ou la nuit, et se dispersent dans les marais et près des rivières. Au printemps, ils repartent pour le Nord

---

56. — 1. Comment est fait le nid de l'hirondelle ? — 2. Comment est fait le nid de la fauvette ? — 3. Comment la perdrix établit-elle son nid ? Et le pic ? — 4. Qu'est-ce que la migration des oiseaux ? — 5. Comment se font les migrations de l'hirondelle ? — 6. Comment se font les migrations du canard sauvage ?

RÉSUMÉ.

49 à 55. Oiseaux. — Les oiseaux sont des animaux couverts de plumes, dont les petits ne sont pas allaités.

On en distingue différents groupes dont le tableau suivant résume les caractères.

OISEAUX.

Pattes à deux doigts en avant et deux en arrière		*Grimpeurs.* Ex. : pic
Pattes ayant en général trois doigts en avant.	Pattes à ongles crochus, bec recourbé, oiseaux se nourrissant de chair.	*Oiseaux de proie.* Ex. : buse, hibou.
	Pattes à doigts réunis par une membrane	*Nageurs.* Ex. : canard.
	Pattes disposées surtout pour marcher, vol lourd, écailles au dessus du bec.	*Gallinacés.* Ex. : poule
	Pattes allongées, bec long.	*Oiseaux de rivage.* Ex. : héron.
Oiseaux qui ne présentent pas les caractères précédents.		*Passereaux.* Ex. : pie, mésange.

56. Nids. Migrations. — Les oiseaux construisent des nids où ils pondent des œufs et où ils élèvent leurs petits.

Certains oiseaux font des migrations, c'est-à-dire qu'ils changent de pays suivant les saisons.

HUITIÈME LEÇON.

Reptiles, Batraciens, Poissons.

57. Les reptiles. — 1. Les *Reptiles* diffèrent des mammifères et des oiseaux par leur peau nue, d'apparence écailleuse, qui ne porte ni plumes ni poils. Leur corps se refroidit

---

57. — 1 En quoi les reptiles diffèrent-ils des mammifères et des oiseaux ?

ou se réchauffe, quand l'air qui les entoure se refroidit ou se réchauffe. On dit que ce sont des *animaux froids*.

Fig. 67. — Lézard (reptile) ; long. : 0ᵐ,25

Fig. 68. — Crocodile (reptile) ; long. : 4ᵐ.

2. Comme les mammifères et les oiseaux, les reptiles respirent toujours dans l'air.

3. Ainsi que l'indique leur nom, les reptiles sont ordinairement des animaux rampants, qui se déplacent par des mouvements de côté.

58. Divers reptiles. — Les principales sortes de reptiles sont les suivantes:

1. Les *Lézards* (fig. 167) ont quatre membres assez courts, à peu près semblables, la mâchoire munie de dents; ils se nourrissent d'insectes. Les *Crocodiles*, qui habitent l'Afrique (fig. 68), ont à peu près la même forme, mais sont beaucoup plus grands; ils sont carnivores.

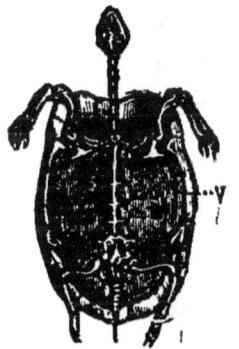

Fig. 69. — Squelette de tortue dont on a enlevé le plastron. On voit les os des membres et de la colonne vertébrale.

2. Les *Tortues* (fig. 69 et 70) ont leur squelette épaissi et soudé à la peau de manière à former une carapace qui les protège; elles ont un bec corné sans dents et se nourrissent de végétaux.

---

2. Les reptiles respirent-ils toujours dans l'air ? — 3. Comment les reptiles se déplacent-ils ?

58. — 1. Quels sont les principaux caractères des lézards ? Citez des reptiles plus grands qui ont a peu près la même forme que les lézards ? Où les trouve-t-on ? — 2. Quels sont les principaux caractères des tortues ?

REPTILES, BATRACIENS, POISSONS.   83

3. Les *Serpents* n'ont pas de membres et sont ordinairement carnivores; leurs mâchoires sont pourvues de dents, et la mâchoire inférieure est formée de deux parties qui peuvent s'écarter pour ouvrir la bouche et permettre à l'animal d'avaler de grosses proies. Certains d'entre eux, comme la vipère, ont des dents spéciales appelées crochets à venin.

4. Si l'on examine la tête d'une vipère (fig. 71), on observe vers le milieu de la bouche, à la partie supérieure, des dents beaucoup plus grandes que les autres, ce sont les crochets à venin. Ces dents peuvent se dresser en avant. En outre, elles sont creusées en un tube qui vient aboutir à leur extrémité.

Fig. 70. — Plastron de tortue (séparé du reste du squelette).

C'est par ce tube que peut sortir, à la volonté de l'animal, un liquide venimeux, dont la vipère se sert pour paralyser ou tuer les animaux dont elle se nourrit.

Fig. 71. — Os de la tête d'une vipère, montrant les dents ordinaires et les crochets à venin de la mâchoire supérieure.

59. Les batraciens. — 1. Au premier abord un *Crapaud* (fig. 82), un *Triton* (fig. 83), une *Salamandre* (fig. 70), ressemblent beaucoup aux reptiles. Comme ces derniers, ils ont la peau nue et le corps froid; mais leur peau n'a pas l'apparence écailleuse de celle des reptiles. Ce qui caractérise surtout ces animaux, c'est qu'ils changent de forme extérieure avec l'âge. On les appelle les *Batraciens*.

2. Lorsqu'ils sont jeunes, ils ne peuvent respirer que complètement plongés dans l'eau et se nourrissent en général de substances végétales; on dit qu'ils sont à l'état de *têtards* (fig. 72; 6, 7, 8). Lorsqu'ils sont plus âgés, ils respirent à l'air

---

3 Quels sont les caractères des serpents ? 4 Comment appelle-t-on les dents venimeuses de la vipère ? Comment sont faits ces crochets à venin ?

59. — 1. En quoi une grenouille ou une salamandre ressemble-t-elle à un reptile ? En quoi ces animaux diffèrent-ils des reptiles ? — 2 Quels sont les caractères des batraciens lorsqu'ils sont jeunes, lorsqu'ils sont plus âgés ?

libre et ne peuvent plus rester toujours sous l'eau (fig. 72; 10), ils se nourrissent alors le plus souvent de substances animales: insectes, vers, limaces, colimaçons, etc.

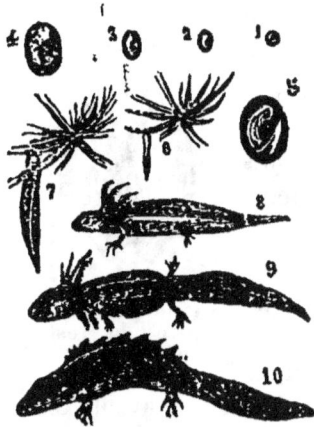

Fig. 72 a 81. — Métamorphoses du triton (batracien). 1, 2, 3, 4, 5, développement de l'œuf; 6, 7, têtard; 8, 9, têtard se transformant en triton; 10, triton complètement développé.

60. Divers batraciens. — 1. Certains batraciens tels que le triton ou la salamandre, conservent une longue queue même lorsqu'ils respirent dans l'air; d'autres n'ont de queues qu'à l'état de têtard, comme le crapaud ou la grenouille.

2. Le crapaud (fig. 82) et la grenouille s'avancent en sautant; pour sauter, ils ont les pattes de derrière repliées sur elles-mêmes et beaucoup plus longues que les pattes de devant.

La grenouille, en outre, nage très facilement, et on peut remarquer que les doigts de ses pattes sont unis par une

Fig. 82. — Crapaud (batracien); long.: 0m,12.

Fig. 83. — Salamandre (batracien); long : 0m,15.

membrane comme les doigts de la patte d'un oiseau nageur. Le crapaud saute et marche; il ne nage presque jamais, tandis que la grenouille nage très souvent.

3. Le triton, qu'on rencontre dans les fossés, se déplace en

---

60. — 1. Citez divers animaux batraciens? — Quels sont les caractères du crapaud et de la grenouille? — 3. A quoi reconnait-on le triton? — 4. Quels sont les caractères de la salamandre?

REPTILES, BATRACIENS, POISSONS.

marchant; jamais il ne saute comme la grenouille ou le crapaud; aussi ses pattes de derrière sont-elles presque aussi petites que celles de devant (fig. 72, 10).

4. Les salamandres, qui habitent les endroits humides des bois et dont le corps noir est couvert de taches jaunes (fig. 83) sont, au contraire, plus rarement dans l'eau, excepté lorsqu'elles sont très jeunes, à l'état de têtard.

61. Les poissons. — 1. Il y a des animaux vertébrés qui peuvent respirer dans l'eau comme un têtard de batracien, pendant toute leur existence : ce sont les *Poissons*.

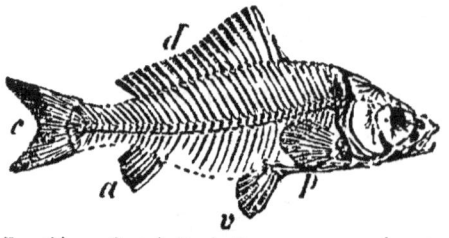

Fig. 84. — Squelette de Poisson. $c, d, a, t,$ p, nageoires.

Leur peau est ordinairement recouverte de véritables écailles, qu'on peut détacher avec un couteau, et leur corps est muni de nageoires, qui leur servent à se mouvoir ou à se diriger dans l'eau. Ce sont des animaux froids.

2. Le squelette de tous les poissons, celui de la carpe par exemple (fig. 84), présente toujours une sorte d'os formant la colonne vertébrale; ce sont donc bien des animaux vertébrés.

62. Divers poissons. — 1. Les poissons peuvent avoir des formes très diverses. La plupart d'entre eux sont uniquement nageurs, comme la carpe (fig. 85) ou la perche, et portent

Fig. 85. — Carpe (poisson); long . $0^m,20$.

des nageoires développées en arrière de la tête, au-dessous du corps, sur le dos et à la queue.

---

61. — 1. Quels sont les principaux caractères des poissons ? — 2. Comment peut-on voir que les poissons sont des animaux vertébrés ?
62. — 1. Comment sont placées les nageoires de la plupart des poissons?

2. Il y en a, comme l'anguille (fig. 86), qui peuvent ramper

Fig. 86. — Anguille (poisson);
long. 0m,03.

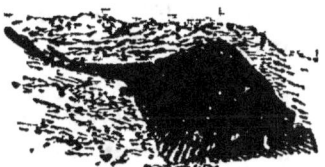
Fig. 87. — Raie (poisson);
long.. 0m,50

sur le sol ; leurs nageoires sont moins développées, et leur corps est allongé comme celui d'un serpent.

Fig. 88. — Épinoches et leur nid;
long. 0m,03.

Fig. 89 et 90. - Œufs de poisson; au-dessous, un œuf grossi

3. Tous ces poissons ont des os durs; on les appelle *poissons osseux*, d'autres, comme la raie, dont la forme est toute différente (fig. 87), ont les os plus mous et flexibles; on les appelle poissons *cartilagineux*.

4. Comme la plupart des reptiles et comme les batraciens,

— 2 Quels sont les principaux caractères de l'anguille ? — 3 Qu'entend-on par poissons osseux et poissons cartilagineux ? — 4. Citez des poissons qui font des nids pour y pondre leurs œufs ?

les poissons pondent des œufs (fig., 89 et 90) qui produisent de petits poissons de la même espèce. Certains poissons, comme les épinoches (fig. 88), construisent même des nids pour y déposer leurs œufs.

RÉSUMÉ

57, 58. Reptiles. — Les *Reptiles* sont des animaux vertébrés qui ont la peau nue, d'apparence écailleuse, et qui respirent toujours dans l'air. Les principales sortes de reptiles sont : 1° les *Lézards*, qui ont quatre membres et des dents à la mâchoire; 2° les *Tortues* qui ont le corps protégé par une carapace et qui n'ont pas de dents; 3° les *Serpents* qui n'ont pas de membres.

59, 60. Batraciens. — Les *Batraciens* sont des animaux vertébrés à peau nue qui respirent dans l'eau lorsqu'ils sont jeunes (têtards) et qui respirent ensuite dans l'air lorsqu'ils sont plus âgés.

Les principaux batraciens sont le crapaud et la grenouille, qui ont les pattes disposées pour sauter et qui n'ont pas de queue; les tritons et les salamandres qui ont les quatre pattes à peu près égales et qui ont une queue.

61, 62. Poissons. — Les *Poissons* sont des animaux vertébrés, qui ont la peau ordinairement recouverte de vraies écailles et qui respirent toujours dans l'eau.

Les poissons osseux ont les os durs : tels sont la carpe, l'anguille. Les poissons cartilagineux, tels que la raie, ont les os mous et flexibles.

NEUVIÈME LEÇON.

Les animaux sans os (Invertébrés)

63 Les Invertébrés. Divers animaux invertébrés. — 1 Tous les animaux dont nous avons parlé ont des

---

63 1 Quels sont les principaux caractères des animaux invertébrés ?

os; ils ont tout au moins cette suite d'os qui forme la colonne vertébrale. Nous nous rappelons qu'on désigne sous le nom d'*Invertébrés* les animaux qui sont, au contraire, sans os et par conséquent sans vertèbres. On les reconnait aussi à ce qu'en général leur sang n'est pas rouge.

2. La mouche, l'écrevisse, le colimaçon, l'étoile de mer, sont des animaux invertébrés.

3. On forme plusieurs groupes dans les animaux invertébrés, ce qui nous permettra de les reconnaitre et de les classer plus facilement. Ce sont :

1° Animaux ayant une droite et une gauche, dont le corps est composé d'anneaux ou d'articles placés les uns à la suite des autres.................. *Articulés.*

Exemples : mouche, mille-pattes, cloporte, ver.

2° Animaux ayant une droite et une gauche, à corps mou, souvent protégé par une coquille très dure............... *Mollusques.*

Exemples : huitre, colimaçon.

3° Animaux n'ayant ni droite ni gauche, à corps souvent disposé en rayons autour d'un centre..................... *Rayonnés.*

Exemples : étoile de mer, corail.

4° Animaux très petits, ordinairement invisibles à l'œil nu, d'une constitution très simple..................... *Protozoaires.*

Exemple : infusoires.

61. Les articulés. — 1. Les animaux *articulés*, qui ont le corps composé d'anneaux successifs, ont des formes

---

— 2 Citez quelques exemples d'invertébrés ? — 3 Quels sont les caractères des principaux groupes d'invertébrés ? Citez des animaux appartenant à chacun de ces groupes

61. — Quels sont les caractères des vers ?

LES ANIMAUX SANS OS (INVERTÉBRÉS). 89

très variées. On en distingue plusieurs sortes; les uns n'ont

Fig. 91. — Ver de terre (articulé sans pattes articulées) : long : 0ᵐ,04.

Fig. 92. — Millepatte (articulé à pattes articulées); long . 0ᵐ,15

pas de pattes divisées en articles, ce sont les *Vers*, comme le ver de terre (fig. 91) ce qui permet de les reconnaître facilement, car tous les autres ont des pattes divisées en articles comme le corps; ce sont :

2. Les *Millepattes* (fig. 92) qui sont composés d'un très grand nombre d'anneaux portant chacun des pattes articulées.

3. Les *Araignées*, qui ont pour caractère principal d'avoir 8 pattes.

4. Les *Insectes*, tels que la sauterelle (voyez fig. 100), qui se reconnaissent surtout à ce qu'ils ont 6 pattes.

5. Tous ces articulés respirent dans l'air; il faut y ajouter les *Crustacés*, comme l'écrevisse (fig. 93), qui sont des articulés respirant le plus souvent dans l'eau, et dont la peau est recouverte ordinairement d'une carapace très dure. Pour grandir, ils sortent à certaines époques de leur carapace (fig. 93), s'accroissent et s'en font ensuite une nouvelle plus grande. Le cloporte (fig. 94) est un petit crustacé qui vit dans l'air humide.

Fig. 93 — L'écrevisse se débarrassant de sa carapace pour grandir et s'en refaire une autre.

65. Insectes. — Les articulés les plus importants sont les insectes. Nous les étudierons plus tard au point de vue

---

2. A quoi reconnaît-on les millepattes ? — 3. Combien les araignées ont-elles de pattes ? — 4. Combien les insectes ont-ils de pattes ? — 5. Quels sont les principaux caractères des crustacés ? Citez quelques crustacés.

65. — 1. Quels sont les principaux caractères des insectes ?

de leur utilité et nous examinerons comment beaucoup d'entre

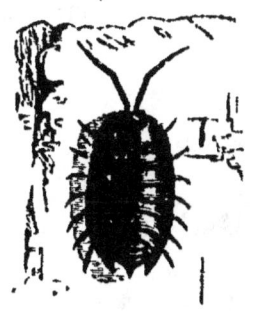

Fig. 91. — Le cloporte est un articulé (crustacé); long.: 0m,02.

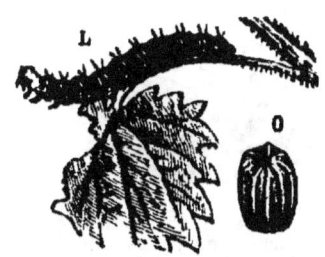

Fig. 95 et 96 — Œufs de papillon (O) grossi, et chenille qui en est sortie (L).

eux peuvent nous nuire (voyez fig. 94). Regardons maintenant comment ils sont faits.

1. Les *Insectes* sont des articulés à six pattes, dont le corps est divisé en trois parties principales : tête, poitrine et ventre. Ils ont ordinairement des ailes, quatre ou deux.

2. Ces animaux sont surtout remarquables par la manière dont ils se développent. Un insecte sort d'un œuf (fig. 95, O), mais il n'a pas alors sa forme définitive, et il change plusieurs fois d'apparence avant d'être, comme on dit, un insecte parfait.

3. Prenons, par exemple, un papillon (fig. 98) : il pond des

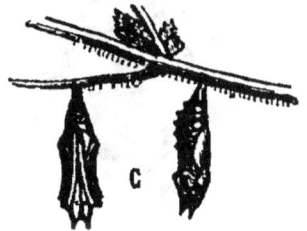

Fig 97. Chrysalide provenant de la chenille representée fig. 96.

Fig. 98. — Le même papillon à l'état d'insecte parfait.

œufs. Un œuf produit non pas directement un papillon, mais une sorte de ver allongé, une chenille (fig. 95, L); c'est la

---

2 Comment se développent les insectes ? — 3 Décrivez les divers états du développement d'un papillon.

larve de l'insecte; puis, à un certain moment, cette chenille se rapetisse et s'entoure d'une peau très dure; elle reste suspendue aux branches, c'est une *chrysalide* (fig. 97). Dans cette chrysalide, qui peut rester ainsi assez longtemps sans se nourrir, il se prépare une dernière transformation. Si on l'a enfermée dans une petite boîte qu'on observe tous les jours, on peut la voir, à un certain moment, se fendre, et il en sort un papillon; c'est l'*insecte parfait* (fig. 98).

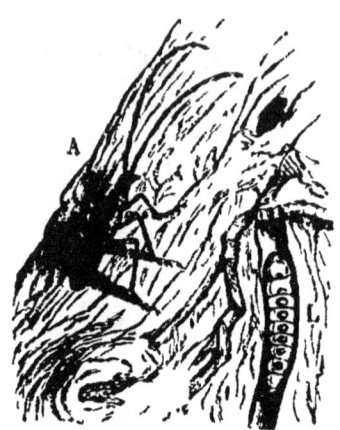

Fig 99. — Longicorne (insecte); long.: 0m,06, L, sa larve.

66. Divers Insectes. —
1. Les *Coléoptères*, comme le hanneton ou le longicorne (fig. 99), ont les deux ailes de devant dures et coriaces, disposées pour protéger les deux autres et non pour voler; ces ailes dures sont appelées des élytres. Leur bouche est organisée pour broyer les feuilles ou les insectes.

2. Les *Orthoptères*, telles que la Sauterelle (fig. 100), le criquet, le grillon, en diffèrent par leurs ailes plissées dans le sens de la longueur et par leurs pattes de derrière plus grandes, disposées pour sauter.

3. Les *Hémiptères*, comme la Punaise des bois, le Phylloxéra (fig. 117 et 118) ont les ailes de

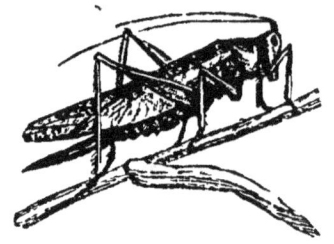

Fig 100. — Sauterelle long 0m,07.

devant en partie coriace comme les élytres et en partie minces et transparentes. Leur bouche est organisée pour sucer.

4. Les *Névroptères*, par exemple les libellules (fig. 101),

---

66. — 1. Qu'est-ce que des élytres? — Quels sont les caractères des Coléoptères? Citez quelques Coléoptères? — 2 Quels sont les caractères des insectes orthoptères? Citez quelques insectes de ce groupe — 3 Quels sont les caractères des Hémiptères? — 4 Quels sont les principaux caractères des Névroptères?

ont leurs 4 ailes transparentes et parcourues par des nervures très fines disposées comme les mailles d'un filet.

Fig. 101. — Libellule déprimée (insecte); long. : 0m,08; au-dessous, sa larve.

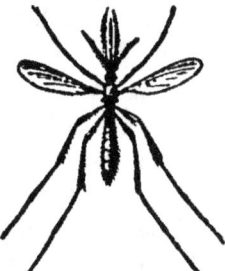

Fig 102 — Cousin (insecte a deux ailes), très grossi.

5. Les *Hyménoptères*, ont la bouche munie d'une trompe pour sucer le suc des fleurs et 4 ailes transparentes à nervures peu nombreuses. Exemple: les *abeilles* (voyez fig. 121).

6. Les *Lépidoptères* ou papillons (fig. 98), ont 4 ailes opaques souvent ornées de diverses couleurs.

7. Enfin, certains insectes n'ont que deux ailes, comme la *mouche* ou le *cousin* (fig. 102); ce sont les *Diptères*.

67. Les mollusques. — 1. Nous savons que les *Mollusques* diffèrent des articulés parce que leur corps n'est pas formé d'anneaux successifs. Ils sont ordinairement mous, comme l'indique leur nom, et peuvent être protégés par une coquille formée d'une substance très dure.

2. L'*Escargot* (fig. 103) qui vit sur la terre, le *Peigne* (fig. 104) et la *Moule* (fig. 105) qui vivent dans la mer, sont

---

5. Comment est faite la bouche des Hyménoptères ? — 6. En quoi les Lépidoptères différent ils des Hyménoptères ? — 7. Combien tous les insectes dont on vient de parler ont-ils d'ailes ? Citez des insectes qui n'ont que deux ailes.

67. — 1. Quels sont les principaux caractères des animaux mollusques? — 2. Citez quelques exemples de mollusques.

des mollusques. Ces trois animaux sont bons à manger ; il en

Fig. 103 — Escargot (mollusque terrestre); long. : 0m,07.

Fig. 104 — Peigne (mollusque marin); long. : 0m,10.

Fig. 105. — Moule (mollusque marin), long. 0m,06.

est de même de l'huître et de plusieurs autres sortes de mollusques. Beaucoup de mollusques nous sont aussi utiles par leurs coquilles qui servent à faire la *nacre*.

68. Les rayonnés. — Si l'on est sur le bord de la mer, on trouve souvent un grand nombre de ces animaux : des *Étoiles de mer* (fig. 106), des *Oursins* (fig. 107) qui ressemblent à de gros marrons d'Inde ou des *Méduses* (fig. 108) qu'on flotter dans l'eau. Chez aucun de ces animaux on ne peut reconnaître une droite ou une gauche ; en les faisant tourner sur eux-mêmes, on retrouve toujours le même aspect. Ce sont

Fig. 106 — Etoile de mer (rayonné); plus grande; largeur . 0m,12.

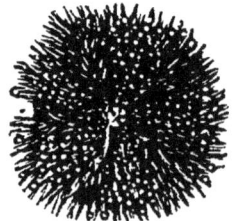

Fig 107 — Oursin (rayonné); larg. . 0m,08

des animaux *Rayonnés*. On en rapproche les *Éponges* (fig. 109).
69. Les protozoaires. — 1. Dans le fond des ruisseaux,

---

68. — Citez quelques exemples d'animaux rayonnés ? Quel est le caractère général des rayonnés ?
69. — 1. Où trouve-t-on les rhizopodes ?

des mares, dans les infusions, partout où des plantes

Fig 108 — Méduse (rayonné); larg : 0m,30.

Fig. 109. — Éponge (rayonné); long. : 0m,15

Fig. 110. — Infusoires très grossis, vus au microscope.

sont en train de se détruire, on trouve de tous petits animaux qu'on ne peut apercevoir qu'au microscope : ce sont les *Infusoires* (fig. 110).

2. Au fond des mers, il existe aussi des quantités innombrables de très petits animaux munis d'une carapace dure ; leurs débris s'accumulent les uns sur les autres et forment de vastes dépôts. Ce sont les *Rhizopodes*. La craie, par exemple, est formée presque entièrement par des dépôts de toutes ces petites coquilles de rhizopodes.

3. Tous ces animaux très petits et très simples sont appelés *Protozoaires*.

RESUME.

63. Invertébrés. — Les animaux invertébrés sont les animaux sans os ; en général, ils n'ont pas le sang rouge.

Les divers invertébrés sont : les *Articulés*, les *Mollusques*, les *Rayonnés* et les *Protozoaires*.

---

2. De quoi est surtout composée la craie ? — 3. Comment appelle-t-on tous ces animaux très petits et très simples ?

64 à 66. Articulés. — Les animaux *articulés* ont le corps composé d'anneaux placés les uns à la suite des autres.

Les principales sortes d'articulés sont : 1° les *Vers*, qui n'ont pas de pattes articulées ; 2° les *Millepattes*, qui ont un grand nombre de pattes articulées ; 3° les *Araignées* qui ont 8 pattes; 4° les *Insectes*, qui ont 6 pattes ; 5° les *Crustacés*, qui ont ordinairement plus de dix pattes et qui respirent presque tous dans l'eau.

67 à 69. Mollusques, Rayonnés, Protozoaires. — Les *Mollusques* ont un corps mou, ordinairement protégé par une coquille très dure ; tels sont : l'huître, la moule, le peigne.

Les *Rayonnés* ont le corps souvent disposé en forme de rayons autour d'un centre, comme l'étoile de mer.

Les *Protozoaires* sont des animaux très petits et très simples.

DIXIÈME LEÇON

Animaux utiles.

70. Animaux utiles. Utilisation de la peau, des poils, des plumes, des os. — Beaucoup d'animaux sont utiles à l'homme, soit en l'aidant dans son travail, soit en lui fournissant une nourriture. En outre, on se sert de certaines parties des animaux pour fabriquer de nombreux objets. Voyons, d'abord, comment les animaux vertébrés peuvent nous être utiles d'une manière générale.

1. Les *os* de beaucoup d'animaux sont employés pour fabriquer un grand nombre d'objets (boutons, manches de couteaux, etc.)

2. Avec les dents, on fabrique les objets en ivoire ; avec les cornes ou les sabots, les objets en corne.

3. Parmi les vertébrés, les mammifères peuvent être utilisés pour leurs *poils* (fourrures, laine), leur peau (cuir) ; les poils qui sont employés en masse pour bourrer les meubles,

---

70 — Comment pouvons-nous utiliser les animaux ? — **1** A quoi sont employés les os ? — **2.** A quoi sont employées les dents ? — **3.** Quelle est l'utilité des poils ?

par exemple, forment ce qu'on nomme le crin. Avec les poils des moutons on fait les étoffes de laine, les draps qui servent à nous couvrir, à nous protéger contre le froid.

4. Quant à la peau, pour l'employer, on la fait pourrir dans des cuves profondes avec de l'écorce de chêne broyée. Au bout de quelques mois la peau est devenue souple: c'est du cuir.

5. Les oiseaux fournissent les *plumes*, qu'on utilise aussi pour se garantir du froid (duvet des oreillers, des édredons) ou pour fabriquer divers objets (plumeaux, plumes d'oie pour écrire, etc.). Les autruches (fig. 111) sont des oiseaux d'Afrique ; on les chasse ou on les élève pour exploiter leurs plumes.

Fig. 111 — L'autruche est élevée pour les plumes; haut. : 2m,25.

6. La peau des reptiles ne porte, nous le savons, ni poils ni plumes, mais elle est quelquefois dure et résistante en même temps qu'ornée de plaques de diverses formes. On utilise la peau durcie des tortues, sous le nom d'*écaille*, pour fabriquer des peignes, des porte-monnaie, etc.

7. On ne se sert pas souvent de la peau des poissons ; cependant les requins ont une peau résistante et qu'on peut polir ; on en recouvre divers objets.

71. Lait, œufs. — Nous avons vu que le caractère principal des animaux mammifères est l'allaitement. Les petits sont allaités par leur mère dans leur premier âge. L'homme est parvenu à augmenter beaucoup la production du *lait* chez certains animaux, la vache et la chèvre par exemple, pour s'en nourrir lui-même. On fabrique le beurre en battant la crème, le fromage en faisant aigrir rapidement le lait. Les *œufs* de plusieurs oiseaux servent aussi de nourriture. Nous mangeons dans l'œuf de poule qui vient d'être pondu le jaune et le blanc qui étaient destinés à la formation du poussin.

---

4. A quoi est employée la peau des mammifères ? — 5. Quel est l'usage des plumes ? — 6 Se sert-on de la peau des reptiles ? — 7. Comment emploie-t-on la peau de requin ?

71. — Quels sont les usages du lait et des œufs ?

72. Animaux domestiques. — **1.** Les animaux que nous venons de nommer, la vache, la chèvre, les poules, sont élevés et soignés par l'homme; ils habitent souvent dans sa demeure. Ce sont des animaux *domestiques*.

2. Il y a d'autres animaux domestiques qui *aident* l'homme dans ses travaux; tels sont: le chien, le cheval, l'âne; d'autres sont élevés uniquement pour être mangés, comme les lapins, les porcs, les canards.

73. Bœuf. — **1.** Le *bœuf* semble être devenu un animal domestique depuis les temps les plus anciens. On l'utilise pour les travaux de l'agriculture, pour la production du lait, et après l'engraissement, pour fournir de la viande de boucherie (fig. 112.)

Fig. 112 — Type de bœuf de boucherie; long. 1m75

Examinons d'abord quels sont les principaux caractères du bœuf, en général.

2. Le bœuf est un ruminant qui a toujours la taille trapue, le museau large et les jambes très robustes. Les cornes sont dirigées de côté, puis reviennent vers le haut en forme de croissant. Au-dessous du cou est une peau lâche et plissée appelée fanon. Le bœuf a 32 dents: 8 incisives et 12 molaires à la mâchoire inférieure, pas d'incisives et 12 molaires à la mâchoire supérieure. Comme tous les ruminants, nous savons qu'il n'a pas de dents canines (voyez fig. 47, p. 71).

3. Une même race peut servir aux trois usages principaux

---

72. — 1. Qu'entend-on par animaux domestiques? — Citez des animaux domestiques qui aident l'homme dans ses travaux?

73. — 1 A quoi utilise-t-on le bœuf? — 2 Quels sont les principaux caractères du bœuf? Qu'est-ce que le fanon? Combien le bœuf a-t-il de dents? Combien d'incisives a la mâchoire inférieure? Combien d'incisives à la mâchoire supérieure? Combien de molaires a chaque mâchoire. Combien de canines? — 3 Combien une vache peut-elle, au plus, produire de litres de lait par jour? Quels sont les usages principaux du bœuf?

du bœuf. Les vaches sont utilisées comme laitières; en France, elles peuvent produire 10 à 15 litres de lait par jour; quant au bœuf, jusqu'à environ sept ans, on s'en sert pour labourer ou pour traîner les chariots; puis, à partir de cet âge, on l'engraisse comme bœuf de boucherie, soit à l'étable, soit au pâturage.

4. On peut reconnaître qu'un bœuf est bien conformé comme bœuf de boucherie, quand il a la poitrine large, le cou très court et presque sans fanon, les jambes fines, le corps long et peu élevé sur les jambes (fig. 112).

5. On consomme aussi la viande des bœufs très jeunes (veaux). Pour élever les veaux, on les nourrit de très bonne heure avec du fourrage et on leur fait boire une très grande quantité de lait. On les vend comme veaux de boucherie vers l'âge de deux à trois mois.

6. Certaines races de bœufs sont meilleures pour un usage que pour un autre; c'est ainsi qu'on distingue des *races de boucherie*, les meilleures pour l'élevage (races Durham, hongroise, etc.); d'autres, les meilleures pour le travail, ce sont les *races de travail* (races auvergnate, vendéenne, etc.); d'autres, dont les vaches sont les meilleurs laitières, ce sont les *races laitières* (races bretonne, normande, flamande, etc.).

71. Mouton. — 1. Le *mouton* est un ruminant domestique qui nous rend aussi de grands services; on l'élève pour en recueillir la laine ou pour fournir de la viande de boucherie.

2. On le distingue

Fig. 113 — Type de mouton élevé pour la production de la laine et pour la boucherie.

---

4. A quoi reconnaît-on un bon bœuf de boucherie? — 5. Comment élève-t-on les veaux de boucherie? — 6 Citez quelques races de bœufs?

71. — 1. Pourquoi élève-t-on les moutons? — 2 Quelle est la forme du museau du mouton? Quelle est la disposition de ses cornes? Combien le mouton a-t-il de dents? Comment sont-elles disposées?

aux caractères suivants : le mouton, toujours de plus petite taille que le bœuf, n'a pas le museau large, mais au contraire formant un angle en avant. Les cornes sont dirigées d'abord en arrière, puis reviennent en avant en s'enroulant sur elles-mêmes. Les 32 dents sont disposées en avant comme celles du bœuf.

3. Un mouton bien conformé, à la fois comme mouton d'engraissement et comme producteur de laine (fig. 113), doit avoir le corps bien arrondi, le cou mince et court, les épaules larges, les pattes posant bien d'aplomb sur le sol, l'œil vif et clair, au pourtour d'un beau blanc. En général, chez un mouton qui présente ces qualités, les cornes ne sont presque pas développées ou manquent complètement. C'est vers l'âge de trois ou quatre ans que les moutons sont le plus faciles à engraisser, soit en les faisant paître, soit en les nourrissant de fourrage et de grain dans des bergeries.

4. On peut distinguer aussi chez le mouton plusieurs races très différentes; les unes sont surtout bonnes pour la boucherie, quoiqu'elles servent à produire de la laine : ce sont les *races à longue laine* (races flamande, bretonne, etc.), les autres sont particulièrement propres à la production de la laine, ce sont les *races à courte laine* (race mérinos d'Espagne, races du centre de la France et des Pyrénées).

5. Jusqu'à l'âge de dix ans, les moutons peuvent fournir de la laine bonne à employer. On tond les moutons ordinairement une fois par an, en juin ou juillet, car il faut leur laisser leur toison pendant la mauvaise saison, pour les protéger contre le froid et l'humidité. La laine, lorsqu'on vient de la couper, est enduite d'une sorte de graisse appelée *suint*, qu'on enlève en la lavant.

75. Chèvre — 1. La chèvre est encore un ruminant domestique. Elle ressemble beaucoup au mouton, mais ses cornes sont dirigées en haut et en arrière; elle a au-dessous de la tête des poils allongés en barbiche, et sa toison est for-

---

3 A quoi reconnait-on un mouton bien conformé ? A quel âge les moutons s'engraissent-ils le plus facilement ? — 4. Quelles sont les principales races de moutons ? 5 Comment exploite-t-on les moutons pour la laine ? A quelle époque se fait la tonte ?

75. — 1. En quoi la chèvre diffère-t-elle du mouton ?

née d'une laine plus rude que celle du mouton. La chèvre a 32 dents disposées comme celles du bœuf et du mouton.

2. D'une manière générale, la chèvre est moins utile à l'homme que le bœuf et le mouton, car sa chair n'est pas très bonne à manger, et les chèvres de nos pays ne produisent pas de laine. On élève les chèvres surtout pour leur lait et aussi pour la peau des jeunes chevreaux, qui est utilisée dans la fabrication des gants ou des chaussures fines.

76. Cheval. — 1. Le cheval est presque uniquement employé pour sa force. Depuis quelque temps l'usage de manger la viande de cheval s'est assez répandu dans les grandes villes; mais c'est de la viande moins bonne que la viande du bœuf,

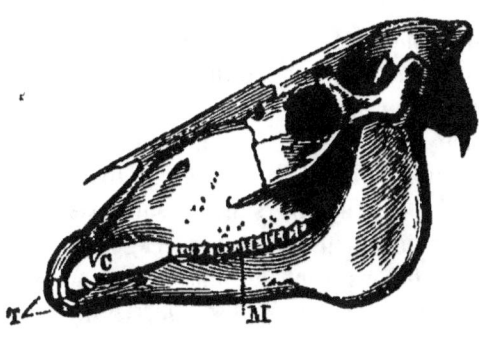

Fig. 114 — Os de la tête du cheval montrant les dents molaires M, les canines C et les incisives I.

et jamais, du reste, on n'élève le cheval pour la boucherie.

2. Le *cheval* est un pachyderme qui, nous le savons, marche sur un seul doigt très allongé, formant la dernière partie de la patte. L'extrémité du doigt est enveloppée par un sabot très grand; il se distingue ainsi des animaux domestiques ruminants qui posent deux doigts sur le sol. Le cheval a quarante dents (fig. 114) : six incisives (I), deux canines (C)[1] et douze molaires (M) à chaque mâchoire. Le petit du cheval s'appelle *poulain*; c'est seulement à l'âge de trois à cinq ans que l'on commence à le faire travailler.

3. L'âge du cheval se reconnaît à la façon dont ses dents incisives sont usées. Suivant la manière dont la cavité qui se

---

(1) Quelquefois les dents canines font défaut.

---

2 A quoi nous sert la chèvre ?

76 — 1. Pourquoi le cheval nous est-il surtout utile ? Mange-t-on la chair du cheval ? — 2 Quels sont les caractères du cheval ? Combien le cheval a-t-il de dents ? Comment s'appelle le petit du cheval ? — 3. Comment reconnaît-on l'âge d'un cheval ?

ANIMAUX UTILES.   101

trouve sur la tranche de ces dents est effacée, on peut juger très bien quel age a le cheval (fig. 115, 116 et 117). A treize ans, toutes les incisives ont la tranche plus ou moins arrondie. On estime alors l'age du cheval d'après la longueur de ses dents.

4. Les races de chevaux sont très nombreuses; les unes fournissent les *chevaux de trait*, c'est-à-dire ceux qui servent a tirer les voitures ou à faire marcher les machines; les autres, les *chevaux de selle*, c'est-à-dire les chevaux sur lesquels on monte.

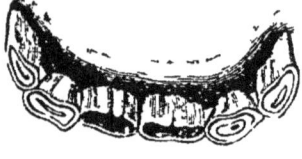
Fig. 115. — Dents incisives d'un cheval de trois ans

77. Ane. — 1. L'âne ressemble beaucoup au cheval. Il en diffère surtout par ses longues oreilles et par une ligne de poils plus foncée qui se trouve tout le long du dos et une ou deux autres lignes semblables, en croix avec la première, allant d'une épaule à l'autre.

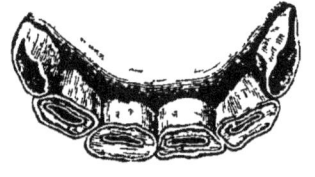
Fig. 116 — Dents incisives d'un cheval de cinq ans

2. L'âne rend en petit les mêmes services que le cheval. Il coûte beaucoup moins cher à nourrir.

78. Mulet. — Le *mulet* ressemble à la fois à l'âne et au cheval. C'est un animal robuste, sobre, dur à la fatigue. Comme il a le pied très sûr, il est très utile dans les pays de montagnes. On l'emploie surtout dans le midi de la France.

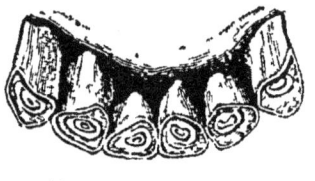
Fig. 117 — Dents incisives d'un cheval de treize ans

79. Chien. — Le chien est un animal domestique auxiliaire; il aide l'homme ordinairement sans produire de la

---

4. Qu'est-ce que les chevaux de trait et les chevaux de selle ?

77. — 1. En quoi l'âne diffère-t-il du cheval ?— 2. A quoi l'âne est-il utile ?

78 — A quoi le mulet est-il utile ?

79. 1 Quels sont les caractères du chien ? Combien a-t-il de dents ? Quelles sont les dents de sa mâchoire inférieure ? de sa mâchoire supérieure ?

force par lui-même, comme le bœuf et le cheval, et sans servir à notre nourriture.

Le *chien* est un carnivore dont les ongles sont forts et à pointe émoussée ; il a cinq doigts à chaque patte de devant et quatre doigts à chaque patte de derrière ; ses dents sont au nombre de quarante-deux : six incisives, deux canines et douze molaires à la machoire supérieure ; six incisives, deux canines et quatorze molaires à la machoire inférieure.

2. Les races de chien sont très diverses. Les unes sont les meilleures pour former les *chiens de berger* qui conduisent et gardent les troupeaux de moutons ou de bœufs ; les autres sont des races où l'on choisit plutôt les *chiens de garde* (dogue, bouledogue, etc.). Les *chiens de chasse* ont l'odorat encore plus fin que les autres et peuvent être dressés pour courir après le gibier (chiens courants) ou pour reconnaître l'endroit où se trouve le gibier et l'indiquer au chasseur (chien d'arrêt).

Dans certains pays, surtout dans les contrées les plus froides qui avoisinent le pôle nord, on se sert aussi des chiens pour tirer des chariots ou des traineaux. Ce sont encore d'autres races de chiens.

80. Chat. — 1. Le chat est aussi un carnivore domestique, mais beaucoup moins apprivoisé que le chien. Il existe encore à l'état sauvage dans beaucoup de forêts d'Europe. Sa principale utilité c'est, on le sait, de faire la chasse aux souris qui envahissent les maisons.

On a vu (§ 43) quels sont les caractères du chat.

81. Animaux de basse-cour. — 1. Certains animaux domestiques sont élevés uniquement pour être mangés et ne nous rendent directement aucun service pendant leur vie ; ce sont en général ceux qu'on élève dans la basse-cour d'une ferme. On peut citer surtout les *porcs*, les *lapins* et les *oiseaux de basse-cour*.

2. Le porc est un pachyderme dont on a étudié les caractères (§ 47) ; il fournit de la graisse et de la chair. Dans les

---

2. Citez quelques races de chiens et leurs usages.
80. — Quels sont les caractères du chat ?
81. — 1. Quels sont les animaux de basse-cour ? — 2. Quels sont les usages du porc, du lapin ?

campagnes, on conserve dans du sel la chair de porc, c'est ce qu'on nomme le petit salé.

Le lapin est, comme nous savons, un rongeur (§ 45). Le lapin domestique s'élève facilement et fournit une nourriture assez bonne, quoique moins délicate que la chair du lapin sauvage.

3. Les principaux oiseaux de basse-cour, sont : les *poules*, qu'on élève non seulement pour les manger, mais plus encore pour obtenir des œufs; les *pigeons*, les *dindons* et les *pintades*. Tous ces oiseaux sont des gallinacés; il faut y ajouter les oiseaux nageurs domestiques : *oies* et *canards*.

82. Gibier. — Chasse. — 1. L'homme ne mange pas seulement des œufs, du lait ou de la chair des animaux domestiques. Il se nourrit aussi d'un certain nombre d'animaux

Fig. 118. — Lièvre, long. 0ᵐ,60.　　Fig. 119. — Bécasse; long. 0ᵐ,25.

sauvages (mammifères et oiseaux), que d'une manière générale on nomme le *gibier* : tels sont les lapins sauvages, les lièvres (fig. 118), les cerfs, les perdreaux, les cailles, les alouettes, les bécasses (fig. 119), etc.

2. Pour *chasser* ces animaux, l'homme emploie un grand nombre de procédés (pièges, filets, armes à feu, etc.). D'autres animaux l'aident dans la chasse. On élevait autrefois les faucons (oiseaux de proie) pour chasser d'autres oiseaux; mais c'est surtout le chien, comme nous l'avons vu, qui est utile à l'homme dans la chasse.

83. Animaux aquatiques que l'on mange. — Pêche. — 1. Parmi les animaux aquatiques, beaucoup nous

---

3 Citez les principaux oiseaux de basse-cour
82. — 1 Qu'est-ce que le gibier ?　　2 Comment le chasse-t-on ?
83. — 1 Citez les principaux animaux aquatiques que l'on mange?

servent de nourriture : un grand nombre de poissons d'eau douce ou de mer; des crustacés, tels que les écrevisses qu'on trouve dans les ruisseaux, les homards ou les crabes qui habitent les eaux marines; beaucoup de mollusques, les huîtres, les peignes, les moules; parmi les rayonnés, les oursins, etc.

2. Pour *pêcher* les poissons d'eau douce, on se sert souvent d'hameçons, munis d'un appat, attachés, soit à des lignes qu'on tient à la main, soit à des lignes flottantes qu'on laisse sur l'eau pendant un certain temps avant de les retirer. On pêche aussi les poissons d'eau douce avec des filets de toutes formes.

3. Les truites, qui se nourrissent d'insectes, peuvent être pêchées avec une ligne dont l'hameçon est muni d'une mouche artificielle, que le pêcheur fait voltiger habilement au-dessus de l'eau.

4. Les écrevisses se pêchent dans les ruisseaux au moyen de filets tendus sur un cercle en fil de fer et sur lesquels on dispose des morceaux de viande ou des fragments de grenouilles.

5. La plupart des poissons, des crustacés, des mollusques, des oursins qui habitent dans la mer, près des côtes, sont recueillis par de grands filets suspendus aux bateaux et qu'on laisse traîner au fond de l'eau.

Les poissons de l'Océan sont aussi pêchés quelquefois avec des filets que l'on tend de haut en bas sur des piquets, lorsque la mer est basse; ils sont ensuite recouverts par l'eau à la marée montante, et lorsque la mer se retire de nouveau, un grand nombre de poissons restent arrêtés dans les mailles des filets.

81. Élevage des poissons; pisciculture. — 1. Les poissons produisent un grand nombre d'œufs, mais beaucoup de ces œufs sont mangés par d'autres poissons ou par des oiseaux; en outre, les pêches trop abondantes ont réduit en beaucoup de contrées le nombre des poissons.

2. Pour lutter contre ce dépeuplement des rivières ou des

---

2. Comment pêche-t-on le poisson d'eau douce ? — 3. Comment pêche-t-on les truites ? — 4. Comment se pêchent les écrevisses ? — 5 Comment pêche-t-on les animaux marins ?

84. — 1. Qu'est-ce qui fait diminuer le nombre des poissons dans les rivières et dans les étangs ? — 2 Qu'est-ce que la pisciculture ?

étangs, on a cherché à faire éclore les œufs artificiellement; cet art de l'éclosion artificielle des œufs de poissons, s'appelle la *pisciculture*.

3. C'est un pauvre pêcheur des Vosges, nommé Rémy, qui a remarqué le premier qu'on peut facilement faire sortir les œufs mûrs d'une truite en la serrant un peu avec la main. Il mit ensuite ces œufs dans une boîte en fer blanc percée de petits trous et plaça la boîte dans une rivière; au bout d'un certain temps il vit les petits poissons éclore et frétiller en grand nombre dans l'eau à l'intérieur de la boîte.

Fig. 120. — On prend les œufs d'un poisson pour les faire éclore.

On a ainsi reconnu qu'il est possible de faire éclore des œufs de poissons, dans des bassins où l'eau se renouvelle, et d'élever les jeunes poissons jusqu'à un âge assez avancé, pour qu'ils n'aient plus à craindre leurs ennemis, lorsqu'on les abandonne dans une rivière. On a pu de cette façon repeupler complètement les cours d'eau des pays où les poissons avaient presque disparu.

85. Insectes domestiques. — Certains insectes sont élevés dans la ferme. Les principaux *insectes domestiques* sont : 1° les *abeilles*, qu'on élève pour récolter le miel et la cire; 2° les *vers à soie*, qu'on fait développer sur les feuilles de mûrier dans des salles chauffées pour recueillir la *soie*.

86. Les Abeilles. — 1. Si l'on met un chapeau muni d'un voile, et des gants, pour être garanti contre les piqûres, on peut visiter une ruche et examiner les abeilles de très près.

---

3. Comment a-t-on découvert la pisciculture ?

85. — Quels sont les principaux insectes domestiques ?

86. — 1 Les abeilles qu'on voit en été, ont-elles toutes la même grandeur ?

Quand on s'approche d'une ruche au commencement de l'après-midi, en été, on voit un grand nombre d'abeilles rentrer dans

Fig. 121. — Abeille ouvrière.

la ruche, ou en sortir; on peut remarquer qu'elles sont de deux grandeurs différentes.

2. Nous nous apercevrons bientôt que les plus petites sont très actives, et sont occupées à rapporter du miel ou du pollen dans la ruche : ce sont les abeilles *ouvrières* (fig. 122); ce sont elles qui font tous les travaux de la colonie.

Fig. 122. — Abeille faux-bourdon.

3. Regardons les plus grosses : elles ont le vol plus lourd, et produisent, en volant, un son moins aigu ; nous remarquerons qu'elles n'ont pas l'air de travailler : ce sont les abeilles mâles ou abeilles *faux-bourdons* (fig. 121). Depuis la fin de l'automne jusqu'au premier printemps, on n'en trouve ordinairement pas dans les ruches.

4. Mais ces deux sortes d'abeilles ne pondent d'œufs ni les

Fig. 123 — Abeille mère.

unes ni les autres. Il y a dans les ruches une troisième sorte d'abeilles, qu'on n'observe presque jamais au dehors. Ouvrons une ruche avec précaution, en même temps que nous l'aurons remplie de fumée pour étourdir les abeilles, afin que le voile de notre chapeau et nos gants ne soient pas couverts d'abeilles essayant de nous piquer avec l'aiguillon à venin qui est placé au bout de leur corps. Si nous cherchons avec patience, nous finirons par trouver une abeille plus allongée que les autres et dont les ailes sont plus petites : c'est l'*abeille mère* (fig. 123).

---

2. Comment appelle-t-on les plus petites ? Pourquoi leur donne-t-on ce nom ? — 3. Comment appelle-t-on les plus grosses ? En trouve-t-on toute l'année dans les ruches ? — 4. Y a-t-il une troisième sorte d'abeilles ? En quoi l'abeille-mère diffère-t-elle des autres ?

ANIMAUX UTILES. 107

5. En cherchant de toutes parts dans la ruche, nous ne trouverions aucune autre abeille semblable; il n'y a qu'une seule abeille mère dans une colonie. C'est elle qui pond tous les œufs d'où naissent les ouvrières et les faux-bourdons.

87. Cire et miel. — 1. Lorsqu'on ouvre une ruche, on trouve à l'intérieur des plaques jaunes ou brunes, creusées sur les deux faces de petites loges régulières; ce sont les rayons de cire. La *cire* est une substance produite par les abeilles ouvrières et dont elles se servent pour bâtir ces rayons dans la ruche. Toutes ces petites logettes (fig. 124), qu'on nomme des *alvéoles*, ont six facettes égales. La mère pond un œuf successivement dans chaque alvéole.

2. Les Cellules fermées par un couvercle bombé (C, fig. 124) renferment des chrysalides prêtes à donner l'insecte parfait.

Ouvrons l'une des grandes cellules, nous y trouverons un faux-bourdon presque déjà formé. Ouvrons un des petits alvéoles, nous y observerons une chrysalide d'abeille ouvrière.

Donc les petites cellules sont des cellules d'ouvrières. Les grandes cellules sont des cellules de faux-bourdons.

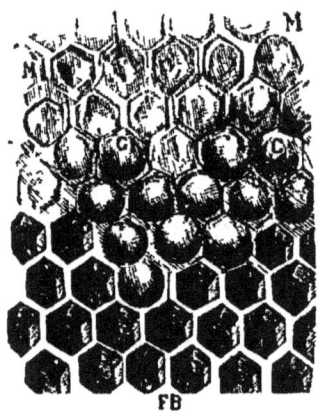

Fig 124 — Morceau de rayon pris dans une ruche, M M cellules pleines de miel, C C, cellules renfermant des larves d'abeille, FB, cellules vides.

3. Mais il y a d'autres cellules qui servent à mettre en provision le pollen destiné à la nourriture des petits et surtout le miel, qui est une provision pour toute la colonie.

Le miel est fait avec le liquide sucré que les abeilles vont récolter sur les fleurs; il se trouve dans les cellules que les abeilles ferment aussi; on les reconnaît à leur couvercle non

---

5. Quel est le rôle de l'abeille-mère?

87 — 1. Comment sont faits les rayons de cire? — 2 Que contiennent les grands et les petits alvéoles qui ont un couvercle bombé?

3 Que contiennent les alvéoles qui ont un couvercle aplati?

pas bombé mais un peu creux au milieu (M, fig. 124), comme si l'on avait appuyé sur le couvercle avec le doigt.

Les cellules à miel se trouvent surtout très abondantes en haut des rayons de la ruche.

88. Élevage des abeilles. — Apiculture. — 1. L'art de conduire des ruches ou *apiculture* est assez compliqué. Il faut savoir récolter le miel, sans tuer les abeilles avec du soufre, comme on le fait encore trop souvent ; il faut aussi laisser aux abeilles une provision suffisante pour passer l'hiver. Au commencement de l'été il arrive que dans beaucoup de ruches, au moment où les abeilles sont très nombreuses, il se forme une nouvelle abeille mère dans chaque ruche ; l'ancienne abeille mère sort alors de la ruche et est suivie par un grand nombre d'abeilles ; c'est ce qui forme un *essaim*. Il faut savoir encore récolter les essaims qui vont se suspendre aux branches voisines de la ferme, et savoir les installer dans des ruches nouvelles.

2. On sépare le miel de la cire en mettant au soleil les rayons pleins de miel au-dessus d'un tamis placé sur une cuve ; le miel fond et coule, la cire reste. La cire est ensuite fondue et mise en pains dans des moules.

3. Le miel est consommé directement ou sert à faire des confitures et du pain d'épices ; on l'utilise aussi en pharmacie.

La cire sert à faire des cierges, des allumettes-bougies, des toiles cirées ; c'est aussi avec la cire qu'on frotte les parquets pour les polir et les faire reluire.

89. Élevage des vers à soie. — Sériciculture.
— 1. Le développement des vers à soie est analogue à celui du papillon, que nous avons étudié (p. 34) (voyez fig. 125). Dans le midi de la France, on élève ces insectes avec la feuille de mûrier, dans de grandes salles qu'on peut chauffer et qu'on appelle *magnaneries*. L'art de l'élevage des vers à soie est appelé la *sériciculture*.

---

88. — 1. Qu'est-ce que l'apiculture ? Comment se forme un essaim ? Que deviennent les essaims au sortir de la ruche ? — 2. Comment sépare-t-on le miel de la cire ? — 3. Quels sont les usages du miel ? Quels sont les usages de la cire ?

89. — 1. Avec quoi élève-t-on le ver à soie ? Qu'est-ce que la sériciculture ?

ANIMAUX UTILES.   109

2. Pour obtenir la soie des cocons (fig. 132), on n'attend pas que les papillons en soient sortis, car en faisant un trou pour s'échapper, ils rompent le fil dont se compose le cocon,

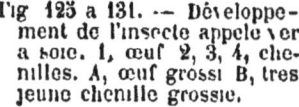

Fig 125 à 131. — Développement de l'insecte appelé ver à soie. 1, œuf 2, 3, 4, chenilles. A, œuf grossi B, très jeune chenille grossie.

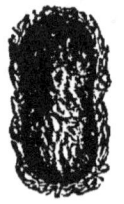

Fig. 132 — Cocon de ver à soie

qu'on ne pourrait plus dévider. On prend les cocons avec les chrysalides qu'ils contiennent et on les porte dans des étouffoirs ou ils reçoivent de la vapeur d'eau chaude. Ensuite on peut les dévider et filer la soie.

90. Animaux sauvages utiles à l'agriculture — Certains animaux sauvages sont très utiles, parce qu'ils se nourrissent d'autres animaux nuisibles à l'agriculture. Il faut se garder de les détruire.

1. Parmi les mammifères, on peut citer surtout comme animaux utiles les insectivores, comme le hérisson (fig. 133), la chauve-souris, la musaraigne et même la taupe, bien qu'elle fasse payer ses services en coupant les racines pour creuser les galeries.

---

2 Comment récolte-t-on la soie ?

90. — Citer des mammifères utiles à l'agriculture comme détruisant les insectes

2. Parmi les oiseaux, il faut citer le pic, détruisant les insectes qui attaquent le bois, la chouette (fig. 134) et le hibou, qui dévorent de grandes quantités de rats ; en général, tous les petits oiseaux (fig. 135, 136) qui se nourrissent d'insectes sont des animaux utiles.

Fig. 133. — Le hérisson est un mammifère utile ; long. : 0^m,15

Fig. 134 — La chouette est un oiseau utile ; long. : 0^m,20

3. Il y a aussi des reptiles et des batraciens qui sont utiles, parce qu'ils détruisent des insectes nuisibles : tels sont les lézards, les crapauds et les salamandres.

Fig. 135. — Troglodyte ; long. : 0^m,07. La plupart des petits oiseaux sont utiles.

Fig. 136. — L'hirondelle est un oiseau utile ; long. : 0^m,15.

4. Enfin, parmi les insectes, il y en a qui dévorent d'autres insectes qui sont nuisibles : ce sont le carabe, la cicindelle, etc.

---

2 Citer quelques oiseaux qui détruisent les animaux nuisibles. — 3. Citer quelques reptiles ou batraciens utiles — 4. Citer quelques insectes qui dévorent les insectes nuisibles.

RESUMÉ.

70. Substances animales utiles. — Beaucoup de substances animales sont utilisées. Tels sont les poils qui servent à faire du feutre ou des fourrures, et en particulier la laine avec laquelle on fait des étoffes; les plumes des oiseaux, la carapace des tortues, la peau de requin. Les os de beaucoup de vertébrés servent en outre à fabriquer divers objets.

71 à 81. Animaux domestiques. — Les plus importants sont :

1° Parmi les ruminants : le bœuf, le mouton, la chèvre; 2° parmi les pachydermes : le cheval, l'âne, le mulet, le porc; 3° parmi les carnivores : le chien et le chat; 4° parmi les rongeurs : les lapins. Il faut y ajouter les oiseaux de basse-cour.

Certains de ces animaux servent à notre nourriture soit par leur viande, soit par le lait ou les œufs qu'ils produisent; d'autres comme le cheval, le chien sont *auxiliaires;* ils aident l'homme dans ses travaux.

82 à 84. Chasse et pêche. — Les mammifères et les oiseaux sauvages qui servent à notre nourriture sont appelés *gibier,* d'une manière générale. Tels sont les lièvres, bécasses, perdreaux, etc. On les chasse par divers procédés, surtout au fusil.

Les animaux aquatiques que l'on mange sont pêchés soit au filet, soit à la ligne. Lorsque les étangs sont dépourvus de poissons, on peut les repeupler par la *pisciculture,* qui est l'art de faire éclore les œufs de poisson.

85 à 89. Insectes domestiques. — Les insectes domestiques sont : les abeilles qu'on élève dans les ruches pour recueillir le miel et la cire, et les vers à soie qu'on élève dans de grandes chambres pour en obtenir la soie. L'*apiculture* est l'art d'élever les abeilles, d'empêcher les ruches de périr pendant l'hiver, de récolter les essaims pour les installer dans des ruches nouvelles; la *sériciculture* est l'art d'élever les vers à soie.

90. Animaux utiles à l'agriculture. — Certains animaux sont utiles à l'agriculture, parce qu'ils mangent des animaux nuisibles. Tels sont le hérisson, la chauve-souris, la chouette et la plupart des petits oiseaux.

ONZIÈME LEÇON.

Animaux nuisibles.

91. Animaux directement nuisibles. — 1. Parlons d'abord des animaux qui peuvent s'attaquer directement à nous ; nous verrons ensuite quels sont ceux qui nuisent à nos animaux domestiques, à nos récoltes, à nos habitations, aux objets qui nous sont utiles.

2. Plusieurs espèces d'animaux *carnivores* peuvent manger les hommes ; tels sont les tigres, les lions, les loups et certaines espèces d'ours. Mais les animaux carnivores de nos pays ne sont guère à craindre ; les loups attaquent rarement l'homme, et les ours de nos montagnes ont peur de lui ; ils sont d'ailleurs très peu nombreux.

3. Parmi les oiseaux de proie, il n'en est pour ainsi dire aucun qui s'attaque à l'homme, ou même aux enfants. Plusieurs reptiles sont beaucoup plus dangereux. En Asie, en Afrique, en Amérique, on sait combien sont féroces les crocodiles ou les caïmans, ainsi qu'un grand nombre de serpents. En France, il n'y a guère qu'un serpent à craindre, c'est la *vipère* (fig. 137), dont nous avons parlé. Elle ne nous mange pas comme les serpents boas de l'Amérique du Sud, mais elle peut nous faire, avec ses crocs à venin, des blessures qui sont assez souvent mortelles. La vipère n'attaque pas l'homme, elle se défend seulement. Lorsqu'on marche dans les bruyères, en été, il peut arriver qu'on effraye une vipère ou qu'on la frôle du pied sans s'en douter. Le serpent se croit attaqué et cherche alors à mordre avec ses crocs à venin. Les autres reptiles que nous avons étudiés ne sont pas dangereux.

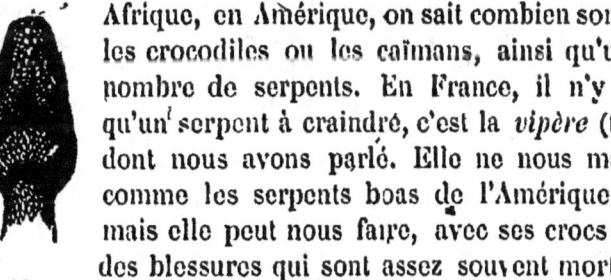

Fig. 137. — Tête de vipère.

4. Parmi les animaux batraciens, le crapaud, dont l'aspect

---

91. — 1. Comment les animaux peuvent-ils nous nuire ? — 2. Citer quelques animaux qui attaquent l'homme. — 3. Citer quelques reptiles dangereux. — 4. Le crapaud est-il dangereux ? Dans quel cas seulement son venin peut-il être nuisible ?

est repoussant, est souvent l'objet de grandes terreurs, car il suinte à la surface de l'animal un liquide visqueux dont l'effet est redouté. Le venin de l'animal ne peut faire mal si on l'applique sur la peau. Il faut que la peau ait été piquée et que ce venin ait été introduit dans la blessure pour qu'il devienne dangereux. On comprend ainsi que le crapaud, ne pouvant faire de blessure pour y infiltrer son venin, n'est pas un animal à craindre, pas plus que les tritons et les salamandres, dont souvent aussi on a peur.

5. Peu de poissons s'attaquent à l'homme; cependant, le *requin*, dont les mâchoires (fig. 138) sont munies de plusieurs rangées de dents, peut avaler un homme presque d'un seul coup.

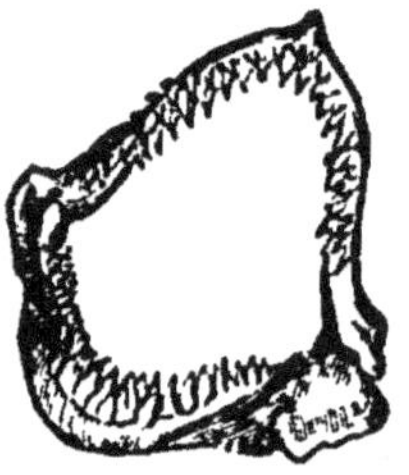

92. Animaux articulés parasites et venimeux. — Passons aux animaux invertébrés, et voyons de quelle manière ils nous sont nuisibles.

Fig 138. — Mâchoire de requin, montrant les nombreuses dents qu'elle porte.

1. On sait que certaines espèces d'insectes à ailes, comme les *cousins*, ou sans ailes, comme les *puces* ou les *punaises*, peuvent piquer la peau pour sucer le sang. On appelle en général *parasites* les animaux qui vivent aux dépens d'un autre être. Les puces et les punaises sont des insectes parasites. Ces insectes piquent avec leur bouche.

2. D'autres ont un aiguillon à venin, disposé à l'autre extrémité de leur corps : tels sont les abeilles, les guêpes et les frelons; ces derniers surtout sont très dangereux. Ces insectes ne sont pas parasites; ils ne nous piquent pas pour sucer notre sang, mais seulement lorsqu'ils se croient attaqués.

3. Parmi les araignées, certaines espèces émettent par leurs crochets un liquide venimeux qui peut causer de vives douleurs. Il en est de même de certains mille-pattes.

4. Il y a des vers qui sont complètement parasites. Ils

---

5 Citer un poisson qui attaque l'homme.

92. — 1. Citer des insectes qui attaquent l'homme. Qu'est-ce que les insectes parasites? — 2. Citer des insectes non parasites qui peuvent nous piquer. — 3. Comment certaines araignées peuvent-elles être dangereuses? — 4. Citer des vers parasites. Quelles précautions faut-il prendre pour éviter qu'ils ne se développent dans le corps?

114   ANIMAUX.

s'installent dans le tube digestif et vivent aux dépens de la nourriture prise par l'homme. Tel est le *ténia* ou ver solitaire (fig. 139 et 140). Pour éviter son développement à

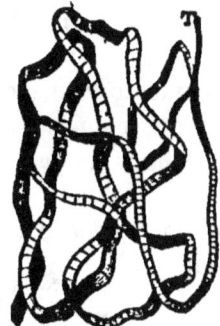

Fig. 139. — Le ténia est un ver parasite; long.: 3m,50. T, tête du ténia.

Fig. 140. — Tête de ténia grossie montrant les crochets par où l'animal s'attache à l'intérieur du tube digestif.

l'intérieur du corps, il faut toujours manger de la viande de boucherie bien cuite, car c'est par la viande crue que cet animal s'introduit dans le corps. La viande de porc peut être dangereuse aussi, si elle n'est pas bien cuite, car on y trouve souvent un autre ver, la *trichine* (fig. 141), qui peut vivre à nos dépens dans notre corps.

Fig. 141. — Trichine grossie (ver parasite).

93. Animaux qui attaquent nos animaux domestiques. — Les animaux que nous venons de citer ou d'autres analogues, peuvent aussi nous nuire indirectement, en attaquant nos animaux domestiques.

1. Les loups peuvent dévorer les moutons et les chèvres, les renards (fig. 142) viennent quelquefois prendre des poules jusque dans les fermes; certains autres carnivores, comme les fouines (fig. 143), sont encore plus à craindre et causent de grands ravages dans les poulaillers.

2. Plus souvent encore que nous, les animaux domestiques

---

93. — 1. Citer quelques mammifères qui attaquent nos animaux domestiques. — 2 Citez quelques parasites de nos animaux domestiques.

ont leurs parasites; puces, mouches, vers, etc.; certains d'entre ces derniers peuvent causer des maladies dangereuses

Fig. 112. — Renard (carnivore nuisible); long.: 0m60.

Fig. 113. — Fouine (carnivore nuisible); long.: 0m,15.

aux animaux sur lesquels ils sont établis. Ainsi, des vers d'une forme particulière qui s'installent parfois dans le cerveau des moutons, leur donnent une maladie, qu'on nomme le tournis, parce que les moutons tournent souvent sur eux-mêmes lorsqu'ils en sont atteints gravement; d'autres vers habitent le foie des moutons, ou ils se développent parfois en très grand nombre, etc.

94. Animaux qui nuisent aux plantes ou aux provisions. — 1. Parmi les mammifères, certaines espèces

Fig. 114. — Campagnol (rongeur nuisible); long. . 0m15.

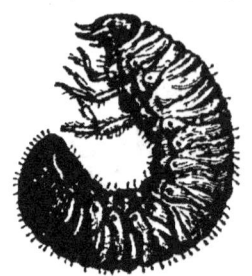

Fig. 115 — Le ver blanc est une larve du hanneton (insecte nuisible).

de rongeurs, comme les mulots ou les campagnols (fig. 144), vivent de graines prises dans les champs et dévastent parfois les récoltes. D'autres rongeurs, les rats et les souris, qui vivent dans les maisons, s'attaquent aux provisions.

---

94. — 1. Quels sont les rongeurs qui peuvent nuire aux récoltes et aux provisions?

116 ANIMAUX.

2. Mais ce sont surtout les insectes qui sont à redouter, ce sont eux principalement qui détériorent les provisions ou ravagent les récoltes. Parmi ces divers insectes, les plus nuisibles sont : le hanneton à l'état de larve (fig. 115) (on l'appelle alors *ver blanc*), qui détruit les racines des plantes fourragères ; la *courtilière* (fig. 116), qui dévore des légumes dans

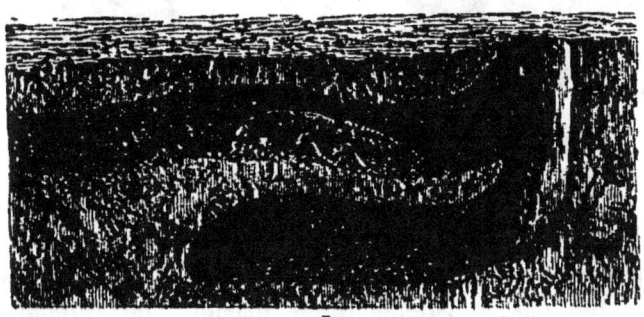

Fig. 116. — La courtilière (insecte nuisible) creuse des galeries sous la terre ; long. 0m04.

les potagers, et un grand nombre de chenilles. Certains criquets produisent en Algérie des dévastations terribles : ils se déplacent et s'envolent par masses énormes qui viennent s'abattre sur les récoltes et les détruisent entièrement.

3. Il est encore bien d'autres insectes dévastateurs Le

Fig 117. — Phylloxera sans aile attaquant la racine de la vigne (grossi).

Fig. 148. — Phylloxera ailé (grossi).

phylloxera (fig. 147 et 148), très petit puceron, qui attaque l'extrémité des racines de la vigne ; les *blattes* (fig 149), qui

---

2 Qu'appelle-t-on ver blanc ? Citez quelques insectes qui nuisent aux récoltes. — 3. Qu'est-ce que le phylloxera ? Comment les blattes sont-elles nuisibles ? A quel état les insectes rongent-ils surtout les feuilles des arbres ?

dévorent la farine; les chenilles de beaucoup de papillons, qui rongent les feuilles de beaucoup d'arbres, dans les bois ou les avenues; un grand nombre d'insectes de toutes sortes envahissent les céréales, les plantes industrielles et fourragères, etc.

4. On le comprend, tous ces insectes nuisibles vivent, en général, de végétaux et de matières végétales. Au contraire, les insectes carnassiers nous sont généralement utiles, parce qu'ils détruisent, de même que les mammifères insectivores et les oiseaux insectivores, un grand nombre d'insectes nuisibles. Tel est le carabe doré qu'on voit souvent courir sur le sol à la poursuite des insectes dont il fait sa nourriture.

Fig. 149. — Blatte, (insecte nuisible); long.: 0^m,03.

5. Ajoutons que parmi les mollusques, les *limaces* (fig. 150) sont très nuisibles aux plantes des potagers et des jardins dont elles mangent les feuilles.

95. Animaux qui nuisent aux produits industriels, aux habitations, etc. — Ce sont surtout des insectes qui s'attaquent aux vêtements, aux produits industriels et aux charpentes des maisons. Les chenilles d'un petit papillon bien connu qu'on voit parfois voler dans les appartements, le papillon à laine, dévorent les étoffes de laine; les *termites* creusent des galeries dans les poutres de construction et leur enlèvent leur solidité, de manière que le plancher qu'elles soutiennent peut s'effondrer; d'autres s'attaquent aux parquets. Le bois de charpente des constructions

Fig 150. — Limace (mollusque nuisible); long.: 0^m,08.

---

4. Pourquoi les insectes carnassiers sont-ils utiles ? — 5. Citer des mollusques nuisibles aux plantes des jardins et des potagers

95. — Citer des insectes nuisibles qui attaquent le drap et les étoffes de laine. Citer des insectes nuisibles aux charpentes. Citer des mollusques qui attaquent les bois des constructions maritimes.

de marine, les digues, les pilotis, sont à l'abri de ces insectes; mais ils sont percés par les *tarets*, mollusques allongés qui, avec leur coquille, savent forer des galeries dans le bois.

RÉSUMÉ.

91, 92. Animaux qui peuvent s'attaquer à l'homme. — Les animaux qui peuvent nous nuire directement sont surtout les grands carnivores, comme le tigre, le lion, le loup; les reptiles comme le crocodile ou les serpents venimeux (vipère); les grands poissons carnassiers, comme le requin. D'autres animaux sont parasites, tels que les puces, les punaises, le ténia, sorte de grand ver qui s'établit dans le tube digestif, ou la trichine. On évite ces derniers parasites, qui sont les plus dangereux, en ne mangeant jamais que de la viande bien cuite.

93 à 95. Animaux qui nous nuisent indirectement. — Certains animaux nous sont nuisibles parce qu'ils attaquent les animaux domestiques, tels sont les renards et les fouines. D'autres attaquent nos provisions; tels sont les rats, les souris, les blattes. Il en est qui nuisent aux récoltes, comme la larve du hanneton (ver blanc), le phylloxera qui attaque les racines de la vigne, les chenilles de divers insectes qui mangent les feuilles des arbres, les limaces qui dévorent les feuilles des plantes du potager et du jardin. Enfin d'autres animaux nuisent aux produits industriels.

DEVOIRS A FAIRE

N° 1. — Caractères des animaux vertébrés. Leurs principaux groupes (§§ 40).

N° 2. — Caractères des mammifères. Exposer comment on reconnaît les principales sortes de mammifères (§ 41 et résumé de la 5ᵉ leçon).

N° 3. — Animaux ruminants, leurs caractères. — Ruminants utiles (§§ 46, 73, 74, 75).

N° 4. — Animaux carnivores, leurs caractères. — Carnivores utiles et nuisibles (§§ 43, 70, 80).

N° 5. — Animaux pachydermes, leurs caractères. — Pachydermes utiles (§§ 47, 76, 77, 78).

N° 6. — Animaux rongeurs, leurs caractères. — Rongeurs utiles et nuisibles (§§ 45, 81)

N° 7. — Caractères des oiseaux. — Dire comment on reconnaît les principales sortes d'oiseaux (§§ 49 a 56).

N° 8. — Utilité des oiseaux (§§ 70, 71, 81, 90

N° 9. — Caractères des reptiles. Leurs principales sortes. — Reptiles utiles et nuisibles (§§ 57, 58, 70, 90).

N° 10. — Caractères des batraciens. — Leur développement, leurs principales sortes (§§ 59, 60, 90).

N° 11. — Caractères des poissons. — Poissons utiles et nuisibles (§§ 61, 62, 70, 81, 91).

N° 12. — Montrer à quoi on reconnaît les animaux invertébrés — Principaux groupes d'invertébrés (§ 63).

N° 13. — Caractères des articulés. — Dire quelles sont les principales sortes d'articulés (§§ 64, 92).

N° 14. — Les insectes, leurs caractères, leurs principales sortes (§§ 64, 65).

N° 15. — Insectes utiles (§§ 85, 86, 87, 88, 89, 90).

N° 16. — Insectes nuisibles (§§ 92, 94, 95)

N° 17. — Mollusques, rayonnés, protozoaires. — Caractères et principaux exemples (§§ 67, 68, 69).

III

VÉGÉTAUX

(BOTANIQUE)

DOUZIÈME LEÇON.

Les racines et les tiges.

96. Les parties principales de la plante. — Arrachons complètement de terre une plante fleurie, un chou en fleurs, par exemple. Voyons, en l'examinant, quels sont les principaux organes qu'on peut y distinguer.

1. En bas, nous apercevons des parties allongées qui ne portent pas de feuilles et qui étaient enfoncées dans la terre : ce sont les *racines ;* au-dessus on remarque facilement d'autres organes allongés qui portent les feuilles et qui se dirigent en montant de bas en haut, ce sont les *tiges ;* quant aux *feuilles*, nous savons que ce sont ces lames vertes insérées sur la tige par la base et qui sont disposées tout autour d'elle.

2. A l'extrémité des branches supérieures, on aperçoit de petites feuilles dont quelques-unes sont colorées et qui sont réunies très près les unes des autres; leur ensemble forme ce qu'on appelle la *fleur*. Si on regarde la plante après que ces petites feuilles colorées sont tombées, c'est-à-dire après

---

96. — 1. A quoi reconnaît-on, au premier coup d'œil, les graines, les tiges, les feuilles ? — 2 A quoi reconnaît-on les fleurs ? — Que se forme-t-il à la place des fleurs lorsque celles-ci sont fanées ? Quel est le rôle des graines ?

que les fleurs sont fanées, que trouve-t-on à leur place? Ce sont les *fruits*, et ces fruits renferment les *graines* qui, mises à germer dans la terre humide, donneront naissance à une plante semblable à celles que nous avons sous les yeux.

Examinons successivement les caractères de toutes ces parties de la plante : racines, tiges, feuilles, fleurs, fruits et graines.

97. Les racines. — 1. Lorsqu'on prend une plante qui est fixée dans la terre, on ne voit pas très bien les caractères de la racine parce qu'on détruit cet organe en l'arrachant du sol. Il vaut mieux faire germer une graine dans de la mousse humide. Le premier organe qui en sort, c'est la racine. On la voit très bien se diriger vers le fond du verre et se développer dans l'air, entre les brins de mousse.

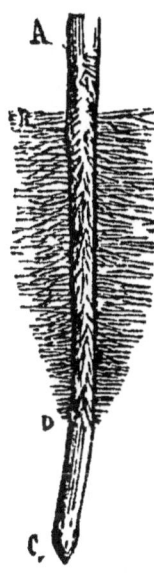

Fig. 151. — Extrémité d'une racine munie de ses poils absorbants (BD) ; C, coiffe qui protège l'extrémité de la racine.

2. Il y apparait alors, au-dessus de la pointe, des *poils* en très grand nombre (BD, fig. 151). C'est par ces poils que la racine absorbe l'eau chargée des substances qui se trouvent dans la terre. On peut prouver très facilement que c'est par ces poils que la racine absorbe les liquides, car si on ne trempe dans l'eau que l'extrémité de la racine jusqu'aux poils (DC), la plante meurt; si on ne trempe dans l'eau que la partie de la racine qui est au-dessus des poils (AB), la plante meurt aussi ; au contraire, si on plonge dans l'eau seulement la partie qui porte ces fins poils absorbants (BD), la plante continue à se développer.

3. Tout à fait au bout de la racine se trouve une petite partie dure appelée la *coiffe* (C), qui protège cette pointe contre les frottements des petits morceaux de pierre à mesure qu'elle s'accroît dans la terre.

---

97. — 1. Comment faut-il procéder pour pouvoir bien examiner les caractères extérieurs d'une jeune racine ? — 2. Que voit-on près de la pointe de la racine? A quoi servent les poils ? Comment peut-on le prouver par expérience ? — 3 Que trouve-t-on tout à fait à l'extrémité de la racine ? A quoi sert la coiffe ?

LES RACINES ET LES TIGES.

4. Sur la racine principale sortie de la graine, nous verrons se former d'autres racines secondaires (R' P', fig. 152) qui ont la même forme : ce sont les *radicelles*.

5. En somme, nous reconnaîtrons la racine aux caractères suivants :

La racine n'a pas de feuilles, elle s'enfonce ordinairement dans la terre; elle est garnie, un peu en deçà de son extrémité, de poils fins qui absorbent les liquides du sol; elle est terminée par une coiffe qui protège sa pointe; elle porte d'autres racines appelées radicelles.

6. Nous venons de voir que les racines absorbent l'eau et les diverses substances qu'elle contient dans la terre ; mais les racines ne gardent pas ce liquide, qu'on appelle *sève brute*; elles font monter la sève jusque dans la tige et par suite dans les feuilles.

7. On peut se rendre compte, par l'expérience suivante, de la force avec laquelle les racines font monter la sève dans les plantes. Coupons, à la fin du printemps par exemple, un pied de vigne juste au-dessus de la racine (en A, fig. 153) et remplaçons par un long tube la tige qu'on a enlevée, en attachant solidement ce tube sur la racine. On voit bientôt la sève monter dans le tube, poussée par la force que produisent les racines, et s'y élever jusqu'à une hauteur N (fig. 153), bien plus grande que celle de la tige de vigne qu'on a enlevée.

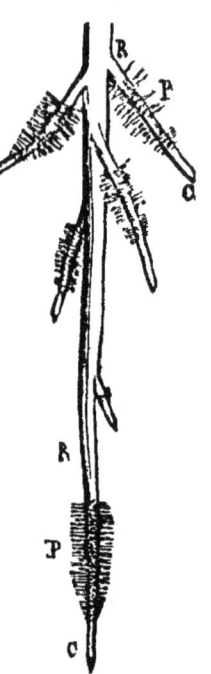

Fig. 152 — Racine principale R avec racines secondaires ou radicelles ; P, poils absorbants de la racine principale, P', poils absorbants de l'une des radicelles (R'); C', coiffe de la radicelle R ; O, coiffe de la racine principale.

---

4. Comment sont faites les racines secondaires ? Comment les appelle-t-on ? — 5. Quels sont en somme les principaux caractères d'une racine ? — 6. Qu'est-ce que la sève brute ? Reste-t-elle dans les racines ? — 7. Comment peut-on montrer par une expérience que les racines poussent la sève brute vers la tige et les feuilles ?

124 VÉGÉTAUX.

8. Aussi, si nous voulons exprimer en peu de mots quels sont les principaux rôles des racines, nous dirons :

Les racines servent à fixer la plante au sol; elles absorbent la sève brute par leurs poils et la transportent jusqu'à la tige.

98. Les tiges. — 1. Nous pouvons facilement reconnaître sur cette tige (T, fig. 154) les caractères généraux de cet organe. La tige est le plus souvent arrondie comme la racine, mais elle porte des feuilles (F), tandis que la racine n'en porte pas. C'est ce qui nous permettra facilement de distinguer une tige d'une racine. Ainsi, même lorsque la tige est sous terre et qu'on ne lui voit pas de feuilles, on la reconnaîtra toujours aux traces laissées régulièrement tout autour d'elles par les feuilles qui sont tombées, ou aux écailles remplaçant les feuilles et qui sont placées sur la tige.

Fig. 153. — Expérience pour montrer que les racines font monter la sève dans les tiges. On a coupé un pied de vigne A. et on a remplacé la tige par un tube. La sève, poussée par les racines, monte dans le tube jusqu'au niveau N.

2. Lorsque la tige porte des poils, ils ne peuvent pas servir à absorber la sève brute, ce ne sont pas des poils absorbants comme ceux de la racine; si on plongeait seulement la tige dans l'eau, la plante ne tarderait pas à périr. Enfin, à l'extrémité d'une tige, on trouve de jeunes feuilles (B, fig. 154) qui la protègent et il n'y a pas de coiffe comme dans la racine.

---

8 Quels sont les principaux rôles des racines?
98. — 1. Comment peut-on au premier abord distinguer une tige d'une racine? Si les feuilles sont tombées, comment reconnaîtra-t-on une tige? — 2. Lorsque la tige porte des poils, ces poils peuvent-ils absorber les liquides comme les poils absorbants des racines? Comment peut-on le prouver? Y a-t-il une coiffe à l'extrémité de la tige? Par quoi la coiffe est-elle remplacée?

LES RACINES ET LES TIGES.   125

3. La tige principale est celle qui est sortie la première de la graine, mais cette tige forme des tiges secondaires ou *branches* qui prennent toujours naissance, comme on peut le remarquer, juste au-dessus d'une feuille (fig. 155).

4. Ainsi :

Les tiges portent des feuilles; elles s'élèvent le plus souvent de bas en haut; elles ne se terminent pas par une coiffe mais elles portent des jeunes feuilles à leur extrémité, çà et là, la tige principale produit des tiges secondaires appelées branches qui naissent toujours juste au-dessus d'une feuille.

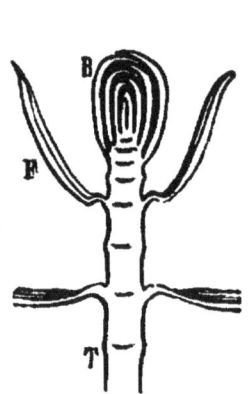 

Fig. 154. — Extrémité d'une jeune tige T, portant des feuilles développées F, et de jeunes feuilles B.

Fig. 155. - Tige de tabac portant de nombreuses branches qui naissent toutes précisement au-dessus d'une feuille

5. Si on coupe une tige d'arbre à une certaine hauteur, on peut mettre un tube au-dessus de la partie coupée et l'on verra monter la sève brute comme dans l'expérience dont nous venons de parler pour la racine.

6. Nous pouvons dire, en somme, que .

Les tiges servent à supporter les feuilles et à transporter jusqu'à ces organes la sève brute absorbée par les racines.

---

3 Qu'appelle-t-on tige principale et branches ? Comment naissent les branches ? — 4. Quels sont les principaux caractères de la tige ? — 5. Si on coupe une tige et qu'on mette un tube au-dessus en le fixant à la partie coupée, que voit-on ? Que prouve cette expérience ? — 6. Quels sont les principaux rôles des tiges ?

RÉSUMÉ.

96. Principales parties de la plante. — Les principaux organes de la plante sont la racine, la tige et la feuille. La fleur est formée par un ensemble de petites feuilles modifiées; elle se transforme en un fruit qui contient des graines.

97. Racines. — La racine n'a pas de feuilles; elle s'enfonce ordinairement dans la terre; elle est garnie en deçà de son extrémité de poils fins qui absorbent les liquides du sol; elle est terminée par une coiffe qui protège sa pointe; elle porte d'autres racines appelées *radicelles*.

La racine sert à fixer la plante au sol, elle absorbe la sève brute par les poils et la transporte jusqu'à la tige.

98. Tiges. — La tige porte des feuilles; elle s'élève le plus souvent de bas en haut; elle ne se termine pas par une coiffe, mais elle porte de jeunes feuilles à son extrémité; çà et là, la tige principale produit des tiges secondaires appelées *branches* qui naissent toujours juste au-dessus d'une feuille.

La tige sert à supporter les feuilles et à transporter jusqu'à ces organes la sève brute absorbée par les racines.

TREIZIÈME LEÇON.

Les feuilles, les fleurs et les fruits.

99. Feuilles. — 1. Les feuilles (fig. 124) ont en général une partie aplatie : c'est le *limbe* de la feuille; quand le limbe est attaché sur la tige par un petit prolongement formant la queue de la feuille, on nomme *pétiole* cette partie qui porte le limbe.

2. Si le limbe est continu et d'une seule pièce, on dit que la

---

99. — 1. Qu'est-ce que le limbe de la feuille? Qu'est-ce que le pétiole? — 2. Qu'est-ce qu'une feuille simple? Qu'est-ce qu'une feuille composée? Que la feuille soit simple ou composée, en quoi se distingue-t-elle d'une tige et d'une racine?

feuille est *simple* (fig. 156) : quand le limbe est découpé de façon à former comme autant de petites feuilles ou folioles placées sur un pétiole commun, on dit que la feuille est *composée* (fig. 157) ; mais, quelle que soit la forme de la feuille, on y reconnaît d'ordinaire facilement une partie droite et une

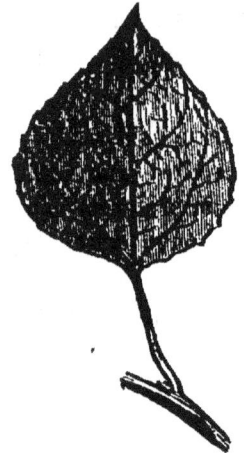

Fig. 156. — Feuille simple montrant le limbe porté par le pétiole (Tilleul). On voit sur le limbe les nervures de la feuille.

Fig. 157. — Feuille composée de folioles F avec deux petites folioles S appelées stipules, à la base du pétiole (Sainfoin)

partie gauche, tandis qu'une racine ou une tige n'ont, à proprement parler, ni droite ni gauche.

3. En somme :

La feuille est attachée sur la tige ; elle a ordinairement une lame plate, appelée limbe, souvent portée sur un pétiole. On distingue dans une feuille une partie droite et une partie gauche.

100. Les feuilles servent à nourrir la plante. — 1. Si l'on examine par transparence le limbe d'une feuille, on voit, partant de la base, des lignes qui sont assez grosses au milieu, puis de plus en plus fines : ce sont les *nervures* de la

---

3. Quels sont, en somme, les caractères principaux de la feuille ?
100. — 1. Qu'est-ce que les nervures des feuilles ? A quoi servent-elles ?

feuille (fig. 124). C'est par ces nervures qu'arrive la sève brute apportée des racines par la tige, et qui se répand ainsi dans toute la feuille.

2. Une grande quantité de l'eau que contient la sève brute s'évapore à la surface des feuilles. On peut s'en assurer en plaçant une plante sous une cloche ; l'eau ruisselle bientôt à l'intérieur, sur les parois de la cloche : c'est de l'eau transpirée par la plante. Ainsi les feuilles transpirent, et l'excès d'eau contenu dans la sève brute s'en va par la transpiration des feuilles.

3. D'autre part, on sait qu'une plante ne peut se développer que si ses feuilles sont à la lumière. C'est que les feuilles vertes, sous l'action de la lumière, ont la propriété de décomposer le gaz acide carbonique qui se trouve dans l'air ; elles gardent le charbon qui est renfermé dans ce gaz et elles rejettent du gaz oxygène. On peut le démontrer facilement ; en mettant au soleil des plantes aquatiques placées dans l'eau avec leurs feuilles vertes, on voit sortir de cette eau beaucoup de petites bulles de gaz. Recueillons ce gaz dans un tube fermé plein d'eau et renversé au-dessus de l'eau du vase ; quand le tube est rempli de gaz, on peut y plonger une allumette qu'on vient de souffler et qui est encore rouge, elle se rallume immédiatement. On reconnaît ainsi que les feuilles ont produit du gaz oxygène (voyez 31ᵉ leçon).

4. Par cet échange de gaz avec l'air sous l'action de la lumière, les feuilles transforment la sève brute en une *sève nutritive* qui va se distribuer dans toute la plante jusqu'à l'extrémité des branches et des racines, pour servir au développement du végétal. Cet échange de gaz qui fixe le charbon dans la plante sous l'action de la lumière, s'appelle l'*assimilation*,

---

2. Comment peut-on prouver que les feuilles transpirent ? D'où vient l'eau transpirée par les feuilles ? — 3. Une plante peut-elle se développer si ses feuilles sont toujours à l'obscurité ? Quelle est l'action des feuilles vertes à la lumière sur l'acide carbonique de l'air ? Comment peut-on prouver que les feuilles vertes dégagent du gaz oxygène à la lumière ? — 4. Que devient la sève brute dans les feuilles vertes ? A quoi sert la sève élaborée ? Où va-t-elle ? Qu'appelle-t-on assimilation ?

LES FEUILLES, LES FLEURS ET LES FRUITS.

5. Ainsi les principales fonctions de la feuille sont les suivantes :

La feuille, par la transpiration et par l'assimilation, sous l'action de la lumière, transforme la sève brute en sève nutritive qui va se répandre dans la plante pour distribuer la nourriture à toutes ses parties.

101. Les fleurs. — **1.** La fleur est, comme il est facile de le voir, un assemblage de petites feuilles qui ont une forme spéciale, quelquefois restant libres entre elles (fig. 158), quelquefois soudées (fig. 160).

Fig. 158. — Fleur de chou montrant les quatre pétales séparés.

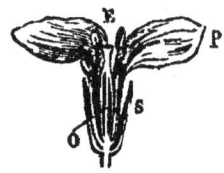

Fig. 159. — Fleur de chou coupée en long, S, sépales du calice; P, pétales de la corolle; E, étamines; O, ovaire.

2. En examinant une fleur comme celle du chou par exemple (fig. 158 et 159), nous verrons que les principales parties de la fleur sont les suivantes :

1° Les *sépales* (S. fig. 159 ou 161) dont l'ensemble forme le *calice*, ordinairement vert, qui enveloppe la fleur dans le bouton.

2° Les *pétales* (P) dont l'ensemble forme la *corolle*, ordinairement colorée, qui est la seconde enveloppe de la fleur.

3° Les étamines (E), composées chacune d'un petit filament nommé *filet* surmonté d'une partie plus large appelée *anthère* d'où s'échappe, par des fentes, une poussière souvent jaune, nommée *pollen*.

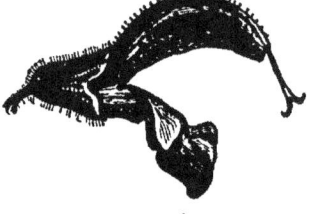

Fig. 160. — Fleur de sauge montrant le calice à sépales soudés, la corolle à pétales soudés en deux lèvres; les étamines sont cachées sous la corolle, mais on voit le style et le stigmate à deux branches.

---

5. Quelles sont les principales fonctions de la feuille ?
101. — **1.** Qu'est-ce que la fleur ? — **2.** Quelles sont les principales parties de la fleur ? Comment sont formés le calice, la corolle ? Comment sont faites les étamines ? Comment est fait le pistil ?

4° Le *pistil*, formé d'une cavité (O) appelée *ovaire*, qui est surmontée d'un tube allongé appelé *style* (TS, fig. 161) dont le sommet se nomme le *stigmate*.

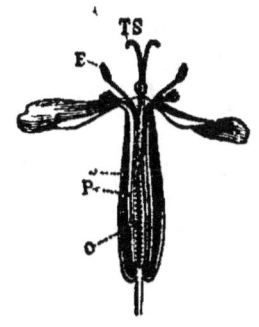

Fig. 161. — Fleur de saponaire coupée en long; S, sépales du calice; P, pétales de la corolle; E, Étamines; TS, styles; O, ovaire renfermant ovules.

3. Dans l'ovaire sont renfermés les *ovules* qui se transformeront en graines lorsque le pollen sera venu tomber sur le stigmate.

4. Les fleurs ont des formes très différentes chez les diverses plantes; le nombre des sépales, des pétales, des étamines et des parties du pistil peut varier beaucoup et tous ces organes se souder entre eux de toutes sortes de façons, de manière à donner aux fleurs les apparences les plus diverses.

5. En somme : *Les parties importantes de la fleur sont les étamines qui produisent la poussière appelée pollen, et le pistil qui contient les ovules; elles sont entourées et protégées par la corolle et le calice. Les ovules se transforment en graines lorsque le pollen est venu sur la partie supérieure du pistil appelée stigmate.*

6. La fonction de la fleur est *de préparer la formation des graines.*

102. Les fruits et les graines. — 1. Après que le pollen est venu sur le stigmate, les ovules grossissent et se transforment en graines; en même temps, l'ovaire s'agrandit beaucoup et devient ce qu'on appelle le *fruit*. Quand le fruit commence à se former, le calice, la corolle et les étamines se fanent.

---

3. Où sont les ovules? A quoi servent-ils? Quand peuvent-ils se transformer en graines? — 4. Les fleurs ont-elles toutes la même forme ? En quoi une fleur de sauge, par exemple (fig. 128), diffère-t-elle d'une fleur de chou (fig. 126) ? — 5. En somme, de quoi se compose la fleur? Quelles sont les parties les plus importantes de la fleur ? — 6. Quelle est la principale fonction de la fleur.

102. — 1. Qu'est-ce que le fruit? Que deviennent les étamines et la corolle pendant que le fruit se forme?

LES FEUILLES, LES FLEURS ET LES FRUITS. 131

2. Il y a des fruits, comme celui du chou (fig. 162) ou de la violette (fig. 163), qui s'ouvrent pour laisser échapper les graines; d'autres, sans s'ouvrir, tombent avec la graine qu'ils renferment.

Ces fruits sont *secs* et durs. Il y en a d'autres qui sont mous et *charnus*, les uns complètement, comme le fruit du groseiller ou de la ronce (fig. 164); d'autres sont durs à l'intérieur, comme l'abricot, la cerise, ce sont des fruits à *noyau*; la graine se trouve à l'intérieur du noyau.

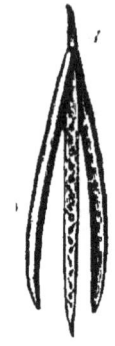

Fig 162 — Fruit du chou, dont les deux valves sont séparées pour laisser échapper les graines

Fig. 163. — Fruit de violette qui s'ouvre en trois valves pour laisser échapper les graines.

3. *Le fruit est formé par le développement de l'ovaire, il renferme les graines.*

Fig. 164. — Fruit charnu de la ronce.

Fig. 165. — Graine de saponaire grossie, vue à l'extérieur.

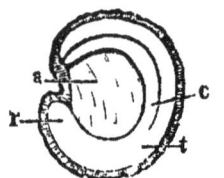

Fig 166 — Graine de saponaire coupée en long, montrant la plantule (en blanc) et l'albumen *a*; *t*, radicule; *t*, tigelle; *c*, l'un des cotylédons On ne voit pas la gemmule, qui est très petite et située entre les deux cotylédons, à leur base.

4. Les graines que contient le fruit (fig. 165), renferment à leur intérieur une petite *plantule* (en blanc, fig. 166). On y distingue une petite racine *r* (*radicule*), une petite tige *t* (*tigelle*), une ou deux feuilles nour-

---

2 Citez des fruits secs. Comment s'ouvrent-ils ? S'ouvrent-ils tous ? Citez des fruits charnus Comment appelle-t-on les fruits charnus sans noyau ? Citez des fruits à noyau Le noyau est-il la graine ? — 3 En somme quels sont les principaux caractères du fruit ? — 4 Quelles sont les diverses parties d'une graine ? La provision de nourriture contenue dans la graine est-elle toujours dans les cotylédons ? Qu'est-ce que l'albumen ?

ricières *cotylédons*), un petit bourgeon (*gemmule*). Quelquefois, à côté de la plantule se trouve une provision de nourriture *a* (fig. 166) appelée *albumen;* quand il n'y a pas d'albumen la provision de nourriture de la graine est renfermée dans les *cotylédons*.

5. De toute manière les cotylédons, soit qu'ils renferment la nourriture, soit qu'ils la prennent à l'albumen qui les entoure, sont les feuilles qui nourrissent la plantule au moment où la graine germe.

6. La *germination* de la graine se produit lorsque la graine est assez humide et dans un air assez chaud. Les enveloppes de la graine se rompent et on voit sortir la radicule qui forme la racine principale R (fig. 167 et 168), puis la tigelle T (fig. 167) s'élève portant encore les cotylédons (C, fig. 168), enfin la gemmule s'allonge formant la partie supérieure de la tige (*l*, fig. 167) qui porte des feuilles.

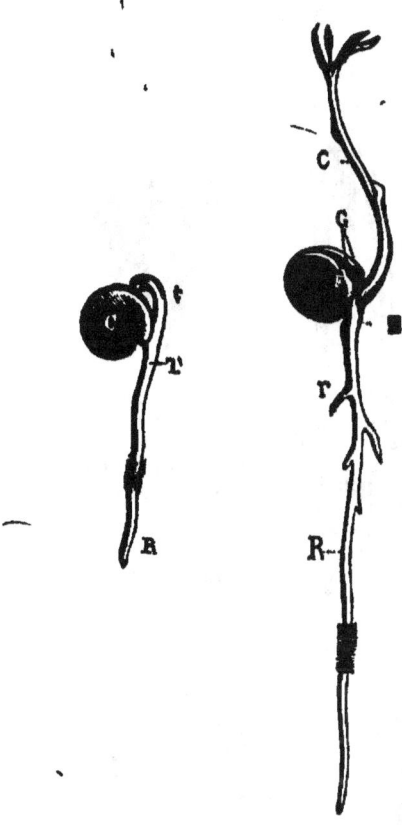

Fig 167. — Graine de lentille germant : R, racine principale provenant de la radicule ; T, bas de la tige provenant de la tigelle ; *l*, partie supérieure de la tige provenant de la gemmule.

Fig. 168. — Graine de lentille germant (état plus avancé que sur la figure 167). R, racine principale ; *r*, l'une des radicelles, C. cotylédons, T, base de la tige.

Les racines, les tiges, les feuilles et plus tard les fleurs se développent successivement et l'on a une plante semblable à celle qui a produit la graine.

---

5. A quoi sert la provision de nourriture que contient la graine ? —
6. Dans quelles conditions se produit la germination de la graine ? Que voit-on lorsque la graine germe ?

7. En somme :
La graine est formée par le développement de l'ovule.
Elle se compose d'une ou deux enveloppes, contenant à l'intérieur une petite plantule et une provision de nourriture qui se trouve dans les cotylédons de la plantule (graine sans albumen), ou autour d'elle (graine à albumen).

RÉSUMÉ

99 et 100. Feuille. — La feuille est attachée sur la tige; elle a ordinairement une partie plate, appelée *limbe*, souvent portée sur une partie plus allongée appelée *pétiole*. La feuille, par la transpiration de l'eau et par l'assimilation du charbon, sous l'action de la lumière, transforme la sève brute venue des racines en sève nutritive qui va se répandre dans la plante pour distribuer la nourriture à tous ses organes.

101. Fleur. — Les parties les plus importantes de la fleur sont les *étamines* qui produisent la poussière appelée pollen et le *pistil* qui contient les ovules; elles sont entourées et protégées par la corolle et le calice. Les ovules se transforment en graines lorsque le pollen est venu sur la partie supérieure du pistil, appelée stigmate.

La fonction de la fleur est de préparer la formation des graines.

102. Fruit et graine — Le fruit est produit par le développement de l'ovaire. Il contient les graines.

La graine est formée par le développement de l'ovule. Elle se compose d'une ou deux enveloppes contenant une plantule à son intérieur et une provision de nourriture qui se trouve dans les cotylédons de la plantule ou autour d'elle (albumen).

QUATORZIÈME LEÇON

Les principaux groupes de plantes.

103. Plantes sans fleurs (Cryptogames). — Les *Cryptogames* sont les plantes qui n'ont pas de fleurs; ces

---

7. Quels sont les caractères de la graine ?
103. — Qu'entend-on par Cryptogames ? — Comment se reproduisent ces plantes ?

plantes ne produisent pas de graines comme celles que nous avons étudiées, mais elles forment ordinairement de très petits corps, à peine visibles, comme des grains de poussière, et qu'on nomme des *spores*. Les spores peuvent germer et produire de nouvelles plantes

104. Algues, Champignons, Lichens. — Il y a beaucoup de plantes cryptogames chez lesquelles on ne peut distinguer ni tige, ni feuille, ni racine; le corps de la plante est divisé d'une manière irrégulière, sans qu'on puisse y reconnaître ces trois organes principaux, que nous avons observés dans les plantes à fleurs. Tels sont les algues, les champignons et les lichens.

105. Algues. — 1. Les *Algues* sont le plus souvent des plantes aquatiques qui vivent dans les eaux douces et qui sont surtout répandues en très grande quantité dans la mer. Le varech (fig. 169) est une algue qu'on trouve souvent sur les côtes; on brûle quelquefois les varechs pour se servir de leurs cendres comme engrais.

Fig. 169 — Varech dentelé (algue marine).

2. Il y a dans la mer des algues vertes, brunes ou rouges; ces deux dernières deviennent souvent vertes lorsqu'on les laisse tremper dans l'eau douce. La plupart des algues d'eau douce sont vertes; on en voit souvent qui forment une masse épaisse et spongieuse à la surface des fossés ou des étangs.

106. Champignons. — 1. Les *Champignons* ne contiennent pas la matière verte si utile aux végétaux pour se nourrir et ce ne sont presque jamais des plantes aquatiques.

---

104. — Quelles sont les plantes cryptogames qui n'ont ni racine, ni tige, ni feuilles distinctes?

105. — 1. A quoi reconnaît-on les algues? — 2. Quelles sont les couleurs des diverses algues?

106 — 1. Quels sont les principaux caractères des champignons? Sur quoi vivent-ils?

LES PRINCIPAUX GROUPES DE PLANTES. 135

Ils se développent sur les végétaux vivants ou morts, et même sur les animaux; quelquefois aussi ils croissent sur les débris de plantes qui se trouvent dans la terre.

2. La partie du champignon qui sert à le nourrir est ordinairement formée d'une masse de petits filaments blancs qu'on ne voit pas à l'extérieur, mais qui pénètrent dans les substances que le champignon détruit pour vivre. Ce qu'on voit facilement et même ce qu'on appelle ordinairement le champignon, c'est la partie de ces végétaux qui produit les spores. Les champignons ont aussi des formes très variées :

Fig. 170 — Chanterelle (champignon).   Fig 171 — Clavaire (champignon)

en chapeau comme les champignons de couche, les chanterelles (fig. 170); en ramifications nombreuses comme les clavaires (fig. 171), etc.

107. Lichens. — Les *Lichens* sont des plantes sans fleurs qui ressemblent beaucoup aux champignons, mais qui contiennent de la matière verte comme les Algues. Ils se développent en plaques ou en filaments sur la terre, sur les roches, les branches ou les murs. Ils forment leurs spores sur de petits disques (S, S, fig. 172) de couleur foncée.

---

2 Comment est faite la partie du champignon qui sert à le nourrir ? — Citez quelques formes de champignons

107 — Quels sont les caractères des lichens ? — Où forment-ils leurs spores ?

108. Mousses. — Nous venons de voir que chez les Algues, les Lichens et les Champignons on ne peut distinguer une tige et des feuilles. Il n'en est pas de même chez les *Mousses* qui montrent nettement une tige portant des feuilles

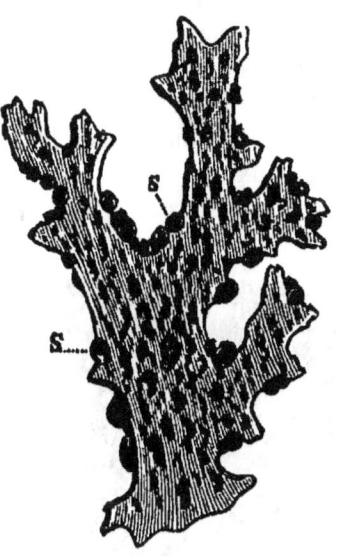

Fig. 172. — Lichen; S, S petits disques où se forment les spores.

Fig. 173 — Mousse des jardinières; *t*, tige feuillée; *s*, tige sans feuilles portant la fructification à spores.

tout autour (fig. 173). Ainsi, les mousses ont tige et feuilles, mais on ne leur trouve pas de vraies racines.

Les spores des mousses sont renfermés dans une sorte de petite boîte souvent portée sur une mince tige (*s*, fig. 173).

109. Cryptogames à racines. — 1. Si nous examinons une de ces grandes fougères qu'on trouve si souvent dans les bois (fig. 174), nous verrons en la déterrant avec soin, que ce que nous avons pris pour la fougère toute entière n'est qu'une feuille (F) divisée en nombreux folioles; cette feuille vient en effet se fixer sur une tige souterraine (T), portant de vraies racines.

---

108. — A quoi reconnaît-on les mousses ? — Où forment-elles leurs spores ?

109. — 1. Où est la tige de la fougère ?

LES PRINCIPAUX GROUPES DE PLANTES.

Les fougères n'ont pas de fleurs et possèdent des racines; ce sont des *Cryptogames à racines*.

2. Les Prêles, qu'on appelle ordinairement queue-de-cheval et qui se développent dans les fossés ou envahissent les champs humides, sont, comme les fougères, des cryptogames à racines.

110. Plantes à fleurs (Phanérogames). — 1. Les plantes à fleurs, telles que celles que nous avons étudiées dans les leçons précédentes, forment le grand groupe des *Phanérogames* ; elles ont racines, tiges, feuilles et fleurs.

Fig. 174. — Fougère aigle; T, tige souterraine, F, feuilles.

2. Comme les plantes à fleurs sont très nombreuses et que leur étude est importante, on en a formé plusieurs divisions. On met d'abord à part les plantes dont les graines ne sont pas renfermées dans un fruit et qui n'ont pas de stigmate au pistil; on les appelle *Gymnospermes*.

3. Dans nos pays, ce sont en général des arbres résineux, à feuilles persistantes pendant l'hiver, comme le pin (fig. 175) et le sapin.

4. Toutes les autres plantes à fleurs dont les graines sont renfermées dans un fruit et qui ont un stigmate à leur pistil sont les *Angiospermes*, qu'on divise en deux groupes, les Monocotylédones et les Dicotylédones.

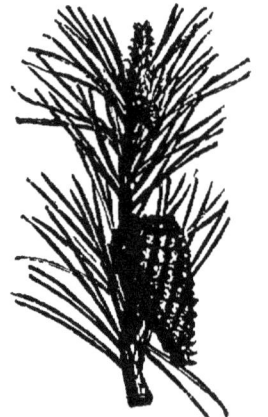

Fig. 175. — Branche de pin (Gymnosperme).

---

2. Citez des cryptogames à racines.
110. — 1. Quels sont les caractères des plantes phanérogames ? — 2. Qu'entend-on par Gymnospermes ? · 3. Citez des plantes gymnospermes. — 4. Quels sont les caractères des Angiospermes ? — Quels sont les deux principaux groupes de plantes angiospermes ?

111. Plantes à un cotylédon (Monocotylédones). — 1. Les *Monocotylédones* sont des plantes à fleurs qui n'ont qu'un seul cotylédon dans leur graine. On les reconnaît le plus souvent à ce que les parties de la fleur y sont disposées par trois (fig. 177) ou par six (fig. 176), à ce que

Fig. 176. — Safran (monocotylédone), montrant les feuilles allongées et la fleur à 6 divisions (3 sépales et 3 pétales).

Fig. 177. — Fleur de plantain d'eau (monocotylédone) montrant les trois sépales et les pétales.

leurs feuilles sont ordinairement à nervures non ramifiées. On peut citer comme exemple le lis, le safran (fig. 176).

2. Les plantes monocotylédones de nos pays sont ordinairement des plantes herbacées ; mais dans les pays chauds, il y a beaucoup d'arbres, comme les Palmiers, qui appartiennent à ce groupe.

112. Plantes à deux cotylédons (Dicotylédones). — 1. Les Dicotylédones ont deux cotylédons dans

---

111. — Quels sont les caractères des plantes monocotylédones ? — Les Monocotylédones de nos pays sont-elles des arbres ou des herbes ? — Y a-t-il des Monocotylédones qui sont des arbres ?

112. — 1. Quels sont les caractères des plantes dicotylédones ? —

LES PRINCIPAUX GROUPES DE PLANTES.   139

sa graine. On les reconnaît à ce que les parties de la fleur y sont ordinairement disposées par quatre ou par cinq et à ce

Fig. 178. — Ronce (Dicotylédone) montrant les fleurs à 5 sépales et à 5 pétales, et les feuilles à nervures ramifiées.

Fig. 179. — Fleur de betterave (grossie) (Dicotylédone apétale).

Fig. 180. — Fleur de bouton-d'or coupée par le milieu (Dicotylédone dialypétale).

que les feuilles sont à nervures ramifiées. C'est ainsi qu'on voit au premier coup d'œil que la ronce (fig. 178), par exemple, est une plante dicotylédone.

2. Les plantes dicotylédones sont très nombreuses; on en forme trois divisions d'après les caractères suivants :

1° Pas de pétale, une seule enveloppe à fleur (fig. 179).

Apétales :

Exemples : Chêne, Betterave.

2° Pétales distincts les uns des autres de telle façon qu'on puisse en détacher un sans déchirer les autres.

Fig. 181. — Fleur de campanule coupée en long (Dicotylédone gamopétale).

---

2. Comment divise-t-on les Dicotylédones ? — Quels sont les caractères des Apétales ? — Exemple ? — Quels sont les caractères des Dialypétales ? — Exemple ? — Quels sont les caractères des Gamopétales ? — Exemple ?

Dialypétales :

Exemple : Bouton-d'or, Giroflée, Ronce.

3° Pétales soudés ensemble de façon qu'on ne peut en détacher un sans déchirer la corolle (fig. 181).

Gamopétales :

Exemples : Primevère, Campanule.

RÉSUMÉ.

103 à 109. Cryptogames. — Les principales sortes de plantes sans fleurs ou *Cryptogames* sont les suivantes :

1° Les *Algues*, qui sont des plantes sans racine, ni tige, ni feuilles et, pour la plupart, aquatiques.

2° Les *Champignons*, qui vivent sur les végétaux et les animaux morts ou vivants.

3° Les *Lichens*, qui, de même que les précédents, n'ont ni racines, ni feuilles, et qui croissent ordinairement sur les murs, les rochers ou sur le sol. Ils sont le plus souvent verts ou verdâtres.

4° Les *Mousses*, qui ont une tige et des feuilles distinctes mais pas de racines.

5° Les *Cryptogames à racines*, comme les fougères et les prêles qui ont tige, feuilles et racines.

110 à 112. Phanérogames. — Les Phanérogames ou plantes à fleurs se divisent en plusieurs groupes qui sont :

Les *Phanérogames gymnospermes* dont les graines ne sont pas renfermées dans un fruit et qui n'ont pas de stigmates. Ce groupe comprend la plupart des arbres verts.

2° Les *Phanérogames angiospermes* qui ont des graines renfermées dans un fruit et dont le pistil présente un stigmate.

Ce dernier groupe, qui est le plus important, se divise lui-même en :

Monocotylédones, plantes à un cotylédon, à feuilles ordinairement à nervures non ramifiées, à fleurs présentant souvent les diverses parties disposées par trois ;

Et *Dicotylédones*, plantes à deux cotylédons, à nervures ramifiées, à fleurs présentant souvent les parties disposées par quatre ou par cinq.

PLANTES ALIMENTAIRES. 141

QUINZIÈME LEÇON.

Plantes alimentaires.

113. Plantes qui servent à la nourriture de l'homme. — Un grand nombre de plantes servent à notre nourriture ou à celle de nos animaux domestiques. D'une

Fig. 182. — Orge (céréale).   Fig 183. — Blé (céréale).

manière générale, ces végétaux sont appelés des *plantes alimentaires*. Nous allons passer en revue les plus importantes et surtout celles qui servent à l'alimentation de l'homme.

---

113. — Qu'appelle-t-on plantes alimentaires ?

111. Céréales. — 1. Les *Céréales* sont les plantes qui fournissent la farine. Les plus importantes sont des herbes de grande taille qui se ressemblent toutes par leurs feuilles allongées à nervures parallèles et rattachées à la tige par une gaine fendue en avant. Tels sont l'Avoine, le Blé (fig. 183), l'Orge (fig. 182), le Seigle, le Maïs (fig. 184). Nous reconnaissons par les nervures des feuilles que ce sont des plantes monocotylédones ; en outre, elles ont les fleurs non colorées. Elles appartiennent à l'importante famille des Graminées.

2. Le *Blé* (fig. 183) est la plus importante des plantes qui servent à notre nourriture. On le cultive beaucoup en France, surtout dans la région centrale, et dans la Picardie et la Lorraine ; mais notre pays ne produit pas assez de blé pour fabriquer tout le pain nécessaire et l'on est obligé de faire venir du blé de Russie et d'Amérique.

3. Le *Seigle* vient facilement dans les terrains peu fertiles où le blé pousserait mal ; il supporte aussi un climat plus froid. Le pain de seigle est moins nourrissant que le pain de blé, mais il se conserve frais pendant plus longtemps. On sème ordinairement le seigle à l'automne et on le récolte au printemps.

Fig 184. — Maïs (céréale)

4. L'*Orge* (fig. 182), sert surtout à la fabrication de la bière, sa farine n'est pas très nourrissante et donne une pâte qui ne lève pas facilement. L'*Avoine* est employé pour la nourriture des chevaux.

---

114. — 1. Qu'est-ce que les céréales ? — Quels sont les caractères des céréales qui appartiennent à la famille des graminées ? — 2. Dans quelles régions de la France cultive-t-on le blé en grande quantité ? — 3. Quels sont les avantages du seigle ? — Le pain de seigle est-il plus nourrissant que le pain de blé ? — 4. Citez d'autres céréales et indiquez leurs usages.

PLANTES ALIMENTAIRES

Le *Maïs* (fig. 184), cultivé surtout dans le midi de la France donne une farine qu'on mélange avec celle du seigle ou du blé. Ses grains servent aussi à l'engraissement des volailles.

115. Tubercules comestibles. — 1. On sait que les tiges souterraines de la *Pomme de terre* (fig. 185), pro-

Fig. 185 — Pomme de terre.

Fig. 186. — Tubercules de topinambour.

duisent des tubercules qui sont assez nourrissants, mais moins cependant que la farine des céréales.

La pomme de terre vient de l'Amérique du Sud d'où elle a été introduite en Europe. Sa culture n'a été répandue en France qu'à la fin du XVIIIe siècle, grâce à Parmentier.

On cultive beaucoup la pomme de terre presque partout, en France, sauf dans le midi où la sécheresse du sol est peu favorable à son développement. On la reproduit non par les graines, mais en plantant dans la terre les tubercules, qu'on coupe souvent en morceaux. Les pommes de terre servent pour l'alimentation et aussi pour la fabrication de l'alcool.

2. Le *Topinambour*, dont les fleurs composées forment de grands soleils jaunes produit aussi des tubercules (fig. 186), que l'on mange.

---

115. — 1. Quelle est la partie de la plante de pomme de terre qui produit des tubercules que l'on mange ? — D'où vient la pomme de terre? — Où la cultive-t-on surtout ? — Comment la reproduit-on ? — 2. Qu'est-ce que le topinambour ?

3. La *Carotte*, le *Navet*, le *Radis* sont au contraire des racines tuberculeuses renflées, qui peuvent servir à l'alimentation de l'homme.

4. La *Betterave*, dont la racine et la base de la tige se renflent en un gros tubercule, est cultivée surtout dans le nord de la France, pour le sucre qu'elle renferme. Elle sert aussi à la nourriture des bestiaux.

116. Graines des plantes légumineuses. — Les graines de Pois, de Haricot, de Lentille, de Fève, sont très nourrissantes, presque autant que les grains des céréales. Ces plantes, qui ont toutes des feuilles à plusieurs folioles et un fruit s'ouvrant ordinairement en deux parties, appartiennent à la famille des plantes *légumineuses*, ainsi nommée parce que leurs graines fournissent de très bons légumes.

117. Feuilles alimentaires. — 1. Les choux (chou pommé, choux de Bruxelles, etc.), sont cultivés surtout pour leurs feuilles et leurs bourgeons ; on les mange cuits.

Fig. 187. — Asperge.

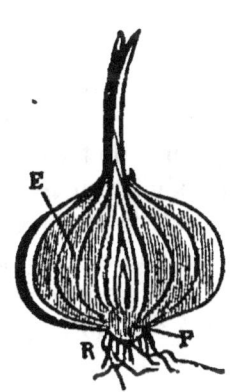

Fig. 188. — Bulbe d'oignon; P, tige renflée; E, feuilles renflées; R, racines.

2. En déterrant des asperges développées, on peut voir sortir de la tige souterraine (fig. 187) de jeunes pousses qui

---

3. Citez des plantes dont la racine renflée sert à notre nourriture. — 4. Pourquoi cultive-t-on la betterave ?

116. — Quel est le caractère des plantes légumineuses ? — Citez les plantes de cette famille dont on mange les graines.

117. — 1. Que mange-t-on surtout dans les choux ?

PLANTES ALIMENTAIRES. 145

s'élèvent hors du sol. Ce sont ces pousses dont on mange les extrémités couvertes de petites écailles vertes.

3. L'*Oignon* forme sa provision de nourriture à la base de la tige (P, fig. 188), et surtout dans les feuilles qui l'entourent (E, fig. 188).

4. Il y a d'autres plantes encore dont on mange les feuilles crues, accommodées à l'huile et au vinaigre, ce sont les *Salades*. Citons surtout les *Laitues* (Laitue proprement dite, Romaine, etc.), les *Chicorées* qu'on cultive quelquefois dans les caves et dont les feuilles deviennent alors blanches et effilées (barbe de capucin), le *Pissenlit*, le *Cresson* et la *Mâche*.

118. Fleurs alimentaires. — Il y a peu de fleurs alimentaires ; on peut citer l'ensemble des jeunes fleurs qu'on mange avant leur développement dans une variété de choux bien connue, le *Chou-fleur* ou encore la base des feuilles et des fleurs très jeunes qui forment le fond de l'artichaut.

119. Fruits comestibles. — 1. Un grand nombre de fruits charnus sont bons à manger. Le réceptacle gonflé de la fraise sur lequel se trouve placées les diverses parties du fruit (F, fig. 189), les fruits charnus de la Ronce ou de la Framboise et un grand nombre de baies peuvent être mangées.

2. Mais il y a aussi, comme on sait, beaucoup de plantes et surtout d'arbres ou d'arbustes qu'on cultive depuis très longtemps dans les vergers et qui donnent de très bons fruits. La plupart des *arbres fruitiers*, sauf le figuier et la vigne, appartiennent au grand groupe des Rosacées ; leurs fleurs ont cinq pétales et de nombreuses étamines. Ce

Fig. 189. — Fraise.

---

3. Quelle partie de la plante mange-t-on dans l'oignon ? — 4. Citez les plantes dont on consomme les feuilles crues.

118. — Citez des fleurs alimentaires. — Que mange-t-on dans l'artichaut ?

119. — 1. Citez des fruits sauvages comestibles. — Que mange-t-on dans la fraise ? dans la framboise ? — 2. Comment sont les fleurs de la plupart des arbres fruitiers ? — Citez des arbres fruitiers. — Les noyaux sont-ils des graines ? — Les pepins sont-ils des graines ? — De quoi se compose un noyau ou un pépin ?

sont les cerisiers, pruniers, abricotiers, pêchers, amandiers qui ont des fruits à noyau, et les Poiriers ou Pommiers qui ont des fruits à pépins. Les noyaux des fruits ne sont pas des graines ; en les cassant on trouve la graine au dedans ; ainsi un noyau ou un pépin se compose de la partie intérieure du fruit qui est durcie et renferme une graine.

120. Taille. — Au printemps, en regardant les bourgeons d'un arbre fruitier, d'un poirier ou d'un pêcher, par exemple, on remarque facilement qu'il y a deux sortes de bourgeons : les uns étroits et pointus sont les *bourgeons à bois* qui donneront des branches garnies de feuilles, les autres gros et arrondis sont des *bourgeons à fruits*, ils donneront seulement quelques feuilles et beaucoup de fleurs qui produisent des fruits. Pour avoir de meilleurs fruits, plus abondants et plus mûrs, on *taille* les arbres fruitiers. La *taille* consiste à couper un certain nombre de bourgeons à bois, pour faire venir un plus grand nombre de bourgeons à fruits.

121. Greffe. — 1. On ne peut pas ordinairement multiplier les arbres fruitiers en les semant, si l'on veut conserver aux fruits toutes leurs qualités. On a imaginé pour propager les arbres fruitiers un autre procédé qui s'appelle la *greffe*.

2. Pour greffer un arbre, on coupe un rameau de la variété qu'on veut reproduire et on le fixe dans une entaille faite sur la tige coupée d'un arbre fruitier sauvage du même genre. Au bout d'un certain temps, si l'opération est bien faite, les deux tiges se soudent et les bourgeons du rameau greffé se développent et donnent des fruits semblables à ceux de l'arbre sur lequel on l'a pris.

122. Plantes alimentaires pour les animaux

---

120. — 1. Si l'on regarde au printemps les bourgeons d'un poirier que remarque-t-on ? — Quelles sont les deux sortes de bourgeons ? — Qu'est-ce que la taille ? — Pourquoi taille-t-on les arbres fruitiers ?

121. — 1. Comment multiplie-t-on les arbres fruitiers ? — 2. Comment fait-on pour greffer un arbre ?

122. — Citez des plantes fourragères.

PLANTES ALIMENTAIRES

domestiques. — Les principales plantes alimentaires pour les animaux domestiques sont les fourrages tels que le trèfle (fig. 190), la luzerne, le sainfoin, etc., qu'on sème et qu'on cultive dans les champs, ou aussi les herbes des prairies.

Fig. 190. — Trèfle.

On récolte ces herbes qui lorsqu'elles sont coupées, s'appellent le *foin* et qu'on rentre dans des granges pour former des provisions d'hiver.

On récolte aussi quelquefois les betteraves pour les donner à manger aux bestiaux.

RÉSUMÉ.

115 à 118. Plantes alimentaires. — Les principales plantes alimentaires sont : les *céréales*, cultivées pour leurs grains (blé, seigle, orge, etc.), les plantes à tiges tuberculeuses (pomme de terre, topinambour) ou à racines tuberculeuses (carotte, navet, radis) ; les *Légumineuses*, dont on mange les graines (pois, haricots). D'autres plantes ont des feuilles alimentaires (chou, oignon, salades, etc.), ou plus rarement des fleurs alimentaires (chou-fleur).

119 à 121. Arbres fruitiers. — La plupart des arbres fruitiers ont des fleurs à pétales et de nombreuses étamines. Au printemps ils ont des bourgeons de deux sortes: bourgeons à bois et bourgeons à fruits ; on taille un certain nombre des premiers. On multiplie les arbres fruitiers par la greffe.

122. Fourrages. — Les fourrages et les herbes des prairies sont les principales plantes alimentaires pour les animaux domestiques.

SEIZIÈME LEÇON.

Plantes industrielles.

123. Plantes à sucre. — 1. Le sucre se trouve en provision chez beaucoup de végétaux. Ceux qu'on cultive sur

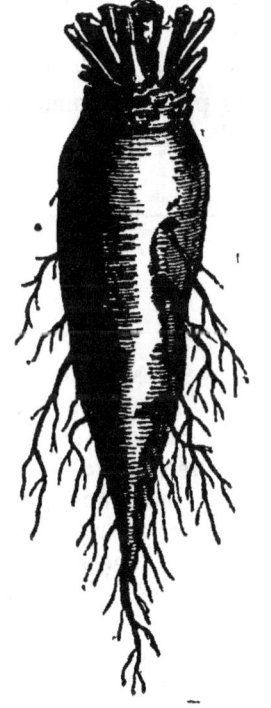

Fig 191. — Betterave (plante à sucre).

Fig. 192. — Canne à sucre.

tout pour en retirer le sucre sont la *Betterave* et la *Canne à sucre*.

2. La Betterave est une plante qu'on trouve à l'état sauvage

---

123. — 1. Quelles sont les principales plantes à sucre ? — 2. Où cultive-t-on la betterave ? — Où la trouve-t-on à l'état sauvage ? — Où se trouve le sucre dans la betterave ? — Quand plante-t-on la betterave ordinairement et quand la récolte-t-on ?

dans le midi de la France ; on la cultive beaucoup dans le Nord pour l'extraction du sucre. Ordinairement, on la plante au mois d'avril pour la récolter en automne. C'est dans la racine et à la base de la tige que la provision de sucre est accumulée (fig. 191).

3. La canne à sucre (fig. 192) est une herbe de très haute taille qu'on cultive dans les pays chauds, surtout en Amérique. On la coupe au moment où les fleurs commencent à se montrer, car alors la provision de sucre emmagasinée dans la tige n'est pas encore consommée par la plante.

4. Pour retirer le sucre de la betterave et de la canne à sucre, on presse la betterave ou les tiges de canne de manière à en retirer le jus sucré ; on y ajoute de la chaux pour empêcher ce jus de s'altérer, puis on fait évaporer ; il se produit un sirop où se forme le sucre cristallisé. Ce *sucre brut* est brun ou jaune ; on le rend blanc par le raffinage, opération qui consiste à faire passer plusieurs fois le sirop sur du noir animal (charbon obtenu par le chauffage des os à l'abri de l'air).

124. Plantes à huile. — 1. Les huiles végétales sont des matières grasses liquides, ordinairement contenues dans les graines ou les fruits de certaines plantes.

2. Les *huiles alimentaires* qui servent en cuisine ou pour les salades

Fig. 193. — Colza (plante à huile).

sont retirées des graines du pavot ou du noyer, ou des fruits de l'olivier. On cultive, pour retirer l'huile de ses graines, le pavot œillette qui est une variété du pavot des jardins. Mais cette culture, qui est pratiquée dans le nord de la France, est remplacée dans le midi par la culture de l'olivier. C'est la partie charnue de l'olive qui renferme l'huile.

---

3. Qu'est-ce que la canne à sucre ? — Où la cultive-t-on ? — Quand la récolte-t-on ? — 4. Comment enlève-t-on le sucre de la canne à sucre ou de la betterave ? — Comment raffine-t-on le sucre brut ?

124. — 1. Dans quelles parties des plantes se trouvent ordinairement les huiles qu'on en extrait ? — 2. Citez des plantes qui fournissent des huiles alimentaires ?

3. Pour préparer l'huile d'olive, on cueille les fruits quand ils sont mûrs, on les fait sécher quelque temps, puis on les broye dans un moulin.

4. L'huile de noix obtenue en broyant les graines du noyer est très bonne quand elle est fraîche, mais elle devient très vite rance.

5. Parmi les *huiles servant à l'éclairage*, la plus importante est celle qu'on retire des graines du colza (fig. 193). Le colza est une variété de chou, on le cultive surtout dans le Nord et dans l'Est. L'huile de colza est jaune, peu agréable au goût; on l'emploie principalement pour les lampes.

6. Parmi les huiles *servant à la peinture*, c'est surtout l'huile extraite des graines du *Lin* (fig. 194) qui est importante à signaler. Cette huile est une huile siccative, c'est-à-dire qu'elle se dessèche très vite lorsqu'elle est exposée à l'air.

125. Plantes textiles. — 1. Cassons la tige d'une plante, nous pouvons remarquer souvent que les deux morceaux sont encore réunis entre eux par de petits filaments résistants, ce sont des *fibres*. Ces fibres, isolées des tissus qui les entourent, peuvent être tissées pour former de la toile ou diverses étoffes. Les plantes qui fournissent les fibres bonnes pour le tissage sont appelées des *plantes textiles*.

Fig. 194. — Lin (plante textile).

2. Dans nos pays, les principales plantes textiles sont le lin et le chanvre.

3. Le *Lin* (fig. 194) est cultivé surtout dans le nord et l'ouest de la France. C'est une plante à petites feuilles minces et à jolies

---

3. Comment prépare-t-on l'huile d'olive ? — 4. Quel est l'inconvénient de l'huile de noix ? — 5. A quoi sert l'huile de colza ? — D'où la retire-t-on ? — 6. Quelle qualité doit avoir une huile servant à la peinture ?
125. — 1. Qu'entend-on par plantes textiles ? — 2. Citez les principales plantes textiles de nos pays. — 3. Qu'est-ce que le lin ? — Comment le cultive-t-on ?

PLANTES INDUSTRIELLES.   151

fleurs bleues. Elle demande à être cultivée dans un sol bien fumé et bien sarclé. On arrache les pieds de lin quand la tige commence à jaunir par la base.

4. Le *Chanvre* (fig. 195 et 196) est une grande plante à feuilles en éventail et à petites fleurs vertes de deux sortes, les unes à étamines (à gauche sur la figure), les autres à ovules

Fig. 195 et 196. — Chanvre (plante textile).

(à droite sur la figure). On le cultive surtout dans les plaines basses et assez humides.

5. Dans les pays chauds, on cultive le cotonnier dont le fruit (fig. 197) renferme des graines munies de très longs poils. Ces poils peuvent être tissés ; on forme avec eux les étoffes de coton. En Algérie, on sème le cotonnier vers le mois de mai et on recueille les graines vers la fin de septembre.

126. Préparation de la filasse. — 1. L'ensemble des fibres du lin ou du chanvre, débarrassées des tissus qui les entourent, forme la *filasse*. Pour préparer la filasse, on soumet les tiges de lin : 1° au rouissage, 2° au teillage.

---

4 Qu'est-ce que le chanvre ? — Où le cultive-t-on surtout ? — 5. D'où vient le coton ? — Où cultive-t-on le cotonnier ?

126. — 1. Qu'est-ce que la filasse ?

2. Par le *rouissage*, on fait tremper les tiges de lin dans de l'eau, pendant une semaine environ ; presque toutes les parties des tiges pourrissent ou se détruisent sauf l'écorce, le bois et les fibres. Comme ce rouissage qui se fait dans des bassins où l'eau se renouvelle peu, produit une odeur désagréable et peut être malsain, on le remplace souvent maintenant par le rouissage à chaud. Les tiges, placées dans de l'eau, sont chauffées par un courant de vapeur et l'opération se fait beaucoup plus rapidement.

Fig. 197. — ...ult de cotonnier ouvert montrant les longs poils qui sont sur les graines.

On laisse ensuite sécher les tiges à l'air, puis on les brise (*teillage*) et on les peigne pour séparer les fibres de l'écorce et du bois.

La filasse de lin est plus blanche et plus fine que la filasse de chanvre.

127. Plantes tinctoriales. — Autrefois, presque toutes les matières employées pour teindre les étoffes étaient retirées des végétaux. Aujourd'hui, par les progrès de la chimie, la plupart des substances tinctoriales sont fabriquées avec des matières minérales, surtout avec des substances extraites du charbon de terre.

Aussi les plantes tinctoriales n'ont plus une très grande importance, surtout celles qu'on cultive dans nos pays. On peut citer cependant le *Safran* (voy. fig. 176), cultivé pour la substance jaune qu'on retire du stigmate de ses fleurs ; la *Gaude* qui est une espèce de Réséda à fleurs en grappes très allongées, qu'on trouve souvent dans les endroits arides et qu'on cultive à cause de la matière colorante jaune qu'on ex-

---

2. Comment se fait le rouissage à froid ? — Comment se fait le rouissage à chaud ? — Après le rouissage, comment prépare-t-on la filasse ?
127. — Citez des plantes tinctoriales. — Pourquoi emploie-t-on moins les plantes tinctoriales qu'autrefois ?

PLANTES INDUSTRIELLES.   153

trait de la tige et des feuilles. Quant à la *Garance*, dont les racines contiennent une matière qui rougit à l'air et forme une belle teinture, sa culture très développée dans le midi de la France est aujourd'hui abandonnée, car on a trouvé le moyen de fabriquer cette substance avec des matières minérales dérivées des goudrons de houille.

128. Arbres forestiers. — 1. Les arbres des bois et des forêts sont employés à divers usages. On s'en sert pour le chauffage soit en brûlant le bois directement, soit en le transformant en charbon de bois ; on se sert aussi du bois des arbres dans l'industrie pour faire des charpentes ou pour la menuiserie et l'ébénisterie.

2. Parmi les arbres dont les feuilles tombent tous les ans, on peut citer : le *Chêne* qui se reconnaît à ses feuilles irrégulièrement dentées et à dents arrondies ; le *Châtaignier* dont

Fig 198. — Feuille de châtaignier.   Fig. 199. — Feuille de charme.

les feuilles (fig. 198) sont allongées et à dents très pointues ; le *Charme* dont les feuilles (fig. 199) sont un peu plissées et à

---

128. — 1 Quels sont les principaux usages des arbres ? — 2 Quels sont les caractères de la feuille du chêne ? — du châtaignier ? — du charme ? — de l'orme ? — A quoi reconnaît-on le bouleau ? — le frêne ?

154   VÉGÉTAUX.

nervures principales sans ramifications ; l'*Orme* dont les feuilles (fig. 199) plus rudes au toucher ont des nervures principales dont quelques-unes sont fourchues ; le *Hêtre* aux feuilles lisses et sans petites dents régulières ; le *Bouleau* qui, lorsqu'il

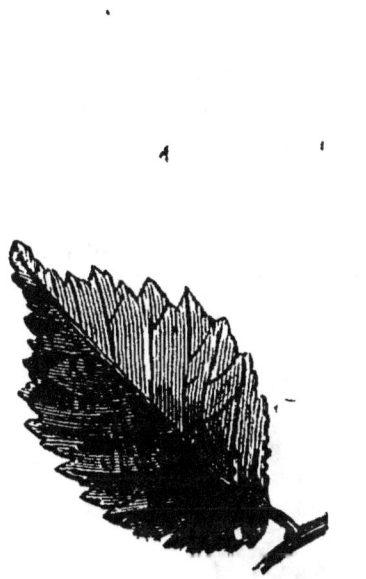  

Fig. 200. — Feuille d'orme.   Fig. 201. — Feuilles de pin.   Fig 202. — Feuille de sapin.

est assez âgé, se reconnaît à son écorce blanche et dont les feuilles sont très pointues, le *Frêne* qui a ses feuilles composées de plusieurs folioles, etc., etc.

3. Tous ces arbres à feuilles larges et minces sont appelés ordinairement *arbres feuillus*. Il y a d'autres arbres qu'on reconnaît au premier abord à leurs feuilles minces, allongées en aiguilles, et qui, en général, ne tombent pas en automne ; ce sont les *arbres résineux*.

4. Les principaux arbres résineux sont : le *Pin* dont les feuilles sont réunies ordinairement deux à deux (fig. 201) sur

---

3. Quelle différence y a-t-il entre ces arbres et les arbres résineux
— 4. Comment distingue-t-on le pin du sapin ?

de courts rameaux avec quelques écailles (E) à la base, et le *Sapin* dont les feuilles s'insèrent directement sur les branches ordinaires (fig. 202).

5. Les arbres résineux et surtout les pins sont quelquefois exploités pour récolter la résine qu'ils contiennent et d'où on extrait la térébenthine employée pour vernir, etc.

RÉSUMÉ.

123. Plantes à sucre. — Les principales plantes à sucre sont la betterave qu'on cultive dans le nord de la France et la canne a sucre des pays chauds. Le sucre brut qu'on extrait de ces plantes est raffiné par le noir animal.

124. Plantes à huile. — L'huile contenue dans les graines ou les fruits de certaines plantes en est retirée pour divers usages. Les huiles d'olive, d'œillette ou de noix sont des huiles alimentaires. L'huile de colza sert a l'éclairage. L'huile de lin sert a la peinture.

125, 126. Plantes textiles. — Le lin et le chanvre sont les principales plantes textiles de nos prairies ; on se sert des fibres de leurs tiges, qui, séparées des autres tissus par le rouissage et le teillage, forment la filasse. Dans les pays chauds on cultive les cotonniers pour recueillir les poils produits par leurs graines. C'est l'ensemble de ces poils qui constitue le coton.

127. Plantes tinctoriales. — Beaucoup de teintures se font aujourd'hui par des procédés chimiques. On peut citer cependant comme plantes tinctoriales encore cultivées dans nos pays le safran et la gaude.

128. Arbres forestiers. — Les arbres des bois et des forêts servent comme bois de chauffage ou pour la charpenterie, la menuiserie, l'ébénisterie. Parmi les divers arbres, on distingue les arbres feuillus (chêne, hêtre, charme, etc.) et les arbres résineux (pin, sapin, etc.).

---

5. D'ou s'extrait la terebenthine ?

DIX-SEPTIÈME LEÇON.

Plantes médicinales et plantes nuisibles.

129. Plantes médicinales. — 1. De tout temps on s'est servi des plantes pour guérir un certain nombre de maladies. Beaucoup de plantes sont encore employées en médecine pour fournir des médicaments. Citons-en quelques exemples :

Les fleurs de la *Camomille* (fig. 203), qui est une plante à

Fig. 203. — Camomille.

Fig. 204. — Mauve.

fleurs composées, servent à faire une tisane souvent très bonne pour les indispositions de l'estomac. La *Mauve* (fig. 204), qui croît surtout au voisinage des habitations, est employée pour faire des tisanes adoucissantes. Il en est de même de la *Bourrache*, etc.

---

129. — 1. Citez des plantes dont les fleurs ou les feuilles sont employées pour faire des tisanes.

PLANTES MÉDICINALES ET PLANTES NUISIBLES. 157

2. Certaines graines sont aussi utilisées, celles du *Lin* (fig. 194) pour faire des cataplasmes, celles de la *Moutarde*, plante qui ressemble assez au Colza (fig. 193) pour faire des sinapismes. L'eau chaude rend la farine de moutarde irritante, et attire le sang en abondance sous la peau, à l'endroit où la farine de moutarde a été appliquée.

3. Voici encore un autre genre de médicament. La capsule du Pavot (fig. 205) laisse écouler quand on l'entaille un liquide épais qui devient solide à l'air et forme une matière qu'on nomme l'*opium*, qui est un calmant lorsqu'on l'emploie en très petite quantité ; l'opium est au contraire un poison dangereux lorsqu'on en prend beaucoup.

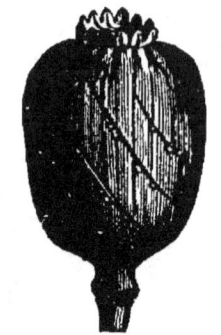

Fig 205. — Capsule de pavot, non encore mûre, qu'on a coupée pour en faire sortir l'opium.

4. Les tiges aussi peuvent parfois fournir des substances très employées en médecine. L'écorce de certains arbres de l'Amérique du Sud appelés *Quinquina* fournissent la quinine qui est employée pour combattre les fièvres. Les tiges souterraines de certaines plantes du Brésil, desséchées, produisent l'*Ipecacuanha* qui est un vomitif très employé pour combattre le croup ou la coqueluche, chez les enfants, etc.

130. Plantes vénéneuses. — 1. Les plantes vénéneuses pour l'homme sont celles qui, absorbées par lui, provoquent des accidents graves pouvant entraîner la mort.

L'*Aconit* (fig. 206), grande plante herbacée à fleurs bleues ou quelquefois jaunâtres renferme un poison

Fig. 206. — Aconit (plante vénéneuse).

---

2 A quoi sert la graine de moutarde ? — 3. D'où vient l'opium ? — Quelles sont ses propriétés ? — 4. Qu'est-ce que le quinquina ? — A quoi sert-il ? — L'ipecacuanha ? — A quoi sert-il ?

130. — 1. Citez des plantes vénéneuses.

COURS SUP. 6

très dangereux ainsi que presque toutes les plantes de la même famille, telles que le *Bouton d'or* ou les *Anémones*.

Certains fruits charnus qui semblent bons à manger, comme celui de la *Belladone* (fig. 207) renferment un poison violent et il faut se garder de manger des fruits sauvages dans les bois, si on ne sait pas très bien les reconnaître.

2. Certaines graines, comme celles du *Cerisier*, contiennent une substance vénéneuse appelée acide prussique. En préparant de l'eau de noyaux faite avec les noyaux de cerises, on peut s'empoisonner si l'on en met trop. Les noyaux de pêche contiennent aussi de l'acide prussique.

Fig. 207. — Fruit de belladone (plante vénéneuse).

3. La *Ciguë* qu'on peut confondre avec le Cerfeuil ou le Persil, est une plante très vénéneuse; il faut se garder d'en mâcher les feuilles.

4. Citons encore les *Champignons* parmi les plantes qui

Fig. 208. — Orobanche, parasite sur la racine de la luzerne.

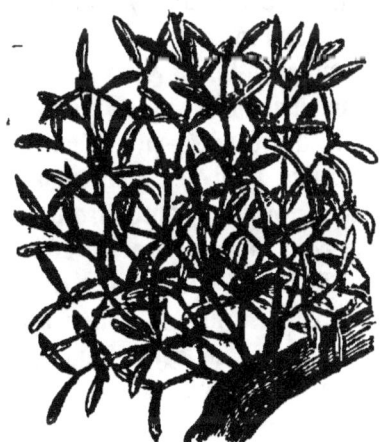
Fig. 209. — Gui, parasite sur une branche de pommier.

exposent le plus à des accidents très graves, car les espèces vénéneuses ressemblent souvent beaucoup aux espèces comes-

---

2. Citez des graines qui contiennent de l'acide prussique? 3. A quoi ressemble la ciguë? — 4. Pourquoi arrive-t-il souvent des accidents avec les champignons véné

PLANTES MÉDICINALES ET PLANTES NUISIBLES. 159

tibles et il faut se garder de cueillir des champignons pour les manger, à moins d'en avoir une connaissance toute spéciale. Tous les ans, on cite des empoisonnements causés par les champignons vénéneux.

En général, les plantes vénéneuses pour l'homme le sont aussi pour les animaux domestiques; cependant les moutons peuvent, paraît-il, brouter la Belladone sans inconvénients. Les *Colchiques* sont à citer parmi les plantes vénéneuses des pâturages.

131. Plantes nuisibles à l'agriculture. — 1. Il y a des plantes qui nuisent aux espèces cultivées en se nourrissont à leurs dépens, on les appelle plantes *parasites*. Tels sont l'*Orobanche* (fig. 208) qui vit sur la racine des luzernes, par exemple, ou le Gui qui pousse sur les branches des pommiers

 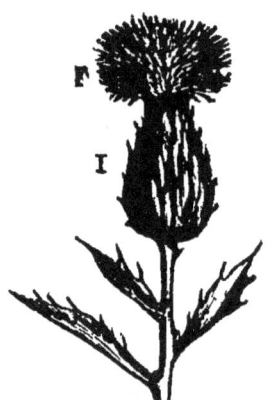

Fig. 210. — Mélampyre (parasite sur les herbes).

Fig. 211. — Chardon des champs.

et de quelques autres arbres (fig. 209), ou encore le Mélampyre (fig. 210) qui vit sur les racines des herbes.

2. Certains champignons parasites envahissent les plantes cultivées et leur nuisent beaucoup. Tels sont ceux qui causent

---

131. — 1. Citez des plantes parasites nuisibles à l'agriculture. — 2. Citez quelques maladies des plantes causées par des champignons

la maladie de la pomme de terre, la *carie* du blé, l'*ergot* du seigle, le *charbon* de l'avoine, etc.

3. D'autres plantes, non parasites, se développent dans les champs à côté des plantes cultivées, gênent leur croissance et prennent pour elles une partie de la nourriture contenue dans le sol; tels sont le Chardon des champs (fig. 129), le Bleuet, le Coquelicot, etc.

On s'en débarrasse en sarclant les champs, c'est-à-dire en piochant le sol aux endroits où se développent les mauvaises herbes.

RÉSUMÉ.

129. Plantes médicinales. — Les fleurs ou les feuilles de certaines plantes (camomille, mauve, bourrache, etc.) sont employées en médecine pour faire des tisanes. Certaines graines, comme celles de la moutarde, servent à faire des sinapismes. L'opium pris à faible dose est un calmant; à forte dose c'est un poison; on le recueille en coupant les fruits non mûrs du pavot. Il y a aussi des tiges qu'on emploie en médecine (écorce des quinquinas, tiges souterraines donnant l'Ipecacuanha, etc.).

130. Plantes vénéneuses. — Beaucoup de plantes peuvent empoisonner ceux qui les absorbent: telles sont l'aconit, la belladone, la ciguë, etc. Il existe de nombreux champignons vénéneux qui ressemblent à des champignons comestibles.

131. Plantes nuisibles à l'agriculture. — Certaines plantes nuisent à l'agriculture parce qu'elles sont parasites sur des plantes cultivées (orobanche, gui, etc.); d'autres sont les mauvaises herbes qui croissent dans les champs (chardons, etc.).

DEVOIRS A FAIRE.

N° 1. — Décrire les caractères de la racine et de la tige. — Rôle de ces organes (§§ 97, 98).
N° 2. — Caractères de la feuille, son rôle (§§ 99, 100).

3. Citez quelques mauvaises herbes.

N° 3. — La fleur, ses diverses parties; rôle de la fleur (§ 101).
N° 4. — Les fruits et les graines (§ 102).
N° 5. — Décrire les différents groupes des végétaux cryptogames (§§ 103 à 109).
N° 6. — Décrire les différents groupes de végétaux phanérogames (§§ 110 à 112).
N° 7. — Les céréales, les tubercules comestibles et les principales plantes dont on mange les feuilles et les fleurs (§§ 113 à 118).
N° 8. — Fruits comestibles. — Arbres fruitiers, taille greffe (§§ 119 à 121).
N° 9. — Plantes à sucre, plantes à huile (123 à 124).
N° 10. — Plantes textiles (§§ 124 a 125).
N° 11. — Arbres forestiers (§ 128).
N° 12. — Les plantes médicinales (§ 129).
N° 13. — Les plantes vénéneuses (130).
N° 14. — Les plantes nuisibles a l'agriculture (§ 121).

IV

LES MINÉRAUX

(GÉOLOGIE)

DIX-HUITIÈME LEÇON.

Les pierres. — Pierres calcaires.

132. Les minéraux. — Nous avons vu quels sont les caractères des êtres vivants : ils naissent, se nourrissent, respirent, changent de forme et meurent. Les corps non vivants ne présentent aucun de ces caractères ; abandonnés à eux-mêmes ils ne changent pas de forme, et pour continuer à exister, ils n'ont besoin ni de nourriture, ni d'air, ni d'eau. D'une manière générale ce sont les *minéraux*.

133. Où l'on trouve les pierres. — 1. Suivons un chemin qui est creusé assez profondément (fig. 212).

Fig. 212. — On trouve des pierres sur la tranchée des chemins.

---

132. — Quelles différences y a-t-il entre les êtres vivants et les corps non vivants ? — Qu'est-ce que les minéraux ?

133. — 1. Que voit-on sur la tranchée d'un chemin qu'on vient de creuser.

Regardons dans la tranchée du chemin la partie qu'on a entaillée avec des pioches pour tracer le chemin; nous y verrons le plus souvent des pierres en grandes masses; d'autres fois ces pierres sont en petits grains, et forment du sable Ainsi, le sol est formé par des pierres.

2. On peut aussi trouver quelquefois des pierres à la surface du sol, sans qu'elles soient recouvertes par de la terre, ou par des plantes; c'est ce qui arrive surtout sur les pentes des montagnes ou de certains coteaux, et aussi au bord des torrents où l'eau a entraîné toute la terre. Ces grosses masses qu'on aperçoit sans avoir besoin de creuser le sol sont ce qu'on appelle des *rochers* (fig. 213).

Fig. 213. — Les rochers sont de grosses masses de pierre qu'on voit sans creuser le sol.

3. D'une manière générale, quand une même sorte de pierre est en grande masse, on l'appelle *roche*.

134. Carrières. — La plupart des pierres nous sont utiles : les pierres de taille servent à construire les maisons, les cailloux durs sont employés pour empierrer les routes, d'autres pour faire des pavés, etc. Quand on ne trouve pas naturellement, à la surface du sol, les roches dont on veut se servir, on creuse la terre pour aller les chercher au-dessous; on fait de grandes tranchées. Ces endroits où l'on coupe et où l'on creuse le sol pour en retirer des pierres s'appellent des *carrières* (fig. 214). C'est dans les carrières qu'il faut aller pour voir comment les roches sont disposées et pour en prendre des morceaux afin de les étudier.

135. Diverses sortes de pierres; la craie et la pierre à fusil. Prenons un morceau de craie, comme celui

---

2. Trouve-t-on quelquefois des pierres à la surface du sol ? Qu'appelle-t-on rochers ? — 3. Qu'est-ce qu'une roche ?

134. — A quoi les pierres sont-elles utiles ? Qu'est-ce qu'une carrière ?

135. — 1. A quels caractères reconnaît-on la craie tout d'abord ?

LES PIERRES.

qui sert à écrire sur le tableau, et un morceau de pierre à fusil comme celui des briquets employés quelquefois par les fumeurs. Examinons-les et voyons par quoi ces deux pierres sont différentes.

1. Prenons d'abord le morceau de craie; c'est une roche blanche qui se casse facilement et on sait que si nous la frottons contre une table, elle la marque en blanc. On peut la rayer avec un couteau.

Fig. 214. — Carrière d'où l'on retire les pierres.

2. Prenons maintenant un gros morceau de pierre à fusil (fig. 215). A l'endroit où elle est cassée en creux arrondis, séparés par des lignes coupantes, on voit que cette pierre est grise ou presque noire; on ne peut pas la briser entre les mains, comme la craie, ni la rayer avec un couteau. Si on la frappe en la frottant violemment contre un morceau d'acier, on voit jaillir des étincelles et, quand elle vient d'être frappée, elle a une odeur particulière.

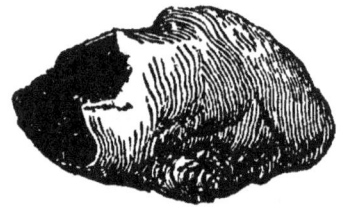

Fig. 215. — Morceau de pierre à fusil ou silex, montrant à gauche la forme de sa cassure.

On l'appelle pierre à fusil, parce qu'autrefois c'est en frappant un morceau de cette pierre qu'on mettait le feu à la poudre des fusils.

3. On peut encore trouver d'autres caractères pour distinguer la craie et la pierre à fusil. Versons un peu de vinaigre ou d'acide sur un morceau de craie; nous verrons se produire un grand nombre de petites bulles de gaz (fig. 216)

---

2. A quels caractères reconnaît-on la pierre à fusil ? Pourquoi l'appelle-t-on pierre à fusil ? — 3 Peut-on distinguer la pierre à fusil de la craie par l'emploi d'un acide ?

comme en forment l'eau de selz ou la limonade gazeuse. Versons maintenant de l'acide sur le morceau de pierre à fusil, on ne verra aucun bouillonnement se produire et il ne se formera pas de bulles.

Fig. 216.— Quand on verse un acide sur de la craie, on voit se former de nombreuses bulles.

4. En résumé, la *craie* se casse irrégulièrement; elle se raye avec un couteau et même avec l'ongle; elle marque en blanc; elle bouillonne si l'on y verse un acide.

5. La *pierre à fusil* est cassée en creux arrondis séparés par des lignes coupantes; elle ne peut pas se rayer avec un couteau, elle ne marque pas en blanc et ne bouillonne pas avec les acides. Frappée avec un morceau d'acier, elle produit des étincelles.

136. Autres pierres qui ressemblent à la craie; pierres calcaires. — 1. Prenons maintenant ce morceau de pierre à bâtir de Paris (fig. 217), ce n'est pas de la craie, car cette pierre est bien plus dure et ne pourrait pas servir à écrire en blanc sur un tableau noir. Cependant elle présente plusieurs ressemblances avec la craie; elle peut aussi se rayer avec un couteau, et, si l'on y verse quelques gouttes d'acide, on voit la pierre bouillonner comme la craie. Ce morceau de marbre (voyez fig. 219) peut aussi se rayer avec un couteau et bouillonne si on y verse de l'acide. La craie, la pierre à bâtir, le marbre sont des *pierres calcaires*.

Fig. 217. — Fragment d'une pierre de taille de Paris.

---

4. En somme, quels sont les caractères de la craie ? — 5. Quels sont les caractères de la pierre à fusil ?

136. — 1. Y a-t-il d'autres pierres que la craie qui peuvent être rayées au couteau et qui bouillonnent avec les acides ? Citez en quelques-unes

2. Nous appellerons pierres calcaires, toutes les pierres qui sont rayées par un couteau d'acier et qui bouillonnent lorsqu'on y verse un acide.

137. Diverses sortes de pierres calcaires ; pierres à bâtir. — 1. Nous venons de voir que toutes les pierres calcaires ne se ressemblent pas. Parlons d'abord de la *pierre à bâtir* dont nous venons d'examiner un morceau. C'est, comme on nous l'indique, une pierre de construction. La plupart des murailles sont bâties avec ces pierres calcaires dans beaucoup de pays; comme les pierres calcaires se laissent entamer par un couteau, elles peuvent facilement se tailler en morceaux (*moellons*) ou se scier de manière à former de belles pierres qu'on peut ensuite retailler ou sculpter pour construire la façade des maisons; on les appelle alors des *pierres de taille*.

2. Pour retirer du sol la pierre à bâtir, on fait des carrières (fig. 214) ou quelquefois des galeries souterraines. Quand la pierre à bâtir se trouve à une assez grande profondeur dans le sol, on fait quelquefois un puits pour retirer les pierres des galeries, au lieu de faire une carrière à ciel ouvert, ce qui perdrait beaucoup de terrain pour la culture. On attache alors de grosses pierres de taille à une corde et on fait monter la corde à l'aide d'une grande roue. Ce sont ces roues (fig. 218) qu'on voit encore dans les champs près de Paris.

Fig. 218. — Roue pour l'extraction des pierres de taille aux environs de Paris. L'ouvrier en montant en A, fait tourner la roue dans le sens qu'indique la flèche.

138. Craie. — 1. La *craie*, nous le savons déjà, se dis-

---

2. Quels sont donc les caractères généraux des pierres calcaires ?

137. — 1. Qu'est-ce que la pierre à bâtir ? Qu'appelle-t-on moellons ? Qu'appelle-t-on pierres de taille ? — 2. Comment exploite-t-on les pierres de taille ? Comment retire-t-on les pierres par les puits des carrières ?

138. — 1. Quels sont les caractères de la craie ? A quoi sert la craie ? Comment fabrique-t-on le blanc d'Espagne ?

tingue des autres calcaires parce qu'elle est très peu dure, on peut la rayer même avec l'ongle. Elle est le plus souvent blanche, mais il y a des craies grises, bleuâtres ou vertes. On exploite la craie dans des carrières, comme la pierre à bâtir. C'est avec la craie qu'on fabrique le *blanc d'Espagne* employé pour faire briller l'argenterie et en général les objets en métal, même les plus délicats. Pour faire le blanc d'Espagne, on écrase la craie sous des meules pour la réduire en poudre, on mélange cette poudre avec de l'eau, on la pétrit en forme de petits pains et on la fait sécher.

2. Pour tailler les bâtons de craie qui servent à écrire sur le tableau noir, on choisit les parties de la roche à la fois blanches et assez résistantes qui contiennent le moins de petits morceaux de silex. Cependant il se trouve quelquefois dans les bâtons de craie quelques-uns de ces petits fragments de silex; on sait quel cri désagréable on entend alors quand ce petit morceau dur vient à frotter sur le tableau.

139. Marbres. — 1. Essayons de polir un morceau de craie, nous ne pourrons pas arriver à obtenir une surface unie et luisante; il n'est pas possible non plus de polir un morceau de pierre à bâtir. Mais il y a des calcaires qui peuvent très bien se polir et donner une belle surface luisante : ce sont les marbres.

Ainsi on donne le nom de *marbres* aux calcaires qui sont assez durs et qui peuvent être polis.

2. Beaucoup de marbres présentent comme celui-ci (fig. 219) des veines et des dessins blancs sur un fond gris; on les emploie le plus souvent pour faire des cheminées ou pour faire des plaques dont on recouvre certains meubles, tels que les commodes, les poêles. D'autres marbres, plus beaux et plus précieux ont toutes sortes de couleurs et sont utilisés

Fig. 219. — Morceau de marbre.

---

2. Comment fabrique-t-on les bâtons de craie ?
139. — 1. A quoi reconnaît-on un marbre ? — 2. Quels sont les divers usages des marbres ?

dans la décoration des monuments publics; d'autres, complètement blancs, servent à faire des statues.

140. Pierres lithographiques. — On se sert d'un calcaire, dur, d'une couleur gris jaunâtre, pour faire les *pierres lithographiques* qui sont employées pour les gravures sur pierres. On dessine sur la pierre avec un crayon composé de suif et de noir de fumée; ensuite on attaque la pierre avec un liquide acide. Toute la pierre se creuse excepté aux endroits où on a dessiné avec le crayon gras; de sorte que le dessin ressort en relief sur un fond creux. On le recouvre alors avec de l'encre d'imprimerie, puis avec une presse on appuie une feuille de papier sur la pierre; on remet de l'encre, on appuie une autre feuille de papier et ainsi de suite : on peut reproduire ainsi un très grand nombre d'exemplaires du même dessin.

141 Usage général des pierres calcaires; chaux, mortier. — 1. Les différentes pierres qui servent à construire un mur, sont fixées les unes aux autres au moyen d'une pâte molle qui durcit et devient très solide en séchant. C'est ce qu'on appelle le *mortier*.

2. Pour faire du mortier on emploie du sable et de la *chaux*.

3. Presque toutes les pierres calcaires qui sont bien pures, peuvent servir de pierres à chaux. La fabrication de la chaux est très simple.

Fig. 220 — Four à chaux. O, ouverture pour retirer la chaux après la cuisson. F, ouverture du foyer.

On chauffe les pierres calcaires dans des fours construits le plus souvent en briques (fig. 220). Pour remplir le four, on

---

140. — Qu'est-ce que les pierres lithographiques ? Comment s'en sert-on pour graver sur pierre ?

141. — 1. Qu'est-ce que le mortier ? — 2. Qu'emploie-t-on pour faire un mortier ? — 3. Comment fait-on la chaux vive ?

construit avec des pierres calcaires une sorte de voûte, au-dessus de l'endroit où l'on brûle du bois ou du charbon; on achève de remplir le four avec les pierres, et on allume. Quand la cuisson est achevée on retire toutes ces pierres: ce n'est plus du calcaire c'est de la *chaux vive*. Il faut se garder de toucher la chaux vive avec les doigts, elle les brûlerait très dangereusement.

4. Lorsqu'on regarde des ouvriers faisant du mortier, on voit qu'ils forment une sorte de bassin avec du sable; ils y mettent ensuite de la chaux vive sur laquelle ils versent peu à peu de l'eau. On a alors de la *chaux éteinte* qui forme une pâte laiteuse que les ouvriers mêlent avec du sable. C'est le mortier.

5. On fait toujours le mortier peu de temps avant le moment où l'on veut l'employer parce qu'il durcit à l'air; quand il est encore en pâte on l'étend entre les pierres, puis lorsqu'il a durci à l'air, les pierres se trouvent solidement ajustées ensemble.

RÉSUMÉ.

132 à 134. Les pierres. — Les pierres ou *minéraux* ne changent pas de forme quand on les abandonne à eux-mêmes. Les minéraux n'ont besoin ni de nourriture, ni d'air ni d'eau.

Le sol est formé de pierres, on le creuse pour retirer celles qui nous sont utiles. Les creux qu'on fait dans le sol pour exploiter les pierres s'appellent des carrières. Les rochers sont les pierres assez grosses qu'on voit à la surface du sol.

135 à 140. Diverses sortes de pierres. — **Pierres calcaires.** — Toutes les pierres ne se ressemblent pas, c'est ainsi que la craie et la pierre à fusil présentent des caractères très différents. La craie peut être rayée au couteau et elle bouillonne quand on y verse un acide; la pierre à fusil ne présente pas ces caractères. Toutes les pierres qui bouillonnent quand on y verse un acide et qui sont rayées au couteau s'appellent des *pierres calcaires*.

---

4. Comment fait-on la chaux éteinte ? Et le mortier ? — 5. Peut-on faire le mortier longtemps avant de s'en servir ? Pourquoi ne peut-on pas?

Il y a diverses sortes de pierres calcaires : la craie qui peut se rayer à l'ongle, la pierre à bâtir qui est plus compacte et dure au toucher, les marbres qui sont durs mais qui peuvent être polis.

La craie sert à faire des bâtons pour écrire au tableau et du blanc d'Espagne pour nettoyer les métaux. La pierre à bâtir sert à faire les moellons et les pierres de taille, pour construire les maisons. Les marbres servent pour les cheminées, pour placer sur les meubles ou pour faire des statues (marbre blanc). Une sorte de marbre gris jaunâtre est la pierre lithographique qui est employée pour graver.

141. Usage général des pierres calcaires. — En dehors de ces usages particuliers, tous les calcaires, pourvu qu'ils soient assez purs, peuvent servir à faire de la chaux et par suite du mortier.

La chaux vive s'obtient en faisant cuire le calcaire dans des fours en briques. Le mortier se fait en mélangeant avec du sable de la chaux vive qu'on a éteint avec de l'eau. Le mortier doit être fait peu de temps avant le moment ou on doit s'en servir.

DIX-NEUVIÈME LEÇON.

Pierre à plâtre. — Argile et Poteries.

142. Pierre à plâtre. — 1. Prenons le morceau de pierre à bâtir que nous avons examiné dans la leçon précédente. Voici un autre morceau de pierre qui lui ressemble beaucoup mais ce n'est pas une pierre calcaire. En effet, versons sur cette pierre quelques gouttes d'acide, il ne se produit pas de bouillonnement comme avec la pierre à bâtir. Ce n'est donc pas une pierre calcaire.

2. De plus, la pierre à bâtir ne peut pas se rayer avec l'ongle tandis que ce morceau de pierre se raye facilement à l'ongle.

3. Cette pierre qui ne produit pas de bouillonnement avec

---

142. — 1. La pierre à plâtre produit-elle un bouillonnement avec les acides ? — 2. Peut-on la rayer avec l'ongle ? — 3. Pourquoi l'appelle-t-on pierre à plâtre ?

un acide et qui se raye à l'ongle s'appelle *pierre à plâtre* parce que c'est avec cette roche qu'on fabrique le plâtre dont on se sert pour donner aux murs et aux plafonds une surface unie.

Fig. 221. — Cristal de pierre à plâtre, en forme de fer de lance.

4. Quelquefois la pierre à plâtre se présente sous la forme de cristaux en forme de fer de lance (fig. 221) qui sont transparents comme du verre. Avec un canif ou avec les doigts on peut la séparer en minces feuillets. Ce cristal se raye à l'ongle et l'acide n'a pas d'action sur lui, c'est donc bien encore une pierre à plâtre.

143. Plâtre. — 1. Prenons une lamelle de ce cristal en fer de lance, chauffons-là au-dessus d'une lampe à esprit-de-vin, nous pourrons apercevoir une petite fumée au-dessus de la lamelle; c'est de l'eau qui s'en échappe, en même temps la lamelle perd sa transparence et peut facilement se réduire en une poudre blanche : c'est du *plâtre*.

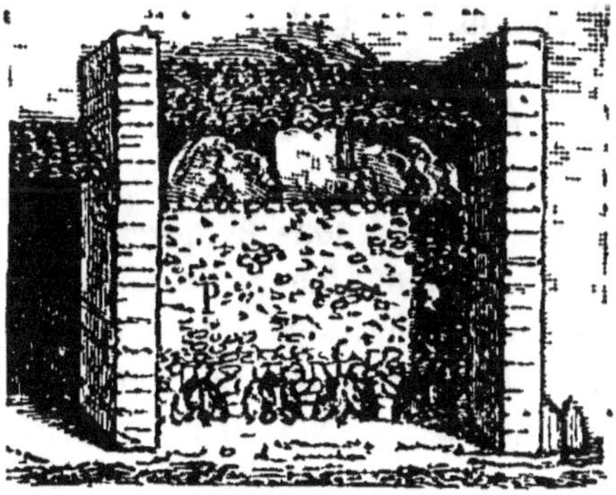

2. Ainsi le plâtre s'obtient en chauffant de la pierre à plâtre qu'on place en morceaux dans des fours (fig. 222). Il ne faut pas chauffer trop fort pour que le plâtre soit bon, il suffit que les morceaux de pierre à plâtre soient un peu plus chauds que de l'eau bouillante.

Fig. 222 — Four à plâtre. F F F F, foyers. P P, pierre a plâtre.

3. Une fois que le plâtre est cuit, on le brise en poudre sous des meules, puis on met cette poudre dans des sacs que l'on conserve dans des endroits bien secs.

---

4. Peut on trouver la pierre a plâtre en cristaux ?
143. — 1. Si on chauffe une lamelle de cristal en fer de lance que se passe-t-il ? — 2 Comment s'obtient le plâtre ? — 3. Que fait-on du plâtre en morceaux qu'on retire du four ?

144. Emploi du plâtre. — 1. Pourquoi faut-il conserver le plâtre dans des endroits bien secs? C'est qu'il durcirait en absorbant l'humidité de l'air. En effet, le plâtre durcit, *fait prise*, comme on dit, lorsqu'on le mêle avec de l'eau, de même que le mortier fait prise quand on le laisse à l'air.

2. Seulement, tandis que le mortier ne fait prise qu'au bout d'un certain temps, le plâtre que l'on mêle avec l'eau fait prise tout de suite.

3. Gâcher du plâtre, c'est mêler le plâtre en poudre avec de l'eau; on ne gâche le plâtre que par petites quantités à mesure qu'on en a besoin, parce que, comme on vient de le dire, la pâte ainsi formée durcit très vite.

4. Pour faire les statues de plâtre, on emploie un plâtre beaucoup plus pur et plus blanc qu'on obtient en chauffant les cristaux en forme de fer de lance (fig. 221). Si on veut mouler une statuette, on fait une bouillie de ce plâtre très blanc avec de l'eau, puis on verse la pâte dans un moule qui présente en creux ce qui doit apparaître en relief. Une fois que le plâtre a durci, on sépare les différentes parties du moule et on retire la statuette (fig. 223). On peut

Fig. 223. — Statue en plâtre et moule qui a servi à la faire.

ainsi avoir, à très bon marché, les reproductions des plus belles sculptures de marbre.

145. Argile. — Si nous allons dans un endroit où l'on fabrique des poteries ou des briques, nous verrons des carrières d'où l'on retire la terre de l'*argile*. En voici un mor-

---

144. — 1. Pourquoi conserver le plâtre dans un endroit bien sec? — Que veut dire: le plâtre fait prise avec de l'eau? — 2 Fait-il prise très vite? — 3 Qu'est-ce que gâcher du plâtre? — 4 Comment fait-on les statues de plâtre? — Quel plâtre emploie-t-on?

145. — Qu'est-ce que l'argile? — Quels sont ses caractères?

ceau : voyons en quoi elle diffère de toutes les pierres que nous avons étudiées jusqu'à présent.

D'abord on peut remarquer que l'argile est douce à toucher; elle est tendre et molle et se raye avec l'ongle plus facilement encore que la craie ou la pierre à plâtre. Si on en coupe un morceau avec un couteau et qu'on place la partie coupée sur la langue, elle s'y colle très fortement. L'argile fait pâte avec l'eau et peut se pétrir entre les doigts. Enfin, un liquide acide n'y produit pas de bouillonnement.

146. Briques. — 1. Si on chauffe fortement ce morceau d'argile, il change complètement. Voici ce qu'il va devenir : un morceau de *brique*; il n'est plus doux à toucher, mais, au contraire très dur; l'eau ne peut plus se mêler avec lui, et on ne peut le pétrir.

2. Ce sont les argiles les moins pures qui servent à faire des briques; on les appelle *terre à brique*.

Fig. 224. — Four où l'on cuit les briques.

3. Pour faire les briques, on les taille dans la terre argileuse humide, puis on les fait sécher, souvent après les avoir battues; une fois qu'elles sont sèches on les cuit dans des fourneaux (fig. 224).

4. Dans les pays où il n'y a pas de pierre à bâtir mais où le sol est argileux, comme dans presque tout le département du Nord, on construit les maisons avec des briques. D'ailleurs on construit souvent des maisons en briques ou à la fois en pierres à bâtir et en briques dans tous les pays, car les briques sont d'excellents matériaux de construction.

---

146. — 1. Si l'on chauffe fortement un morceau d'argile, que devient-il ? — 2. Comment appelle-t-on les argiles qui servent à faire des briques ? — Sont-elles très pures ? — 3. Comment fait-on les briques ? — 4. A quoi servent les briques ?

ARGILE ET POTERIES.

147. Poteries. — 1. Pour les poteries, on ne peut pas se servir des argiles les plus grossières, il faut qu'elles soient assez fines.

2. Pour faire les poteries, on mélange d'abord l'argile avec de l'eau, on fait ainsi une pâte à laquelle l'ouvrier donne rapidement une forme régulière au moyen d'un appareil très simple, le *tour à potier*.

3. Ce tour (fig. 225) se compose d'une table ronde sur laquelle est placée la pâte argileuse. Le pied de cette table est formé par une tige de fer portant en bas un plateau rond, en bois. L'ouvrier fait tourner ce plateau avec le pied, et par suite la table entière tourne sur elle-même avec la pâte qui est dessus. Le potier plonge alors dans l'argile le pouce, qui y forme un creux régulier, et s'y enfonce tandis que les autres doigts et l'autre main tout entière sont appliqués à l'extérieur de la pate. En un instant la poterie prend sa forme, les parois du vase s'amincissent, se façonnent et s'ornent de différentes moulures.

Fig. 225. — Tour à potier. Ouvrier occupé à modeler une pièce.

4. Quand on a fini de mouler la pièce au tour, on la laisse sécher à l'air, puis on la plonge dans une sorte de bouillie composée de minerai de plomb et d'eau. On place alors les poteries dans un fourneau ; l'argile se cuit, devient très dure, tandis que l'enduit de plomb forme à la surface une sorte de vernis jaune et brillant comme du verre.

148. Faïence. — La *faïence* est blanche ; mais si on en casse un morceau (fig. 227), on voit qu'elle est jaune, rouge

---

147. — 1. Peut-on se servir d'argile très grossière pour faire des poteries ? — 2. Comment fait-on la pâte ? — 3. Décrivez le tour à potier ? Comment s'en sert-on ? — 4. Comment achève-t-on la pièce de poterie ?

148. — Quels sont les caractères de la faïence ? — Avec quoi la fabrique-t-on ?

ou grise en dedans. La faïence se fait comme les poteries, seulement on cache la couleur de la poterie par une épaisse couche de vernis blanc à l'étain. C'est ainsi que se fabrique un grand nombre des objets de vaisselle qu'on emploie ordinairement.

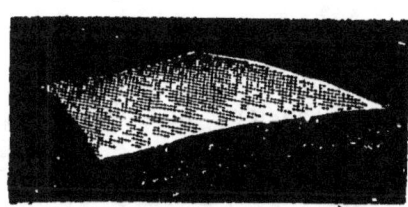

Fig. 226. — Morceau de faïence.

149. Porcelaine. — **1.** La *porcelaine* est la plus belle des poteries; on la reconnaît à sa finesse et aussi à ce qu'elle laisse passer la lumière si l'épaisseur n'est pas trop grande. Un fragment cassé de porcelaine montre une cassure lisse et blanche au milieu comme sur les bords (fig. 227).

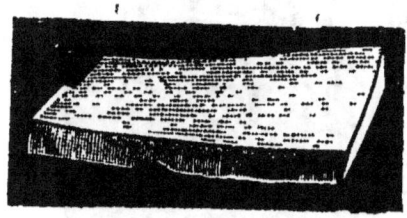

Fig. 227. — Morceau de porcelaine.

2. La terre à porcelaine est une argile blanche très pure qu'on trouve rarement. La plus employée en France provient des environs de Limoges, c'est celle dont on se sert à la manufacture de porcelaines établie à Sèvres près de Paris, par le gouvernement.

3. La porcelaine se fabrique à peu près comme les autres poteries, mais elle doit être faite avec plus de délicatesse et être cuite avec plus de soin. Pour cuire les pièces de porcelaine, on les enferme dans des vases en poteries très résistantes au feu, qui les protègent contre la violence de la chaleur. A la manufacture de Sèvres, on cuit la porcelaine dans des fours à trois étages, tels que celui représenté par la figure 228.

150. Mélanges naturels d'argile et de calcaires. — — Marnes. — **1.** Voici un morceau d'une roche

---

149. — 1. Quels sont les caractères de la porcelaine ? — 2. Avec quoi la fabrique-t-on ? — Où trouve-t-on la terre à porcelaine ? — 3. Comment se fabrique la porcelaine ?

150. — 1 Quels sont les caractères de la marne ?

qu'on trouve souvent dans le sol et qu'on appelle de la *marne.* Versons sur ce morceau quelques gouttes d'acide, il y a un bouillonnement, c'est un caractère des calcaires. Mais cependant la marne peut se délayer dans l'eau, elle colle à la langue elle est tendre et se raye facilement comme l'argile.

2. La marne est un mélange naturel de calcaire et d'argile. On se sert des marnes en agriculture. Souvent on les mélange à la terre végétale pour lui donner de meilleures qualités ; c'est ce qu'on appelle marner les terres.

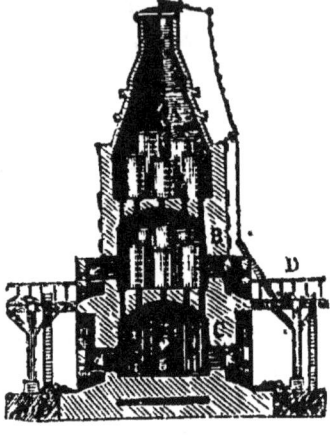

Fig. 228. — Four à porcelaine. A, cheminée du four. BC, parois du four. D, plancher du premier étage.

151. Chaux hydraulique. Ciment. — 1. La chaux ordinaire est fabriquée avec des pierres tout à fait calcaires, mais si l'on cuit certaines pierres calcaires mêlées d'argile on obtient une sorte de chaux appelée *chaux hydraulique* qui a l'avantage de durcir dans l'eau. On s'en sert pour faire un mortier employé lorsqu'on construit les piles des ponts, les citernes, etc.

2. *Le ciment* est une variété de chaux hydraulique qu'on emploie quelquefois dans les constructions ordinaires. On est parvenu à fabriquer artificiellement du ciment en chauffant ensemble des mélanges de craie et d'argile.

RÉSUMÉ

142 à 144. — Pierre à plâtre, plâtre. — La pierre à plâtre ne bouillonne pas avec les acides et on peut la rayer à l'ongle. On la trouve quelquefois en cristaux ayant la forme de fer de lance.

---

2. Qu'est-ce que la marne ? — A quoi sert-elle en agriculture ?
151. — 1. Qu'est-ce que la chaux hydraulique ? — A quoi sert-elle ? — 2. Qu'est-ce que le ciment ?

On cuit la pierre à plâtre dans des fours pour faire le plâtre qu'on réduit en poudre. Le plâtre délayé avec l'eau durcit très vite. On l'emploie surtout dans les constructions. Le plâtre fin sert à faire des statues.

145, 146. — Argile, briques. — L'argile se reconnaît à ce qu'elle est douce au toucher ; elle se raye à l'ongle et fait pâte avec l'eau.

Si on la chauffe très fortement elle devient dure ; c'est de la brique. Les briques sont très employées dans les constructions.

147 à 149. — Poteries, faïences, porcelaine. — Les argiles moins grossières que la terre à brique servent à faire des poteries. La faïence se fait comme les poteries ordinaires ; mais on cache la couleur de la poterie par une couche épaisse de vernis blanc.

La porcelaine a la cassure entièrement blanche. On la fabrique avec de l'argile très pure.

150, 151. — Marnes, ciment. — Les marnes sont des mélanges naturels d'argile et de calcaire. La chaux hydraulique et le ciment s'obtiennent en chauffant des mélanges naturels ou artificiels d'argile et de calcaire. On les emploie dans les constructions.

VINGTIÈME LEÇON.

Pierres siliceuses. — La terre végétale.

152. Pierres siliceuses. — 1. Nous avons déjà examiné un morceau de *pierre à fusil* en *silex* (Voyez fig. 215). Toutes les roches qui, comme le silex, sont dures, ne peuvent pas se rayer au couteau et donnent des étincelles si on les frappe fortement avec du fer, sont des *pierres siliceuses* ; les acides n'y produisent aucun bouillonnement, et on ne peut les casser qu'à coups de marteau.

2. La pierre à fusil, dont nous avons déjà parlé ; la *meulière*, roche dure, ordinairement remplie de petits creux, qui sert quelquefois à faire des meules, le *cristal de roche*, cristaux en aiguilles transparentes (fig. 229) ; le *sable*, composé

---

152. — 1. Quels sont les caractères des pierres siliceuses ? — 2. Citez des pierres siliceuses.

PIERRES SILICEUSES. 179

d'une masse de petits grains très durs, sont des pierres siliceuses.

Fig. 220. — Morceaux de cristal de roche.

3. Dans les pays où l'on en trouve dans le sol, on emploie des *meulières* pour construire les fondations des maisons ou toutes les parties des murailles qui touchent le sol, parce que c'est une pierre qui résiste très bien à l'humidité.

4. Le cristal de roche est utilisé en bijouterie. Quant au *sable*, nous avons vu qu'il sert à faire du mortier; on l'emploie aussi pour sabler les allées de jardin, s'il est à gros grains; enfin on l'utilise pour fabriquer du verre (§ 361).

153. Grès. — 1. Voici un morceau de pavé (fig. 230) qu'on reconnaît tout de suite pour n'être pas l'une des pier-

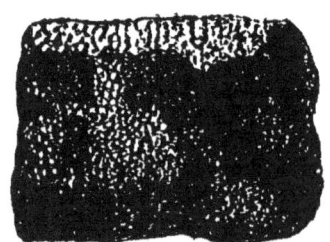

Fig. 230. — Pierre siliceuse, morceau de pavé.

---

3. À quoi emploie-t-on les meulières ? — 4. Quels sont les usages du sable ? du cristal de roche ?
153. — 1. Quels sont les caractères du grès ?

res siliceuses dont nous venons de parler. Ces pavés sont bien des roches siliceuses, car on voit souvent les étincelles jaillir sous les pieds des chevaux quand ils frappent les pavés avec leurs fers. Ce morceau de pavé est ce qu'on nomme du *grès siliceux*. Prenons ce morceau de grès et examinons-le de très près, même avec une loupe, s'il le faut. Nous verrons que c'est une roche formée par de petits grains de sable soudés comme par une sorte de ciment. C'est là le caractère du grès.

2. Dans le grès siliceux, comme ce morceau de pavé, les grains de sable sont réunis entre eux par un ciment dur, siliceux ; mais quelquefois les grains de sable sont réunis par un ciment calcaire : c'est alors du *grès calcaire*.

3. Les grès durs servent à faire des pavés ou des meules, comme celles dont se servent habituellement les rémouleurs. Les grès plus tendres sont employés comme pierres de construction. Beaucoup de villes et de villages d'Alsace sont entièrement bâtis en grès.

151. Granit. — 1. Voici un morceau d'une pierre qui est encore très différente de toutes celles que nous avons étudiées. On l'appelle *granit* (fig. 231). Regardons-le avec attention ; nous voyons qu'il est composé de plusieurs parties qui ont chacune une couleur et un éclat différents.

Fig. 231. — Morceau de granit

Toutes ces parties sont des cristaux ; il y en a de trois sortes :

1° Les petits cristaux brillants, blancs ou noirs, qui se séparent en fines lamelles avec le canif : c'est le *mica* ;

2° D'autres cristaux sans couleur et très durs, qui ne se rayent pas au canif ; ils sont formés par du *cristal de roche*, dont nous avons déjà vu de gros cristaux (fig. 229) ;

3° Des cristaux d'un rose ou d'un blanc mat, qui réunissent

---

2. Quelle différence y a-t-il entre un grès siliceux et un grès calcaire ?
3. Quels sont les usages des grès ?

151. — 1. Le granit est-il formé uniquement de cristaux ? — Comment y reconnaît-on le mica ? le cristal de roche ? le feldspath ?

LES PIERRES SILICEUSES. 181

le mica et le cristal de roche : ce sont des cristaux de *feldspath*.

2. Ainsi le granit se compose uniquement de cristaux réunis : ce sont principalement le mica, le cristal de roche et le feldspath.

3. Le granit se trouve surtout en Bretagne, en Auvergne, dans les Pyrénées et dans les Alpes. Dans ces pays on l'emploie comme pierre de construction, bien qu'il soit assez difficile à tailler. On s'en sert aussi pour faire des dalles et des bordures de trottoirs à Paris et dans un grand nombre de villes.

155. Porphyre. — 1. Le *porphyre* est une sorte de roche très semblable au granit ; il est formé aussi de mica, de

Fig. 232 — Morceau de porphyre

cristal de roche et de feldspath ; mais les cristaux sont comme plongés au milieu d'une pâte très dure qui les réunit les uns aux autres (fig. 232).

2. On se sert des porphyres, comme des granits, pour orner et décorer les édifices ou pour construire des colonnes. Un porphyre bleuâtre, dur, qu'on trouve en Belgique, est très em-

---

2. De quoi se compose le granit ? — 3. Où trouve-t-on le granit ? A quoi l'emploie-t-on ?

155. — 1. Qu'est-ce que le porphyre ? — 2 A quoi emploie-t-on le porphyre ?

ployé pour empierrer les routes à Paris et dans le nord de la France.

156. Schistes, ardoises. — 1. Les *schistes* (fig. 233)

Fig. 233. — Morceau de schiste.

sont des roches qui peuvent facilement se diviser en feuillets. Les uns renferment de nombreux cristaux, comme le granit ; d'autres sont argileux, comme l'*ardoise* qu'on emploie pour couvrir les toits.

2. On trouve aussi des schistes argileux qui sont pénétrés de matières bitumineuses. On en retire par distillation le pétrole ou *huile de schiste*.

157. La terre végétale ; de quoi elle se compose — 1. Ordinairement, à la surface du sol, on ne rencontre pas directement la roche ; autour des racines des plantes, on trouve

Fig. 234. — Coupe de terrain en haut d'une carrière, montrant la terre végétale. Au-dessous, la roche en morceaux, et plus bas la roche sans altération.

ce qu'on nomme la *terre végétale* (fig. 234), composée de nombreux petits fragments de pierres ou d'argile mêlés à des débris de végétaux.

---

156 — 1. Qu'est-ce qu'un schiste ? — Citez un exemple connu.
2. D'où retire-t-on l'huile de schiste ?
157. — 1. Qu'est-ce que la terre végétale ?

LES PIERRES SILICEUSES.   183

2. Voyons de quoi se compose la terre végétale. Examinons comment on peut reconnaître les diverses parties qui la forment. Les débris de plantes qui s'y trouvent peuvent se voir ordinairement au premier coup d'œil; c'est la partie de la terre végétale qui se nomme le *terreau*.

3. Prenons maintenant un peu de terre végétale dans un champ, mettons-la dans un verre à moitié rempli d'eau. Agitons le verre doucement : l'eau restera trouble, tandis qu'il se formera un dépôt au fond du verre (D, fig. 235). Versons alors l'eau trouble dans un second verre et laissons-la se déposer lentement. Examinons avec soin le dépôt formé au fond du premier verre; nous y trouverons de petits grains durs, c'est du *sable*.

4. Prenons maintenant le second verre, où l'eau a formé un dépôt beaucoup plus fin que dans le premier. Versons de l'acide sur ce dépôt; il se produit un bouillonnement, donc il contient du *calcaire*.

Fig. 235. — Dépôt d'argile formé en D par de l'eau troublée par de la terre.

5. Continuons encore à faire agir l'acide jusqu'à ce qu'il ne se produise plus une seule bulle ; enlevons le liquide acide et laissons sécher ce qui reste du dépôt. Ce reste, une fois desséché, colle contre la langue et peut se pétrir avec de l'eau : c'est de l'*argile*.

6. C'est ainsi que nous avons pu distinguer successivement les diverses parties de la terre végétale : le terreau, le sable, le calcaire et l'argile. On a reconnu que la terre végétale la meilleure pour l'agriculture doit contenir à peu près la *moitié de son poids de sable, un quart d'argile et le dernier quart de calcaire et de terreau*.

158. Diverses sortes de terres végétales ; com-

---

2 Qu'est ce que le terreau ? — 3. Comment peut-on montrer le sable que contient la terre végétale ? — 4. Comment peut-on montrer que la terre végétale contient du calcaire ? — 5 Comment peut-on montrer qu'elle renferme de l'argile ? — 6. De quoi se compose une bonne terre végétale ?

ment on peut les rendre meilleures pour la culture. — 1. Les diverses terres végétales naturelles n'ont ordinairement pas cette composition ; il y a des terres très *argileuses*, des *terres fortes* contenant surtout de l'argile et du sable, des *terres sablonneuses* contenant trop de sable, des *terres calcaires* contenant trop de calcaire, et des *terres marécageuses* (fig. 236) contenant trop de terreau.

Fig. 236. — Terre végétale des marais bourbeux.

2. On peut rendre la terre végétale meilleure pour la culture par différents procédés. On peut d'abord chercher à ramener sa composition à celle des meilleures terres naturelles. A une terre trop argileuse, on ajoutera le calcaire qui lui manque ; à une terre trop sablonneuse on ajoutera de l'argile, etc. Corriger ainsi la composition du sol, c'est ce qu'on appelle l'amender. Ce qu'on ajoute à la terre naturelle est appelé *amendement*.

3. Si la terre végétale manque de calcaire, on y ajoute souvent des marnes calcaires, c'est le *marnage* des terres ; ou bien on y ajoute de la chaux qui se transforme en calcaire, en se mêlant à la terre : c'est le *chaulage* des terres (v. § 320).

4. Si la terre végétale manque d'argile, on y mêle quelquefois des masses argileuses, ou encore on y déverse par de petits fossés, au moment des pluies, des eaux troubles chargées d'argile, qui y déposent leur limon.

159. Irrigation et drainage. — 1. Considérons une plante que l'on cultive dans un pot à fleurs. On sait que si on ne l'arrose pas, la plante périra. La terre peut donc être *trop sèche*. Il y a un petit trou au fond de ce pot à fleurs. A quoi sert-il ? Supposons qu'on le bouche. Lorsqu'on

---

158 — 1. Citez diverses terres végétales. — 2. Peut-on améliorer la terre végétale ? — Qu'est-ce qu'un amendement ?
3. Qu'est-ce que le marnage des terres ? le chaulage ? — 4. Comment peut-on ajouter de l'argile à une terre végétale qui en manque ?
159 — 1. Comment la terre d'un pot à fleurs peut-elle être trop sèche ou trop humide ?

arrosera la plante, l'eau ne pourra pas s'écouler, les racines pourriront et la plante mourra. La terre peut donc être *trop humide*. Il faut que l'eau se renouvelle. C'est pour cela que le pot à fleurs est percé d'un trou au fond.

2. On comprend ainsi qu'il ne suffit pas que la terre végétale ait été ramenée par des amendements à une bonne composition : cette terre peut encore être trop sèche ; on l'arrose alors par des canaux dérivés d'une rivière : ce sont des canaux d'*irrigation*.

3. La terre peut aussi être trop humide et retenir l'eau qui ne peut s'écouler ; on la dessèche alors par des tuyaux en poterie placés sous le sol (fig. 237), et qui communiquent les uns avec les autres (fig. 238) et font écouler l'eau dans les parties les plus basses du terrain : c'est ce qu'on nomme des tuyaux de *drainage*.

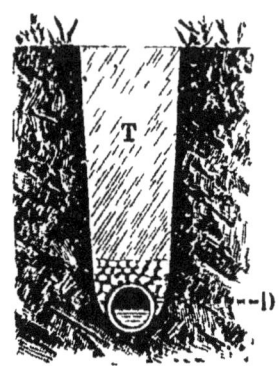

Fig. 237. — Tuyau de drainage placé au fond d'un fossé qu'on a ensuite rempli de terre 1.

Fig. 238. — Collier joignant deux tuyaux de drainage.

160. Engrais. — 1. Enfin, on a reconnu qu'en mêlant à une terre végétale bien composée et bien arrosée, soit du *fumier*, soit certaines substances minérales, on peut augmenter la récolte. Ces substances qu'on ajoute à la terre, afin de la rendre plus nourrissante pour les racines, sont appelées en général des *engrais*.

2. Parmi les engrais minéraux, on peut citer le plâtre pour certaines plantes fourragères, les cendres de bois ou d'herbes

---

2. Comment arrose-t-on les terres trop sèches ? — 3. Comment dessèche-t-on les terres trop humides ?

160. — 1. Qu'appelle-t-on en général engrais ? — 2 Citez des engrais minéraux.

sèches, et surtout le *phosphate*, matière blanche qu'on trouve dans certains terrains, ou qui est quelquefois déposée par les oiseaux en grande quantité sur les côtes de la mer.

RÉSUMÉ

152, 153. Pierres siliceuses. — Les pierres siliceuses se reconnaissent à ce qu'elles ne peuvent pas se rayer avec un couteau et a ce qu'elles font jaillir des étincelles quand on les frappe avec du fer. Elles ne produisent pas de bouillonnement avec les acides.

La pierre à fusil, la meulière, le cristal de roche, le grès, le sable sont des pierres siliceuses

154 à 156. Granit, porphyre, schistes. — Le granit est une roche formée de trois minéraux principaux : mica, cristal de roche et feldspath. On l'emploie comme pierre de construction et pour faire des dalles de trottoir. Le porphyre est composé à peu près des mêmes éléments ; mais les cristaux sont comme plongés dans une pâte dure qui les entoure.

Les schistes sont des roches qui se séparent facilement en lamelles. Les ardoises sont des schistes qu'on emploie pour couvrir les maisons.

157 à 160. Terre végétale ; son amélioration. — Une bonne terre végétale contient à peu près la moitié de son poids de sable, un quart d'argile et le dernier quart de calcaire et de terreau.

On peut améliorer une terre qui manque de calcaire en y ajoutant du calcaire, de la chaux ou de la marne.

Une terre trop sèche est rendue meilleure par l'irrigation, une terre trop humide par le drainage.

On peut améliorer encore une bonne terre végétale en y ajoutant soit du fumier, soit un engrais mineral tel que le phosphate

VINGT ET UNIÈME LEÇON.

Action de l'eau sur les roches. — Terrains de sédiment.

161. Comment l'eau circule dans la nature. — Avant d'étudier comment l'eau agit sur les roches, rappelons-nous comment l'eau circule sans cesse dans la nature.

1. Les *nuages* (*n*) (fig. 239) forment la *pluie* qui tombe sur

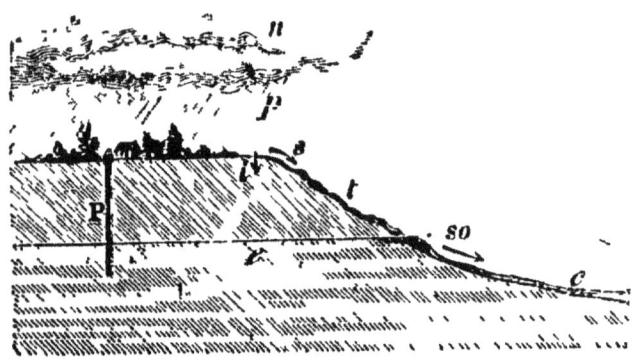

Fig. 239. — Coupe d'un coteau. — *n*, nuage; *p*, pluie; une partie de l'eau s'infiltre dans le sol, une autre partie s'écoule à la surface et forme un torrent *t*; *e*, nappe d'eau d'infiltration; P, puits; *so*, source; *c*, cours d'eau.

les coteaux. Une partie de cette pluie s'écoule par les *torrents* (*t*), une autre entre dans le sol (*i*) ; cette dernière forme *l'eau d'infiltration* (*e*), dont on peut montrer l'existence par les puits (P).

2. Une portion de cette eau d'infiltration, trouvant des ouvertures à la base des collines, forme les *sources* (*so*) : les sources donnent naissance aux *cours d'eau* (*c*). L'eau circule alors rapidement à la surface des terres par les cours d'eau et très lentement au fond des vallées en s'infiltrant à travers les roches. Elle arrive ainsi dans la mer.

---

161. — 1. Que devient l'eau de la pluie au moment où elle tombe sur le sol ? — 2. Que devient l'eau d'infiltration ?

3. Enfin, la vapeur évapore l'eau à la surface des mers ; la *vapeur d'eau* entraînée par l'air chaud arrive dans les régions supérieures de l'atmosphère. Là elle se condense en une masse de petites gouttelettes qui forment les nuages.

162. L'eau enlève une partie des roches. — 1. Si l'on a mis sous le jet d'une fontaine une dalle de pierre unie, un peu inclinée, au bout d'un certain temps la pierre aura été usée et détruite à l'endroit où l'eau tombe, et il se sera formé dans la pierre une sorte de rigole. Quand bien même la dalle aurait été taillée dans les pierres les plus dures, avec le temps l'eau finira par la ronger. C'est ainsi que les eaux de la pluie, des torrents et des cours d'eau, et l'eau de la mer, agitée par le vent et venant battre les côtes, enlèvent à chaque instant une partie des roches et les entraînent avec elles.

2. Les pierres et les terrains continuellement rongés et entraînés par l'eau qui circule dans la nature, se creusent là où il y a le plus d'eau, et restent au contraire presque intacts là où l'eau circule moins souvent. C'est de cette manière qu'à la longue, les coteaux s'abaissent peu à peu et les vallées se creusent de plus en plus. C'est ainsi que les mouvements des vagues, en démolissant les côtes et en faisant écrouler les roches, changent très lentement la forme des continents ou des îles.

163. Dépôts formés par les torrents et les cours d'eau. — 1. Les torrents ou les cours d'eau très rapides entraînent des pierres en grande quantité. Les pierres dures, comme le silex ou le granit, sont roulées par les eaux et forment les *galets* qui se déposent çà et là dans les torrents ou sur les bords des rivières rapides. Là où le courant est moins violent, les parties plus fines des roches qui ont été entraînées par les eaux se déposent aussi : c'est le *sable* et le *limon*; le limon est de l'argile en toutes petites particules.

---

3. Comment l'eau de la mer forme-t-elle des nuages ?

162 — 1 Que se passe-t-il lorsqu'on lave longtemps une dalle sous le jet d'une fontaine ? — 2 Quelle est l'action de l'eau sur les pierres et les terrains ?

163. — 1. Quelles sont les diverses parties du sol entraînées par les torrents ou les cours l'eau ? — Qu'est-ce que le limon ?

ACTION DE L'EAU SUR LES ROCHES.   189

2. Lorsque le cours d'eau devient plus tranquille, les petites particules de roches qu'il a emportées se déposent en plus grande quantité et produisent dans les vallées des dépôts abondants donnant d'excellentes terres pour la culture, c'est ce que l'on nomme les *alluvions* du cours d'eau (E, fig. 240).

3. Enfin, si l'on suit un fleuve jusqu'à son embouchure, on peut remarquer qu'à l'entrée du fleuve dans la mer, il se produit des dépôts considérables de limon ou de sable ; ce sont les *barres* qui rendent si difficile la navigation au voisinage des embouchures.

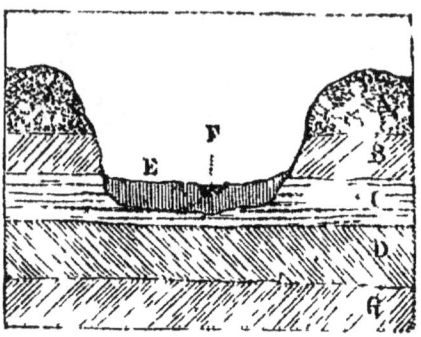

Fig. 240 — Coupe transversale d'une vallée. E, alluvions déposées par le fleuve F. A, B, C, terrains creusés par ce fleuve D, G, terrains situés au-dessous du fleuve

Lorsque ces barres protègent l'embouchure du fleuve contre les mouvements des vagues, les dépôts amenés par le fleuve peuvent s'avancer beaucoup dans la mer et former ce qu'on appelle un *delta*. C'est ainsi que s'est produit le delta du Rhône (fig. 241)

161. Dépôts formés par la mer. —
1. Une partie des roches que les vagues arrachent aux côtes y sont rejetées par la mer. C'est ce qui forment des *bancs de galets* (fig. 242) ou des *plages de sable*.

Fig. 241. — Delta du Rhône

2. Lorsque les sables que la mer a rejetés sur les côtes en

---

2. Que deviennent ces diverses parties ? — 3 Comment se forment les barres ? — Comment se forme un delta ?

161 — 1 Que deviennent les roches arrachées par la mer et rejetées sur les côtes ? — **2** Qu'est-ce que les dunes ?

grande quantité sont soulevés par les vents, ils forment des collines au bord de la mer : c'est ce qu'on nomme des *dunes*. On en trouve sur les côtes de France, à Dunkerque ou dans les Landes, par exemple.

3. Mais les dépôts qui se produisent au fond des mers sont les plus épais et les plus étendus parmi tous ceux qui se forment actuellement. Le sable, le calcaire, l'argile, déversés dans la mer par tous les fleuves ou enlevés aux continents par les vagues, viennent tomber lentement, par couches successives, au fond de la mer ; il se forme ainsi de nouveaux terrains, dont l'épaisseur augmente toujours aux dépens des continents.

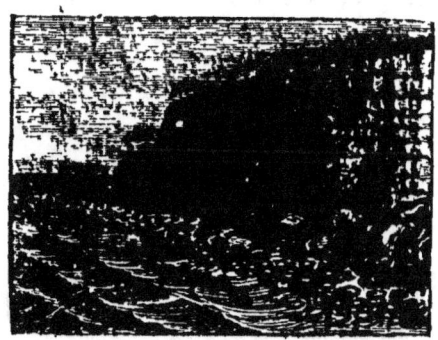

Fig. 212. — Banc de galets, au pied d'une falaise.

165. Étude d'une carrière et du sol d'un coteau. — **1.** Les terrains formés par les eaux se déposent peu à peu, comme nous venons de le voir, par couches qui se superposent les unes au-dessus des autres, soit au fond des vallées, soit en plus grande quantité au fond des mers ou sur les côtes. Retournons maintenant dans une des carrières où nous avons vu prendre des pierres, dans la carrière de pierre à bâtir, par exemple (voy. fig. 214). Il est facile de remarquer que là aussi les pierres sont superposées en couches parallèles.

2. Si nous étudions maintenant toutes les carrières ou les tranchées qui se trouvent sur un coteau, nous verrons que les diverses roches sont disposées de même en couches successives, comme les dépôts que nous avons vus se former par

---

3 Comment se produisent les dépôts du fond des mers ?

165 — **1.** Comment sont ordinairement disposées les couches de terrain dans une carrière de pierres à bâtir par exemple ? — **2** Ces couches de terrain sont-elles toujours horizontales ? — Citez un pays ou on voit facilement des couches plissées

les eaux. Tantôt ces couches sont à peu près horizontales comme celles qui se déposent aujourd'hui ; tantôt on dirait qu'elles ont été plissées, comme dans le Jura, par exemple (fig. 243).

166. Débris d'animaux et de végétaux dans des terrains formés par les eaux ; fossiles. — Ces terrains à couches successives qui forment maintenant le sol d'un co-

Fig. 243 — Montagnes du Jura Terrains en couches plissées (A, B, C, D)

teau sur le continent ont-ils donc été déposés autrefois au milieu des eaux ? Cherchons si d'autres caractères ne pourraient pas nous l'indiquer.

1. Dans les terrains que l'eau dépose maintenant, soit dans la mer, soit au fond des lacs ou des rivières, certaines parties d'animaux ou de végétaux restent enfouies dans le sol. Les coquilles qui sont faites en substance calcaire, comme celles des huitres ou des colimaçons ; les os des vertébrés, les écailles des poissons, les racines, les feuilles, les tiges ou quelquefois même les fruits des végétaux, pourront être ainsi conservés dans les terrains. Ces débris restent au milieu du sable, de la vase calcaire ou du limon qui les entoure, puis le poids des couches qui viennent se déposer au-dessus rendent le terrain plus dur : cela devient une roche. En en cassant un morceau, on pourra y retrouver des coquilles, des écailles de poisson, des traces de feuilles, etc.

2. Sur un morceau de pierre à bâtir de Paris, on peut remarquer très souvent des empreintes de coquilles pointues

---

166 — 1 Expliquez comment il se conserve des débris d'animaux ou de végétaux dans les terrains formés par les eaux — 2 Que voit-on souvent sur un morceau de pierre à bâtir de Paris ? — Qu'est-ce qu'un cérithe ? — Où trouve-t-on maintenant ces animaux vivants ? — Que prouve la présence des cérithes dans cette roche ?

192   MINÉRAUX

appelées *cérithes*; on trouve quelquefois la coquille même entièrement conservée (fig. 244), et elle est très semblable à celles des cérithes qu'on peut trouver vivants aujourd'hui dans la mer. Dans ce calcaire ou dans d'autres pierres à bâtir on rencontre un grand nombre de coquilles qui sont semblables à celles qu'on voit se déposer sur les côtes de l'Océan. C'est donc que ces roches ont été autrefois déposées par la mer. L'endroit du continent où elles se trouvent maintenant était alors le fond d'un océan.

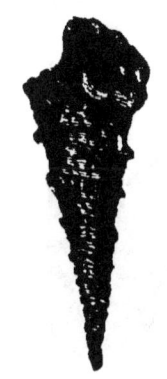

Fig. 244. — Cérithe, coquille marine.

3. Dans les morceaux de cette pierre siliceuse que nous avons appelée meulière, on trouve d'autres petites coquilles (fig. 245). Ce sont des *lymnées*, mollusques d'eau douce qui vivent dans les lacs ou les étangs. Cela montre que la meulière est un dépôt d'eau douce et qu'à l'endroit même où est aujourd'hui une carrière de meulière, il y avait autrefois un lac.

Fig. 245 — Lymnée, coquille d'eau douce.

Fig 246 — Empreintes de végétaux dans une roche.

4. Dans d'autres roches se trouvent des empreintes de végétaux, soit des fougères (fig. 246), comme sur les schistes qui sont dans les mines de charbon de terre, soit des feuilles de différents arbres comme dans certains calcaires.

---

3. Quelle coquille trouve-t-on parfois dans un morceau de meulière ? — Que prouve la présence de cette coquille ? — 4 Que trouve t-on souvent sur les schistes qui sont dans les mines de charbon ?

ACTION DE L'EAU SUR LES ROCHES.

5. Les os des animaux vertébrés sont quelquefois aussi très bien conservés dans les roches qui ont été déposées par les eaux. C'est ainsi qu'on a pu reconstituer par une étude attentive le squelette entier d'animaux qui habitaient la terre à des époques très anciennes et qui ont maintenant disparu. On trouve de la sorte dans certains dépôts argileux des empreintes ou les os mêmes du squelette d'un grand reptile appelé *ichthyosaure* (fig. 217), qui nageait dans la mer comme une baleine

Fig. 217. — Reptile fossile d'ichthyosaure.

ou un dauphin, et dont la mâchoire rappelle celle des lézards ou des crocodiles. Tous ces débris, toutes ces empreintes, qui se sont conservés indéfiniment dans les roches, sont appelés d'une manière générale des *fossiles*.

6. On trouve aussi des animaux dont quelquefois non seulement les os, les dents, mais une partie de la chair et des poils a été conservée. C'est ainsi qu'on a découvert dans certains terrains de l'Asie septentrionale, des squelettes entiers et même une partie de la chair de grands éléphants à longs poils qui n'existent plus aujourd'hui. La figure 218 représente le squelette d'un de ces animaux appelés

Fig. 218. — Mammouth (sorte d'éléphant fossile). Squelette autour duquel on a figuré en noir le contour de l'animal.

mammouths et montre quelle était la forme de son corps.

---

5. Comment a-t-on pu reconstituer le squelette d'animaux vertébrés aujourd'hui disparus? — Citez un exemple. Qu'est-ce que des fossiles, en général? — 6. Qu'est-ce qu'un mammouth? — Comment a-t-on trouvé le mammouth à l'état fossile?

167. Terrain de sédiment. — 1. Ainsi donc, nous observons dans un très grand nombre de terrains qui forment le sol, les mêmes caractères que ceux qu'on remarque dans les terrains qui se déposent actuellement au milieu de l'eau. Ils sont toujours disposés en couches parallèles, et ils renferment souvent les débris des parties les plus dures ou les plus inaltérables des animaux ou des végétaux. On les appelle des *terrains de sédiment*.

2. En général, les calcaires, les pierres à plâtre, les argiles, les pierres siliceuses et les schistes forment des terrains de sédiment.

RESUMÉ.

161 à 164. Action de l'eau sur les roches. — L'eau qui circule incessamment dans la nature enlève une partie des roches. C'est ainsi que les vallées se creusent de plus en plus. L'eau dissout le calcaire, entraîne des galets, du sable et de l'argile.

Plus loin, quand le courant est moins fort, les galets sont déposés, puis le sable et l'argile qui forment les alluvions ou les deltas des fleuves.

La mer, par le mouvement des vagues, agit aussi sur les roches qui forment les falaises et les détruit en déposant des bancs de galets, de sable ou d'argile.

165 à 167. Terrains de sédiment ; fossiles. — Les terrains déposés par les eaux sont formés de couches anciennes disposées les unes au-dessus des autres. Le plus souvent, les animaux ou les végétaux laissent dans ces couches des empreintes ou une partie d'eux-mêmes (coquilles, os, etc.). Ces débris se nomment des *fossiles*. Les terrains disposés en couches et qui renferment ordinairement des fossiles sont nommés *terrains de sédiment*.

---

167. — 1 Quels sont les caractères des terrains de sédiment ?
2. Citez les pierres qui forment ordinairement ces terrains.

VINGT-DEUXIÈME LEÇON.

Terrains non formés par les eaux. — Les mines.

168. Terrains qui ne sont pas sédimentaires. — Dans certaines parties de la France, comme en Auvergne, il peut arriver que la tranchée des terrains présente l'aspect que représente la figure 249. Au milieu d'une roche R formée par un terrain de sédiment contenant des fossiles, se trouve intercalé un autre terrain P formé par une roche compacte qui ne présente nulle part de

Fig. 249. — Terrains sédimentaires R traversés par un terrain non sédimentaire P.

couches parallèles et qui ne renferme aucun fossile. On ne voit jamais les eaux former de semblables terrains. Ce n'est pas un terrain sédimentaire. Parmi les roches que nous avons examinées, le granit et le porphyre forment des terrains non sédimentaires.

169. Volcans. — 1. Ne se forme-t-il pas actuellement des roches de ce genre en quelque pays? L'étude des vol-

Fig. 250. — Volcan le Vésuve.

cans va nous montrer qu'il se produit quelquefois des roches semblables à celles dont nous venons de parler. Supposons que

---

168 — Comment sont les terrains non sédimentaires?
169 — 1. Quel est l'aspect d'un volcan?

nous allions aux environs de Naples, en Italie, vers la montagne qu'on appelle le Vésuve. Nous remarquerons que cette montagne ressemble à un cône dont on aurait enlevé la partie supérieure, et nous distinguerons une fumée comme un nuage en haut de la montagne, même lorsque le temps est parfaitement clair. Cette montagne s'appelle un *volcan* (fig. 250).

2. Lorsqu'on gravit la montagne, les pierres que l'on ra-

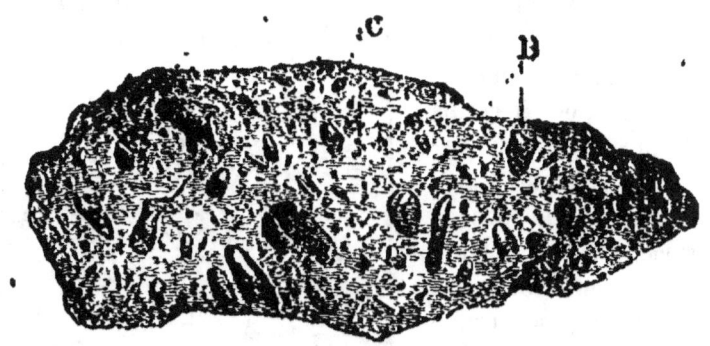

Fig. 251. — Morceau de lave. B, petits trous dans la roche ; C, cristaux.

masse ressemblent à ces roches non sédimentaires d'Auvergne et rappellent un peu le porphyre que nous avons étudié plus haut ; ce sont des laves (fig. 251). Comme dans le porphyre, on trouve dans ces morceaux de rochers de petits cristaux réunis par une sorte de pâte, mais on y remarque aussi de petits trous arrondis. En outre, on aurait beau chercher dans toutes les roches du volcan, on n'y trouve pas le moindre fossile.

170. Éruptions. — A certaines époques, ce n'est pas un simple nuage de vapeur condensée qui sort du volcan, il en sort des roches fondues, des *laves*, qui débordent en masses immenses et s'écoulent toutes brûlantes sur les flancs de la montagne. On dit alors que le volcan est en *éruption*.

Au moment de l'éruption, une énorme colonne de fumée blanche s'élève à de grandes hauteurs où elle s'étale en larges nappes, et cette masse nuageuse est coupée à des intervalles très rapprochés par des jets de roches et de poussières rouges

---

2. Comment sont faites les laves ?
170. — Décrivez une éruption ?

la chaleur qui sont projetées au milieu d'elle ; c'est ce qui a souvent fait croire qu'il sort des flammes de l'intérieur des volcans ; mais il n'en est rien, il n'y a jamais de flammes, mais des roches très chaudes et rouges sont rejetées par le volcan (fig. 252).

171. Cône volcanique. — 1. Si nous examinons la montagne pendant une des périodes de tranquillité, profitant des fentes qui ont pu s'y produire à l'époque d'une éruption,

Fig. 252. — Volcan en éruption.

nous pourrons parfois nous rendre compte de la manière dont est formé le cône du volcan. Nous reconnaîtrons que les diverses périodes éruptives ont disposé les masses de lave les

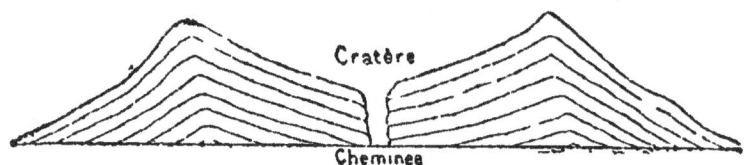

Fig. 253. — Un cône volcanique qu'on suppose coupé verticalement.

unes au-dessus des autres. Par une étude approfondie, on peut ainsi se convaincre que le cône volcanique tout entier est formé par les laves rejetées dans les éruptions successives, ainsi que le montre la figure 253. Il ne faut pas confondre ces masses superposées, avec les roches sédimentaires. Ici, chaque masse de roche n'a pas été formée par un dépôt continu au milieu des eaux ; elle est sortie de la terre à l'état de fusion.

2. Ainsi donc, les matières qui sortent du cratère s'accumulent les unes au-dessus des autres et peuvent former une

---

171. — 1. Comment est constitué un volcan ? — 2. Qu'appelle-t-on cône volcanique ?

assez grande montagne, un *cône volcanique*. Ce cône volcanique est composé de roches en masses superposées (fig. 253), mais bien différentes de celles des terrains de sédiment. Chaque roche est en une seule masse; elle n'est jamais formée de minces couches successives.

3. On appelle *cheminée* du volcan le conduit venant de l'intérieur de la terre, par où s'échappent les pierres, les poussières et les gaz brûlants.

172. Terrains formés par les volcans. — 1. Les laves ne forment pas seulement le cône volcanique. Nous avons dit qu'elles vont souvent s'étendre à de grandes distances; d'autres fois, elles s'infiltrent au milieu des roches sédimentaires et viennent y former des masses qui s'intercalent au milieu d'elles, comme celle qui est représentée (fig. 249), par exemple.

2. Nous pourrons nous expliquer maintenant, pourquoi un morceau de lave (fig. 251) est rempli de petites cavités arrondies (A), comme celles qu'on voit dans le pain. Elles s'y sont formées, du reste, d'une manière analogue. Lorsque la pâte du pain est chauffée dans le four, les gaz qu'elle renferme se dilatent et cherchent à s'échapper de la pâte. Ceux qui n'ont pas eu la force de l'écarter, y restent emprisonnés sous forme de bulles. Il en est de même dans la lave; quand elle était en fusion, au sortir du volcan, elle était remplie de gaz et de vapeurs qui sortaient par la surface, sous forme de bulles s'échappant de la masse brûlante; mais, là aussi, une partie est restée dans la roche; lorsqu'elle s'est solidifiée, ces bulles ont alors formé, au milieu d'elle, toutes ces petites cavités.

3. Le nombre et la grandeur de ces petits creux sont très variables chez les diverses roches volcaniques. Il y en a qui sont tellement remplis de bulles que ces pierres sont plus légères que l'eau et qu'elles peuvent flotter à sa surface. Telle est celle qu'on appelle *pierre ponce*, qu'on emploie pour polir les pierres lithographiques et le marbre.

---

3. Qu'est-ce que la cheminée?

172. — 1. Comment sont disposées les laves? — 2. Comment s'explique-t-on la structure d'un morceau de lave? — 3. Qu'est-ce que la pierre ponce? — A quoi sert-elle?

CARRIÈRES ET MINES.

173. Carrières. — Nous avons déjà parlé des carrières et de la manière dont on les exploite, à propos d'un grand nombre de pierres qui forment les terrains.

Les principales roches qu'on retire des carrières sont les pierres à bâtir, la craie, le marbre, la pierre à plâtre, l'argile qui sert à faire les briques et les poteries, les meulières, les grès, les granits et les ardoises.

Presque toutes servent pour les constructions ou pour l'agriculture.

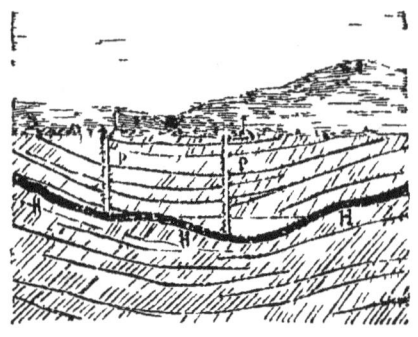

Fig. 254. — Mine de houille. H, H, H, couches de terrain renfermant la houille. P, P, puits par où l'on descend pour exploiter la houille.

174. Mines. — 1. Lorsque les matières qu'on extrait des terrains sont retirées par des galeries souterraines à une grande profondeur, on appelle *mines* ces exploitations. (fig. 254).

Fig. 255. — Ouvriers exploitant la houille dans une galerie.

2. Les principales mines sont celles d'où on extrait le char-

---

173 — Quelles sont les principales roches qu'en tire des carrières ?
174. — 1. Qu'est-ce qu'une mine ?
2. Quels sont les principaux minéraux qu'on extrait des mines ?

bon de terre, le sel et les minerais qui servent à fabriquer les métaux.

3. La *houille* ou charbon de terre est un des meilleurs combustibles ; on la trouve, en général, dans des couches de terrain situées à une grande profondeur, et on l'exploite dans des mines (fig. 255). Les empreintes végétales et quelquefois les traces d'arbres qu'on rencontre dans la houille font voir qu'elle a dû être formée par la carbonisation d'anciennes plantes.

4. On rencontre aussi parfois, dans le sol, d'énormes masses de *sel gemme*, protégées contre l'action de l'eau par des couches d'argile.

5. C'est également à une assez grande profondeur au-dessous de la surface du sol qu'on trouve les *minerais*, c'est-à-dire les pierres d'où l'on peut extraire les métaux par des opérations métallurgiques. Les minerais de plomb, de cuivre et d'argent, ainsi que la plupart des minerais de fer, sont ainsi retirés de la terre dans des mines. L'or se trouve à l'état de métal dans certaines roches ou dans certains sables.

RÉSUMÉ.

169 à 172. Les volcans ; terrains qui ne sont pas sédimentaires. — Les terrains qui ne sont pas sédimentaires ne sont généralement pas disposés par couches superposées et ne renferment pas de fossiles. Les volcans déposent actuellement des roches analogues qui ne sont pas sédimentaires. Les laves qu'ils forment contiennent ordinairement des cristaux renfermés dans une pâte, comme le porphyre ; mais souvent elles sont remplies de bulles de gaz.

173, 174. Carrières et mines. — On exploite les terrains dans les carrières ou dans les mines. On appelle mines les exploitations de minéraux qui se font à de grandes profondeurs. Les principales mines sont celles d'où l'on extrait le charbon de terre, le sel gemme et les minerais qui servent à fabriquer les métaux.

---

3. Qu'est-ce que de la houille ? — 4. Qu'est-ce que le sel gemme ? — 5. Qu'est-ce que les minerais ?

DEVOIRS A FAIRE

N° 1. — Caractères des minéraux — Les pierres, où on les trouve (§§ **132, 133** et **134**)

N° 2. — Montrer les différences qu'il y a entre la craie et la pierre à fusil (§ **135**).

N° 3. — A quoi l'on reconnaît les pierres calcaires. — Citer diverses pierres calcaires (§§ **136, 137, 138, 139**).

N° 4. — Usages des pierres calcaires. — Chaux, mortier (§§ **137, 138, 139, 140, 141**).

N° 5. — Pierre à plâtre. — Plâtre (§§ **142, 143, 144**).

N° 6. — Argile, briques, poteries, faïences, porcelaines (§§ **145, 146, 147, 148, 149**).

N° 7. — Marne. — Chaux hydraulique, ciments (**150, 151**).

N° 8. — Les pierres siliceuses (§§ **152, 153**).

N° 9 — Granit, porphyre, schiste (§§ **154, 155, 156**).

N° 10. — La terre végétale, de quoi elle se compose (§ **157**).

N° 11. — Expliquer comment on peut rendre la terre végétale meilleure pour la culture (§§ **158, 159, 160**).

N° 12 — Expliquer le mouvement de l'eau dans la nature et dans son action sur les pierres et les terrains (§§ **161, 162**).

N° 13 — Décrire les dépôts formés par l'eau (§§ **163, 164**).

N° 14. — Montrer par l'étude d'une carrière ou du sol d'un coteau les caractères des terrains de sédiment (§§ **165, 167**).

N° 15. — Les fossiles. Comment ils se sont formés (§ **166**).

N° 16. — Décrire un volcan et une éruption (§§ **169, 170, 171**).

N° 17. — Terrains formés par les volcans. — Terrains non sédimentaires (§§ **172, 168**).

N° 18. — Mines et carrières (§§ **173, 174**).

V

NOTIONS USUELLES DE PHYSIQUE

VINGT-TROISIÈME LEÇON.

Pesanteur. — Poids. — Équilibre.

175. Ce que c'est qu'une force. — 1. Si l'on attache une corde à un gros clou A (fig. 256) enfoncé dans un mur, et que l'on tire cette corde, on la voit se tendre ; l'action qu'on exerce en tirant cette corde est ce qu'on appelle une *force*.

Fig. 256. — En tirant la corde fixée en A, on exerce une force.

2. La force exercée est d'autant plus grande que la corde est plus tendue, ce dont nous nous apercevons très bien par la résistance que nous ressentons à la main ; cette résistance nous donne une idée de l'*intensité* de la force.

Quant à la *direction* de la force, elle nous est donnée par la direction de la corde tendue.

Le clou auquel est attachée la corde est le *point d'application* de la force.

176. Pesanteur. — Poids. — 1. Si au lieu de tirer cette corde, nous y suspendons un corps B (fig. 257), nous

---

175 — 1 Expliquez ce que c'est qu'une force — 2 Combien de choses distingue-t-on dans une force ? Nommez-les.

176. — 1. Qu'est-ce que la pesanteur ?

verrons de même la corde se tendre d'autant plus fortement que le corps suspendu est plus lourd; si ce corps était assez lourd, on pourrait arracher le clou ou casser la corde; il y a donc une force qui agit de haut en bas sur le corps et qui tend à le faire tomber. Cette force c'est la *pesanteur*.

2. L'action que la pesanteur exerce sur les corps est variable; si cette action est faible, le corps est léger, on le soulève facilement; si cette action est forte, le corps est lourd, on le soulève plus difficilement.

3. Cette action variable de la pesanteur sur les différents corps, qui fait qu'on doit exercer des efforts plus ou moins grands pour les empêcher de tomber, c'est le *poids* de ces corps. On peut donc dire que le poids d'un corps, c'est la pression qu'exerce ce corps sur un obstacle qui l'empêche de tomber.

177. L'air empêche les corps de tomber également vite. — 1. Si on laisse tomber des corps différents, du plomb, du bois, du liège, une plume d'oiseau, tous ces objets ne tomberont pas en même temps; le plomb, par exemple, tombera bien plus vite que la plume. Nous pouvons nous assurer que cela est dû uniquement à l'air qui exerce à la surface des corps légers une résistance beaucoup plus grande que sur les corps lourds.

2. Ainsi, laissons tomber en même temps une pièce de deux sous et un disque de papier d'un diamètre un peu inférieur à celui de la pièce (fig. 258). La pièce tombe bien avant le papier; mais mettons le disque de papier au-dessus de la pièce, de manière à ce que le papier ne dépasse

Fig. 257. — Le fil AB, fixé à un clou A, se tend sous l'effet de la pesanteur, d'autant plus que le poids B est plus lourd.

---

2 La pesanteur agit-elle de la même manière sur tous les corps? —
3 Qu'est-ce que le poids d'un corps?

177. — 1 Pourquoi les corps ne tombent-ils pas avec la même vitesse? — 2 Citez une expérience qui prouve l'influence de l'air par la rapidité de la chute d'un corps?

PESANTEUR. — POIDS. — ÉQUILIBRE.

nune part le bord de la pièce et laissons tomber celle-ci bien à plat; nous voyons alors que le papier tombe en même temps que la pièce qu'il ne quitte pas. C'est que la pièce a vaincu la résistance de l'air, et que le papier n'a plus à la vaincre, puisqu'il est protégé contre elle par la pièce qui est au-dessous.

Nous obtenons le même résultat en mettant dans une boîte que nous laissons ouverte, des plumes, du plomb, des mor-

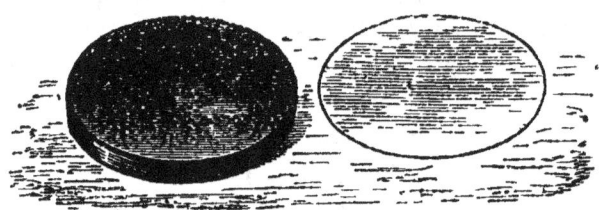

Fig. 258 — A gauche, disque de métal A droite disque de papier
Le disque de papier tombe aussi vite que le disque de métal, si on le met sur le disque de metal, quand on laisse tomber celui-ci.

ceaux de papier, et en laissant tomber la boîte de manière que la partie ouverte reste en haut. Tout tombe en même temps. On voit donc que c'est la résistance de l'air qui empêche tous les corps de tomber également vite.

3. C'est aussi l'air qui, par la résistance qu'il exerce sur l'eau qui tombe, l'empêche de se réunir en grosses masses et la fait tomber en une multitude de gouttes.

178. Vitesse de la chute des corps. — 1. Le choc que produit un corps en tombant de haut est plus fort que le choc qu'il produit en tombant d'une petite hauteur; c'est que la vitesse du corps est plus grande quand il tombe de haut.

Cherchons comment varie cette vitesse. Montons sur une tour ou sur une colline à pic; nous pourrons, après quelques tâtonnements, voir à quelle hauteur au-dessus du sol il faudra nous placer, pour qu'en lâchant une pierre elle mette une seconde à tomber avant de toucher le sol; nous trouverons ainsi qu'il faut lâcher la pierre à $1^m,90$ au-dessus du sol.

---

3. Pourquoi les gouttes de pluie ne sont-elles pas plus grosses ?

178 — 1. La vitesse de la chute d'un corps est-elle la même tout le temps de sa chute ? Quel chemin parcourt en une chute d'une seconde un corps qu'on laisse tomber ?

2. Voyons maintenant de quelle hauteur il faudra laisser tomber cette pierre pour que la durée de la chute soit de 2 secondes; nous verrons que c'est, non pas à 2 fois 4^m,90, mais à 4 fois 4^m,90 ou 4^m,90 $\times$ 2 $\times$ 2 ou de 19^m,60. Pour que la chute durât 3 secondes, il faudrait laisser tomber le corps de 4^m,90 $\times$ 9, ou 4^m,90 $\times$ 3 $\times$ 3. Pour 4 secondes de chute, ce serait de 4^m,90 $\times$ 16, ou 4,90 4 $\times$ 4, et ainsi de suite.

3. On voit donc que pour savoir la distance que parcourt un corps pendant un certain temps de chute, il faut multiplier 4^m,90 deux fois successivement par le nombre de secondes employées à la chute.

179. Hauteur d'où un corps est tombé. — Il sera très facile, d'après les observations précédentes, de déterminer la hauteur d'un rocher à pic, au-dessus d'une rivière par exemple, au moyen du temps que met une pierre pour tomber du haut de ce rocher. Si nous trouvons, que la pierre met 6 secondes à tomber directement du haut du rocher jusque dans l'eau de la rivière, elle aura parcouru 4^m,90 $\times$ 6 $\times$ 6 ou 4^m,90 $\times$ 36, ou 176^m,40. Le rocher sera élevé de 176^m,40 au-dessus du niveau de la rivière.

180. Verticale. Fil à plomb. — 1. La direction d'un fil à l'extrémité duquel est attaché un corps, un morceau de plomb par exemple, nous indique la direction de la pesanteur; si, en effet, on laisse tomber un autre corps à partir du point où le fil est attaché, ce corps, en tombant, suit exactement la direction du fil auquel est attaché le morceau de plomb.

Fig. 259. — Le fil à plomb donne la direction AB de la *verticale*.

---

2 Quel chemin ce corps parcourt-il après 2 secondes? après 3 secondes? après 4 secondes? — **3.** Peut-on formuler une loi d'après ces différents résultats?

179. — Comment peut-on faire pour avoir, sans mesurer, la hauteur d'une tour?

180. — 1. Comment peut-on avoir la direction de la pesanteur?

PESANTEUR. — POIDS. — ÉQUILIBRE. 207

2. Cette direction, suivie par un corps qui tombe, c'est la *verticale;* elle est donnée par le *fil à plomb* AB (fig. 259). La verticale est perpendiculaire à la surface des eaux tranquilles; en effet, l'image B' A' du fil à plomb suspendu au-dessus d'un vase rempli d'eau, est toujours sur le prolongement du fil AB lui-même.

3. Le fil à plomb est journellement employé par les maçons, pour s'assurer si les murs qu'ils construisent sont bien verticaux.

4. Ces ouvriers se servent aussi de l'appareil nommé niveau des maçons (fig. 260) pour reconnaître si une surface

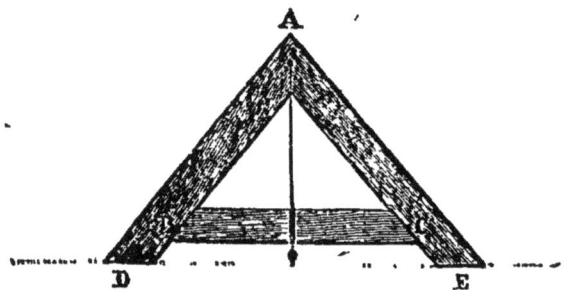

Fig. 260. — Niveau des maçons. Pour voir si un plancher est horizontal, on applique les pieds D, E, du niveau A B C sur ce plancher; si le fil à plomb passe exactement devant la rainure qui est au milieu de B C, la ligne D E sera horizontale. On met le niveau dans une autre direction, et si l'on obtient alors une autre ligne horizontale, c'est que le plancher est horizontal.

quelconque, celle d'un plancher, d'un appui de fenêtre, etc. est bien horizontale. Cet appareil consiste en deux règles AB, AC, reliés par une traverse BC; un fil à plomb est suspendu en A et sur la traverse une rainure est creusée au milieu de BC.

181. Équilibre. — En général, un corps est en *équilibre stable* quand, lorsqu'on le déplace un peu, il revient, si on le lâche, à la position qu'il occupait avant d'être déplacé.

---

2. Qu'est-ce que la verticale? Quelle est la direction de la verticale par rapport à celle de la surface de l'eau? Qu'est-ce que le fil à plomb? — 3. A quoi sert le fil à plomb? — 4. Qu'est-ce que le niveau des maçons? Comment s'en sert-on?

181. — Quand dit-on qu'un corps est en équilibre stable?

Si, au contraire, un corps qu'on déplace un peu ne revient pas à sa position première, c'est qu'il n'est pas en équilibre stable.

182. Centre de gravité. — 1. Si l'on soulève un corps, une chaise, par exemple, il y a un point où tout le poids du corps semble être appliqué. Ce point, qui doit être soutenu pour que le corps soit en équilibre quelle que soit sa position, c'est le *centre de gravité*.

2. Un corps suspendu par un point est en équilibre stable, quand son centre de gravité est au-dessous du point par où le corps est suspendu.

3. Si nous essayons, par exemple, de mettre une pièce de 5 francs debout, sur le bord de ce verre, nous ne pourrons pas y parvenir, et si le bord du verre était assez large pour que nous puissions le faire, la pièce serait en équilibre tellement peu stable, que le moindre mouvement la ferait tomber. Fixons de chaque côté de la pièce deux fourchettes bien inclinées (fig. 261), le centre de gravité du corps formé par la

Fig. 261. — Le centre de gravité de l'ensemble des fourchettes FF' et de la pièce P est au dessus du bord du verre; l'équilibre est stable, la pièce ne tombe pas.

Fig. 262. — Le centre de gravité de l'ensemble des deux couteaux et du bouchon est au dessous de A; l'équilibre est stable; on peut incliner beaucoup l'épingle BA, le bouchon ne bouge pas.

pièce et les deux fourchettes est alors beaucoup plus bas, et

---

182. — 1 Qu'est-ce que le centre de gravité d'un corps? — 2 Où est le centre de gravité d'un corps qui est en équilibre stable? — 3. Citez des expériences prouvant qu'on rend stable l'équilibre d'un corps, en abaissant son centre de gravité.

nous plaçons facilement la pièce portant les deux fourchettes debout sur le bord du verre ; si nous déplaçons un peu ce corps en équilibre, il revient à sa première position : le corps est en équilibre stable.

On obtient le même résultat (fig. 262) en enfonçant dans le bouchon B une épingle ; si l'on pique deux couteaux dans le bouchon B, on peut faire tenir l'ensemble en posant la tête de l'épingle sur le bord d'une bouteille A.

183. Équilibre des corps placés sur une surface. — 1. Quand un corps est posé sur une surface, comme une voiture sur une route, une table, sur une planche (fig. 263),

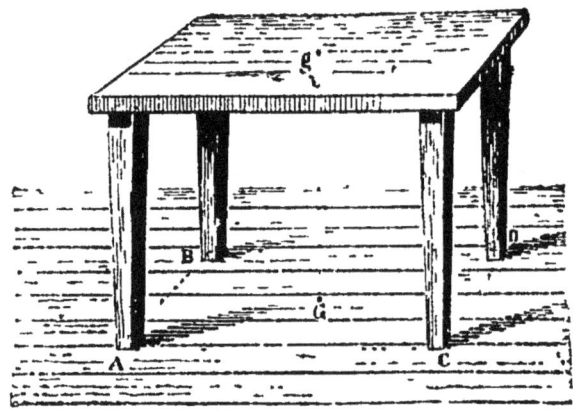

fig 263 — La table se renverserait si le pied G de la verticale gG, passant par le centre de gravité de cette table, ne se trouvait pas dans la surface ABCD formée par les extrémités de ses quatre pieds.

il faut pour que ce corps soit en équilibre, que la verticale qui passe par le centre de gravité du corps tombe entre les points d'appui. Si l'on incline la table, on déplace son centre de gravité, et si la verticale passant par ce centre de gravité ne tombe plus entre les quatre pieds de la table, cette table va se renverser. Le même effet se produirait si une voiture s'inclinait assez pour que la verticale passant par son centre de gravité, ne tombât plus entre les roues : la voiture verserait. On comprend qu'une voiture très chargée par en haut,

---

183. — 1. Quand une table est-elle en équilibre ? Quand une voiture se renverse-t-elle ?

comme l'est une charrette de foin, versera plus facilement qu'une charrette chargée de pierres.

2. Les positions différentes que nous prenons en marchant sur une pente, ont pour effet de toujours faire rester le centre de gravité au-dessus des pieds; si l'on monte, on porte le corps en avant; si l'on descend, on se rejette en arrière.

3. Il en est de même si l'on porte quelque chose de lourd; on penche toujours le corps du côté opposé à celui où se trouve le poids que l'on porte; on rétablit ainsi l'équilibre, en déplaçant le centre de gravité de la même quantité dont il a été déplacé en sens inverse. C'est pour cela qu'il peut être moins fatigant de porter un poids double, deux seaux d'eau, par exemple, au lieu d'un seul, parce qu'en portant le même poids de chaque côté, le corps n'a pas à se pencher, et peut garder sa position régulière.

RÉSUMÉ.

175. Force. — Une *force* est tout ce qui peut causer ou changer un mouvement. On distingue dans une force le *point d'application*, l'*intensité* et la *direction*.

176. Pesanteur. — La *pesanteur* est la force qui tend à faire tomber les corps. Tous les corps ne sont pas également pesants, le *poids* d'un corps, c'est la pression qu'exerce ce corps sur un obstacle qui l'empêche de tomber.

177 à 179 Chute des corps — On voit les corps légers tomber plus doucement que les corps lourds, mais cette différence dans la vitesse de la chute est uniquement due à la résistance de l'air.

Les espaces parcourus par un corps qui tombe sont, au bout d'un certain temps, proportionnels aux carrés des temps depuis lequel ce corps tombe.

180. Verticale. — La *verticale* est la direction suivie par

---

2. Expliquez la position que l'on donne au corps en montant, en descendant. — 3. Comment peut-il être moins fatigant de porter deux seaux d'eau, que d'en porter un seul ?

BALANCE. — LEVIERS. 211

un corps qui tombe : cette direction est donnée par le *fil à plomb*

181. Équilibre. — Un corps est en *équilibre stable* quand, soulevé légèrement il revient à la position qu'il occupait. Le *centre de gravité* d'un corps est un point qui doit être soutenu pour que ce corps soit en équilibre dans toutes les positions

---

VINGT-QUATRIÈME LEÇON

Balance. — Leviers

181. Mesure du poids des corps. — Balance. —
1. Si l'on soulève deux corps l'un après l'autre, on peut reconnaître aux efforts différents qu'il faut faire pour les soutenir, quel est le plus lourd de ces deux corps ; mais il nous est impossible de savoir si l'un de ces corps est deux ou trois fois plus lourd que l'autre : pour mesurer exactement ces poids, il faut nous servir d'une *balance*.

2. Une balance se compose d'une barre de métal bien droite FF (fig. 264), nommée *fléau*, traversée en son milieu par un prisme en acier C, nommé *couteau*; une arête du prisme est tournée vers le bas. Cette arête s'appuie comme la lame d'un couteau sur une partie plate très dure, ordinairement en acier,

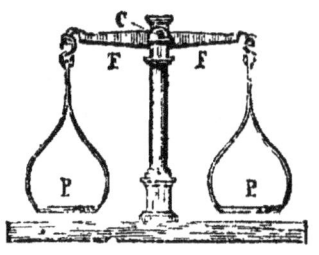

Fig. 264. — Balance ; C couteau situé au milieu du fléau FF. P,P, plats ou attaches aux extrémités des bras F F, du fléau

portée au sommet d'une lourde colonne de métal qui forme le pied de la balance. Le fléau n'ayant pas d'autre point d'appui que l'arête du couteau, est très mobile, et oscille

---

181. — 1 A quoi sert la balance ? — Pourquoi l'usage de la balance est-il nécessaire ? — 2 Décrivez la balance ordinaire Comment est fixé le couteau ?

autour de cette arête. A chacune des extrémités du fléau est suspendu un *plateau* P dans lequel on place les corps à peser ou des poids gradués. Les distances des extrémités du fléau à l'arête du couteau sont appelées les *bras* du fléau F, F.

3. Les bras du fléau doivent avoir exactement la même longueur, le même poids, et doivent être absolument pareils.

4. La balance est alors construite de manière à ce que le fléau soit horizontal quand les plateaux sont vides. Pour pouvoir facilement constater cette horizontalité, on fixe souvent au milieu du fléau ED une aiguille A (fig. 265) qui se déplace devant un arc divisé; cette aiguille doit se trouver devant le zéro de la division lorsque le fléau est horizontal; quand elle oscille de la même quantité à droite et à gauche, c'est que les poids placés dans les plateaux sont égaux.

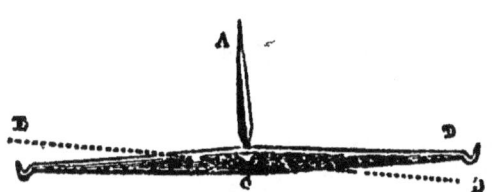

Fig. 265. — L'aiguille A, fixée au milieu du fléau ED, en se déplaçant devant un arc divisé, fait voir si le fléau est horizontal.

185. La balance doit être juste et sensible. — 1. Si l'on met un corps dans le plateau qui est attaché à l'extrémité D (fig. 265), le fléau s'incline de ce côté et prend une position E'D'; pour rendre de nouveau le fléau horizontal, on met des poids marqués dans le plateau suspendu en E'. A mesure que l'on ajoute ces poids du côté E, le fléau se relève du côté D, et quand on aura mis en E un poids égal à celui qu'on a mis en D, le fléau devra avoir repris sa position horizontale ED. On lira le nombre de grammes que l'on aura placés dans le plateau E, et l'on aura le poids du corps.

2. La balance, en effet, est *juste*, si le fléau reste horizontal, quand on met des poids égaux dans chacun des plateaux.

3. On peut bien facilement s'assurer de la justesse d'une

---

3. Comment doivent être les bras du fléau ? — 4. Quelle doit être la position du fléau quand les plateaux sont vides ? — Comment peut-on facilement constater que les plateaux sont également chargés ?

185. — 1 Comment fait-on pour peser un corps ? — 2 Qu'est-ce qu'une balance juste ? — 3. Comment s'assure-t-on de la justesse d'une balance ?

balance : il suffit, quand l'équilibre a été bien établi, de changer les corps ou les poids qui sont dans les plateaux, c'est-à-dire de mettre à gauche les corps qui étaient à droite et inversement. Si alors le fléau reste encore horizontal, c'est que la balance est juste.

4. Considérons une balance dont le fléau est horizontal et dont les deux plateaux sont chargés de poids égaux : mettons dans un des plateaux un corps extrêmement léger, un tout petit morceau de papier, par exemple ; si le fléau s'incline bien visiblement sous l'influence de ce poids si faible, c'est que la balance est *sensible*. Dans certaines industries, dans la bijouterie, et surtout dans la pharmacie, on doit employer des balances très sensibles. Pour qu'une balance soit très sensible, il faut que le fléau soit long et en même temps très léger.

186. Comment on pèse avec une balance qui n'est pas juste. — On peut trouver le poids exact d'un corps avec une balance qui n'est pas juste. Pour cela, on fait équilibre au corps que l'on veut peser avec n'importe quels corps : des grains de plomb, du sable, de petits morceaux de papier ; c'est ce qu'on appelle de la *tare*. Quand l'équilibre est bien établi, on retire le corps sans toucher à la tare : l'équilibre est rompu. Pour le rétablir, on met des poids marqués dans le plateau d'où l'on a retiré le corps ; quand l'équilibre est rétabli, on lit le nombre de grammes qu'on a mis dans le plateau ; on a ainsi le poids exact du corps, puisque ce poids fait équilibre à la même tare placée dans les mêmes conditions. Cette manière de peser s'appelle *méthode de la double pesée*.

187. Bascule. — Balance romaine. — 1. Si les deux bras du fléau n'ont pas la même longueur, les poids qu'il faut placer dans les plateaux pour rendre le fléau horizontal ne sont pas égaux ; ces poids sont en raison inverse des lon-

---

4. Qu'est-ce qu'une balance sensible ? Comment doit être construit le fléau d'une balance sensible ?

186 — Indiquez comment on peut trouver le poids exact d'un corps avec une balance qui n'est pas juste

187 — 1. Qu'arrive-t-il si les bras du fléau n'ont pas la même longueur ? Quel rapport y a-t-il entre les poids à placer dans les plateaux et la longueur des bras du fléau ? Comment sont graduées les bascules du commerce ?

214 PHYSIQUE.

gueurs des bras; c'est-à-dire que si l'un des bras est 2, 3, 4 fois plus long que l'autre, les poids que l'on devra mettre du côté de ce bras devront être 2, 3, 4 fois plus petits que ceux que l'on met de l'autre côté. On emploie souvent dans le commerce des balances nommées *bascules*, qui sont construites d'après ce principe. Dans les bascules, le bras du fléau qui porte le plateau où l'on doit mettre les poids marqués, est ordinairement 10 fois plus grand que celui à l'extrémité duquel on met la marchandise : le poids de la marchandise est alors 10 fois plus grand que le poids marqué qui rend le fléau horizontal.

2. On se sert aussi dans l'industrie d'une balance nommée *romaine* (fig. 266), qui est construite d'après le même principe.

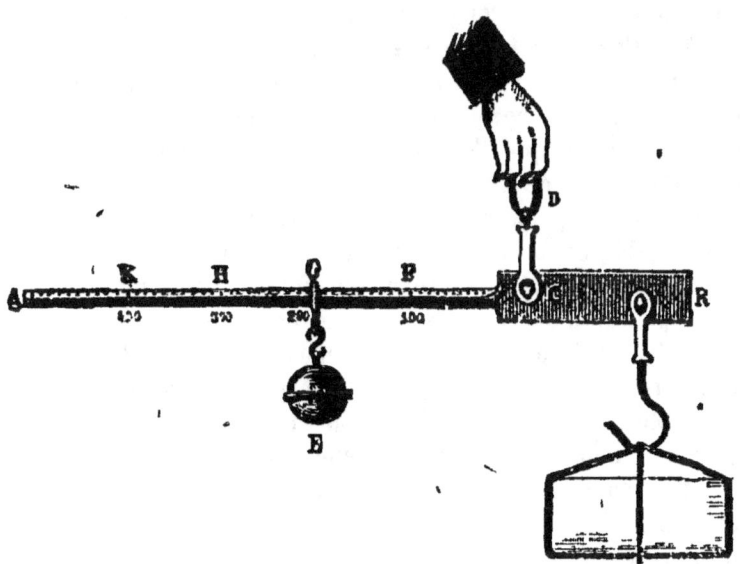

Fig. 266. — Balance romaine. ACB fléau traversé par le couteau C, qui est mobile dans une encoche creusée dans une tige soutenue en D — E, poids mobile sur le bras CA du fléau. Le couteau C s'appuie des deux côtés sur les bords des deux anneaux creusés dans les parois de l'encoche.

Cette balance se compose d'un fléau AB, dont le couteau C s'appuie sur un crochet D que l'on tient à la main; on suspend le corps que l'on veut peser à un autre crochet fixé près

---

2. Comment est construite la balance romaine ?

BALANCE. — LEVIERS.

de l'extrémité B du fléau; sur l'autre bras CA, on peut faire glisser un poids E attaché à un crochet G.

3. Pour graduer la balance que représente la figure 266, on a suspendu au crochet B un poids de 100 grammes; on a constaté qu'il fallait mettre en F le poids mobile E pour rétablir l'équilibre; à ce point F on a inscrit 100; puis on a mis 200 grammes en B, et il a fallu placer le poids E en G où l'on a inscrit 200; on a ensuite divisé l'intervalle en FG, en 100 parties égales qui indiquent les poids en grammes, puis on a prolongé les divisions en G, H, K, A.

4. Cette balance est très portative et d'un usage commode pour les marchands qui portent les marchandises à domicile; mais elle est surtout employée pour peser les marchandises encombrantes, comme les ballots de laine ou de chiffons; le crochet D est alors fixé au plafond d'une chambre.

188. Leviers. — 1. Il serait impossible de soulever une pierre très lourde posée à plat sur le sol, si nous étions réduits à notre seule force, mais si nous nous aidons d'une barre bien solide de bois ou de métal qui ne puisse pas se plier, on pourra facilement y arriver : avec cette barre, on va faire un *levier*.

Fig. 267. — Levier du premier genre pressant en P, sur le levier PAR, appuyé en A, on peut soulever la pierre R, d'autant plus facilement que AR est plus petit que AP.

Pour soulever la pierre R (fig. 267), on glisse en dessous l'extrémité de la barre qu'on tient à l'autre bout P, et l'on appuie sur une petite pierre un point A de la barre située près de la pierre R, puis on appuie sur la barre en P. La pierre R se soulève alors

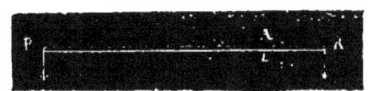

Fig. 268 — Levier du premier genre — P, puissance à une extrémité, R résistance à l'autre extrémité; A, point d'appui entre la puissance et la résistance.

d'autant plus facilement que la partie AR du levier est plus

---

3 Comment est-elle graduée ? — 4 Quand est-il avantageux d'employer la balance romaine ?

188 — 1. Qu'est-ce qu'un levier ? — Quand s'en sert-on ? — Où se trouve le point d'appui, la puissance et la résistance dans un levier du

petite par rapport à AP. Si donc AR est très petit et AP très grand, on soulèvera très facilement une pierre, même fort lourde.

Fig. 269. — Levier du deuxième genre. — En soulevant l'extrémité P du levier PA, appuyé en A, on peut soulever la pierre R d'autant plus facilement que AR, est plus petit que RP.

Le poids qu'on a soulevé avec le levier est la *résistance* R de ce levier, l'effet qu'on a exercé avec la main est sa *puissance* P, et le point A est le *point d'appui*.

On voit que dans le levier ainsi disposé, le point d'appui est entre la puissance et la résistance (fig. 268) qui sont placées aux extrémités : c'est ce qu'on appelle un levier du *premier genre*.

2. On peut, pour soulever la pierre R, se servir du levier d'une autre manière (fig. 269) : on glisse le levier sous la pierre, puis on lève le levier en P ; la pierre est alors soulevée en R. Le point d'appui du levier est en A ; la résistance est en R, et la puissance est en P.

Fig. 270. — Levier du deuxième genre A, point d'appui à une extrémité ; R, résistance à l'autre extrémité, P, puissance entre le point d'appui et la résistance.

Dans le levier ainsi disposé qui constitue un levier du *deuxième genre*, la résistance R (fig. 270) est donc entre la puissance P située à une extrémité, et le point d'appui A, situé à l'autre extrémité.

Fig. 271. — Levier du troisième genre. P, puissance à une extrémité ; A, point d'appui à l'autre extrémité ; R, résistance entre la puissance et le point d'appui.

3. Enfin, on peut encore disposer un levier d'une autre ma-

---

premier genre ? — Comment fait-on pour soulever une pierre avec un levier du premier genre ? — 2 Où se trouvent le point d'appui, la puissance et la résistance dans un levier du deuxième genre ? — Comment fait-on pour soulever une pierre avec un levier du deuxième genre ?— 3. Où se trouvent le point d'appui, la puissance et la résistance dans un levier du troisième genre ? Donnez un exemple de levier du troisième genre

nière, comme on le voit dans la pédale des rémouleurs (fig. 271).
Le poids du pied est la puissance P, le point d'appui est en A, au point où le levier est articulé à une planche fixe, et la résistance est la mise en mouvement de la meule au moyen de tiges de bois ou de métal articulées en R.

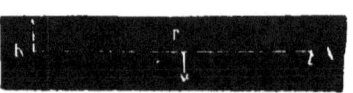

Fig. 272. — Levier du troisième genre. Le pied du rémouleur en pressant sur le point P du levier AR, appuyé sur A, fait baisser l'extrémité R de ce levier qui par son mouvement fait tourner la meule. Le déplacement de l'extrémité R est d'autant plus grand par rapport à celui du pied P que le pied est placé plus près du point d'appui A.

Dans ce levier (fig. 272), la puissance P est donc située entre le point d'appui A et la résistance R qui sont placés aux extrémités; c'est un levier du *troisième genre*.

RÉSUMÉ.

184. Balance. — Pour mesurer le poids des corps on se sert de *balance*.

Dans une balance on distingue le fléau, traversé par le *couteau* et les *plateaux* portés à l'extrémité de chaque *bras de fléau*. Dans la balance ordinaire les bras sont égaux.

185 et 186. Pesées. — Une balance est *juste* si le fléau reste horizontal quand on met des poids égaux dans les deux plateaux.

On peut peser exactement avec une balance qui n'est pas juste l'on emploie la méthode de la *double pesée*

Une balance est *sensible* si le fléau s'incline beaucoup pour une très petite différence de poids dans les plateaux.

187. Bascule; balance romaine. — Dans la *bascule* et dans la *romaine*, les bras du fléau ne sont pas égaux; les poids placés aux extrémités de ces bras sont en raison inverse de la longueur des bras.

188. Leviers. — Un *levier* est une barre bien solide qui peut tourner autour d'un de ses points. On distingue dans un levier, le *point d'appui*, la *puissance* et la *résistance*.

Un levier du *premier genre* a le point d'appui situé entre la puissance et la résistance

Un levier du *deuxième genre* a la résistance située entre le point d'appui et la puissance.

Un levier du *troisième genre* a la puissance située entre le point d'appui et la résistance.

VINGT-CINQUIÈME LEÇON.

L'équilibre des liquides.

189. Pression s'exerçant dans l'intérieur d'une masse d'eau. — 1. Si l'on perce la paroi d'un vase qui renferme de l'eau, on voit l'eau jaillir; cette eau exerce donc une pression sur les parois des vases qui la renferment. On peut même facilement constater par la force du jet de l'eau (fig. 273) que cette pression est d'autant plus grande que

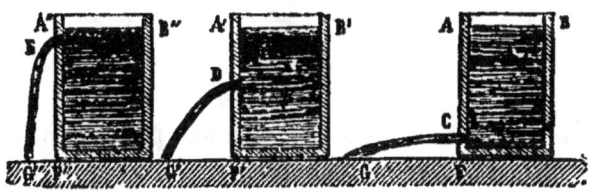

Fig. 273 — La pression sur les parois est faible en E, dans le vase A″B″, l'eau ne jaillit qu'à la distance G″F″.
La pression est plus forte en D dans le vase A'B'; l'eau jaillit avec plus de force à une distance G' F'.
La pression est encore plus forte en C dans le vase A B, l'eau est lancée à la distance G F.

l'eau est plus profonde, et qu'elle ne dépend pas de l'étendue de la surface du liquide (1).

2. Mais ce n'est pas seulement sur les parois du vase qui la renferme, que l'eau exerce des pressions, c'est aussi sur elle-même, dans l'intérieur de sa masse.

3. Pour le prouver, prenons un verre de lampe (fig. 274) et

(1) Voyez *Cours moyen*, §. 164.

---

189. — 1. Comment prouve-t-on que les liquides pressent sur les parois des vases qui les renferment? Comment constate-t-on que la pression augmente avec la profondeur? — 2 Les liquides n'exercent-ils des pressions que sur les parois des vases qui les renferment? — 3. Comment prouve-t-on qu'il existe des pressions dans la masse d'un liquide?

L'ÉQUILIBRE DES LIQUIDES.   219

fermons une de ses ouvertures au moyen d'une lame de verre L, au milieu de laquelle est fixé un fil F; enfonçons le tube dans l'eau, tout en maintenant au moyen du fil, la lame de verre bien fixée contre le bord du tube; lâchons alors le fil, nous voyons que la lame de verre ne tombe pas ; elle est donc poussée de bas en haut par l'eau.

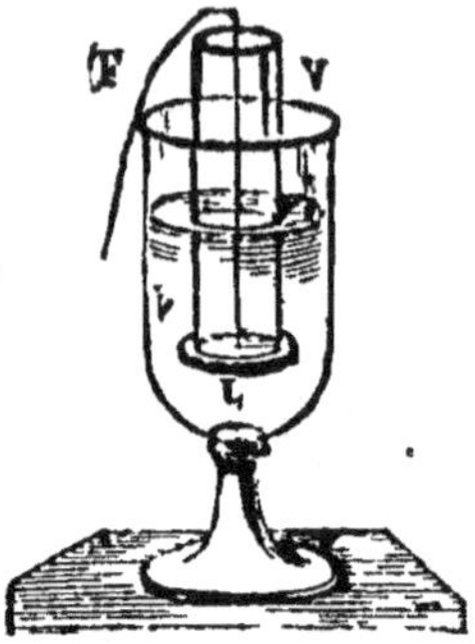

4. On peut incliner le tube que représente la figure 274 à droite ou à gauche, la lame L ne tombe pas ; nous voyons ainsi que dans une masse d'eau, il s'exerce des pressions dans tous les sens.

Fig. 274. — L'eau presse la lame de verre L, qui ferme l'extrémité inférieure du verre de lampe V, plongé dans l'eau, et l'empêche de tomber.

190. Presse hydraulique. — 1. Les pressions exercées par l'eau ont été appliquées à la construction d'une machine qui rend de très grands services à l'industrie : c'est la *presse hydraulique*. Voici sur quel principe est construite cette presse.

Un cylindre A (fig. 275) renfermant de l'eau, communique avec un autre cylindre B renfermant aussi de l'eau, mais ayant une base dix fois plus petite que celle de A ; sur l'un de ces deux cylindres sont posés deux pistons, c'est-

Fig 275. — Le vase A a une section 10 fois plus grande que celle du vase B, qui communique avec lui. Si l'on met 1 kilogramme sur le piston B, il faudra mettre 10 kilogrammes sur le piston A pour qu'il ne se relève pas.

à-dire deux plaques rondes qui peuvent glisser exactement à l'intérieur des cylindres. Si l'on place 1 kilogramme sur le piston du vase B, ce piston s'enfonce ; le piston du vase A s'élève alors avec une telle force qu'il faut le charger d'un poids de 10 kilogrammes si l'on veut l'empêcher de s'élever. Ainsi, la surface du piston A étant dix fois plus grande que celle du

---

4. Peut-on avec le même appareil prouver que ces pressions s'exercent dans tous les sens ?

190. — 1. Décrivez la presse hydraulique.

piston B, la pression produite par l'eau est dix fois plus grande sous le piston A que sous le piston B.

2. Cette machine est très employée pour comprimer des marchandises que leur grand volume rend gênantes à transporter : du foin, de la laine, par exemple ; on met les objets à comprimer M (fig. 276), sur un plateau de métal situé au-dessus du grand piston P' ; quand le grand piston monte, les marchandises M se trouvent pressées entre ce plateau et un autre plateau de métal placé au-dessus et fixé bien solidement par quatre colonnes de fer. En pressant à la main sur le piston du petit corps de pompe P au moyen du levier L, on peut ainsi transmettre en M une pression considérable.

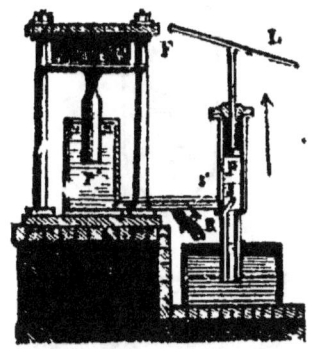

Fig. 276 — Presse hydraulique.
— L, levier fixé en F servant à faire monter et descendre le petit piston P.
s, soupape qui peut en se levant laisser remonter dans le petit corps de pompe, l'eau d'un réservoir placé au-dessous.
s', soupape laissant passer l'eau du petit corps de pompe dans le grand corps de pompe.
P', grand piston qui, en montant, peut comprimer très fortement une marchandise M.
R, robinet par où l'on peut faire sortir l'eau de la machine pour retirer la marchandise quand elle a été assez pressée.

191. Niveau de l'eau dans des vases communiquants. — 1. Si l'on met de l'eau dans un verre et qu'on ne la remue pas, on sait que cette eau reste immobile et que sa surface est horizontale ; mais il n'est pas nécessaire pour que la surface soit horizontale, que le vase dans lequel on verse de l'eau ait une forme régulière comme celle d'un verre.

2. On peut facilement constater cette propriété par l'expérience suivante : aux extrémités d'un tube de caoutchouc (fig. 277), on met d'un côté un entonnoir en verre A B, et de l'autre côté, un tube de verre C ; on verse de l'eau dans l'en-

---

2. A quoi sert cette machine ?
191. — 1. La forme du vase a-t-elle une influence sur l'horizontalité de la surface ? — 2. Comment prouve-t-on que la surface de l'eau est horizontale dans les vases communiquants ? Comment sont produits les jets d'eau ?

tonnoir et on voit que l'eau monte toujours au même niveau dans le tube C. Si l'on baissait l'extrémité du tube au-dessous du niveau A B, l'eau jaillirait par l'extrémité du tube de verre. C'est par une disposition de ce genre, qu'on fait les jets d'eau des bassins. Cette propriété des liquides de venir occuper toujours un même niveau horizontal dans des vases qui communiquent entre eux, s'appelle le *principe des vases communiquants*.

3. Les puits artésiens (fig. 278), sont une application de ce principe.

L'eau de ces puits arrive à la surface du sol avec assez de force pour former un jet d'eau P. L'eau jaillit, parce qu'il y a de l'eau dans une couche s de terrain perméable, du sable par exemple, renfermée entre deux couches imperméables d'argile $a a$ et $a' q'$.

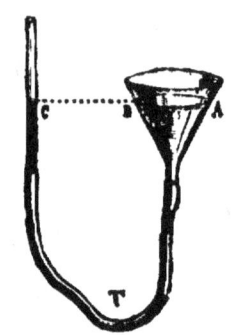

Fig. 277. — B A, entonnoir en verre ; C, tube de verre ; T, tube de caoutchouc faisant communiquer l'entonnoir avec le tube. Si l'on verse de l'eau dans l'entonnoir, elle monte a la même hauteur dans le tube, et les deux niveaux B A, C sont toujours sur une même ligne horizontale, quelles que soient les positions différentes que l'on donne au tube.

Si l'on perce le sol en P (fig. 278) de manière à atteindre la couche $s s$, qui renferme de l'eau, en un point où elle est très profonde, l'eau monte dans le puits

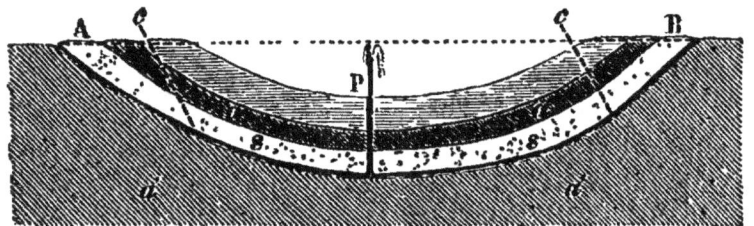

Fig. 278. — Coupe d'une vallée a puits artésien. A, B, région où la couche de sable se trouve à la surface du sol et reçoit les eaux de pluie ; P, puits artésien, aa, $a'a'$, couches imperméables d'argile, ss, couche perméable de sable.

pour se mettre au niveau qu'elle atteint en A B sur la colline ; si ce niveau est plus haut que le bord du puits, l'eau jaillit

---

3 Qu'est-ce qu'un puits artésien ? Pourquoi l'eau de ces puits jaillit-elle

en arrivant à la surface du sol. En effet, on a là un système de deux vases communiquants, l'un c'est la couche ss qui représente l'entonnoir de l'expérience précédente (fig. 277), l'autre c'est le puits P qui représente le tube de verre.

4. Voici (fig. 279) un instrument dont se servent les arpenteurs et qu'on appelle *niveau d'eau*. C'est encore une application du principe des vases communiquants. On peut constater que le niveau de l'eau dans les deux vases A et B qui communiquent par un tube creux, est toujours horizontal; si on l'incline comme le montre la figure de gauche, l'eau du vase C passera dans le vase D, par le tube d'en bas; et le niveau de D sera le même que celui de B A.

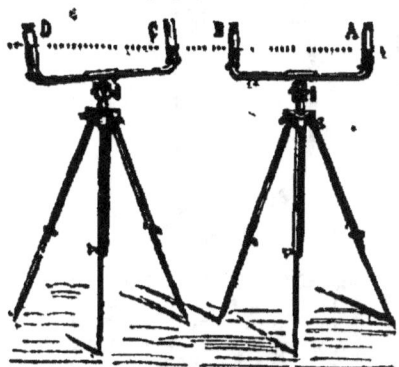

Fig. 279. — Niveau d'eau. Les niveaux dans les deux branches d'un même niveau sont toujours sur une ligne horizontale quelle que soit la position que l'on donne à l'appareil.

5. En mettant des liquides différents de deux côtés, le niveau de ces deux liquides ne serait pas le même, si l'un d'eux était plus lourd que l'autre. Si l'un des liquides est 2, 3, 4 fois plus lourd que l'autre, la hauteur de ce liquide au dessus de la surface de séparation des deux liquides (A) sera 2, 3, 4 fois plus petit que celle de l'autre (fig. 280).

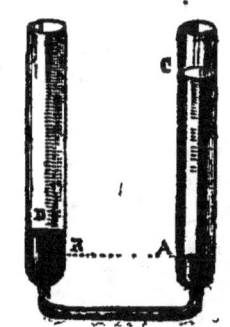

Fig. 280. — Le mercure pèse 13 fois et demi plus que l'eau ; la hauteur du mercure B D est 13 fois et demie plus petite que celle A C de l'eau.

192. Pourquoi les corps flottent. — 1. Jetons une pierre dans l'eau, elle tombe au fond, quand même cette pierre serait très petite, aussi petite qu'un grain de sable, par exemple; jetons-y au contraire un morceau de bois, il ne s'enfoncera

---

4. Décrivez le niveau d'eau. — 5. Qu'arrive-t-il si l'on met dans des vases communiquants deux liquides dont l'un soit plus lourd que l'autre ? Dans quel rapport sont les hauteurs des deux liquides ?

192. — 1. Comment se fait-il qu'un morceau de bois qu'on jette dans l'eau ne s'y enfonce pas ?

L'ÉQUILIBRE DES LIQUIDES.

pas; il flottera, quelle que soit sa dimension; si l'on jetait à l'eau une énorme poutre, on la verrait rester à la surface et ne pas s'enfoncer.

Qu'est-ce qui soutient cette poutre si lourde et l'empêche de tomber au fond de l'eau? C'est une *poussée* que l'eau exerce sur tous les corps qui sont plongés dans la masse.

2. C'est cette poussée qui presse notre main, si nous l'enfonçons dans un vase plein d'eau (fig. 281), et qui fait que l'on a de la peine à enfoncer dans l'eau une bouteille vide.

3. Il est facile de mesurer la valeur de cette poussée.

Fig. 281. — Lorsqu'on plonge la main dans l'eau on sent la poussée de l'eau qui presse sur la main.

Prenons un petit corps dont nous puissions calculer le volume, comme une bille à jouer, dont nous mesurons le diamètre, ou un petit cube de pierre dont nous mesurons l'arête. Supposons que son volume ainsi mesuré, soit de 5 centimètres cubes, suspendons par un fil, le corps sous le plateau d'une balance (fig. 282), et faisons lui équilibre avec de la tare T. Quand l'équilibre est bien établi, mettons sous le corps suspendu un verre C, et versons de l'eau dans ce verre. Dès que le corps est plongé dans l'eau, l'équilibre est rompu, le côté T de la balance s'abaisse; il faut mettre dans l'autre plateau des poids P pour rétablir l'équilibre. Quel poids faudra-t-il mettre? L'expérience nous montre qu'il faudra 5 grammes,

Fig. 282. — Le corps C attaché par un fil sous le plateau P a un volume de 5 cent cubes. On fait équilibre à ce corps avec de la tare T; puis on plonge le corps C dans l'eau. L'équilibre est rompu et il faut pour le rétablir mettre 5 grammes dans le plateau P.

le corps en plongeant dans l'eau avait donc perdu, par l'effet de la poussée de l'eau, un poids de 5 grammes; comme

---

2. Donnez une preuve de cette poussée de l'eau. — **3.** Comment fait-on pour avoir la valeur de cette poussée? Quelle est cette valeur?

1 centimètre cube d'eau pèse 1 gramme, on voit *qu'un corps plongé dans l'eau reçoit de la part de cette eau une poussée qui est égale au poids de l'eau dont le corps tient la place* (1).

4. D'après cela, pourquoi une pierre tombe-t-elle au fond de l'eau? C'est que la poussée de bas en haut qu'elle reçoit de l'eau est plus petite que son poids parce que la pierre pèse plus que l'eau dont elle occupe la place.

5. Pourquoi un morceau de bois ne s'enfonce-t-il pas dans l'eau? C'est qu'il reçoit de bas en haut une poussée plus grande que son poids, parce que le bois pèse moins que l'eau qu'il déplace. C'est la poussée que l'eau communique au corps, qui nous permet de nager.

On peut aussi faire flotter des corps plus lourds que l'eau; il faut pour cela leur donner une forme telle qu'ils puissent déplacer un grand volume d'eau. Par exemple, un bloc de fer tombe au fond de l'eau, mais si avec ce bloc de fer on fait des lames et qu'on en fabrique un seau, tout le monde sait qu'on pourra le faire flotter. On pourra même mettre dans ce seau des pierres, des objets lourds, le seau ainsi chargé ne s'enfoncera que lorsque son poids deviendra plus grand que celui de l'eau qu'il déplace. C'est d'après ce principe qu'on peut faire flotter des vaisseaux en fer qui ont une extrême solidité.

193. Un corps flotte mieux dans un liquide plus lourd. — 1. L'eau salée est plus lourde que l'eau pure, et cette eau salée est d'autant plus lourde qu'on y dissout plus de sel; on peut donc ainsi rendre l'eau de plus en plus lourde.

Prenons ces trois verres A, B, C; dans le verre C, mettons de l'eau pure; si nous y plaçons un œuf bien frais, on sait que cet œuf tombera au fond; c'est que la poussée de l'eau sur cet œuf est plus petite que son poids. Dans le verre B, mettons aussi de l'eau et ajoutons petit à petit du sel, l'eau

(1) Ce principe s'appelle le *principe d'Archimède*.

---

4. Expliquez pourquoi une pierre jetée dans l'eau s'y enfonce et pourquoi un morceau de bois flotte. — 5. Citez quelques applications des corps flottants.

193. — 1. Un corps flotte-t-il mieux dans un liquide lourd que dans un liquide léger? Prouvez-le.

L'ÉQUILIBRE DES LIQUIDES.

en dissolvant le sel devient plus lourde et bientôt nous verrons que l'œuf ne tombe plus au fond du verre, mais qu'il

Fig. 283. — C, un œuf frais tombe au fond d'un verre rempli d'eau pure.
B, en mettant peu à peu du sel dans de l'eau, on peut la rendre juste assez lourde pour que l'œuf reste dans cette eau salée à l'endroit où on le veut; il ne flotte plus, il ne s'enfonce plus.
A, cet œuf flotte dans de l'eau très salée, qui est plus lourde que l'eau pure.

reste où nous le mettons : au milieu du verre, par exemple. C'est que la poussée de l'eau est alors précisément égale au poids de l'œuf. Si dans le troisième verre A, nous faisons fondre plus de sel que dans le vase B, l'eau y deviendra plus lourde et l'œuf viendra flotter à la surface, c'est que dans ce cas la pesée de l'eau est plus grande que le poids de l'œuf.

2. D'après cette expérience, on comprend pourquoi on nage plus facilement dans l'eau de mer que dans l'eau douce; l'eau de mer qui est salée, est plus lourde et soutient davantage le corps.

191. Pèse-vin, pèse-lait, pèse-acides. — 1. On a fait dans l'industrie une très utile application de ces expériences.

Il y a beaucoup de liquides, tels que des acides, des sirops, dont la valeur augmente quand ils sont plus lourds; d'autres, au contraire, comme l'alcool, l'éther, ont une valeur d'autant plus grande qu'ils sont plus légers.

Fig 284 — Aréomètre — Cet appareil s'enfonce d'autant plus profondément dans les liquides que ces liquides sont plus légers

---

2. Citez une application de ce fait.
191. — 1. Citez des liquides qui ont des valeurs différentes, suivant qu'ils sont plus lourds ou plus légers.

2. Voici (fig. 284) un petit tube de verre creux renflé à la partie inférieure, et au bas duquel on a mis des grains de plomb pour qu'il reste bien d'aplomb. Mettons un de ces appareils, nommés en général *aréomètres*, dans un liquide.

3. Si le liquide est très lourd, il exerce une forte poussée sur l'aréomètre, qui alors pénétrera très peu dans ce liquide ; si le liquide est très léger, l'aréomètre au contraire entrera beaucoup ; on comprend alors qu'en graduant le tube, le point jusqu'où s'enfonce l'aréomètre dans un liquide peut indiquer la valeur de ce liquide.

On donne à ces aréomètres le nom de pèse-vin, pèse-lait, pèse-acides, pèse-sirops, etc., suivant les liquides dont ils sont destinés à mesurer la valeur.

RÉSUMÉ.

189. Pression des liquides. — Les liquides pressent sur les parois des vases qui les renferment ; les pressions exercées augmentent avec la profondeur du liquide et ne dépendent pas de l'étendue de la surface libre de ce liquide. L'eau exerce aussi des pressions en tout sens dans l'intérieur de sa masse.

190. Presse hydraulique. — Une pression exercée sur une surface quelconque d'une masse liquide se transmet proportionnellement à la grandeur de la surface où elle s'exerce. La presse hydraulique est une application de ce principe.

191. Vases communiquants. — L'eau monte à la même hauteur dans deux vases qui communiquent, quelle que soit la forme de ces vases.

Les puits artésiens s'expliquent par ce principe. On a appliqué cette propriété des vases communiquants dans le *niveau d'eau* des arpenteurs.

Les hauteurs des deux liquides différents placés dans des vases communiquants ne sont pas les mêmes. Si l'un des liquides est plus lourd que l'autre, la hauteur de ce liquide est moins grande que celle de l'autre.

2. Décrivez un aréomètre. — 3. Suivant quel principe est-il construit ?

192. Poussée des liquides. — Tout corps que l'on plonge dans l'eau est pressé de tous les côtés par cette eau; la poussée ainsi exercée par l'eau est égale au poids de l'eau dont le corps tient la place. On peut dire que tout corps plongé dans l'eau perd une partie de son poids égale au poids de l'eau déplacée.

C'est la poussée de l'eau qui fait flotter le corps; on utilise cette poussée pour la navigation.

193, 194. Applications. — Plus un liquide est lourd, plus la poussée qu'il communique au corps qu'on y plonge, est considérable. On a construit d'après ce principe de petits appareils pèse-vin, pèse-lait, pèse-acides, qui indiquent la valeur de ces liquides en s'enfonçant plus ou moins dans leur masse; ces appareils ne diffèrent que par leur graduation.

VINGT-SIXIÈME LEÇON.

La pression de l'air.

195. Propriétés de l'air. — 1. L'air entoure toute la terre, il forme ce qu'on appelle l'atmosphère. L'atmosphère a une épaisseur assez grande pour recouvrir les plus hautes montagnes.

2. L'air pèse; on peut le constater en pesant un ballon de verre dont on a retiré une partie de l'air, et en le pesant de nouveau plein d'air; le ballon plein d'air pèse plus que le ballon renfermant peu d'air (fig. 285 et 286). On a constaté qu'un litre d'air pèse un peu plus de 1 gramme.

196. Pression exercée par l'atmosphère. — 1. Le poids de l'atmosphère exerce sur tous les corps une forte

---

195. — 1. Qu'est-ce que l'atmosphère ? — 2. Montrez que l'air pèse
196 — 1. Citez quelques expériences prouvant la pression exercée par l'atmosphère.

pression. On peut le constater au moyen de beaucoup d'expériences. Par exemple, si nous faisons brûler un peu de papier

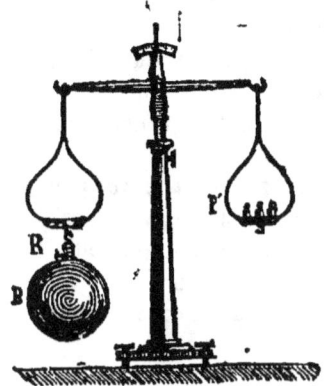

Fig. 285. — Les poids P font équilibre au ballon B dont on fait sortir une partie de l'air en le chauffant. On a fermé le robinet R, puis on a laissé refroidir le ballon avant de le peser.

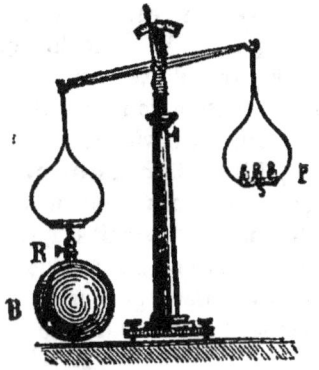

Fig. 286. — On a ouvert le robinet R, l'air est rentré dans le ballon B; l'équilibre est rompu; il faut pour le rétablir mettre dans le plateau P de nouveaux poids qui représentent le poids de l'air qui est entré dans le ballon.

dans un verre (fig. 287), l'air contenu dans ce verre s'échauffera en augmentant de volume, une partie de cet air sortira;

Fig. 287. — On brûle du papier dans un verre; une partie de l'air renfermé dans ce verre en sort.

Fig. 288. — On a appliqué la main sur le verre plein d'air chaud; quand cet air est refroidi, la pression extérieure est plus forte que la pression intérieure, et presse contre la main le verre qui ne peut pas tomber.

si alors, quand le papier est éteint, on met la main sur l'ouverture du verre de manière à la fermer, l'air contenu dans le verre se refroidira et la pression de l'air extérieur étant plus forte que la pression de la petite quantité d'air qui est

restée dans le verre, cette pression s'exercera avec assez de force sur le verre pour l'appliquer fortement contre la main qu'on pourra renverser (fig. 288) sans que le verre tombe.

Brûlons de même un peu de papier dans un flacon dont le

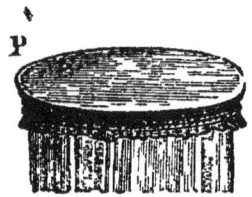

Fig. 289. — On a fix , avec une ficelle, une feuille de papier mouillé bien tendue sur l'ouverture du vase P, après y avoir brûlé du papier.

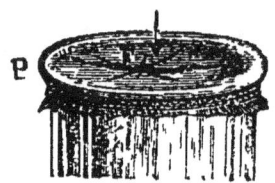

Fig. 290. — Quand l'air se refroidit, la pression extérieure devenant plus forte que la pression intérieure, le papier se déchire F, et l'air rentre dans le vase P.

rebord est un peu saillant, et quand le papier va s'éteindre, glissons sur l'ouverture une feuille de papier mouillé que nous fixerons tout autour avec une ficelle. Le papier est d'abord bien droit (fig. 289), puis nous le voyons se creuser sous l'effet de la pression atmosphérique et bientôt se déchirer (fig. 290).

Prenons encore deux petits morceaux de vitre, mettons-les l'un sur l'autre, nous les séparons très facilement ; la pression atmosphérique s'exerce bien sur eux, mais il y a entre deux une couche d'air qui presse aussi en sens inverse et qui les sépare ; mettons un peu d'eau entre ces deux petits morceaux de verre et nous ne pouvons plus les séparer, ils sont appliqués l'un sur l'autre avec une très grande force. C'est la pression atmosphérique qui les applique ainsi l'un contre l'autre (1).

197. Tâte-vin. — Si l'on veut prendre une certaine quantité de liquide, sans remuer ce liquide, on se sert d'un petit appareil appelé *pipette* ou plus souvent *tâte-vin*, parce qu'on s'en sert très habituellement pour le vin. Le fonctionne-

(1) Pour plus de détails voyez *Cours moyen*, §§ 173 à 176

---

197. — Décrivez le tâte-vin et expliquez comment on s'en sert.

ment de cet appareil se fait sous l'influence de la pression atmosphérique. On enfonce dans du vin, M N (fig. 291) le tâte-vin C B, qui n'est pas autre chose qu'un tube effilé de verre ou de métal renflé en son milieu C ; à mesure qu'on enfonce ce tube, l'air qu'il renferme s'échappe par l'ouverture supérieure qu'on ne ferme pas, et le vin entre par la pointe effilée, de manière que le niveau soit le même dans le vase MN et dans le tâte-vin. Quand on en a fait entrer suffisamment, on bouche avec le doigt l'ouverture supérieure et l'on retire ce petit appareil du vin où il était plongé. Quand on l'a entièrement retiré, on voit en B' C' que le vin ne tombe pas ; c'est que la pression atmosphérique s'exerce seulement par en bas et non plus par en haut, et cette pression empêche le vin de tomber. Enlevons le doigt qui bouchait l'ouverture d'en haut et le vin s'écoule immédiatement.

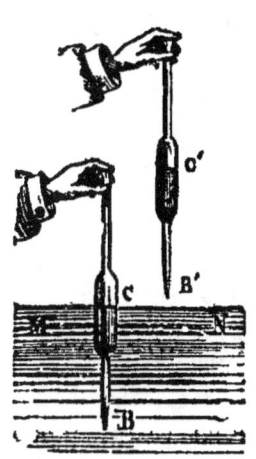

Fig. 291. — A gauche, on a enfoncé la pipette C B, en laissant ouverte l'extrémité supérieure ; le vin monte dans la pipette au même niveau qu'à l'extérieur ; on bouche avec le doigt.
A droite, on a soulevé la pipette, en laissant l'extrémité supérieure bouchée ; le vin est resté au même niveau C' ; il ne tombe pas.

198. L'eau peut être soulevée dans un tube par la pression de l'air. — 1. Si l'on met dans un verre d'eau l'extrémité d'un tube ouvert aux deux bouts, par exemple un brin de paille, tout le monde sait que si l'on aspire par le bout d'en haut, l'eau monte dans le tube et peut arriver jusqu'à la bouche. C'est encore la pression atmosphérique qui est la cause de cela. En aspirant, nous retirons l'air qui est dans le tube de paille ; la pression atmosphérique qui s'exerce toujours sur l'eau du verre ne s'exerce plus sur l'eau qui est dans la paille ; et elle force alors l'eau à monter dans le tube de paille.

2. Prenons maintenant une baguette de sureau dont on a

---

198. — 1. Expliquez pourquoi l'air monte dans un tube dont on aspire l'air avec la bouche. — 2. Indiquez un autre moyen de faire monter de l'eau dans un tube.

retiré la moelle; il y a au milieu de cette baguette un tube vide. Bouchons une extrémité de ce tube au moyen d'une baguette de bois qui y entre bien exactement, mettons dans un verre d'eau l'extrémité ouverte du tube, puis enfonçons la baguette dans le tube; la baguette en avançant refoulera l'air dont nous verrons les bulles monter à la surface de l'eau. Quand la baguette sera arrivée au bout inférieur du tube, c'est-à-dire quand tout l'air sera parti, relevons-la, l'eau montera dans le tube en suivant la baguette. L'eau monte sous l'action de la pression atmosphérique qui s'exerce à la surface de l'eau du verre, comme dans l'expérience précédente.

199. Pompes. — 1. C'est aussi de la même manière qu'on explique pourquoi l'eau monte dans les pompes.

Un disque épais B (fig. 292), bien résistant, nommé *piston*, peut glisser dans un gros cylindre nommé *corps de pompe*, au moyen d'une tige A qu'on fait monter et baisser. Le corps de pompe est situé au-dessus d'un tube plus étroit dont l'extrémité inférieure plonge dans l'eau L; une soupape S placée en haut de ce tube, peut s'ouvrir de bas en haut; une autre soupape S' placée à l'ouverture d'un long tube T peut s'ouvrir de dedans en dehors du corps de pompe.

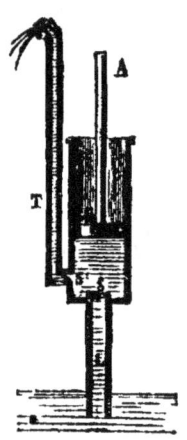

Fig. 292. — Pompe aspirante et foulante. L, tuyau d'aspiration; S, soupape s'ouvrant de bas en haut; B, piston pouvant se mouvoir dans le corps de pompe au moyen de la tige A; S', soupape s'ouvrant de dedans au dehors et laissant passer l'eau dans le tuyau T, quand le piston descend.

Si l'on tire en haut la tige A, le piston B se lève, la soupape S s'ouvre, la soupape S' se ferme et l'eau aspirée par le tube L remplit le corps de pompe; si l'on baisse la tige A, le piston B s'abaisse, la soupape S se ferme, la soupape S' s'ouvre et l'eau du corps de pompe s'élève dans le tube T, d'où l'on peut la faire monter jusqu'à un réservoir.

---

199. — 1. Décrivez une pompe. — Indiquez-en le fonctionnement

2. La pompe à incendie (fig. 293) est formée de deux pompes C et D comme celle que nous venons de voir; l'un des pistons monte quand l'autre descend; l'eau des deux pompes est envoyée par deux ouvertures I et I' munies de soupapes dans un réservoir R d'où un gros tube dont on voit le commencement en O conduit l'eau où l'on veut l'envoyer. La partie supérieure R du réservoir est remplie d'air qui presse toujours sur la surface de l'eau et rend le jet d'eau très régulier, ce qui permet de bien diriger l'eau vers le point que l'on veut atteindre.

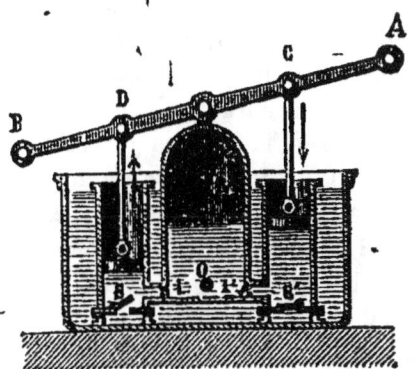

Fig. 293 — Pompe a incendie ; B A, levier mettant en mouvement par des oscillations les tiges de deux pompes D et C qui plongent dans un réservoir plein d'eau ; R, réservoir a air, servant à régulariser le jet de l'eau; O, conduit par où l'eau est lancée ; S, S', soupape s'ouvrant de haut en bas; I, I', soupape s'ouvrant de l'extérieur à l'intérieur.

200. Mesure de la pression atmosphérique. — **1.** Le piston B (fig. 292) peut-il, en montant, élever l'eau à une hauteur indéfinie, et le tube d'aspiration d'une pompe peut-il avoir une longueur quelconque ? Non, l'expérience a fait constater qu'au delà d'une dizaine de mètres l'eau cesse de monter dans les pompes. Si l'on continue à faire mouvoir le piston, l'eau ne l'accompagne plus et le piston monte tout seul; cela nous indique que la pression atmosphérique est mesurée par une colonne d'eau d'une dizaine de mètres de hauteur, à laquelle elle fait équilibre.

2. On peut facilement évaluer la pression exercée par l'atmosphère au moyen de l'expérience suivante : au lieu d'eau on prend un liquide beaucoup plus lourd, du mercure, qui est

---

2 Décrivez la pompe à incendie. — Quel avantage a-t-elle sur les autres pompes ?

200 — **1.** L'eau monte-t-elle indéfiniment dans le tuyau d'aspiration d'une pompe ? Jusqu'à quelle hauteur monte-t-elle ? — Pourquoi l'eau ne monte-t-elle pas plus haut ? — **2** Décrivez l'expérience qui permet d'évaluer la pression de l'atmosphère ? — Quelle la est pression exercée par l'atmosphère sur un 1 centimètre carré ?

13 fois et demie plus lourd que l'eau ; le mercure est un métal liquide blanc comme l'argent, sa couleur et sa mobilité l'ont fait nommer autrefois vif-argent.

On prend un tube d'environ 80 centimètres de longueur, fermé à une extrémité, ouvert à l'autre ; on le remplit entièrement de mercure et l'on bouche ce tube avec le doigt. On renverse le tube en laissant toujours le doigt sur l'ouverture et on introduit cette extrémité ainsi bouchée par le doigt, dans un verre rempli de mercure D C (fig. 294) ; on retire alors le doigt et l'on voit le mercure se détacher du fond A du tube, tomber jusqu'en B et rester là, à une hauteur d'environ 76 centimètres au-dessus du niveau D C du mercure dans le tube. Cette colonne de 76 centimètres de mercure reste soulevée par l'action de la pression atmosphérique qui presse sur la surface D C ; cette pression ne s'exerce pas dans le tube A puisqu'il est fermé en haut, et la colonne de mercure reste soulevée pour équilibrer la pression extérieure exercée par l'air.

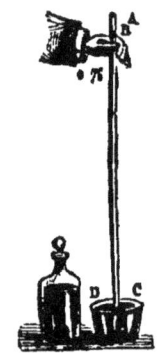

Fig. 294 — D C, verre rempli de mercure ; AC, tube fermé en haut, ouvert en bas, qui a été rempli de mercure, puis qui a été renversé sur le verre. Le mercure ne tombe pas jusqu'en bas, il reste en B, environ à 76 centimètres au-dessus de D C.

Supposons que la surface du tube coupé en travers A soit de 1 centimètre carré ; puisque le mercure est soulevé à 76 centimètres de hauteur, il y aura 76 centimètres multipliés par 1 centimètre carré, ce qui fait 76 centimètres cubes de mercure soulevés dans ce tube ; le poids de 1 centimètre cube de mercure étant de $13^{gr},6$, il en résulte que la pression atmosphérique exerce sur 1 centimètre carré une pression de 76 fois $13^{gr},6$, c'est-à-dire de $1^{kg},033$.

3. La pression atmosphérique exerce donc sur 1 centimètre carré une pression d'environ 1 kilogramme. C'est une pression très considérable : une table d'un mètre carré supporte ainsi une pression d'environ 10,000 kilogrammes. Cette énorme

---

3. Quelle est la pression exercée par l'atmosphère sur un mètre carré ? — Pourquoi cette pression n'écrase-t-elle pas une table ?

pression n'écrase pas la table parce qu'elle est contrebalancée par une pression égale qui s'exerce de bas en haut; si l'on pouvait retirer l'air de dessous cette table, elle serait immédiatement écrasée sous la pression de l'atmosphère.

201. Baromètres. — 1. La hauteur de la colonne de mercure qui fait équilibre à la pression atmosphérique varie constamment; ses variations habituelles sont de 2 ou 3 centimètres tantôt au-dessus, tantôt au-dessous, de la hauteur 0,76. Il existe un certain rapport entre ces hauteurs et le temps qu'il fera quelques heures plus tard; dans notre pays, quand le niveau du mercure s'abaisse, cela annonce qu'il va pleuvoir; quand le niveau s'élève, c'est le beau temps qui est annoncé. Ces indications sont assez utiles pour qu'on ait construit sous le nom de *baromètres* des instruments qui ont pour but de nous faire connaître les différences de hauteur du mercure suivant le temps. Toutefois, ces indications ne sont jamais que des probabilités et il ne faudrait pas y compter d'une manière absolue.

Fig. 295. — Baromètre à siphon. La branche C du tube recourbé ABDC est courte, large et ouverte; la branche A est longue, étroite et fermée; C B, niveaux du mercure; la distance B D mesure la pression atmosphérique.

2. Un baromètre (fig. 295) se compose d'un tube recourbé, fermé en A, ouvert à l'autre extrémité par où s'exerce la pression atmosphérique; la différence entre le niveau du mercure, dans la cuvette en C et dans le tube en E, donne la mesure de la pression atmosphérique. La cuvette C est assez large pour que le niveau du mercure change très peu quand le mercure monte ou descend dans le tube A.

3. On donne quelquefois au baromètre la disposition su-

---

201. — 1. La pression de l'atmosphère est-elle toujours la même ? — De combien varie ordinairement cette pression ? — Avec quoi les variations de la pression sont-elles habituellement en rapport? — Qu'annonce le baromètre quand il baisse ? — Quand il monte ? — 2. Décrivez le baromètre à siphon. — 3. Décrivez le baromètre à cadran

vante : sur le mercure de la branche ouverte en P (fig. 296), on met un petit corps qui flotte ; ce petit corps monte et descend, si le niveau du mercure monte ou descend dans cette branche ; à ce petit corps qui flotte est fixé un fil qui vient s'enrouler autour d'une poulie A ; au centre de cette poulie est une aiguille qui parcourt les divisions d'un cadran où est indiqué le temps probable que prédit le baromètre. Un contrepoids P' a pour but de tendre constamment le fil PAP'.

202. Siphon. — Le *siphon* est un tube recourbé qui est très utilisé pour transvaser les liquides quand on ne veut pas remuer les vases qui les renferment.

2. On veut par exemple retirer l'eau d'un vase A (fig. 297) pour la mettre dans un vase D, sans remuer le vase A. On met entre ces deux vases un tube recourbé ABCD : c'est ce tube qu'on appelle un siphon. On aspire en D l'air renfermé dans ce siphon, l'eau du vase A est entraînée dans le tube et le remplit ; on dit alors que le siphon est *amorcé*. L'eau du vase A continue à couler en D jusqu'à ce que le vase A soit vidé, si l'on a mis l'extrémité A du siphon au fond du vase.

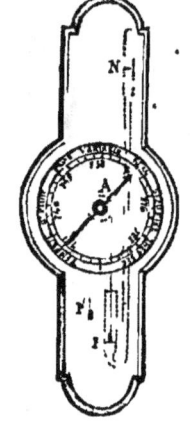

Fig. 296. — Baromètre a cadran. N, P, niveaux du mercure, dont la distance mesure la pression atmosphérique ; P, petit poids en fer flottant sur le mercure ; A, axe sur lequel s'enroule le fil qui porte les poids P et P'. Si la pression augmente, N monte et par conséquent P s'abaisse, et inversement.

3. C'est la pression de l'atmosphère qui est la cause de cet écoulement. La pression, en effet, n'est pas la même dans les deux branches du siphon aux extrémités A et D. Si ces deux branches étaient de même longueur, la pression serait la même de part et d'autre, il n'y aurait pas de motif pour que le liquide s'écoulât d'un côté ou de l'autre, mais les branches

---

202. — Qu'est-ce qu'un siphon ? A quoi sert-il ? — **2** Décrivez comment on se sert d'un siphon — **3** Expliquez pourquoi le liquide s'écoule quand le siphon est amorcé. — Qu'est-ce qui fait venir la force avec laquelle le liquide s'écoule.

étant inégales, il en résulte entre A et D une différence de pression égale au poids de la colonne de liquide qui remplit ce tube entre le niveau n m dans le vase et l'extrémité D du siphon. Plus la différence du niveau sera grande et plus l'eau s'écoulera rapidement.

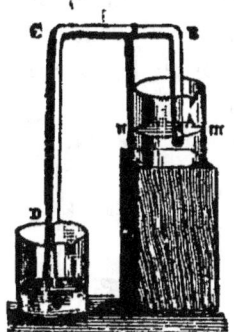

Fig. 297. — Siphon amorcé n m, niveau du liquide du vase supérieur.
Le liquide du vase A s'écoule dans le vase D.

203. Ballons. — 1. C'est encore par l'effet du poids de l'air que l'on peut expliquer l'ascension des ballons. Nous savons que l'air chaud est plus léger que l'air froid (1) et qu'il s'élève au-dessus d'un foyer en entraînant la fumée ; si on lance des petits morceaux de papier au milieu de cette colonne d'air qui monte, ces morceaux de papier sont enlevés par le courant d'air et montent aussi, quoique le papier soit bien plus lourd que l'air. C'est il y a une centaine d'années que les frères Montgolfier, fabricants de papier à Annonay (Ardèche), eurent l'idée d'enfermer de l'air chaud dans un grand ballon de papier ; le ballon s'éleva avec une grande force, et ce fut seulement quand l'air qu'il renfermait se fut refroidi qu'ils le virent redescendre.

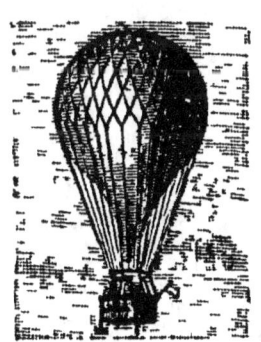

Fig. 298. — Ballon entouré du filet qui soutient la nacelle où sont les aéronautes.

2. Ce qui fait monter un ballon dans l'air, c'est une cause tout à fait semblable à celle qui fait monter à la surface un bouchon qu'on lâche au fond de l'eau. Ce bouchon monte parce que l'eau plus lourde que le liège prend sa place et le chasse de bas en haut jusqu'à la surface. De même, un ballon

(1) Voyez *Cours moyen*, § 169.

---

203. — 1. Comment les premiers ballons étaient ils gonflés ? Comment les frères Montgolfier ont-ils été amenés à découvrir les ballons ? — 2. Pourquoi un ballon monte-t-il ? Jusqu'où monte-t-il ?

plein d'air chaud monte parce que le papier dont il est fait et l'air chaud qu'il renferme forment un ensemble plus léger que l'air environnant ; cet air plus lourd tend alors à prendre la place du ballon qui est obligé de monter, jusqu'à ce qu'il se trouve dans une couche d'air assez légère pour ne pas peser, sous le même volume, plus que l'air qu'il déplace : alors le ballon cesse de monter. L'air, on le sait, devient de plus en plus léger à mesure que l'on monte.

Si le ballon est grand, on peut y suspendre des corps d'un poids assez considérable, sans empêcher le ballon de s'enlever. C'est ainsi qu'on peut, en se plaçant dans un grand panier ou *nacelle* attaché au-dessous du ballon (fig. 298), faire un voyage dans les airs.

3. Maintenant ce n'est plus de l'air chaud que l'on met dans les ballons ; on les gonfle ordinairement avec du gaz d'éclairage. Ce gaz étant beaucoup plus léger que l'air produit le même effet que l'air chaud. En faisant un ballon avec une étoffe qui ne laisse pas passer le gaz, ce ballon peut rester dans l'air beaucoup plus longtemps que s'il était rempli d'air chaud qui ne tarderait pas à se refroidir. (voir page 374 b).

RÉSUMÉ.

195 à 198. Pression atmosphérique. — L'air pèse et l'atmosphère exerce une grande pression sur la surface de tous les corps. De nombreuses expériences prouvent l'existence de cette pression.

C'est la pression atmosphérique qui fait monter l'eau dans un tube dont on aspire l'air, et qui empêche le vin de s'écouler d'un tâte-vin bouché d'un doigt, à la partie supérieure.

199. Pompes. — C'est aussi cette pression qui force l'eau monter dans le tube d'aspiration d'une pompe.

La pompe à incendie est formée de deux pompes qui envoient

---

3. Avec quoi gonfle-t-on les ballons ? — Quel avantage y a-t-il à les gonfler ainsi ?

l'eau dans un même réservoir renfermant, à la partie supérieure, de l'air comprimé. On peut ainsi obtenir un jet bien régulier.

200. Mesure de la pression de l'eau. — L'eau ne peut pas monter indéfiniment, dans le tuyau d'aspiration d'une pompe ; à une dizaine de mètres, l'eau abandonne le piston, si l'on continue à le faire monter. C'est que la pression causée par l'air n'est pas indéfinie ; cette pression est d'environ 1 kilogramme par centimètre carré.

On évalue cette pression en remplissant de mercure un tube ayant une longueur de $0^m,80$, fermé à une extrémité, ouvert à l'autre ; quand le tube est rempli, on le bouche avec le doigt, on le retourne, on plonge l'extrémité ouverte dans une cuvette remplie de mercure, et on retire le doigt : on voit une colonne de mercure de 76 centimètres environ qui reste soulevée ; c'est la pression atmosphérique qui, en pressant sur le mercure de la cuvette, empêche cette colonne de tomber.

201. Baromètres. — Les baromètres servent à indiquer la valeur de la pression de l'atmosphère, et comme la pression de l'air a beaucoup de rapports avec le temps qu'il fait, et même le temps qu'il fera quelques heures plus tard, le baromètre peut servir à prévoir le temps. Dans nos pays, quand le baromètre baisse, c'est qu'il fera mauvais temps, et inversement.

202. Siphon. — Le siphon est un tube de verre recourbé qui sert à transvaser un liquide sans déplacer le vase qui le renferme. C'est encore la pression atmosphérique qui provoque l'écoulement à travers un siphon, parce que la pression du liquide dans ce tube est plus grande du côté de la petite branche que du côté de la grande branche.

203. Ballons. — Les ballons montent dans l'air, comme un bouchon qu'on lâche au fond de l'eau monte à la surface.

L'air pèse plus que le ballon et tous ses agrès ; l'air qui est au-dessus du ballon tend donc à prendre la place du ballon, qui est obligé de monter. On gonfle ordinairement les ballons avec le gaz d'éclairage ; autrefois, on les gonflait avec de l'air chaud.

Un ballon monte avec d'autant plus de force qu'il y a plus de différence entre son poids complet et celui de l'air dont il tient la place.

VINGT-SEPTIÈME LEÇON.

La chaleur.

204. Les corps se dilatent quand on les chauffe.
— 1. Prenons une barre de fer, et mettons-la un peu au-dessus du sol sur deux pierres A et B (fig. 299). Appuyons bien son extrémité D sur une grosse pierre C et plaçons à l'autre bout une petite pierre taillée E qui la touche : mettons du feu

Fig. 299. — La barre de fer D s'allonge quand on la chauffe. Elle est fixée à gauche par la grosse pierre C; tout l'allongement a lieu du côté E où on la voit dépasser jusqu'en H la petite pierre taillée E.

sous la barre, nous voyons bientôt que la petite pierre E est repoussée; nous la voyons arriver jusqu'à H, la barre s'est allongée de E H.

Les corps solides se *dilatent* donc sous l'action de la chaleur.

2. Retirons le feu, la barre D E se refroidit et nous pourrons bientôt voir qu'elle reprend la même longueur qu'avant l'expérience.

---

204. — 1. Quel action ont la chaleur et le refroidissement sur les dimensions d'un corps? — 2. Comment démontre-t-on cette action?

Les corps solides se *contractent* donc sous l'action du refroidissement.

3. On fait une application de cette dilatation et de cette con-

Fig. 300. — On chauffe les cercles de fer que l'on met autour des roues, pour les rendre plus grands.

traction quand on entoure les roues de bois d'un cercle de fer. On met ce cercle sur du feu (fig. 300), il devient plus

Fig. 301. — On refroidit les cercles de fer, qu'on a mis autour des roues de bois, quand ils étaient chauds. Ces cercles de fer se rétrécissent.

grand; la roue de bois peut alors y entrer exactement, puis on jette de l'eau froide sur le cercle de fer (fig. 301) qui se

---

3. Citez l'application de cette action à la fabrication des roues de voiture

contracte, serre fortement la roue de bois et lui donne ainsi une grande solidité.

4. C'est aussi à cause de cette dilatation du fer qu'on a toujours le soin de laisser un certain espace entre les extrémités de deux rails de chemin de fer qui se font suite, et de ne pas les placer exactement bout à bout. Sous l'effet de la chaleur de l'été, ils se dilateraient avec tant de force qu'ils seraient arrachés des pièces de bois qui les portent.

De même les barreaux de fer des fenêtres grillées ne doivent pas être fixés dans la pierre à leurs deux extrémités : il faut qu'ils puissent se dilater librement d'un côté; sans cela ils casseraient les pierres de la fenêtre.

Dans toutes les constructions où l'on emploie des métaux, il faut ainsi toujours disposer les pièces de métal de manière à leur laisser un *jeu* suffisant.

205. Les corps liquides se dilatent quand on les chauffe. — Prenons maintenant un ballon de verre E (fig. 302) rempli d'eau colorée avec un peu d'encre; ce ballon est surmonté d'un tube très étroit dans lequel l'eau arrive jusqu'au point A. Mettons le flacon près du feu et nous voyons le niveau de l'eau monter et arriver au point C.

Les liquides se *dilatent* donc sous l'action de la chaleur.

Retirons le flacon du feu et nous voyons le niveau redescendre au point A.

Les liquides se *contractent* donc sous l'action du refroidissement.

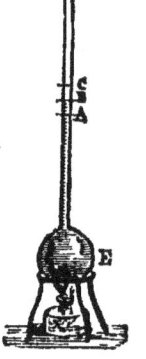

Fig. 302 — En chauffant le ballon E, on voit le niveau de l'eau qui était en A, monter jusqu'en C.

206. Les corps gazeux se dilatent quand on les chauffe. — Retirons l'eau qui est dans ce ballon de verre et n'en laissons qu'une petite goutte en C (fig. 303); le ballon est alors rempli d'air. Mettons la main en B et nous voyons la petite goutte d'eau qui était en C monter et arriver jusqu'en D; le volume de l'air a donc

---

4. Citez d'autres applications.
205. — Quelle est l'action de la chaleur et du refroidissement sur le volume d'un liquide ? Comment montre-t-on cette action ?
206. — Comment démontre-t-on cette même action sur le gaz ?

augmenté de tout l'espace C D. C'est la chaleur que la main a communiquée à l'air du ballon qui cause cette augmentation de volume.

Les gaz se *dilatent* donc aussi sous l'action de la chaleur.

Retirons la main, le flacon se refroidit; la goutte liquide revient en C.

Les gaz, comme les liquides et les solides, se *contractent* donc sous l'effet du refroidissement.

207. Le thermomètre. — 1. Nous ressentons en touchant les corps des impressions de chaleur ou de froid qui nous font dire que ces corps sont *chauds* ou *froids* ou qu'ils ont une *température* différente; mais ces impressions sont très peu exactes et nous pouvons très facilement nous tromper; ainsi mettons la main droite dans l'eau très chaude (A, fig. 304) qu'on vient de retirer du feu, et la main gauche dans de l'eau où nous avons mis de la glace, C;

Fig. 303. — En chauffant avec la main le ballon B, rempli d'air, on voit la petite goutte d'eau C, monter jusqu'en D.

laissons-les un instant ainsi, puis mettons en même temps les

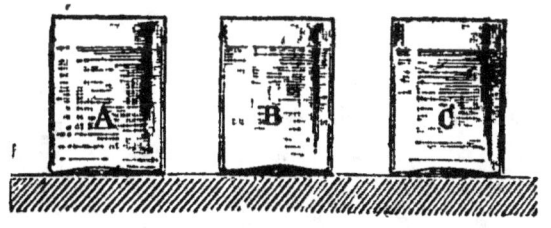

Fig. 304. — A, vase rempli d'eau très chaude; C, vase rempli d'eau glacée; B, vase rempli d'eau à la température de la chambre.
L'eau du vase B paraît froide pour la main que l'on a plongée dans le vase A, et paraît plus chaude pour la main que l'on a plongée dans le vase C.

deux mains dans de l'eau B qui est dans la chambre depuis plusieurs heures. Nous aurons avec la main droite une impression de froid et avec la main gauche une impression de

---

207. — 1. Peut-on avec la main connaître exactement la température d'un corps?

LA CHALEUR.

chaleur, et cependant nos deux mains sont dans la même eau. Nous voyons donc que si nous voulons avoir une idée exacte de la température d'un corps, nous ne pouvons pas nous en rapporter à nos impressions; de plus ces impressions sont très fugitives et nous ne pourrions les comparer, quelques heures après les avoir ressenties; c'est à cause de cela qu'il a fallu imaginer des instruments pour mesurer les températures. Ce sont des *thermomètres*.

2. En voici un (fig. 305). C'est un tube fermé aux deux bouts. Ce tube est beaucoup plus large en bas où il forme le *réservoir*; le reste du tube est extrêmement fin; on dit qu'il est capillaire, c'est-à-dire fin comme un cheveu; le réservoir et une partie du tube capillaire sont remplis de mercure.

Fig. 305. — Thermomètre a mercure.

Si l'on met le thermomètre dans un endroit froid, le mercure se contracte et par conséquent le niveau du mercure baisse dans le tube capillaire; si, au contraire, on le met dans un endroit chaud, le mercure se dilate et on voit le niveau monter.

3. Le mercure coûte cher, aussi met-on dans beaucoup de thermomètres de l'alcool qu'on a soin de colorer pour mieux voir le niveau.

4. Le thermomètre porte tout le long du tube capillaire une série de petites lignes transversales placées à des distances bien égales les unes des autres; ces lignes, à côté desquelles sont écrits des nombres, sont la *graduation* du thermomètre. La distance qui sépare deux de ces lignes est un *degré* du thermomètre.

208. Comment on gradue le thermomètre. —

(1) Il faut opérer un jour où la pression de l'air indiquée par le baromètre est de 76 centimètres car on verra plus loin (p. 248) que l'eau ne bout pas à la même température quand la pression de l'air change.

---

2. Qu'est-ce qu'un thermomètre ? Décrivez-en un. — 3. Quels liquides met-on dans le thermomètre ? — 4. Qu'est-ce qu'un degré du thermomètre ?

1. Pour graduer un thermomètre on le met dans la vapeur d'eau bouillante (fig. 306) (1), qui, comme nous le verrons, est toujours à la même température; on voit le niveau du mercure monter dans le tube; quand il a cessé de monter, on écrit 100 au point où le niveau s'est arrêté. C'est la température de l'eau bouillante; le mercure reviendra à ce niveau toutes les fois que le thermomètre sera placé dans un endroit ayant cette température.

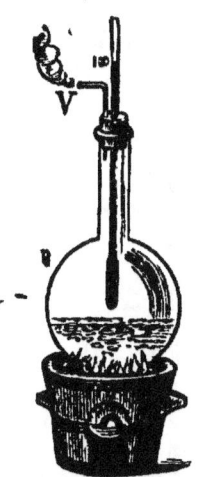

Fig. 306. — On obtient le degré 100 du thermomètre, en plongeant cet instrument dans la vapeur de l'eau bouillante; V, tube par où s'échappe la vapeur d'eau.

2. Ensuite, on met ce même thermomètre dans un verre renfermant des petits morceaux de glace (fig. 307); le verre est lui-même placé dans une chambre assez chaude pour qu'on soit sûr que la glace fonde. Nous voyons le niveau du mercure baisser dans le tube, puis s'arrêter à un certain point. A ce point on écrit 0; c'est la température de la glace fondante, température qui, nous le verrons, est toujours la même. On divise ensuite la longueur du tube du thermomètre comprise entre le point où est écrit 0 et le point où est écrit 100, en cent parties d'égale longueur, et le thermomètre est *gradué*.

On peut, s'il est nécessaire, plonger la graduation au-dessus de 100; on peut aussi la prolonger au-dessous de 0.

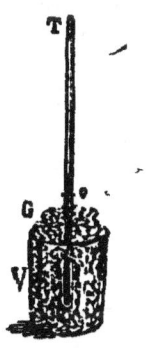

Fig. 307. — On obtient le degré 0 du thermomètre en plongeant cet instrument dans de la glace fondante G.

209. La chaleur fond les corps. — Mettons ce morceau de glace dans une cafetière que nous plaçons sur le feu, la glace qui est si dure devient de l'eau liquide, elle fond, la chaleur n'a donc pas seulement pour effet de dilater les corps,

---

208. Quelles sont les deux températures constantes dont on se sert pour graduer un thermomètre? Comment fait-on pour graduer un thermomètre?

209. — La chaleur peut-elle changer l'état des corps solides? Les

elle peut aussi, quand elle est assez intense, *fondre* les corps solides; les corps les plus durs, les plus résistants comme le fer ou le cuivre, coulent alors comme de l'eau. Mais la température de leur fusion, qui est toujours la même pour un même corps, est très différente pour les différents corps : ainsi le soufre fond à 110 degrés, l'étain à 228, le fer à 1.500.

210. La chaleur volatilise les corps. — Continuons à chauffer l'eau qui provient de la glace fondue, nous savons qu'elle va bientôt disparaître en passant à l'état de vapeur, en se *volatilisant*.

La chaleur agirait de la même manière sur les autres corps liquides, si on les chauffait suffisamment. Ainsi le fer, le cuivre, extrêmement chauffés, se volatilisent.

211. Le froid liquéfie les vapeurs. — Mettons une assiette froide

Fig. 308. — L'eau de la bouillote B donne de la vapeur invisible V. Cette vapeur se condense en nuage *n* et ce nuage donne des gouttes d'eau qui se déposent sur l'assiette d'où elles retombent en *g*.

au-dessus de la bouillote où nous faisons chauffer l'eau, nous voyons que des gouttes d'eau se déposent sur l'assiette (fig. 308) : c'est, nous le savons, la vapeur d'eau qui, sous l'action du froid de l'assiette, redevient liquide.

---

corps fondent-ils tous à la même température? Un même corps fond-il toujours à la même température?

210. — La chaleur change-t-elle l'état des corps liquides? Que deviennent-ils?

211. — Qu'arrive-t-il si l'on refroidit suffisamment une vapeur? Comment le prouve-t-on?

On peut constater que le froid aurait la même action sur les vapeurs de tous les corps ; le froid *liquéfie* donc toutes les vapeurs.

212. Le froid solidifie les liquides. — 1. Mettons dans un endroit très froid l'eau qui vient de se liquéfier sur l'assiette, nous savons que cette eau va se changer en glace.

Le froid fait donc solidifier l'eau.

On obtiendrait un effet du même genre en refroidissant suffisamment n'importe quel liquide. Le froid a donc pour effet de *solidifier* les liquides.

2. La glace, on le sait, a un volume plus grand que l'eau liquide qui l'a formée ; c'est pour cela qu'un vase se brise quand l'eau qu'il renferme vient à geler.

3. Beaucoup de corps, quand ils se refroidissent lentement, se solidifient en prenant une forme géométrique bien régulière qu'on appelle des *cristaux* (fig. 309).

Fig. 309. — Beaucoup de corps cristallisent en se solidifiant lentement.

213. Évaporation. — 1. Si nous mettons aujourd'hui un peu d'eau dans une assiette, nous savons très bien que dans quelques jours cette eau aura disparu ; elle se sera insensiblement transformée en vapeur, elle se sera *évaporée*. L'alcool, le vinaigre et la plupart des autres liquides peuvent ainsi s'évaporer.

2. On n'a pas ordinairement besoin de chauffer un liquide pour le faire évaporer, mais l'évaporation est plus rapide quand le liquide est plus chaud. Ainsi de l'eau mise dans une assiette s'évaporera bien plus vite en été qu'en hiver. L'évaporation de l'eau est aussi plus rapide quand l'air est sec que lorsqu'il est humide. Le vent active de même l'évaporation en renouvelant constamment l'air humide qui recouvre la surface de l'eau. Enfin, comme l'évaporation se

---

212. — 1. Qu'arrive-t-il si l'on refroidit suffisamment un liquide ? — 2. Pourquoi un vase se brise-t-il quand l'eau qu'il renferme gèle. — 3. Qu'est-ce qu'un cristal ?

213. — 1. Qu'est-ce que l'évaporation ? — 2. Citez quelques circonstances qui activent l'évaporation de l'eau.

fait à la surface du liquide, plus cette surface sera grande, plus l'évaporation sera considérable. Par exemple, l'eau placée dans un verre s'évaporera moins vite que si nous la mettons dans une assiette, et surtout que si nous l'étendons sur le sol.

214. L'évaporation produit du froid. — Mettons la main dans l'eau, puis retirons-la et ne l'essuyons pas : nous ressentons une impression de fraîcheur. C'est l'évaporation de l'eau à la surface de la main qui produit cette sensation. Tout liquide qui s'évapore produit de même un abaissement de la température.

Si l'on jette quelques gouttes d'éther sur de la ouate placée autour du réservoir d'un thermomètre, l'éther en s'évaporant produit un froid qui fait immédiatement baisser le thermomètre de plusieurs degrés.

Dans les pays chauds, on fait rafraîchir l'eau en la mettant dans des vases poreux dont la surface est toujours mouillée ; cette eau en s'évaporant produit assez de froid pour rafraîchir l'eau renfermée dans le vase. En mettant une carafe pleine d'eau sur une assiette dans laquelle il y a de l'eau, puis en mettant une serviette mouillée autour de la carafe, on a bientôt rafraîchi l'eau de cette carafe, surtout si on la place, ainsi disposée, dans un courant d'air. L'eau de l'assiette monte dans la serviette, et elle s'évapore rapidement à cause de la grande surface de la serviette ; il se produit alors un refroidissement très sensible, et qui se transmet à l'eau de la carafe.

215. Ébullition. — 1. Mettons de l'eau dans un ballon de verre que nous plaçons sur le feu (fig. 310) ; jetons dans cette eau un peu de sciure de bois. Nous voyons tous les morceaux de sciure de bois se mettre en mouvement dans le ballon ; cela nous indique qu'il se produit des courants dans l'eau ; nous voyons, en effet, la sciure de bois monter au milieu du ballon, et redescendre le long des bords : c'est que l'eau s'é-

---

214. — Quel changement l'évaporation produit-elle sur la température ? Comment le prouve-t-on ? Citez des applications du froid produit par l'évaporation. Pourquoi faut-il éviter de se mettre dans un courant d'air quand on a très chaud ?

215. — 1. Que voyons-nous si nous mettons de l'eau trouble sur le feu ? Quelle est la cause de ces courants ?

chauffe d'abord sur le fond du ballon qui est tout près du feu; cette eau devient alors plus légère, elle monte et est bientôt remplacée par de l'eau plus chaude encore, qui la chasse sur les bords où nous la voyons descendre, pour s'échauffer à son tour, et ainsi de suite.

2. En mettant un thermomètre dans cette eau, on voit la température s'élever de plus en plus ; vers 95 degrés, l'eau fait entendre un bruit particulier, on dit que l'eau *chante*; enfin, à 100 degrés, le niveau du mercure dans le thermomètre ne monte plus ; à ce moment nous voyons des masses de bulles de vapeur qui se forment dans toute la masse de l'eau ; ces bulles viennent crever à la surface; l'eau *bout*. Pendant tout le temps que l'eau bout, le thermomètre indique la même température de 100 degrés et l'on peut s'assurer que l'eau qui bout très fort n'est pas plus chaude que celle qui bout doucement.

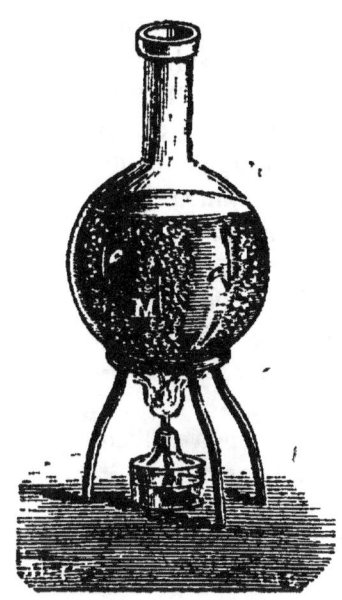

Fig. 310.— La sciure de bois qu'on a jetée dans l'eau fait voir les mouvements qui se produisent dans l'eau qui s'échauffe ; elle monte avec l'eau chaude en M et redescend avec l'eau moins chaude en *c c*.

3. Il en est de même pour les autres liquides ; mais la température de leur ébullition n'est pas la même · l'alcool bout à 79 degrés, l'éther à 36 degrés.

4. La pression qui s'exerce à la surface d'un liquide influe sur la température de l'ébullition ; quand cette pression augmente, le liquide bout à une température plus élevée que si la pression diminue.

Ainsi l'eau bout à une température moins élevée quand la

---

2. Qu'indique un thermomètre que nous mettons dans cette eau ? Jusqu'où monte-t-il ? L'eau qui bout très fort est-elle plus chaude que celle qui bout tout doucement ? — 3. Les liquides bouillent-ils tous a la même température ? Un même liquide bout-il toujours a la même température ? — 4. La pression a-t-elle de l'effet sur la température de l'ébullition ? Qu'est-ce que de l'eau distillée. Comment l'obtient-on ?

pression atmosphérique diminue que lorsque la pression atmosphérique augmente.

En refroidissant la vapeur provenant de l'ébullition de l'eau, on obtient de l'eau très pure, nommée eau distillée ; on a vu (*Cours moyen*, § 148 bis), la disposition de l'alembic servant à distiller l'eau.

216. La chaleur se propage dans l'intérieur des corps. — Mettons dans le feu l'extrémité d'une barre de fer que nous tenons par l'autre bout ; bientôt nous sentirons une sensation de chaleur qui peut devenir assez forte pour nous empêcher de tenir cette barre.

Le fer a donc conduit la chaleur du foyer d'une extrémité à l'autre de la barre. Tous les corps solides conduisent ainsi la chaleur, mais ils le font inégalement ; les uns comme les métaux, la conduisent mieux que d'autres tels que le verre, le bois ou le charbon ; on sait par exemple que l'on peut sans se brûler prendre avec les doigts un morceau de charbon tout près de l'endroit où il est enflammé.

On dit que les métaux sont *bons conducteurs* de la chaleur, que le verre, le bois sont *mauvais conducteurs*.

217. Les liquides et les gaz conduisent mal la chaleur. — 1. Les liquides aussi conduisent la chaleur, mais, excepté le mercure, généralement ils la conduisent mal. Pour le prouver mettons de l'eau dans un gros tube fermé à une extrémité (fig. 311),

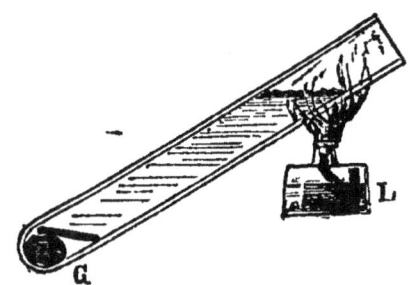

Fig. 311. — L'eau conduit si mal la chaleur qu'on peut faire bouillir l'eau qui est au-dessus de la lampe L, en même temps que l'on conserve en bas du tube un morceau de glace G retenue par une lame de plomb qui l'empêche de monter.

mettons dans cette eau un morceau de glace et faisons rester au fond ce morceau de glace G en mettant dessus une petite

---

216. — Comment constate-t-on que la chaleur se propage dans les corps ? Tous les corps conduisent-ils également la chaleur ? Citez des corps bons conducteurs et des corps mauvais conducteurs.

217 — 1. Les liquides conduisent-ils bien la chaleur ? Comment le démontre-t-on ? Les gaz sont-ils bons conducteurs ?

lame de plomb; si nous faisons chauffer la partie supérieure de l'eau, au moyen d'une lampe L, nous voyons l'eau bouillir, elle est par conséquent à 100 degrés et malgré cette température élevée de la partie supérieure du liquide, l'eau conduit si mal la chaleur que la glace qui est en bas ne fond pas et reste à 0 degré.

Les gaz conduisent la chaleur encore plus mal que les liquides.

2. Mais par leurs mouvements, les liquides ou les gaz peuvent transporter la chaleur. C'est ainsi que si on chauffait l'eau en G (fig. 311), l'eau chaude étant plus légère que l'eau froide monterait en haut du tube et l'échaufferait. C'est ainsi qu'un courant d'air chaud qui se déplace échauffe les corps qu'il rencontre.

218. La chaleur se propage à distance. — 1. Si nous nous approchons d'une cheminée où il y a du feu, nous ressentons immédiatement une sensation de chaleur ; et ce n'est pas l'air qui est devant cette cheminée qui nous échauffe, car si nous mettons un obstacle entre nous et le foyer, la sensation de chaleur cesse aussitôt, pour reparaître dès que l'on ôte l'obstacle. Le foyer donne de la chaleur dans toutes les directions : on dit que la chaleur *rayonne*.

2. C'est de même par rayonnement que la chaleur nous arrive du soleil, après avoir traversé des espaces immenses.

Un corps obscur peut aussi envoyer de la chaleur par rayonnement : un vase plein d'eau chaude, par exemple, envoie de la chaleur dans tous les sens.

219. La chaleur est absorbée ou réfléchie par les corps. — 1. Quand la chaleur rayonnée par un corps chaud tombe sur un autre corps, une partie de cette chaleur peut pénétrer dans ce corps, qui alors s'échauffe : la chaleur est *absorbée*. Tous les corps peuvent ainsi absorber la chaleur qui tombe sur eux, mais tous ne le font pas également,

---

2 Les liquides et les gaz peuvent-ils par leurs mouvements transporter la chaleur ?

218. — 1. Qu'est-ce que la chaleur rayonnante ? — 2. Donnez un exemple de la chaleur rayonnante.

219. — 1. Que devient la chaleur qui tombe sur un corps ? Citez des corps qui absorbent beaucoup la chaleur.

la suie et en général les corps noirs absorbent mieux la chaleur que les métaux ou corps blancs.

2. Une autre partie de la chaleur ne pénètre pas dans le corps, elle est renvoyée dans le milieu d'où elle vient : elle est *réfléchie;* tous les corps réfléchissent la chaleur : mais ils le font à des degrés différents : les métaux et les corps blancs réfléchissent mieux la chaleur que les corps noirs.

220. La chaleur peut passer à travers les corps. — Enfin une autre partie de la chaleur qui tombe sur un corps peut le traverser et aller de l'autre côté échauffer d'autres corps. Ainsi les vitres d'une fenêtre, par exemple, laissent pénétrer dans une chambre, sans s'échauffer elles-mêmes sensiblement, la chaleur qui vient du soleil ; si l'on taille du verre en forme de lentille, la chaleur se concentre de l'autre côté de la lentille en un même point, où son intensité peut être assez grande pour enflammer du bois ou fondre du plomb.

221. Applications de la conductibilité et de la propagation de la chaleur. — 1. Touchons un morceau de métal, il nous paraît froid, touchons un morceau de drap il nous paraît chaud ; c'est que le métal *bon conducteur* enlève la chaleur de la main et la conduit dans toute sa masse, tandis que le drap, *mauvais conducteur,* laisse la chaleur apportée par la main, au point de contact ; mais ces deux corps, malgré la différence de sensation qu'ils nous donnent, peuvent avoir absolument la même température.

2. Si l'on jette de l'eau très chaude dans un verre, on sait que ce verre peut se casser ; c'est que le verre est assez mauvais conducteur de la chaleur ; il se dilate beaucoup à l'endroit où l'on jette l'eau, et non tout autour : c'est cette dilatation irrégulière qui fait briser le verre. Cela n'aurait pas lieu

---

2 Citez des corps qui réfléchissent beaucoup la chaleur.

220. — Citez des faits qui prouvent que la chaleur peut traverser les corps sans les échauffer.

221. — 1. Citez des exemples de la conductibilité des corps pour la chaleur. Pourquoi certains corps paraissent-ils chauds ou froids quand on les touche, bien qu'ils aient la même température ? — 2 Pourquoi un verre peut-il se casser si l'on y verse de l'eau très chaude ?

avec un gobelet de métal parce que la chaleur se transmettrait rapidement dans tout le gobelet, et la dilatation serait beaucoup plus régulière.

3 Si l'on met sur la flamme d'une bougie une toile métallique (fig. 312), la flamme ne la traverse pas ; c'est à cause de la bonne conductibilité des fils du métal ; ces fils s'échauffent très vite et refroidissent les gaz qui, en brûlant, forment la flamme, au point qu'ils ne peuvent plus continuer à brûler. Un physicien anglais, Davy, a appliqué cette propriété des toiles métalliques dans la lampe de sûreté des mineurs qui travaillent dans les mines de houille (fig. 313). Dans ces mines, il se dégage souvent des gaz qui peuvent prendre feu au contact de la flamme, et provoquer alors des explosions terribles. En entourant la flamme de la lampe d'une toile métallique, si ces gaz font explosion, le feu ne se communique pas à l'extérieur de la lampe, car la flamme est arrêtée par la toile métallique.

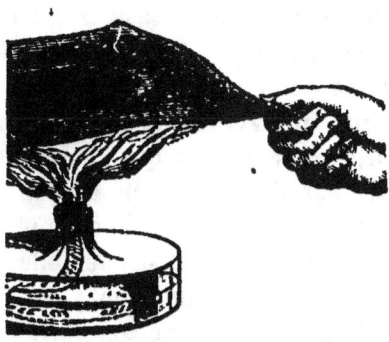

Fig. 312. — Le fer conduit si bien la chaleur qu'une toile métallique mise sur une flamme la refroidit assez pour empêcher de brûler les gaz qui la forment. La flamme ne traverse pas la toile métallique.

La mauvaise conductibilité du bois permet de l'utiliser pour faire des manches de cafetière qu'on ne pourrait prendre sans se brûler, s'ils étaient en métal ; de même, si l'on veut prendre un objet très chaud, on le prend en interposant un tampon d'étoffe, qui, mauvais conducteur, empêche la chaleur d'arriver jusqu'à la main.

4. Les étoffes qui nous servent de vêtements ont un effet analogue; par leur mauvaise conductibilité, elles retiennent la chaleur de notre corps, et l'empêche de se répandre. Les

---

3. Quelle application fait-on de la bonne conductibilité pour la chaleur des toiles métalliques ? — 4. Pourquoi les vêtements nous tiennent-ils chaud ? Comment conserve-t-on la glace ? Comment empêche-t-on l'eau de geler dans les tuyaux de conduite ?

étoffes agissent ainsi beaucoup par l'air qu'elles contiennent; elles sont en effet composées de filaments formant un feutrage qui retient une couche d'air; cet air se renouvelle difficilement, et comme l'air est très mauvais conducteur, il garde la chaleur qui lui vient du corps.

Remarquons que ce n'est pas l'étoffe qui est par elle-même une cause de chaleur, elle ne fait que s'opposer au déplacement de la chaleur parce que c'est un corps mauvais conducteur; ainsi, pour conserver de la glace, on l'entoure avec de grosses couvertures; les couvertures et l'air qu'elles emprisonnent prennent bientôt la température de la glace, qui est alors protégée contre l'échauffement qui lui viendrait de l'air extérieur. Pour empêcher de geler l'eau des tuyaux de conduite des fontaines, on les entoure avec de la paille, corps mauvais conducteur, qui agit sur ces tuyaux comme le font les vêtements pour le corps humain.

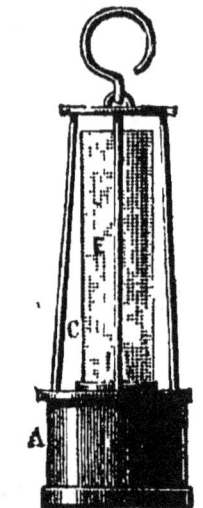

Fig. 313 — La toile métallique qui entoure la flamme de la lampe de Davy empêche cette flamme de communiquer le feu aux gaz combustibles qui se trouvent mêlés à l'air dans beaucoup de mines de houille.

5. C'est la mauvaise conductibilité de l'atmosphère qui fait que la terre ne se refroidit pas trop rapidement quand le soleil se couche, et qu'elle ne s'échauffe pas trop brusquement quand le soleil se lève.

L'air humide est bien meilleur conducteur que l'air sec, aussi se refroidit-on très facilement quand l'air est humide; le froid sec se supporte beaucoup mieux.

6. La couleur des vêtements a une grande influence sur la manière dont la chaleur agit sur eux : les vêtements blancs réfléchissent la chaleur extérieure et, s'il fait très chaud, nous garantissent de cette chaleur ; mais en hiver ils seraient également utiles s'il faisait très froid, car ils repousseraient les rayons froids qui viennent alors de l'atmosphère, et renver-

---

5 Pourquoi l'air humide paraît-il plus froid que l'air sec ? — 6 Quel est l'effet de la couleur blanche ou noire des vêtements ?

raient vers le corps les rayons de chaleur qui s'en dégagent. Aussi voyons-nous beaucoup d'animaux des contrées froides munis d'un pelage blanc.

Les vêtements noirs, qui sont brûlants si l'on va au soleil, peuvent aussi nous refroidir en hiver, car la couleur noire qui s'échauffe très vite, se refroidit aussi très vite; si l'on va au soleil pendant quelque temps, les vêtements s'échauffent fortement, puis lorsqu'on va à l'ombre, ils se refroidissent brusquement; il en résulte un abaissement de température du corps assez rapide pour avoir souvent de grands inconvénients; c'est surtout au mois de mars, alors que le soleil est déjà très chaud, que ces fâcheux effets se produisent le plus fréquemment.

7. Quand on veut garantir du froid certaines plantes délicates, les plants de melons par exemple, tout le monde sait qu'on les recouvre d'une cloche de verre. On applique en agissant ainsi une curieuse propriété de ce corps. Le verre, en effet, se laisse traverser par la chaleur quand elle provient d'un corps lumineux, comme le soleil, mais il ne se laisse pas traverser par la chaleur qui vient d'un corps non lumineux, comme par exemple la surface du sol. Il résulte de cela que la chaleur du soleil pénètre dans la cloche, mais comme une fois dans la cloche cette chaleur n'est plus lumineuse, elle ne peut plus ressortir et se trouve enfermée dans la cloche où elle peut s'accumuler. Les serres sont une application de la même propriété.

RÉSUMÉ.

204 à 206. Dilatation des corps par la chaleur. — Les corps solides, les liquides et les gaz se dilatent sous l'action de la chaleur et se contractent sous l'action du refroidissement.

207, 208. Thermomètre. L'impression de chaud ou de froid que nous produit un corps ne nous donne pas une idée exacte de la température de ce corps.

---

7 Pourquoi une cloche en verre mise sur une plante, l'empêche-t-elle de geler ? Quel est l'effet produit par les vitres d'une serre ?

Les thermomètres sont nécessaires pour mesurer la température des corps.

Un thermomètre se compose d'un tube très fin soudé au-dessus d'un réservoir rempli de liquide : le niveau du liquide dans le tube très fin, qui est gradué, indique la température. On fait des thermomètres avec du mercure et avec de l'alcool.

Pour graduer un thermomètre, on met ce thermomètre dans de la vapeur d'eau bouillante, qui a toujours la même température, et on écrit 100 au point où arrive le niveau ; puis on met le thermomètre dans de la glace fondante, et l'on écrit 0 au point où s'arrête le niveau. On divise ensuite en 100 parties égales la distance qui sépare les deux niveaux : l'intervalle qui sépare deux divisions ainsi obtenues correspond à un degré du thermomètre.

209 a 214. Changements d'état des corps. — Sous l'effet de la chaleur, les corps solides se fondent, et les corps liquides se volatilisent.

Sous l'influence du froid, les vapeurs se liquéfient, et les liquides se solidifient.

Beaucoup de liquides cristallisent en se refroidissant lentement.

Tous ces changements d'état se font à des températures très différentes pour les différents corps, mais toujours à la même température pour un même corps.

Quand un liquide passe peu à peu à l'état de vapeur, sans qu'on voie de mouvement tumultueux dans sa masse, on dit que ce liquide s'évapore.

Toutes les fois qu'un liquide s'évapore, il se produit du froid beaucoup de phénomènes naturels s'expliquent par ce fait ; on en a fait aussi de nombreuses applications.

215. Ébullition. — Un liquide est en ébullition quand il se forme des vapeurs dans toute sa masse. Ce changement d'état se fait toujours à la même température d'ébullition d'un liquide.

216, 217. Corps bons et mauvais conducteurs. — La chaleur se propage dans l'intérieur de tous les corps, mais il y a des corps bons conducteurs et des corps mauvais conducteurs.

Les liquides sont généralement moins bons conducteurs que les solides ; les gaz conduisent encore moins bien la chaleur que les liquides.

218 à 221. Chaleur rayonnante. — La chaleur se propage aussi à distance par rayonnement.

Quand la chaleur rayonnée par un corps tombe sur un autre

corps, cette chaleur peut être réfléchie par ce dernier corps, ou être absorbée, ou enfin elle peut traverser ce corps.

Un très grand nombre de faits naturels s'expliquent par ces différentes manières d'agir de la chaleur; et l'on en fait tous les jours de nombreuses applications.

VINGT-HUITIÈME LEÇON.

Machines à vapeur.

222. La vapeur d'eau peut acquérir une grande force élastique. — Quand on fait bouillir de l'eau dans un vase ouvert, la vapeur qui se dégage se répand librement dans l'air; mais si l'on met sur le feu un vase de métal (fig. 281) renfermant de l'eau et parfaitement bouché, la vapeur qui se produit reste emprisonnée dans le vase; elle acquiert alors une force d'expansion qui devient de plus en plus grande à mesure que la température s'élève, et qui est bientôt suffisante pour faire sauter le bouchon (fig. 314). Cette force d'expansion de la vapeur peut devenir assez grande pour briser les vases les plus résistants dans lesquels on ferait chauffer fortement de l'eau. Ainsi on a pu faire éclater un canon en fermant solidement ses ouvertures, après y avoir introduit de l'eau et l'avoir fait chauffer.

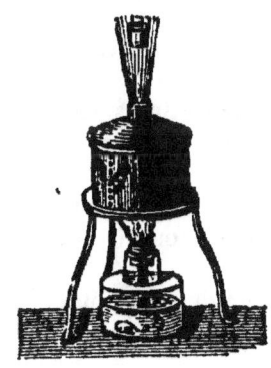

Fig. 314. — Si l'on fait chauffer de l'eau dans un vase de métal, la vapeur acquiert une force élastique qui fait sauter le bouchon.

223. Emploi de la vapeur comme force motrice. — En 1690, Papin, savant français né à Blois, eut

---

222. — Citez une expérience prouvant la grande force élastique que peut acquérir la vapeur d'eau.

223 — Qui a découvert les machines à vapeur ? — Qui les a perfectionnées ?

MACHINES A VAPEUR.   257

l'idée d'utiliser cette force énorme que pouvait produire la vapeur d'eau ; il construisit la première *machine à vapeur*. Cette machine ne fut pas d'abord appréciée, mais, perfectionnée par Watt, un habile mécanicien d'Angleterre, elle est devenue la plus importante découverte de notre époque.

224. Principe de la machine à vapeur. — 1. Un piston P (fig. 315) muni d'une tige T peut glisser dans un

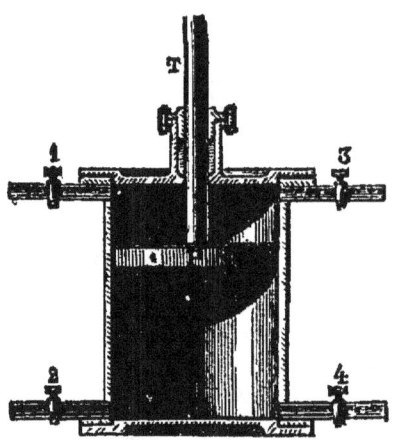

Fig. 315 — P, piston pouvant se mouvoir dans un corps de pompe ; T, tige du piston ; 1 2, robinets fixés à des tubes qui mettent en communication l'intérieur du corps de pompe avec une chaudière qui produit de la vapeur ; 3, 4, robinets fixés sur des tubes qui mettent en communication l'intérieur du corps de pompe avec l'air extérieur.

cylindre en métal appelé corps de pompe. Ce corps de pompe est percé de 4 ouvertures munies de tubes qui peuvent être ouverts ou fermés au moyen de robinets 1, 2, 3, 4.

Les tubes 1 et 2 communiquent avec une *chaudière*, c'est-à-dire avec un vase bien fermé où l'on fait fortement chauffer de l'eau ; les tubes 3 et 4 communiquent librement avec l'air extérieur.

Ouvrons les robinets 1 et 4 et laissons fermés les robinets 2 et 3, que se passera-t-il ? La vapeur de la chaudière passe par le tube 1 et se répand au-dessus du piston P ; elle exerce dans cet espace une grande pression ; mais les parois du corps de pompe sont très résistantes, elles ne cèdent pas ; le

---

224. — Exposez le principe de la machine à vapeur.

piston seul est mobile, et il est bien évident qu'il va s'abaisser, en forçant à sortir par le tube 4 l'air qui était au-dessous.

Quand le piston est au bas de sa course, fermons les robinets 1 et 4, ouvrons les robinets 2 et 3 : la vapeur de la chaudière arrivera maintenant par le tube 2 et pressera le piston en-dessous; la vapeur qui est au-dessus du piston s'échappera par le tube 3 et le piston étant ainsi pressé au-dessous plus qu'il ne l'est au-dessus, remontera.

Quand le piston est au haut de sa course, on ferme les robinets 2 et 3, on ouvre 1 et 4, le piston redescend, et ainsi de suite. On obtient donc en chauffant de l'eau dans une chaudière un mouvement de va et vient du piston T.

225. Pression exercée sur le piston. — Plus on chauffe l'eau de la chaudière, plus la force élastique de la vapeur devient grande : mais il y a une limite de force qu'on ne peut dépasser, sans courir le risque de faire éclater la chaudière ; généralement on ne dépasse pas la pression de 5 atmosphères, c'est-à-dire une pression 5 fois plus grande que celle exercée par l'atmosphère. Nous avons vu que l'air exerce une pression d'environ 1 kilogramme par centimètre carré, la pression dans la chaudière est donc dans ce cas, de 5 kilogrammes sur chaque centimètre carré.

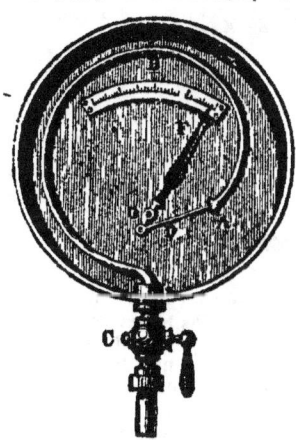

Fig. 316 — Manomètre. — C, robinet mettant le tube creux CBA, en communication avec une chaudière; AD, tige articulée d'un côté au tube creux ABC, de l'autre à l'aiguille OP, qui peut tourner autour du point O.

226. Comment on mesure la pression de la vapeur. — La pression exercée par la vapeur à l'intérieur de la chaudière est indiquée par un instrument nommé *manomètre* (fig. 316) ; cet instrument consiste en un tube creux CBA courbé en

---

225. — Quelle est la plus forte pression exercée habituellement par la vapeur dans une chaudière ?

226. — Comment mesure-t-on la pression de la vapeur dans une chaudière ? — Décrivez un manomètre.

cercle et fermé en A ; on peut au moyen du robinet C introduire la vapeur dans ce tube qui tend à se redresser d'autant plus que la pression de la vapeur est plus grande. Les mouvements de l'extrémité A du tube se communiquent par un levier AD à une aiguille OF qui parcourt les divisions d'un arc gradué où l'on peut lire les pressions correspondant aux positions occupées par l'aiguille.

Dans le cas où la vapeur de la chaudière est chauffée de manière à avoir une pression de 5 atmosphères par exemple, si la surface du piston est de 10 décimètres carrés, la vapeur exercera donc sur ce piston une pression d'environ 5,000 kilogrammes, puisque chaque décimètre carré (100 centimètres carrés) subit à peu près une pression de 100 kilogrammes par atmosphère; cela fait $100 \times 10 \times 5$ ou 5,000 kilogrammes; mais sur l'autre face, le piston est en rapport avec l'air qui exerce sur lui une pression de 1,000 kilogrammes ; cette pression de 1,000 kilogrammes contrebalance une partie de la pression exercée par la vapeur, et en réalité le piston ne subit que l'effet d'une pression de 4,000 kilogrammes.

227. Transformation du mouvement de la tige du piston. — 1. Voyons maintenant comment au moyen du mouvement de la tige du piston on peut faire tourner une barre sur elle-même.

Chaque fois que le piston (fig 317) va à droite, la tige P va aussi à droite; chaque fois que le piston revient à gauche, la tige P revient aussi à gauche; on obtient donc ainsi un mouvement de va et vient de la tige P au moyen duquel il faut faire tourner une grosse barre cylindrique O, qu'on appelle l'*arbre de couche*, dont le mouvement est utilisé pour obtenir tous les effets que la machine doit produire.

Cette tige P du piston porte un autre piston GG' qui peut glisser dans un cylindre creux ; la tige P qui ne peut ainsi se mouvoir que suivant une ligne droite est articulée, à l'extrémité, où elle porte le piston GG', avec une autre tige M, qui elle-même est articulée à une autre tige MO, fixée en O sur l'axe de l'arbre de couche qu'il s'agit de faire tourner.

---

227. — 1. Expliquez comment on peut transformer le mouvement de va-et-vient de la tige d'un piston, en un mouvement de rotation

On voit que, le mouvement de va-et-vient du piston fera tourner le point M autour du point O et par conséquent communiquera à l'arbre de couche un mouvement de rotation.

2. Pour que le mouvement de l'arbre de couche soit aussi régulier que possible, on fixe à son axe une grande roue, extrêmement lourde, qui est entraînée dans le mouvement de

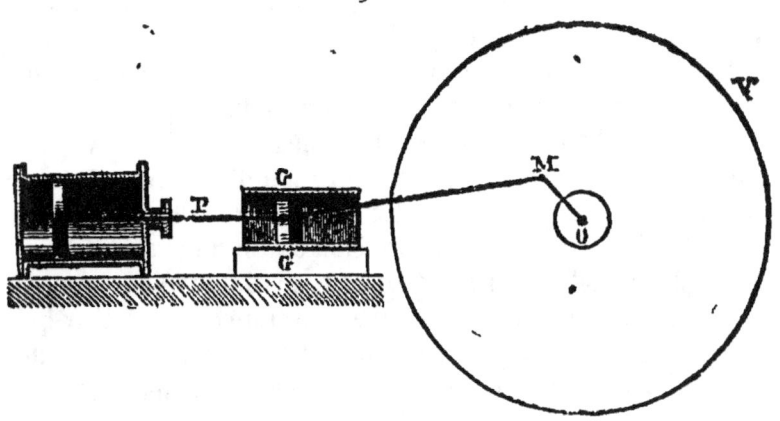

Fig 317. — GG' piston pouvant glisser dans un cylindre creux, sous l'influence des mouvements de la tige P fixée au piston de gauche qui lui-même est mû par la vapeur; M, tige articulée du piston GG'; MO, tige articulée en M et à l'axe de l'arbre de couche qu'elle fait tourner en O. V, volant qui régularise le mouvement de l'arbre de couche.

l'arbre; c'est cette grande roue nommée *volant* qui est représentée en V (fig. 316). Ce volant, par sa grande masse, empêche l'arbre de couche de tourner très vite tout d'un coup, ou l'empêche de s'arrêter trop brusquement; il régularise le mouvement.

228. Distribution de la vapeur. — Au lieu d'introduire la vapeur dans le corps de pompe au moyen de robinets comme nous l'avons supposé dans la figure 315, on emploie une autre disposition. La vapeur arrive par un tuyau

---

2 Qu'est-ce que le volant ? — A quoi sert-il ?

228. — Expliquez comment se fait la distribution de la vapeur dans le corps de pompe, au moyen du jeu du tiroir : 1° quand le tiroir est en haut de sa course; 2° quand le tiroir est en bas.

T (fig. 318) dans une cavité B appelée *boîte à vapeur;* dans cette boîte se trouve une pièce MN, nommée *tiroir* qui peut glisser sur la paroi du corps de pompe et qui est mise en mouvement au moyen d'une tige fixée en N. Le corps de pompe est creusé de deux canaux *cb*, *ad*, qui s'ouvrent dans la boîte à vapeur et d'un canal O qui communique avec l'air extérieur.

Quand le tiroir est dans la position représentée dans la figure de gauche, que se passe-t-il? La vapeur de la boîte B passe par le tube *ad*, va presser le piston au-dessous: le

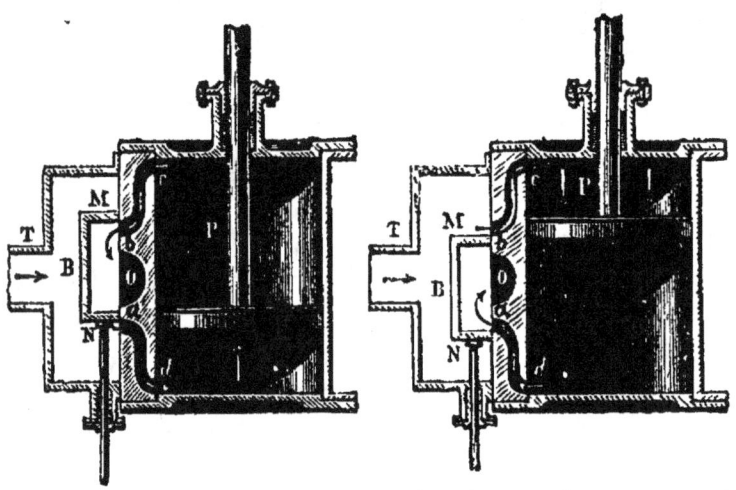

Fig. 318. — Distribution de la vapeur dans le corps de pompe; T, tube par où arrive la vapeur de la chaudière; MBN, tiroir fixé à une tige N; *ad*, *bc*, tubes creusés dans l'épaisseur des parois du corps de pompe; O, ouverture d'un tube par où la vapeur peut s'échapper à l'extérieur; P tige du piston; a gauche, le piston monte; à droite, il descend; le jeu de la vapeur est indiqué par les flèches.

piston monte. La vapeur qui est en P au-dessus du piston passe par *cb*, et de là s'en va à l'extérieur par le tube O.

Quand le piston est au haut de sa course, abaissons le tiroir au moyen de la tige fixée en N; le tiroir sera dans la position indiquée dans la figure de droite. On voit facilement que c'est l'inverse qui va se produire: la vapeur de la boîte B passe en *bc*, presse en dessus le piston P qui s'abaisse; la vapeur qui était sous le piston passe en *da* et s'échappe dans l'air par le tube O, puis on relève la tige fixée en N, et ainsi de suite.

229. Jeu du tiroir. — On comprend que si c'était un

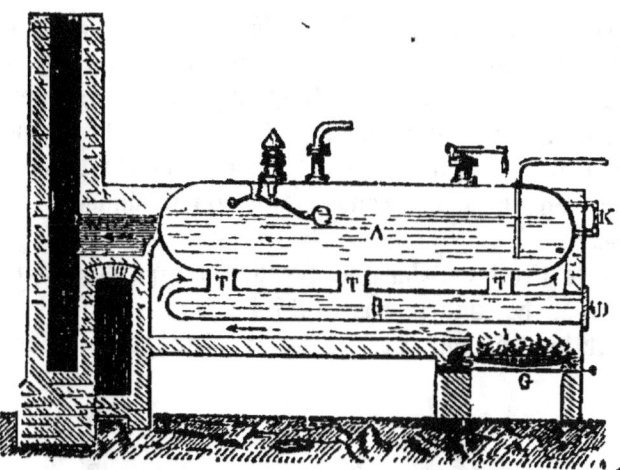

Fig. 319. — Chaudière d'une machine fixe ; G, grille sur laquelle on fait brûler le combustible ; B, T, A, partie de la chaudière remplie d'eau. Les flèches indiquent le trajet du courant d'air chaud ; à gauche, sifflet d'alarme ; à côté, tube par où se dégage la vapeur, puis soupape de sûreté et enfin à droite tube amenant l'eau dans la chaudière.

ouvrier qui fût chargé du soin d'élever et d'abaisser le tiroir, il serait impossible d'obtenir la régularité nécessaire au fonctionnement d'une machine, aussi est-ce la machine elle-même qui est chargée de ce soin ; l'entrée et la sortie de la vapeur est ainsi réglée avec une parfaite précision.

Fig. 320. — Chaudière d'une machine fixe. G, grille sur laquelle on fait le feu ; B, B A, partie de la chaudière remplie d'eau ; LCC', trajet de l'air chaud ; on voit en haut le tube qui conduit la vapeur dans la machine.

La machine marche donc toute seule ; il n'y a plus qu'à entretenir le feu et à mettre de l'eau dans la chaudière.

230. Chaudière. — 1. Les chaudières des machines à vapeur ont des formes très différentes ; ce qu'on recherche toujours, c'est d'aug-

---

229 — Est-ce un ouvrier qui abaisse et élève le tiroir entre chaque mouvement de piston ?

230 — 1. Décrivez la forme de la chaudière d'une machine fixe.

menter la portion de la surface de la chaudière qui est en contact avec la flamme ; c'est ce qu'on appelle la *surface de chauffe ;* la chaleur du foyer est ainsi mieux utilisée.

Dans les machines fixes on donne souvent aux chaudières la forme indiquée par les figures 319 et 320. Deux cylindres pleins d'eau (B, B, fig. 320) placés au-dessus du foyer G, communiquent avec un cylindre plus gros A, par une série de tubes T, T, T ; la vapeur se répand au-dessus de A.

2. Au-dessus de la chaudière, se trouve le sifflet d'alarme

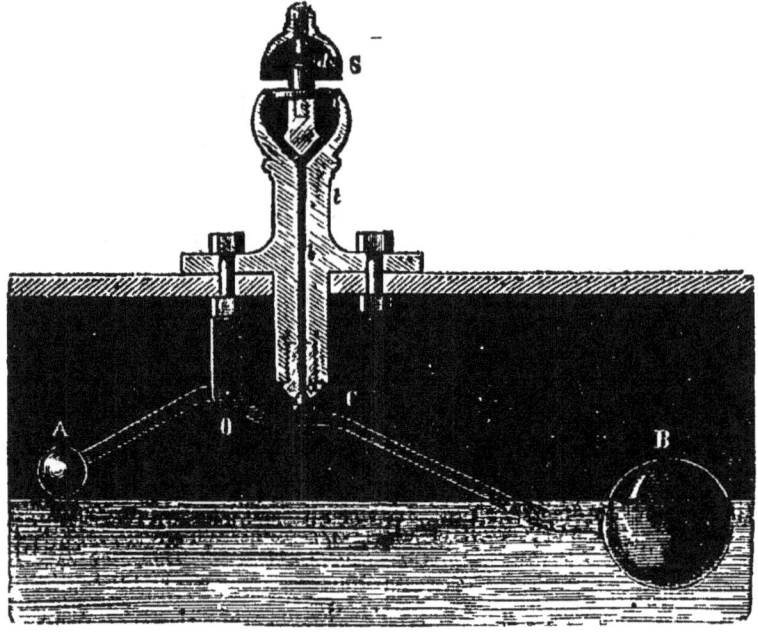

Fig. 321. — Sifflet d'alarme. Quand le niveau de l'eau baisse dans la chaudière la boule creuse B qui est équilibrée par la boule pleine A, s'abaisse. En s'abaissant, elle entraîne dans son mouvement le bras OB, du levier AOB ; le bouchon conique a, qui ferme le tube b, s'abaisse aussi, et la vapeur s'échappe par le sifflet.

(fig. 321) qui avertit qu'il faut mettre de l'eau dans la chaudière. On s'en sert aussi comme de signal.

3. Vers le milieu, ce tube coudé est le tuyau par lequel la vapeur se rend dans la boîte à vapeur ; à droite est une sou-

---

2 Décrivez le sifflet d'alarme. — Quel est son usage dans les machines mobiles ? — 3 Décrivez le jeu de la soupape de sûreté.

pape de sûreté (fig. 322) qui laisse échapper la vapeur si la pression devient trop forte dans la chaudière.

Enfin, tout à fait à droite (fig. 319), est un tube coudé par lequel on introduit de l'eau dans la chaudière.

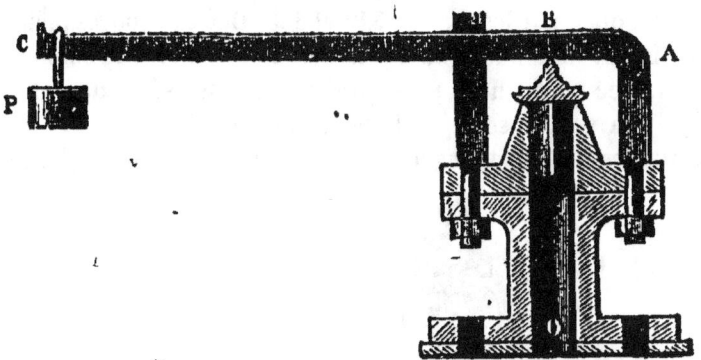

Fig. 322. — Soupape de sûreté. Si la vapeur a une très grande force, elle soulève le bouchon B qui est à l'extrémité du tube O. Ce bouchon B est maintenu en place par le levier AC articulé en A et portant un poids P à son extrémité C.

231. Locomotives. — 1. Dans une locomotive, l'action de la vapeur est utilisée pour faire tourner les roues de la machine, qui s'avance en entraînant les wagons attachés derrière elle.

2. Pour augmenter la surface de chauffe, on emploie des chaudières *tubulaires* (fig. 323). Dans ces chaudières, les gaz chauds provenant de la combustion passent dans un grand nombre de tuyaux qui sont absolument entourés par l'eau; il y a ainsi peu de chaleur perdue, et l'eau se chauffe très vite.

232. Machines à grande vitesse, à petite vitesse. — Pour un mouvement de va-et-vient du piston, les roues font un tour complet. On comprend dès lors que si la roue a un très grand diamètre, la machine subira un plus grand déplacement que si le rayon des roues est très petit.

---

231. — 1. Quelle est la fonction de l'arbre de couche dans les locomotives? — 2. Comment est faite la chaudière d'une locomotive?
232. — Quelle différence y a-t-il entre les locomotives à grande vitesse et celles à petite vitesse, quant au diamètre des roues? quant à la force de la machine?

MACHINES A VAPEUR. 265

Aussi, les machines à grande vitesse ont-elles de très grandes roues, et les machines à petite vitesse des roues beaucoup plus petites.

En revanche, les machines à petites roues sont plus fortes que les machines à grandes roues.

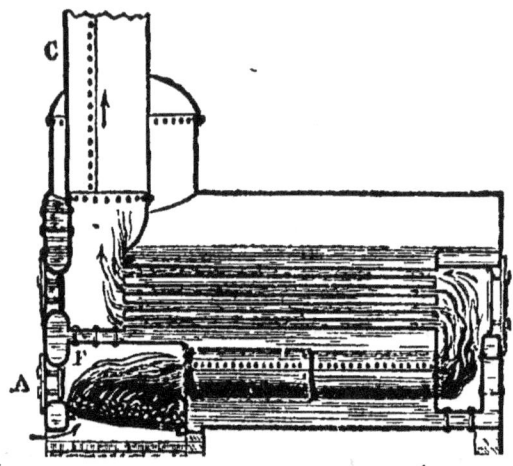

Fig. 323. — Chaudière tubulaire des locomotives. F, foyer. Les flèches indiquent la direction des courants d'air chaud qui passent dans les tubes nombreux placés au milieu de l'eau et qui s'échappent par la cheminée C, A, ouverture par où l'on jette le combustible sur la grille.

233. Bateaux à vapeur. — Le mouvement des bateaux à vapeur a été pendant longtemps obtenu par le mouvement de roues, portant des palettes perpendiculaires au plan de la roue, et qu'on appelle *roues à aubes*, placées de chaque côté du bateau. Maintenant, on emploie surtout l'*hélice* : c'est une sorte de moulin à vent dont les quatre ailes seraient courbes et inclinées les unes par rapport aux autres, comme si la surface de chacune de ces ailes était une portion de la spirale d'un tire-bouchon.

L'hélice est entièrement plongée dans l'eau ; elle est située à l'arrière du bâtiment, et son axe est parallèle à la quille du bateau. Le mouvement qui lui est communiqué par l'arbre de couche est semblable à celui d'un tire-bouchon qui s'enfonce dans le liège.

---

233. — Quelle est la fonction de l'arbre de couche dans les bateaux à vapeur ? — Qu'est-ce que des roues à aubes ? — Qu'est-ce qu'une hélice?

RÉSUMÉ.

222 à 223. Force élastique de la vapeur. Son emploi. — Si l'on chauffe fortement de l'eau, en empêchant la vapeur qui se forme de se dégager dans l'air, cette vapeur acquiert une grande force élastique.

Papin a eu l'idée d'employer cette force élastique pour faire mouvoir des machines ; il a ainsi inventé la machine à vapeur, que Watt a beaucoup perfectionnée.

224 à 229. Machine à vapeur. Son fonctionnement. — Un piston peut se mouvoir dans un corps de pompe ; la vapeur presse tantôt en dessus, tantôt en dessous de ce piston, et le fait baisser ou monter. Une tige, fixée à ce piston, en reçoit un mouvement de va-et-vient.

Ce mouvement de va-et-vient se communique à une tige métallique articulée qui, par ses mouvements, fait tourner sur lui-même un gros cylindre, *l'arbre de couche*.

C'est ce mouvement de rotation de l'arbre de couche que l'on utilise pour obtenir le travail dont on a besoin.

Le mouvement de rotation de l'arbre de couche est régularisé au moyen d'une grande roue très lourde, dont le centre est sur l'arbre de couche : c'est le *volant*.

L'entrée et la sortie de la vapeur dans le corps de pompe sont réglées par la machine elle-même.

La force de la vapeur est indiquée par un manomètre, au moyen des déplacements de l'aiguille, sur un arc de cercle gradué.

230. Chaudières et ses nécessoires. — Les chaudières doivent être faites de manière à ce que la *surface de chauffe* soit la plus grande possible. Un tuyau amène l'eau, un autre tuyau porte la vapeur dans le corps de pompe. Un sifflet d'alarme employé aussi pour les signaux, avertit quand l'eau va manquer dans la machine.

Une soupape de sûreté empêche la chaudière d'éclater sous l'action d'une pression trop forte de la vapeur.

231 à 233. Locomotives. Bateaux à vapeur. — Dans les locomotives, l'arbre de couche fait tourner les roues de la machine. Les chaudières sont tubulaires. Les machines à grande vitesse ont des roues plus grandes que celles des machines à petite vitesse.

Dans les bateaux à vapeur, l'arbre de couche met en mouvement des *roues à aubes* placées de chaque côté du bateau, ou une *hélice* placée en dessous de ce bateau et à l'arrière.

VINGT-NEUVIÈME LEÇON.

Les Orages. — L'Électricité.

234. Les orages. — Il arrive assez souvent en été, surtout après quelques jours de forte chaleur, que l'on voie le ciel se couvrir de nuages qui, rapidement, deviennent de plus en plus sombres; bientôt des traits de feu sillonnent ces nuages, ce sont des *éclairs ;* on entend, quand ces éclairs jaillissent, un bruit quelquefois très violent, c'est le *tonnerre* ordinairement une très forte pluie, ou bien de la grêle, accompagnent ces phénomènes : c'est *l'orage* qui éclate. Quelquefois des éclairs jaillissent entre les nuages et le sol, on dit alors que la *foudre* est tombée.

Étudions successivement les éclairs, le tonnerre et la foudre.

235. Les éclairs. — 1. La forme des éclairs (fig. 321) est généralement en zigzags; souvent aussi les éclairs se présentent sous l'aspect de lueurs embrassant une partie du ciel, et l'on ne distingue pas de traits de feu : ces lueurs ne sont que les reflets d'éclairs en zigzags souvent très éloignés, ou jaillissant entre des nuages, séparés de nous par d'autres nuages.

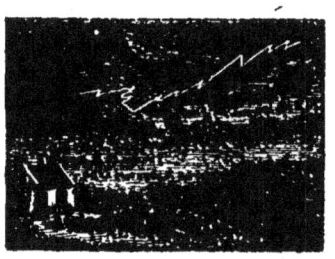

Fig. 321 — Les éclairs sont des traits de feu en zigzags qui jaillissent d'un nuage à un autre.

2. La longueur des éclairs est très variable, mais elle est souvent très grande; on en voit quelquefois qui ont plus de trois lieues.

---

234. — Quels sont les différents phénomènes qui constituent un orage ? — Qu'est-ce que les éclairs ? — Qu'est-ce que le tonnerre ? — Qu'est-ce que la foudre ?

235. — 1 Quelle est la forme habituelle des éclairs ? — Connaissez-vous une autre forme d'éclairs ? — 2 Que savez-vous sur la longueur des éclairs ?

3. La durée des éclairs est extrêmement courte; on peut avoir une idée de cette brièveté en observant que, quelle que soit la rapidité du déplacement d'un objet, si on le regarde pendant que jaillit un éclair, on le voit toujours immobile ainsi la roue d'une voiture, un cheval au galop, un train de chemin de fer lancé à toute vitesse, ne semblent pas bouger pendant la durée d'un éclair; l'éclair luit donc assez peu de temps pour que ces corps ne soient pas sensiblement déplacés pendant sa durée.

236. Le tonnerre. — Le tonnerre est le bruit produit par un éclair; mais, la durée de l'éclair étant extrêmement courte, comment un phénomène si court peut-il être cause des roulements du tonnerre qui, quelquefois, durent si longtemps? C'est que l'éclair qui nous apparaît subitement d'un bout à

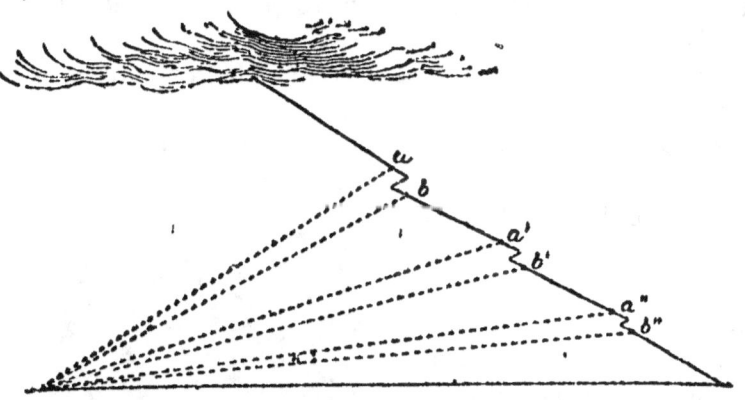

Fig. 325. — On n'entend pas au même moment les bruits produits en même temps par l'éclair, en ab, en $a'b'$, en $a''b''$; cela explique le roulement du tonnerre

l'autre de son trajet (fig. 325), produit en ses différents point des bruits qui ne sont pas à la même distance de notre oreille et que ces bruits ne nous arrivent pas en même temps.

237. Le bruit du tonnerre peut indiquer la distance de l'éclair. — 1. La lumière se propage si vite, que

---

3 Que savez-vous sur la durée des éclairs?
236. — 1. Comment explique-t-on le roulement du tonnerre?
237. — 1. Montrez que le son met un certain temps pour se transmettre.

l'on peut considérer l'éclair comme se produisant au moment précis où on le voit, tandis que le son met un temps appréciable pour se propager. On sait, en effet, que si de loin on voit le bûcheron frapper un arbre de sa hache, le bruit qu'il fait à chaque coup ne nous arrive qu'un certain temps après que nous avons vu la hache frapper l'arbre.

2. On a constaté que le son parcourt 340 mètres en une seconde ; le bruit du tonnerre peut donc nous servir à mesurer la distance à laquelle s'est produit l'éclair ; on n'a qu'à compter combien il s'écoule de secondes entre le moment où l'on a vu l'éclair et celui où

Fig. 326 — On peut savoir à quelle distance a jailli l'éclair, en comptant le nombre des battements du pouls entre le moment où l'on a vu l'éclair, et le moment où l'on a entendu le bruit du tonnerre.

l'on a entendu le tonnerre ; l'éclair sera produit à une distance de nous qui sera autant de fois 340 mètres qu'il y aura de secondes écoulées entre ces deux phénomènes.

3. On pourrait faire cette mesure avec une montre à secondes, mais il est beaucoup plus simple de se tâter le pouls comme l'indique la figure 326 ; l'intervalle qui sépare deux battements du pouls étant à peu près d'une seconde.

238. La foudre. — La foudre, avons-nous dit, est l'éclair qui jaillit entre les nuages et le sol. Remarquons bien *qu'il ne tombe rien sur le sol* quand un coup de foudre se produit ; la foudre est simplement un trait de feu d'une durée prodigieusement courte, dont il ne reste rien, après qu'il s'est produit, que les traces de son passage.

---

2. Combien de mètres le son parcourt-il en une seconde ? — Comment d'après cela peut-on calculer à quelle distance on se trouve d'un éclair qui vient de jaillir ? — 3. Citez un moyen pratique de trouver cette distance.

238. — Pourquoi cette expression : la foudre tombe, n'est-elle pas exacte ?

239. La foudre frappe souvent les points élevés.
— Le sommet des montagnes escarpées, les tours, les clochers (fig. 327), sont plus souvent frappés de la foudre que les endroits peu élevés. On a vu, dans un seul orage, vingt-sept clochers d'église ainsi foudroyés. Les arbres ou les maisons isolées dans la campagne sont aussi particulièrement exposés aux coups de foudre.

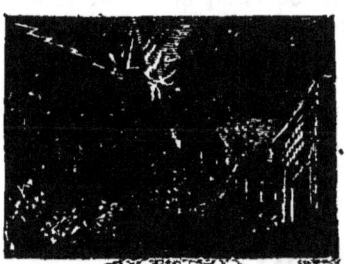

Fig. 327. — La foudre frappe de préférence les points élevés, les clochers par exemple.

240. La foudre peut briser et déplacer les corps. — On a vu la foudre briser les pierres et en jeter les morceaux au loin, quelquefois avec une violence extrême; des arbres sont arrachés, des toitures enlevées, des murailles fendues; on a vu un mur de 3,000 kilogrammes jeté par un coup de foudre à deux mètres de l'endroit où il se trouvait.

241. La foudre peut fondre les corps. — Sur un navire, une chaîne de fer de 40 mètres de longueur, qui plongeait dans la mer par une de ses extrémités, a été presque entièrement fondue par un coup de foudre; tous les anneaux de cette chaîne étaient soudés entre eux, de manière à former une barre rigide.

Des corps très peu fusibles, comme du sable, sont aussi souvent fondus par la foudre; on connaît depuis très longtemps des tubes vitrifiés que l'on trouve au milieu des sables siliceux; ces tubes, nommés *fulgurites*, sont formés par la foudre, lorsqu'elle frappe sur le sable.

242. La foudre peut enflammer les corps. — La foudre peut enflammer beaucoup de corps combustibles; des meules de paille, des toits de chaume, etc., sont fréquemment incendiés quand ils sont frappés par la foudre.

---

239. — Quels sont les endroits où la foudre frappe le plus souvent? — Citez quelques faits à l'appui?
240. Quels sont les effets mécaniques de la foudre?
241. — Citez quelques actions calorifiques de la foudre. — Qu'est-ce que des fulgurites?
242. — Quelle est l'action de la foudre sur des corps combustibles?

Des corps qui brûlent moins facilement que la paille ou le foin peuvent aussi être enflammés dans ces circonstances : des charpentes de maisons, des arbres, de grands édifices, ont ainsi été souvent incendiés.

213. La foudre peut blesser ou tuer les hommes et les animaux. — 1. Dans les quelques heures qui précèdent l'orage, et pendant l'orage, surtout s'il est violent, on ressent souvent une sensation générale désagréable qui, chez certaines personnes, devient très pénible. Les animaux ne semblent pas indifférents à cette action.

2. Mais les effets produits par la foudre sont bien autrement graves.

On trouve sur le corps d'un animal foudroyé des brûlures, des lésions plus ou moins profondes, des épanchements du sang en dehors des vaisseaux sanguins.

On a vu plusieurs fois tous les moutons d'un troupeau, pressés les uns contre les autres, tomber foudroyés en même temps. On cite quelques coups de foudre dont l'effet a été désastreux : ainsi, en 1819, un seul coup de foudre ayant frappé l'église de Châteauneuf, en Savoie, a tué 42 personnes et blessé plus de 80.

Il ne faudrait pourtant pas s'exagérer les accidents causés par la foudre ; c'est, en effet, une des causes de mort les plus rares, et il meurt beaucoup plus de personnes écrasées par les tuyaux de cheminées qui tombent dans les rues, que de personnes foudroyées.

214. L'électricité. — 1. Tels sont les principaux effets produits par la foudre : cherchons si tous ces phénomènes ne pourraient pas se rapprocher d'autres phénomènes connus et qu'on peut reproduire à volonté.

2. Frottons ce bâton de cire à cacheter (fig. 328), avec un morceau de laine ; nous voyons qu'après avoir été frotté, il attire les corps légers, tels que les petits morceaux de papier

---

213. — 1. Quel est l'effet de l'orage sur tout l'organisme ? — 2 Quelle est l'action de la foudre sur l'homme et sur les animaux qu'elle frappe ?

214. — 1. Les phénomènes des orages ne peuvent-ils être comparés à d'autres phénomènes ? — 2 Que voit-on quand on frotte avec de la

ou de liège qu'on en approche (fig. 329). On obtient ce résultat en frottant une gomme élastique, un morceau de verre, du papier et quelques autres corps.

Fig. 328. — On frotte avec de la laine un bâton de cire à cacheter.

Fig. 329. — Ce bâton de cire à cacheter attire les corps légers.

On a donné depuis bien longtemps le nom d'*électricité* à la cause de ces attractions.

3 Si l'on frottait un morceau de métal ou une pierre, en les tenant avec la main, on ne pourrait attirer les corps légers ; mais si au lieu de tenir ces corps à la main, on les tenait avec un manche en verre, ces corps, après avoir été frottés, attireraient aussi les corps légers.

245. Corps bons conducteurs et corps mauvais conducteurs de l'électricité. — 1. Tous les corps, en effet, peuvent s'électriser par le frottement ; mais les uns gardent l'électricité à l'endroit où le frottement l'a développée, comme la cire à cacheter, le verre, la gomme élastique, etc. ; les autres permettent à l'électricité de se propager rapidement et de se répandre sur le sol à mesure qu'elle se produit.

2. Les corps qui gardent l'électricité à l'endroit où elle se développe, comme la cire à cacheter, le verre, etc., sont des corps *mauvais conducteurs*, les autres comme les métaux, le corps de l'homme et celui des animaux, les liquides, l'eau en particulier, sont des corps *bons conducteurs*.

---

laine un bâton de cire à cacheter ? — Quel nom donne-t-on à la cause de ces phénomènes ? — 3 Obtiendrait-on les mêmes résultats si l'on frottait un morceau de métal tenu à la main ?

245. — 1. Pourquoi n'obtient-on pas le même résultat ? — 2. — Qu'est-ce que des corps bons conducteurs et des corps mauvais conducteurs ?

LES ORAGES. — L'ÉLECTRICITÉ.   273

3. On voit pourquoi un corps *bon conducteur* qu'on tient à la main ne peut s'électriser : c'est que l'électricité que l'on y développe par le frottement s'échappe par la main et le corps et se répand dans le sol à mesure qu'elle se développe.

216. L'étincelle électrique. Électrophore. —
1. Voici (fig. 330) un morceau de résine A qu'on a fondu de manière à lui donner la forme d'un disque ; frottons-le avec un morceau de laine D ; prenons ensuite une lame de métal, ou mieux un disque de bois recouvert de papier d'étain B, tenu par une baguette de verre C, cet appareil très simple porte le nom d'*électrophore*.

Fig. 330. — Électrophore. A, disque de résine ; B, disque de bois recouvert d'une lame d'étain, C, manche en verre. On frotte la résine A, avec un morceau de laine.

2. Mettons le disque de métal B (fig. 331), tenu par la tige de verre C, sur le disque de résine A, touchons le disque B, retirons le doigt, puis enlevons le disque de métal B.

Enfin, tenant toujours le disque B par la tige de verre C, si nous en approchons des corps légers, ces corps seront attirés, mais approchons doucement la main (fig. 332), un phénomène nouveau se produit : une étincelle jaillit entre le disque et notre doigt. Cette étincelle est accompagnée d'un petit bruit sec.

Fig. 331. — Électrophore. On met le disque B, tenu par le manche de verre C, sur le disque de résine A, et l'on touche le disque B.

3. L'étincelle électrique peut s'obtenir sans électrophore, en frottant avec de la laine une feuille bien sèche, d'un papier un peu fort, qu'on a légèrement chauffé.

---

3 Expliquer ce que devient l'électricité développée sur un corps bon conducteur qu'on tient à la main ?
216. — 1 Décrivez l'électrophore. — 2 Comment fait-on pour en tirer une étincelle ? — 3. Connaissez-vous un autre moyen très simple de produire une étincelle électrique ?

4. Les corps qui donnent ainsi une étincelle électrique sont ceux qui sont bons conducteurs ; toute leur électricité peut s'accumuler en un même point, ce qui est impossible pour les corps mauvais conducteurs.

Le papier tient un rang intermédiaire entre les métaux, dont la conductibilité est très grande, et le verre ou la résine qui sont extrêmement peu conducteurs.

Fig. 332. — Électrophore. On retire le doigt qui touchait le disque B, on relève ce disque B, en tenant par le manche C. Si l'on approche le doigt du disque B, on voit une étincelle jaillir entre le disque B et le doigt.

217. Les pointes laissent échapper l'électricité. — Si l'on met une pointe tout près du plateau de l'électrophore ou de la feuille de papier électrisée, les phénomènes électriques cessent immédiatement. Les pointes ont donc le pouvoir de faire disparaître les phénomènes électriques.

218. On peut obtenir de l'électricité au moyen des nuages orageux. — **1.** Lorsque l'étincelle électrique fut connue, on eut immédiatement l'idée que la foudre était un phénomène électrique ; le célèbre américain Franklin chercha à le constater, sans obtenir d'abord de résultats certains ; mais indiqua les moyens à employer.

2. C'est à un Français, Dalibard, que revient l'honneur d'avoir, le premier, obtenu cet important résultat scientifique. Il fixa une tige de métal sur une table à pieds de verre, et pendant un orage il put obtenir avec cette barre tous les phénomènes électriques connus : attraction des corps légers et étincelles.

3. Malgré ces remarquables résultats, tout le monde n'était

---

4 Peut-on ainsi tirer une étincelle électrique de tous les corps ? — Quels sont ceux dont on peut tirer des étincelles ?

217. — Quel est le pouvoir des pointes sur les phénomènes électriques ?

218. — **1.** Qui a le premier cherché à expliquer les phénomènes des orages par l'électricité ? — **2.** Qui a le premier obtenu des étincelles au moyen de nuages orageux ? — Comment fit Dalibard ? — **3.** Qui a le premier pris l'électricité dans les nuages ? — Comment a fait Franklin ?

LES ORAGES. — L'ÉLECTRICITÉ. 275

pas encore convenu que l'électricité et la cause des orages étaient une seule et même chose ; mais Franklin leva tous les doutes en prenant l'électricité dans les nuages eux-mêmes au moyen d'un cerf-volant qu'il lança au milieu des nuages orageux. A l'extrémité de la corde du cerf-volant, il réalisa, avec l'électricité qu'il avait prise aux nuages, tous les phénomènes électriques obtenus jusque-là par le frottement.

249. L'étincelle électrique produit les mêmes effets que la foudre. — La forme de l'éclair et celle de l'étincelle électrique est la même.

La foudre traverse et brise les corps ; l'étincelle électrique traverse le carton et, si elle est assez forte, elle brise une lame de verre mise sur son trajet.

On a vu des métaux fondus et volatilisés par la foudre ; l'étincelle électrique produit les mêmes effets, si elle a la force suffisante.

La foudre donne aux animaux des secousses qui peuvent les tuer ; l'étincelle électrique provoque aussi une secousse et, avec une très forte étincelle, on peut tuer les animaux comme le fait la foudre.

On peut donc obtenir avec l'étincelle électrique tous les phénomènes produits par la foudre.

250. Manière de se garantir de l'orage. Paratonnerre. — La propriété qu'ont les pointes métalliques reliées au sol par un corps bon conducteur, d'empêcher les phénomènes électriques de se manifester, a donné à Franklin l'idée de diriger vers le ciel des barres de fer pointues qui empêchent la foudre d'éclater entre

Fig. 333 — Maison garantie de la foudre par un paratonnerre, P, paratonnerre, C, conducteur du paratonnerre dont l'extrémité pénètre dans le sol qui doit être humide.

---

249. — Montrez que l'on obtient avec l'électricité les mêmes phénomènes que ceux produits par la foudre.
250 — Qui a découvert les paratonnerres ? — Décrivez un paratonnerre. — Pourquoi le sol dans lequel pénètre le conducteur doit-il être humide ?

les nuages et le sol, et forment ce qu'on appelle des *paratonnerres*.

Sur le sommet de la maison que l'on veut garantir de la foudre (fig. 333), on met une grande tige de fer P terminée par une pointe de cuivre; cette tige doit être mise en communication avec le sol S au moyen d'un conducteur C, qui est ordinairement une tige fixée au toit et aux murs; l'extrémité du conducteur doit se terminer dans un sol très humide et autant que possible dans un puits, pour que l'électricité puisse s'écouler facilement.

251. Précautions à prendre en temps d'orage. — La première précaution en temps d'orage consiste à éviter de se trouver sur les points élevés, puisque la foudre frappe plus habituellement ces points.

Il faut aussi éviter de se mettre sous les arbres : un grand nombre des victimes de la foudre ont été ainsi frappées par suite de l'imprudence qu'elles avaient commise de s'abriter sous des arbres.

Dans beaucoup de villages on a l'habitude de sonner les cloches pendant l'orage; cet usage peut présenter les plus grands dangers pour le malheureux sonneur qui est bien souvent victime de son ignorance; le nombre de sonneurs foudroyés dans ces circonstances est, en effet, considérable. La foudre qui frappe le clocher et les cloches passe par la corde et par le corps du sonneur.

Dans les pays où cet usage de sonner les cloches pendant les orages existe encore, il y aurait un moyen bien simple de le rendre inoffensif, ce serait de terminer la corde par deux ou trois mètres de tissu de soie; la soie est, en effet, mauvaise conductrice de l'électricité et s'oppose au passage de la foudre.

Si l'on se trouve dans une maison où l'on craint d'être foudroyé, il faut éviter de s'approcher des grandes masses métalliques, la foudre tombant de préférence sur ces objets. On peut d'ailleurs se garantir d'une manière presque absolue;

---

251. — Indiquez les principales précautions que l'on doit prendre en temps d'orage ? — Connaissez-vous un moyen d'être presque absolument garanti de la foudre ?

on n'a qu'à s'isoler du sol en mettant les pieds sur du verre épais.

Quant à l'action des courants d'air auxquels, dans beaucoup de pays, on attribue la propriété d'attirer la foudre, il n'en est rien. Beaucoup de personnes croient aussi qu'il est imprudent de courir pendant l'orage, cette croyance n'a aucun fondement.

RÉSUMÉ

234 à 238. Orages. Les éclairs, le tonnerre, la foudre. — Les *éclairs* sont les traits de feu en zigzags, d'une durée extrêmement courte, d'une longueur quelquefois très grande, que l'on voit dans les nuages pendant les orages. Le *tonnerre* est le bruit que produisent les éclairs. La foudre est le trait de feu qui jaillit entre un nuage et le sol; on dit que la foudre *tombe*, expression qu'il ne faut pas prendre à la lettre.

239 à 243. Effets de la foudre. — La foudre frappe le plus souvent les points élevés. Des corps très lourds et très solides sont brisés, et leurs débris jetés au loin, s'ils sont foudroyés; d'autres corps sont fondus, d'autres enfin peuvent s'enflammer sous l'action de la foudre.

Les hommes et les animaux frappés de la foudre, ou seulement situés dans le voisinage d'un endroit frappé de la foudre, peuvent être blessés et même tués.

244 à 245. Électricité. Attraction des corps légers. Corps bons ou mauvais conducteurs. — On peut attirer des corps légers avec un morceau de cire à cacheter que l'on a frotté avec de la laine : on appelle *électricité* la cause de cette attraction.

Tous les corps ne s'électrisent pas par le frottement quand on les tient à la main; cela tient à ce que certains corps sont bons conducteurs de l'électricité, et que d'autres sont mauvais conducteurs. Tous les corps s'électrisent par le frottement si on les tient avec un corps mauvais conducteur ou *isolant*, et non avec la main qui est bonne conductrice.

246. Électrophore. — En frottant le plateau de résine de l'électrophore, on peut obtenir des étincelles qui jaillissent entre le plateau métallique et le doigt.

On ne peut obtenir d'étincelles électriques que des corps bons conducteurs.

247. Pouvoir des pointes. — Les pointes empêchent les phénomènes électriques de se manifester.

248 et 249. Comparaison des phénomènes des orages avec les phénomènes électriques. — Franklin a comparé les phénomènes des orages aux phénomènes électriques; Dalibard a, le premier obtenu des phénomènes électriques au moyen des nuages orageux. Enfin Franklin a obtenu de l'électricité en la prenant directement dans les nuages orageux, au moyen d'un cerf-volant.

Si l'on compare les effets produits par la foudre et les effets produits par de fortes étincelles électriques, on voit que, sauf l'intensité, les effets produits sont presque les mêmes.

250 et 251. Paratonnerre. Précautions à prendre en temps d'orage. — Franklin a appliqué le pouvoir des pointes relativement à l'électricité, à la protection des édifices contre la foudre. Un paratonnerre est une tige de fer munie d'une pointe; cette tige est en communication avec le sol humide.

En temps d'orage, il faut éviter de se tenir sur un point élevé, *et surtout de se mettre sous les arbres;* il faut aussi éviter le voisinage des corps bons conducteurs de l'électricité. On est presque absolument garanti de la foudre si l'on se place sur un corps isolant, verre, résine, etc.

TRENTIÈME LEÇON.

La pile. — Les aimants. — La boussole.

252. Expérience de Galvani. — Il y a une centaine d'années, un savant italien du nom de Galvani fit l'expérience suivante qui a été l'origine des découvertes les plus importantes.

On coupe une grenouille un peu au-dessous des pattes de devant, et on la dépouille de sa peau, puis l'ayant suspendue

---

252. — En quoi consiste l'expérience de Galvani ?

par les nerfs du dos, au moyen d'un petit crochet de zinc ou d'étain, A (fig. 334), on touche les jambes avec un morceau de cuivre B qui est à l'autre bout, en contact avec le crochet de zinc; on donne souvent à ces deux métaux la forme d'une pince comme l'indique la figure; chaque fois que l'on touche la jambe M en B, on voit cette jambe être agitée de mouvements convulsifs qui lui font prendre violemment une position telle que N (fig. 334).

253. Pile de Volta. — C'est en cherchant à expliquer cette curieuse expérience de son compatriote Galvani, qu'un autre savant italien nommé Volta fut amené à découvrir la *pile*, l'un des appareils les plus merveilleux de la physique.

On met les uns sur les autres et toujours dans le même

Fig. 334. — Expérience de Galvani A, tige de zinc en contact avec une tige B en cuivre, la tige A touche les nerfs de la grenouille, et chaque fois que la tige de cuivre B touche les muscles d'une jambe, on voit cette jambe M lancée en N par des mouvements très violents.

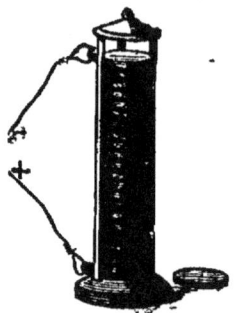

Fig. 335. — Pile de Volta. Un disque de zinc, un disque de cuivre et une rondelle de drap plongée dans de l'eau acidulée; puis encore un disque de zinc, un disque de cuivre et une rondelle de drap, et ainsi de suite.

ordre, des disques de cuivre, de zinc et de drap plongé dans de l'eau acidulée, c'est-à-dire renfermant un peu d'acide ; on forme ainsi une petite colonne (fig. 335).

Aux deux bouts de cette pile de disques se trouvent, d'un côté un disque de zinc, de l'autre un disque de cuivre ; on fixe à chacun de ces disques un fil de cuivre. Si l'on rapproche les extrémités libres de ces deux fils on voit une petite étincelle,

---

253. — Décrivez la pile de Volta. - Comment obtient-on des étincelles dans la pile de Volta ?

et si la pile était assez forte, on pourrait ressentir une petite secousse; nous reconnaissons là des phénomènes électriques analogues à ceux que nous venons d'étudier.

Voilà donc une manière de produire de l'électricité, qui s'obtient ici sans frotter les corps les uns sur les autres, mais simplement en les mettant en contact.

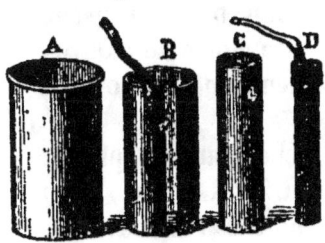

Fig. 336 — Pile de Bunsen non montée. A, vase extérieur en faïence ou en verre que l'on remplit d'eau et d'acide sulfurique; B lame de zinc; C, vase en terre poreuse rempli d'acide azotique; D cylindre du charbon de cornue.

254. Courant électrique. — Si l'on rejoint les extrémités des fils qui sont fixés aux deux bouts de la pile, on ne voit plus d'étincelle; mais l'électricité qui se produit constamment dans la pile passe d'une manière continue dans le fil, et donne lieu à ce qu'on appelle *un courant*.

255. Pile de Bunsen. — Le courant électrique produit par une pile de Volta ne dure pas longtemps parce que les rondelles de drap mouillé se dessèchent trop vite. On a imaginé pour obvier à cet inconvénient une grande quantité de piles, dont l'une des plus importantes est celle de Bunsen. Elle consiste en un vase cylindrique de grès A (fig. 336 et 337) renfermant de l'eau dans laquelle on a mis une certaine quantité d'acide sulfurique; dans cet acide sulfurique plonge une lame de zinc B fendue latéralement, et à laquelle est fixée une lame de cuivre; au milieu de cette lame de zinc est un vase en terre poreuse C: dans ce dernier vase est de l'acide azotique et enfin dans cet acide azotique plonge un cylindre d'un char-

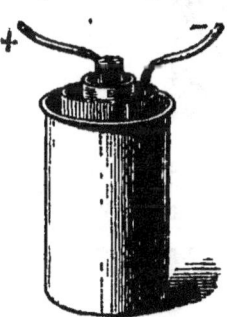

Fig. 337. — Pile de Bunsen montée.

---

254. — Qu'est-ce qu'un courant électrique? Comment en obtient-on dans la pile de Volta?

255. — Décrivez la pile de Bunsen. Quel avantage présente-t-elle sur celle de Volta?

bon particulier, nommé charbon de cornue, parce qu'il se forme dans les cornues où l'on fabrique le gaz d'éclairage. A ce morceau de charbon de cornue on fixe une lame de cuivre. Aux deux lames de cuivre fixées sur le zinc et sur le charbon on adapte un fil de cuivre : c'est dans ce fil que va passer le courant.

256. Aimants naturels. — Étudions maintenant les *aimants* ; cette étude nous sera indispensable pour comprendre quelles sont les applications de la pile. On trouve dans le sol de quelques pays un minerai de fer qui a la singulière propriété d'attirer le fer ; on nomme ce minerai *aimant naturel*.

257. Aimantation. Aimants artificiels. — En frottant un barreau d'acier avec un aimant naturel on lui communique les propriétés des aimants naturels ; après quelques frictions, le barreau d'acier attire aussi le fer, il est devenu un *aimant artificiel*.

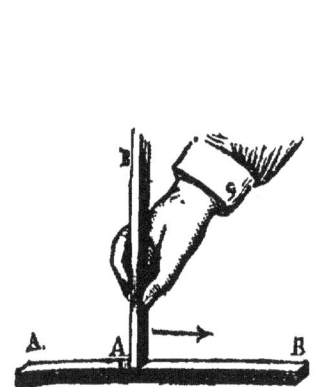
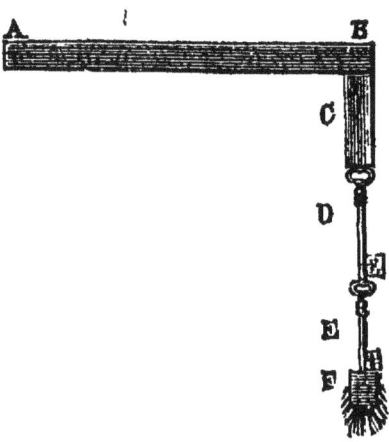

Fig. 338. — On aimante le morceau horizontal AB en le frottant toujours dans le même sens avec l'aimant vertical BA.

Fig. 339. — Le morceau de fer C est attiré par l'aimant AB ; le morceau de fer C devient un aimant qui attire la clef de fer D, et ainsi de suite.

Cet aimant artificiel peut à son tour communiquer les mêmes propriétés à un autre barreau d'acier, sur lequel on le frotte (fig. 338).

---

256. — Qu'est-ce qu'un aimant ?
257. — Qu'est-ce qu'un aimant artificiel ? — Comment fait-on un aimant artificiel ?

258. Action des aimants sur le fer. — 1. Si de l'extrémité B d'un aimant AB (fig. 339), on approche un morceau de fer C, ce morceau de fer est attiré et reste fixé à l'aimant B par une de ses extrémités ; si alors on approche de l'autre extrémité du morceau de fer C une clef en fer D, cette clef est attirée par le morceau de fer C qui agit sur elle comme le ferait un aimant ; le morceau de fer C est devenu immédiatement un aimant. La clef D peut de même attirer une autre clef E qui elle-même retient un petit morceau de fer F ; si nous

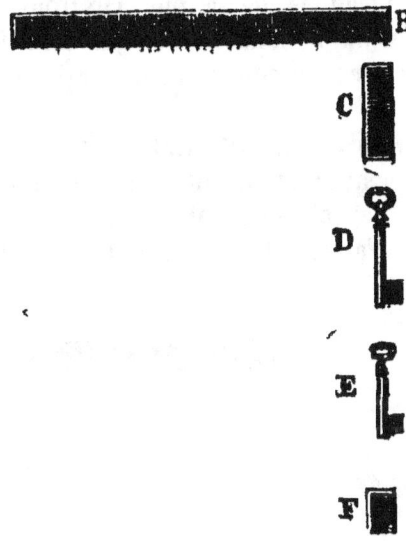

Fig. 340. — Si l'on sépare le morceau de fer C de l'aimant AB, tous les morceaux de fer cessent d'être attirés les uns par les autres, et ils tombent.

jetons de la limaille de fer sur ce morceau de fer F, nous voyons que cette limaille est attirée et forme de petites houppes.

2. Mais si le poids de la petite chaîne ainsi formée devient trop grand, le morceau de fer C se détache de l'aimant B, et aussitôt toutes les autres parties de la chaîne se séparent les unes des autres (fig. 340), toute propriété magnétique a cessé d'exister.

Nous voyons donc que le fer prend instantanément les pro-

---

258 — 1. Quel est l'effet d'un aimant sur un morceau de fer ? — Quelle action ce morceau de fer a-t-il sur un autre morceau de fer ? — 2. Ces morceaux de fer ainsi aimantés restent-ils toujours aimantés ? Comment prouve-t-on le contraire ?

priétés des aimants, mais il perd aussi ces propriétés tout d'un coup, dès qu'il n'est plus sous l'action de l'aimant.

259. Les aimants n'attirent pas le fer dans tous leurs points. — 1. Si l'on met un aimant AB dans de la limaille de fer (fig. 341), on voit que la limaille adhère aux deux extrémités de l'aimant, et qu'au milieu de l'aimant il n'y en a pas du tout. Les deux extrémités qui attirent le fer sont les *pôles de l'aimant*; le milieu qui n'attire pas le fer, est la *ligne neutre*.

Fig 341 — Un aimant AB, plongé dans la limaille de fer, attire cette limaille vers ses deux extrémités A et B, et ne l'attire pas vers le milieu.

2. On peut rendre plus visible cette propriété des pôles en mettant un aimant sous un morceau de carton (fig. 342) et en jetant un peu de limaille de fer sur ce carton; on voit la limaille prendre une disposition régulière autour des deux extrémités de l'aimant, entre les deux pôles; sur la ligne neutre seulement on peut constater que la limaille n'est attirée ni d'un coté ni de l'autre.

Cette expérience prouve de plus que les attractions des aimants s'exercent à travers les corps; il en serait de même avec une lame de verre ou de cuivre. Pour pouvoir utiliser en même temps l'attraction des deux extrémités des aimants, on leur donne souvent la forme d'un fer à cheval (fig. 343).

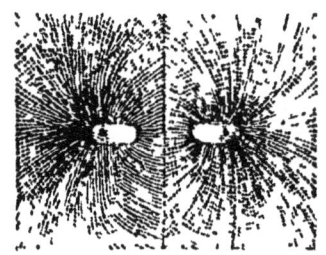

Fig. 342 — Disposition que prend la limaille de fer jetée sur un carton, placée au dessus d'un aimant

260. Un aimant brisé forme deux aimants. — Si l'on brise l'aimant AB (fig. 344), on obtient deux petits barreaux d'acier AB, AB; ces deux petits barreaux d'acier sont

---

259 — 1 Les aimants attirent-ils le fer sur toute leur surface ? — Comment le prouve-t-on ? — Qu'appelle-t-on pôles, ligne neutre ? — 2. Comment prouve-t-on que les attractions se font à travers les corps ?
260. — Qu'arrive-t-il si l'on brise un aimant ?

des aimants qui ont eux-mêmes deux pôles et une ligne neutre, comme on peut le constater en les mettant tous deux dans la

Fig. 313. — On donne souvent à un aimant la forme d'un fer à cheval. Au dessous du fer à cheval, on voit un morceau de fer qui est attiré par les deux extrémités de l'aimant.

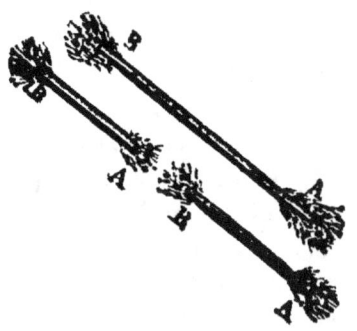

Fig. 314. — Les deux morceaux d'un aimant que l'on brise, sont deux aimants.

limaille de fer (fig. 314). On obtiendrait le même résultat en brisant ces deux nouveaux aimants, et ainsi de suite, tant que les fragments obtenus auraient une dimension appréciable.

261. La terre dirige les aimants. — On prend un aimant AB (fig. 315) ayant la forme d'un losange très allongé et muni en son milieu d'une encoche ; on met cet aimant, nommé

Fig. 315. — Aiguille aimantée AB, vue par dessus. O, petite encoche où peut pénétrer une pointe de cuivre verticale.

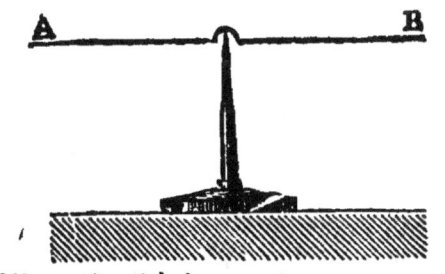

Fig. 316 Aiguille aimantée AB supposée coupée par le milieu, pour montrer comment le pivot de cuivre pénètre dans l'encoche.

aiguille aimantée sur un pivot de cuivre bien pointu (fig. 346).

---

261. — Qu'est-ce qu'une aiguille aimantée ? — L'aiguille aimantée abandonnée à elle-même, prend-elle une direction quelconque ? — Quelle est cette direction ? — Comment appelle-t-on les pôles des aiguilles aimantées ?

Cette aiguille aimantée peut ainsi dans un plan horizontal prendre toutes les positions, on la voit alors prendre une position déterminée AB telle que si on la dérange de cette position, elle y revient toujours; cette direction constante est à peu près celle du nord au sud. Toutes les aiguilles aimantées placées dans les mêmes conditions prennent toutes la même direction. La terre donne donc à tous les aimants mobiles une direction qui est à peu près celle du nord au midi. On appelle pôle nord le pôle de l'aiguille qui se tourne vers le nord, pôle sud celui qui se tourne vers le sud.

262. Comment les aimants agissent les uns sur les autres. — Approchons l'un de l'autre deux pôles d'aimants qui se tournent du même côté, deux pôles BB, par exemple, qui se tournent tous deux vers le sud, nous voyons

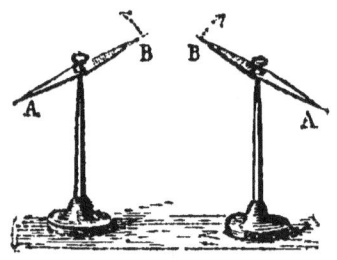
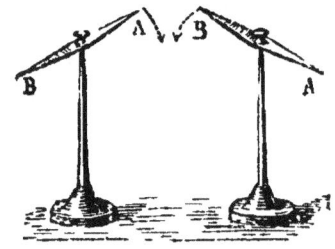

Fig. 347 — On rapproche le pôle B, d'une aiguille aimantée, du pôle B de l'autre aiguille, ces deux pôles se repoussent

Fig. 348 — On approche le pôle A d'une aiguille aimantée du pôle B de l'autre aiguille, ces deux pôles s'attirent

(fig. 347) que ces deux pôles tendent à s'éloigner l'un de l'autre; ils se repoussent. Il en serait de même si nous approchions l'un de l'autre les deux pôles AA qui se dirigent vers le nord.

Donc, *les pôles de même nom de deux aimants se repoussent*.

Approchons, au contraire, le pôle A d'un aimant (fig. 348), du pôle B de l'autre aimant, c'est-à-dire le pôle d'un aimant qui se dirige vers le nord du pôle d'un autre aimant qui se dirige vers le sud, nous constatons que ces deux pôles s'attirent.

---

262. — Qu'arrive-t-il si l'on approche l'un de l'autre deux pôles de même nom de deux aiguilles aimantées? — Et deux pôles de nom contraire?

Donc, *les pôles de nom contraire de deux aimants s'attirent*.

263. Déclinaison. — 1. Nous venons de voir que la direction que la terre donne à une aiguille aimantée n'est pas absolument celle du nord au sud. La direction de cette aiguille fait, en effet, un angle en général assez petit avec la direction du nord au sud, c'est cet angle qu'on appelle la *déclinaison*. On comprend qu'il est nécessaire de connaître la déclinaison si l'on veut déterminer exactement le nord avec une aiguille aimantée.

2. La déclinaison n'est pas la même partout; il y a même des pays où elle est nulle; dans ces pays l'aiguille aimantée a précisément la direction du nord au sud.

La déclinaison est orientale ou occidentale, suivant que le côté nord de l'aiguille est inclinée vers l'orient ou vers l'occident; dans toute la France la déclinaison est occidentale; à Paris, elle est de 17 degrés.

3. La déclinaison n'est pas toujours la même dans un même lieu. Elle varie constamment, mais très lentement; il faut des années pour rendre ces variations bien sensibles.

264. Boussole. Comment on s'en sert. — Lorsqu'on connaît la déclinaison d'un lieu, on peut avoir exactement la direction du nord au sud par l'aiguille aimantée, et par conséquent celle de l'est et de l'ouest. Par exemple, à Paris, où la déclinaison est occidentale et de 17 degrés, comment ferons-nous pour savoir trouver les quatre points cardinaux, c'est-à-dire pour nous orienter?

2. Nous nous servirons d'une boussole (fig. 349). Une boussole est une boîte portant en son milieu un pivot en cuivre sur lequel est placée une aiguille aimantée dont l'extrémité qui se tourne vers le nord est teinte en bleu; les extrémités de l'aiguille aimantée parcourent les divisions d'un cercle qui vont de chaque côté d'un diamètre de 0 à 180. Plaçons la

---

263 1. Qu'appelle-t-on déclinaison? — 2 La déclinaison est-elle la même partout? — En France, est-elle orientale ou occidentale? — Quelle est la valeur de la déclinaison à Paris? — 3 La déclinaison est-elle toujours la même dans un même pays?

264 — 1 A quoi peut-il servir de connaître la déclinaison? — 2 Qu'est-ce qu'une boussole? Comment s'en sert-on?

boîte horizontalement et laissons l'aiguille prendre sa direction ; quand elle est tout à fait immobile, faisons tourner la boîte sur elle-même jusqu'à ce que l'extrémité bleue de l'ai-

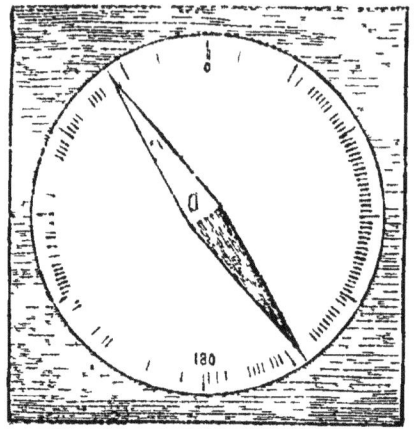

Fig. 349. — Boussole Les extrémités d'une aiguille aimanté parcourent les divisions d'une courbe.

guille fasse à l'ouest un angle de 17 degrés avec le diamètre ou la division 0. A ce moment, si l'aiguille est restée bien immobile, la ligne marquée 0 - 180 est dirigée du nord au sud C'est ce qui est représenté sur la figure 349.

On peut donc alors se diriger avec certitude vers tel ou tel point bien déterminé.

Les marins font un usage constant de la boussole. Par les cartes, ils connaissent la déclinaison du lieu où ils se trouvent ; la boussole leur indique alors la direction à suivre pour arriver au point qu'ils veulent atteindre. Sans la boussole, les grandes navigations seraient impossibles.

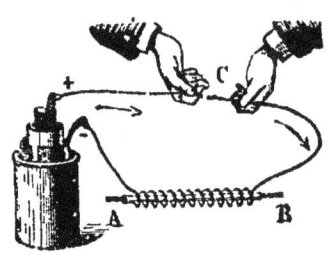

Fig 350 — On peut aimanter une tige d'acier AB en la mettant dans un tube de verre autour duquel est enroulé un fil, dans lequel on fait passer le courant d'une pile.

Dans les opérations d'arpentage, on se sert aussi fréquemment de cet instrument.

265. On peut aimanter l'acier au moyen d'un courant électrique. — Nous avons vu que, pour aimanter un barreau d'acier, il suffisait de le frotter avec un aimant ; il y a un procédé bien plus rapide d'aimanter l'acier ; c'est au moyen de l'électricité. Mettons une aiguille à tricoter en acier AB (fig. 350) au

---

265. — Quel est l'effet d'un courant sur un morceau d'acier qu'il entoure ? — Comment fait-on l'expérience ?

milieu d'un tube de verre, entouré d'un fil de cuivre; faisons passer un courant dans ce fil de cuivre en mettant en contact au point C les deux extrémités libres des fils, et l'aiguille à tricoter devient instantanément un aimant. Ainsi, *on peut aimanter l'acier au moyen du courant électrique de la pile.*

266. Le fer s'aimante pendant qu'il subit l'action d'un courant. — Le courant de la pile n'agit pas sur le fer comme sur l'acier. L'acier reste aimanté après qu'il a été soumis à l'influence du courant électrique, tandis que le fer n'est aimanté que pendant le passage du courant. Dès que le courant cesse, le fer se désaimante.

Voici (fig. 351) un morceau de fer CD qui a la forme d'un fer à cheval; un fil de cuivre est enroulé autour de lui, de manière à former deux bobines D, C; devant ce fer à cheval est une lame L soutenue par un ressort R. Tant qu'il ne passe pas de courant dans le fil, il ne se produit aucun phénomène.

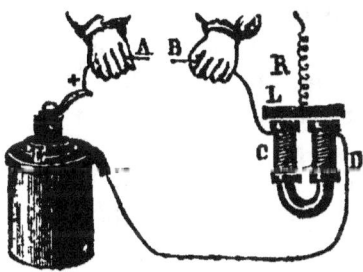 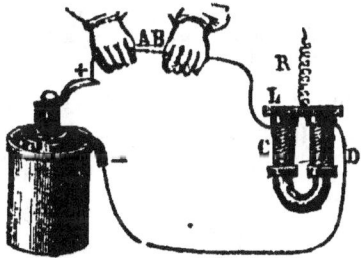

Fig. 351. — Tant qu'on ne rapproche pas les extrémités A et B de la pile, il ne passe pas de courant et la lame de fer L n'est pas attirée par l'électro-aimant CD.

Fig. 352. — Dès qu'on met en contact les extrémités A et B des fils de la pile, le courant passe et l'électro-aimant CD attire la lame de fer L.

mais si nous venons à mettre en contact (fig. 352) les extrémités A et B, le courant passe dans le fil, et le fer à cheval devient immédiatement un aimant qui attire la lame de fer L.

Le fer à cheval qu'on appelle un *électro-aimant*, attire la lame L tout le temps que le courant passe; mais si l'on sépare

---

266 - Quel est l'effet d'un courant sur un morceau de fer qu'il entoure ? — L'aimantation est-elle définitive ? — Combien de temps dure-t-elle ? — Comment fait-on l'expérience ? — Qu'appelle-t-on électro-aimant ?

l'extrémité A de l'extrémité B des fils (fig. 352), instantanément le fer à cheval cesse d'être un aimant et la petite lame de fer L, n'étant plus attirée, se relève. (fig. 351).

RÉSUMÉ.

252. Expérience de Galvani. — En touchant avec un morceau de zinc, les nerfs d'une grenouille morte, et ses muscles avec un morceau de cuivre qui soit en contact avec le zinc, on voit que le corps de cette grenouille est agité de mouvements convulsifs.

253 a 255. Pile de Volta. Pile de Bunsen. — La pile de Volta se compose d'une série de disques de zinc, de cuivre et de drap imbibé d'eau acidulée, disposés toujours dans le même ordre et de manière à former une colonne. En mettant des fils de cuivre aux extrémités de cette pile, on obtient des étincelles ; si l'on fait toucher les deux bouts des fils de cuivre, on obtient ce qu'on appelle un *courant* d'électricité.

La pile de Bunsen est un perfectionnement de la pile de Volta ; elle produit des courants qui durent plus longtemps que ceux de la pile de Volta.

256 a 258. Aimants. Leur action sur le fer. — Les aimants naturels et les morceaux d'acier que l'on a aimantés attirent le fer.

Le fer devient momentanément un aimant sous l'action d'un aimant. On peut ainsi former une chaîne de morceaux de fer s'attirant les uns les autres. Si l'on sépare de l'aimant le premier morceau de la chaîne, tous les morceaux de fer se séparent et tombent.

259, 260. Pôles des aimants. Ligne neutre. Aimants brisés. — Les aimants n'attirent le fer qu'à leurs extrémités, qu'on appelle *pôles des aimants*; le milieu de l'aimant qui n'attire pas le fer est la *ligne neutre*.

Un aimant que l'on casse en deux morceaux produit deux nouveaux aimants, quelque petit que soit l'aimant que l'on brise.

261. Direction de l'aiguille aimantée. — Toutes les aiguilles aimantées prennent la même direction, qui est à peu près celle du Nord au Sud.

262. Actions mutuelles des pôles des aimants. —

Les pôles de même nom de deux aimants se repoussent : les pôles de noms contraires s'attirent.

263, 264. Déclinaison. Boussole. — La *déclinaison* est l'angle formé par la direction de l'aiguille aimantée avec la direction du Nord au Sud.

La déclinaison n'est pas la même dans tous les pays, et n'est pas toujours la même dans un même pays.

On utilise la déclinaison pour pouvoir se diriger dans une direction déterminée ; on se sert aussi de la boussole, instrument qui est d'une grande utilité pour les marins.

265, 266. Action des courants sur l'acier et sur le fer. — Sous l'action d'un courant qui l'entoure, un morceau d'acier devient un aimant. Dans les mêmes conditions, un morceau de fer devient aussi un aimant, mais seulement pendant l'action du courant ; dès que le courant cesse, le morceau de fer cesse d'être un aimant ; c'est d'après cette propriété du fer que sont construits les électro-aimants.

TRENTE ET UNIÈME LEÇON.

Applications des piles.

267. L'électricité de la pile peut se transporter très vite et très loin. — 1. Si au lieu d'avoir quelques décimètres de longueur, comme nous l'avons supposé jusqu'ici, les fils qui relient les extrémités de la pile à l'électro-aimant avaient une longueur de plusieurs mètres, les attractions de l'électro-aimant se produiraient tout aussi bien ; il en serait de même si ces fils avaient une longueur de plusieurs centaines de kilomètres, si, par exemple, la pile était à Dunkerque, l'électro-aimant à Bayonne, et que les deux fils fixés aux extrémités de la pile fussent tendus entre ces deux villes.

2. Mais, dans ce cas, il faut que la pile soit très forte et que

---

267. — 1 Les courants électriques peuvent-ils se propager à de grandes distances ? — Donnez une idée de cette distance. — 2 Comment doivent être disposés les fils qui conduisent un courant dans le cas où ils sont très longs ?

les fils soient complétement isolés des corps environnants, pour ne pas laisser échapper l'électricité. On obtient habituellement cet isolement en suspendant ces fils au moyen de supports mauvais conducteurs de l'électricité, en porcelaine par exemple, comme on le fait pour les fils des télégraphes (fig. 359) ; on entoure aussi quelquefois ces fils de substances isolantes telles que la gutta-percha, surtout lorsqu'ils doivent être plongés dans l'eau.

3. Le transport de l'électricité se fait avec une extrême rapidité ; on ne peut presque pas trouver de durée appréciable pour ce transport, quelle que soit la longueur du fil par lequel il s'opère.

268. Emploi de la vitesse de transmission de l'électricité. — Dès que la rapidité de transmission de l'électricité eut été constatée, et que les propriétés

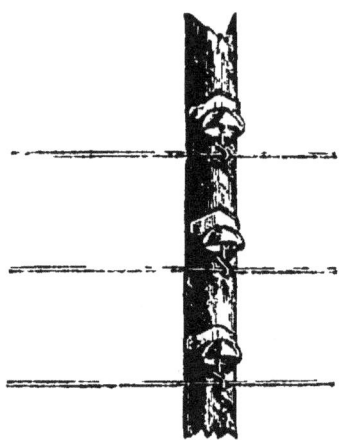

Fig. 359. — Les courants électriques se propagent très vite par des fils isolés, conducteurs de l'électricité.

des électro-aimants furent connues, on pensa à utiliser ces inventions pour la construction des télégraphes.

La difficulté consistait à imaginer le moyen de faire exé-

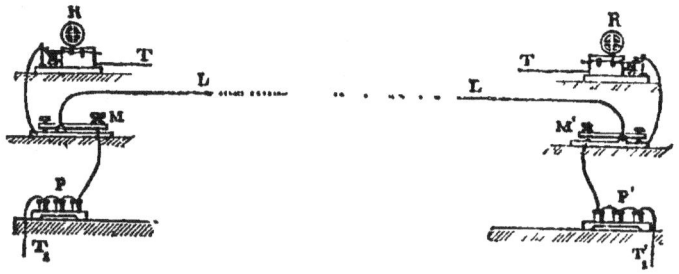

Fig 360 — P, pile, M, manipulateur, R, récepteur à Bordeaux P', pile, M' manipulateur, R', récepteur à Paris. L L', fil de ligne tendu entre les deux manipulateurs de Bordeaux et de Paris.

---

3 Donner une idée de la rapidité avec laquelle se transmet l'électricité.
268. — Quelle application a-t-on fait de la rapidité de transmission de l'électricité ?

cuter des signaux conventionnels par la lame de fer qui est devant l'électro-aimant.

269. De quoi se compose le télégraphe Morse.
— 1. On a construit un grand nombre de télégraphes électriques ; l'un des plus simples et le plus employé est le télégraphe inventé par l'Américain Morse.

On distingue trois parties dans un télégraphe électrique :

1° Un appareil, avec lequel on envoie une dépêche, nommé *manipulateur* ;

2° Un appareil qui reçoit la dépêche qu'on vous envoie, nommé *récepteur* ;

3° Un fil qui réunit ces deux appareils, nommé *fil de ligne*.

2. Si l'on veut, par exemple, correspondre par dépêches entre Paris et Bordeaux, il faudra qu'on ait à Paris une pile P' (fig. 360), un manipulateur M' et un récepteur R' ; il faudra qu'on ait à Bordeaux une autre pile P, un autre manipulateur M, un autre récepteur R ; de plus, les deux manipulateurs devront être en communication par un fil de ligne LL'.

270. Manipulateur. — Cet appareil (fig. 361) consiste en une planchette sur laquelle il y a trois petites bornes en métal ; la borne de gauche est en communication avec un fil métallique P qui vient d'une pile ; la borne du milieu est en communication avec un autre fil métallique L dont l'autre extrémité est à la ville où l'on veut envoyer la dépêche ; la borne de droite est en communication avec un fil métallique R, qui va dans le récepteur de la ville où l'on se trouve. La borne du milieu porte un levier M*ab*, qui peut exécuter sur

Fig. 361. — Manipulateur du télégraphe Morse, quand on n'appuie pas sur la poignée M P, fil venant de la pile ; L, fil de ligne ; R, fil allant au récepteur ; r, ressort fixant la pointe b sur la borne qui est au-dessous.

Le courant arrivant par le fil de ligne, passe dans la borne du milieu, puis, dans la pointe b, et de là dans le récepteur

---

269. — 1. De combien de parties se compose le télégraphe Morse ? — 2. Quels appareils doit-on avoir à chacune des deux villes qui correspondent par télégraphe ?

270 — Décrivez le manipulateur du télégraphe Morse. — Indiquez sa disposition quand on reçoit une dépêche. — Indiquez sa disposition quand on envoie une dépêche.

cette borne un mouvement de bascule ; un ressort *r*, à gauche de la borne du milieu, relève toujours le bras gauche de ce levier, de sorte qu'une pointe métallique *b* est alors toujours en contact avec la borne de droite, tandis qu'une autre pointe *a* est au contraire toujours séparée de la borne située à gauche sur la planchette.

271. Comment fonctionne le manipulateur. — Quand le manipulateur a la position indiquée (fig. 362), le courant de la pile P ne peut passer, et il ne produit aucun effet ; mais, si un courant arrive par le fil de ligne L, ce courant passera par la borne du milieu, de là dans le levier, puis dans la tige *b*, et enfin dans le fil R qui le conduit au récepteur où ce courant va produire les signaux. Le manipulateur doit donc rester dans cette position de la figure 362 tout le temps qu'on reçoit une dépêche.

Si nous voulons envoyer une dépêche, il faudra que nous lancions un courant dans le fil de ligne L ; pour cela appuyons sur la poignée M (fig. 362), le levier bascule ; nous forçons le ressort à céder, la pointe *b* se relève, la pointe *a* s'abaisse et vient toucher la borne de gauche de la planchette qui est en contact avec le fil P de la pile, le courant passe dans cette tige *a*, de là dans le levier, puis dans la borne du milieu, et enfin dans le fil de ligne L.

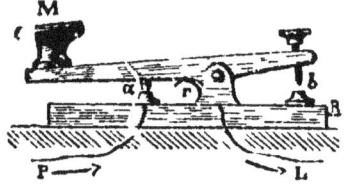

Fig. 362 — Manipulateur du télégraphe Morse, quand on appuie sur la poignée M
Le courant de la pile passe en *a*, de *a* dans la borne du milieu, et de là dans le fil de ligne L

Si l'on appuie longtemps en M, le courant passera longtemps ; si l'on n'appuie qu'un temps très court, le courant ne passera que très peu de temps, parce que, dès que l'on cesse de presser en M, le ressort *r* fait relever le levier, et par conséquent la tige *a*.

272. Récepteur. — Le récepteur (fig. 363) se compose d'un levier JO qui peut osciller autour du point O. A droite,

---

271. — Indiquez comment on fait manœuvrer le manipulateur.
272 — Décrivez le récepteur Morse. Indiquez sa disposition quand on n'envoie pas de courant dans l'électro-aimant.

ce levier porte un morceau de fer qui est au-dessus d'un électro-aimant B dans lequel arrive le fil de ligne L : à l'autre extrémité du levier est un crayon dont la pointe est tournée vers le haut ; devant cette pointe est une mince bande de papier prise entre deux petits cylindres qui, tournant en sens inverse l'un de l'autre, font passer la bande de papier devant le crayon ; enfin un ressort r tirant le bras du levier J par en bas, empêche le crayon de toucher le papier.

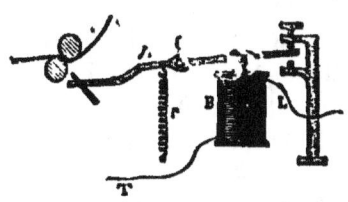

Fig 363. — Récepteur du télégraphe Morse, quand le courant ne passe pas dans l'electro-aimant
JO levier mobile autour du point O, termine a droite par un morceau de fer qui est au-dessus d'un electro-aimant B, à gauche par un crayon ayant la pointe en haut ; r, ressort empêchant le crayon de s'appuyer sur la lame de papier qui glisse devant lui ; L, fil de ligne ; T, extremite du fil de ligne qui touche la terre La petite pointe qui est a droite empêche le levier de se trop relever à droite.

273. Comment fonctionne le récepteur. — Si un courant arrive dans le fil de ligne, l'électro-aimant attire le fer du levier OJ, en forçant le ressort à céder ; ce levier s'abaissant à droite, se relève à gauche, et le crayon va butter sur le papier qui se déroule devant lui. Si le courant passe longtemps, l'électro-aimant attirant le fer tout le temps que passe ce courant, le crayon restera longtemps appuyé sur le papier, qui se déplacera beaucoup pendant ce temps et il y laissera un trait ; si le courant ne dure que très peu de temps, le crayon ne fera que toucher le papier et n'y tracera qu'un point. C'est par la combinaison des traits et des points ainsi obtenus qu'on a établi des signaux conventionnels. Voici ceux adoptés en France :

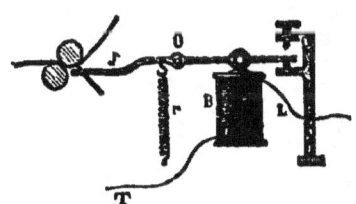

Fig 364 - Récepteur du télégraphe Morse, quand le courant passe par le fil L.
Le crayon s'appuie sur le papier tout le temps que le courant passe, et trace des traits ou des points suivant que le temps est plus ou moins long.

---

273. — Décrivez comment fonctionne le récepteur Morse. — Quelle forme ont les signes conventionnels ?

APPLICATIONS DES PILES. 295

a . —	h — . . .	u . . —	1 . — — — —
b — . . .	l . — . .	v . . . —	2 . . — — —
c — . — .	m — —	w . — —	3 . . . — —
d — . .	n — .	x . — . . —	4 . . . . —
e .	o . . .	y . . — . .	5 . . . . .
f . . — .	p	z . . . — .	6 — . . . .
g — — .	q . . — .	, . — . —	7 — — . . .
h	r . . .	; . . . — .	8 — — — . .
i . .	s . . .	, . . — . . —	9 — — — — .
j . — — —	t —	. . — . — . —	0 — — — — —

D'après ces conventions :

. — — . . — . . — . . . . . . signifiera Paris.

271. Fil de ligne. — 1. Au lieu de mettre deux fils entre la pile et l'électro-aimant, on n'en met qu'un, et l'on met le fil qui est à l'autre extrémité de la pile en communication avec le sol, ainsi que le bout du fil de ligne enroulé autour de la bobine qui a formé l'électro-aimant, comme on le voit en T et T (fig. 364).

2. Le fil de ligne est en fer galvanisé, c'est-à-dire en fer recouvert de zinc; il est soutenu par des crochets en fer, T (fig. 365), fixés dans des vases de porcelaine en forme de cloches, S. Ces vases de porcelaine sont eux-mêmes portés par ces poteaux que l'on voit le long des routes et des chemins de fer.

275. Fonctionnement du télégraphe Morse. — Supposons qu'on veuille échanger des dépêches de Bordeaux à Paris, il faudra, comme nous l'avons vu, avoir, à Bordeaux et à Paris, une pile, un manipulateur et un récepteur.

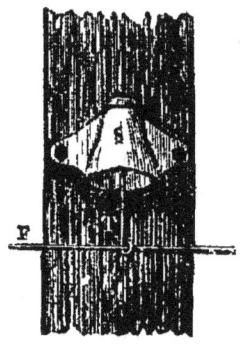

Fig. 365 — Le fil télégraphique L est soutenu par un crochet T qui est fixé au dessous d'une petite cloche en porcelaine S, portée par un poteau de bois

Supposons que les appareils représentés à gauche (fig. 366) soient ceux de Bordeaux, et que ceux représentés à droite soient ceux de Paris. On veut d'abord envoyer une dépêche de Bordeaux, on appuie en M, le courant passe par LL',

---

271. — 1 Combien de fils sont nécessaires entre deux villes qui correspondent par télégraphe ? — Que fait-on de l'autre fil de la pile ? — 2 En quoi est le fil du télégraphe ? — De quoi est-il recouvert ? — Comment est-il fixé aux poteaux télégraphiques.

275. — Expliquez le fonctionnement du télégraphe Morse entre deux villes.

arrive à la colonne centrale du manipulateur de Paris (à droite de la figure) que l'on a le soin de ne pas toucher pendant tout

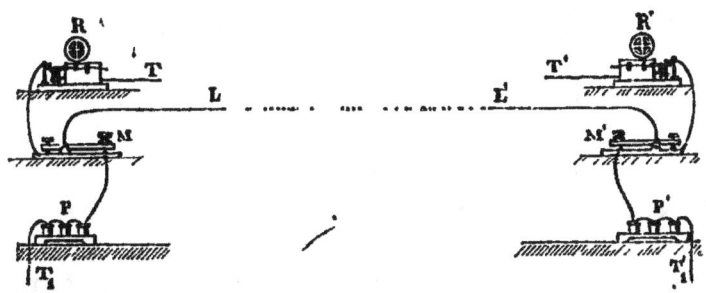

Fig. 366. — Échange de dépêches entre deux villes, Bordeaux a gauche et Paris a droite.
On appuie en M a Bordeaux ; le courant de la pile P lancé dans le fil de ligne arrive dans le manipulateur M' de Paris, et de la dans le recepteur R', d'où il se rend dans la terre en T'.
Pour repondre de Paris, on presse en M', le courant de la pile P' passe dans le fil de ligne et dans le manipulateur M de Bordeaux, de la dans le recepteur R et de la, dans la terre T.
L'autre fil de la pile P est en communication avec la terre en T ; l'autre fil de la pile P' est en communication avec la terre en T'.

le temps où l'on reçoit la dépêche : de là il passe dans le récepteur R', dans lequel la dépêche s'imprime.

Si l'on veut répondre de Paris à Bordeaux, il faut qu'à Bordeaux on ne touche plus au manipulateur ; en appuyant alors en M' on fera passer dans le fil L L' des courants qui passant par la colonne médiane du manipulateur M de Bordeaux, vont imprimer la dépêche dans le récepteur R. Les extrémités T, T' du premier courant, et les extrémités T_1, T'_1, du second courant sont en communication avec le sol.

276. Autres systèmes de télégraphes. — Il y a d'autres télégraphes qui n'écrivent pas les dépêches comme le télégraphe Morse. Un télégraphe encore employé dans certains chemins de fer, marque les lettres au moyen d'une aiguille dont une extrémité est au centre d'un cercle, et dont l'autre extrémité parcourt la circonférence de ce cercle, où sont écrites les lettres, comme l'aiguille d'une horloge en parcourt le cadran l'aiguille s'arrête un instant sur chacune des

---

276. — Indiquez quelques autres systèmes de télégraphes et dire quels sont leurs avantages.

APPLICATIONS DES PILES. 297

lettres du mot que l'on veut indiquer. D'autres télégraphes impriment, non plus des signes conventionnels comme dans le télégraphe Morse, mais les lettres elles-mêmes sur une bande de papier: ces télégraphes sont très compliqués.

Il y a enfin d'autres télégraphes qui reproduisent l'écriture même de la personne qui écrit, mais ce système de télégraphe est d'une grande complication et demande beaucoup de temps pour l'inscription d'une dépêche; aussi est-il peu employé.

277. Téléphone. — Le *téléphone* peut aussi être considéré comme un télégraphe; c'est un appareil qui, au moyen d'un fil métallique tendu entre deux points très éloignés, transmet les sons, la voix par exemple, avec une grande exactitude. On peut, avec le téléphone, s'entendre parler, sans hausser la voix, de Paris à Marseille et même à de plus grandes distances. (voir page 374 a).

278. Lumière électrique. — L'étincelle qui jaillit entre les extrémités des fils qui conduisent le courant d'une pile acquiert une très grande vivacité si l'on fixe aux bouts de ces deux fils deux morceaux de charbon de cornue terminés en pointe. L'étincelle jaillit alors d'une manière continue entre les deux charbons, en formant un trait de feu très brillant. On utilise cette propriété pour l'éclairage, sous le nom de lumière électrique. L'éclairage électrique est déjà adopté dans beaucoup de grandes villes.

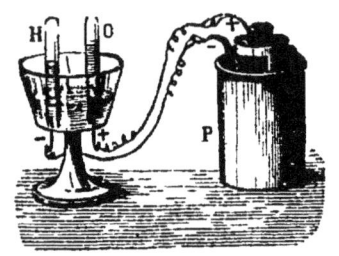

Fig. 367. L'eau est décomposée par le passage du courant d'une pile P. Le volume de l'hydrogène H qui provient de cette décomposition, est double de celui de l'oxygène O

279. Le courant d'une pile décompose l'eau. — Mettons dans de l'eau, légèrement acidulée pour la rendre meilleure conductrice, les extrémités des deux fils de la pile P (fig. 367), en les faisant entrer dans le verre par deux petites ouvertures

---

277. — Qu'est-ce que le téléphone ?
278. — Comment obtient-on la lumière électrique ?
279 — Quelle est l'action d'un courant sur l'eau qu'il traverse ? — Que donne l'eau en se décomposant ? — Comment dispose-t-on l'expérience ? — A quoi reconnait-on l'oxygène de l'hydrogène ?

pratiquées dans le fond. Nous verrons bientôt de nombreuses bulles de gaz se détacher de l'extrémité des fils et monter à la surface. Si nous mettons au-dessus des fils deux tubes pleins d'eau, fermés en haut, ouverts en bas, nous pourrons recueillir ces bulles et nous verrons alors que l'un des gaz a toujours un volume double de celui de l'autre ; nous pourrions constater que l'un d'eux, H, celui qui a le volume double de l'autre, brûle avec une flamme très peu éclairante, c'est un gaz nommé hydrogène (voyez plus loin, 34º leçon) ; l'autre gaz O ne brûle pas, mais si l'on met dans ce gaz une allumette, encore rouge sur quelques points, elle s'enflamme avec un très vif éclat ; il entretient donc la combustion : c'est l'oxygène.

D'où proviennent ces deux gaz ? Ils proviennent de la décomposition de l'eau qui est, en effet, composée d'hydrogène et d'oxygène ; si l'on continuait l'expérience assez longtemps ; toute l'eau du verre disparaîtrait, ne donnant que ces deux gaz comme produit de sa décomposition.

280. Galvanoplastie. — 1. Il n'y a pas que l'eau qui soit décomposée par les courants électriques. Si l'on fait fondre dans l'eau un corps formé de cristaux d'un beau bleu qu'on appelle vitriol bleu, puis qu'on fasse passer le courant de la pile par deux fils de métal trempés dans cette dissolution, on voit bientôt du cuivre apparaître à l'extrémité de l'un des fils ; c'est que le vitriol bleu est un corps composé de plusieurs corps et particulièrement de cuivre ; sous l'action du courant, le vitriol bleu se décompose et le cuivre se dépose.

2. On a fait une très utile application industrielle de cette décomposition, par les courants, des corps qui renferment du cuivre : on a trouvé le moyen de faire des dépôts très réguliers de cuivre sur les corps, de manière à les envelopper d'une couche de ce métal qui les protège. Le fer, par exemple, ainsi recouvert de cuivre, ne se rouille pas. On peut aussi, en faisant déposer du cuivre dans des moules en plâtre de statues ou d'autres objets d'art, reproduire ces objets d'une manière parfaitement exacte.

---

280. — 1. Que se passe-t-il quand on fait passer un courant à travers une dissolution de vitriol bleu ? — 2. Quelle application industrielle a-t-on faite de la décomposition du vitriol bleu par un courant électrique ?

APPLICATIONS DES PILES. 299

Cette application de la décomposition des corps par les courants porte le nom de *galvanoplastie*.

4. La forme indiquée par la figure 368 est celle qu'on donne le plus souvent à l'opération.

Les deux fils d'une pile L pénètrent dans une cuve C remplie d'une dissolution de vitriol bleu ; le courant, en traversant la dissolution, décompose le vitriol et laisse déposer le cuivre en M ou sont des moules. Si l'on suspend en L, à l'extrémité de l'autre fil, une lame de cuivre, cette lame est rongée peu à peu et disparait ; le cuivre qui la formait va se déposer sur les moules, comme celui du vitriol.

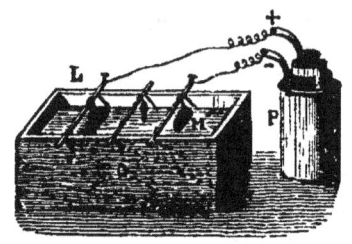

Fig 368. — Le courant d'une pile P décompose le vitriol bleu, en dissolution dans l'eau renfermée dans la cuve C Le cuivre se dépose sur les moules en M Une lame de cuivre L attachée à l'autre fil de la pile se dissout, et le cuivre qui la formait se dépose aussi sur les moules.

5. On opère absolument de la même manière, mais avec d'autres corps que le vitriol, pour obtenir des dépots d'or, d'argent, etc.

RESUME.

267, 268. Propagation de l'électricité de la pile. Son emploi pour les télégraphes. — L'électricité des piles se propage très vite et très loin, au moyen de fils bons conducteurs de l'électricité ; on a utilisé ces propriétés des courants pour faire fonctionner les télégraphes.

269 à 275. Télégraphe Morse. — Le télégraphe Morse se compose d'un *manipulateur* pour envoyer les dépêches, d'un *récepteur* pour les recevoir, et d'un *fil de ligne* isolé, tendu entre ces deux appareils. On peut, au moyen du manipulateur, lancer dans le fil de ligne le courant d'une pile ; en faisant passer ce

---

3. Comment appelle-t-on cette industrie ? — 4. Comment dispose-t-on ordinairement les appareils de galvanoplastie ? — 5. Ne peut-on opérer ainsi que pour le cuivre ?

courant pendant des temps plus ou moins longs, on produit par le jeu du récepteur, une succession de traits et de points, groupés de manière à remplacer les lettres.

276, 277. Autres systèmes de télégraphes. — Dans ces télégraphes à cadran, l'extrémité d'une aiguille s'arrête sur les lettres du mot que l'on envoie.

Dans d'autres télégraphes, les lettres elles-mêmes s'impriment.

Enfin, dans d'autres encore, c'est l'écriture même de la personne qui adresse la dépêche qui est reproduite dans le récepteur.

Le téléphone est un télégraphe parlant.

278. Lumière électrique. — La lumière électrique s'obtient en faisant passer un courant électrique entre deux pointes de charbon de cornue.

279, 280. Décomposition de l'eau. Galvanoplastie. — Si l'on fait passer un courant électrique à travers de l'eau, cette eau est décomposée en ses deux éléments : hydrogène et oxygène.

Beaucoup d'autres corps sont ainsi décomposés par le passage d'un courant électrique, particulièrement les corps qui renferment un métal dans leur composition.

La *galvanoplastie* a pour objet de faire déposer sur d'autres corps les métaux ainsi séparés du corps composé dont ils faisaient partie.

On recouvre de la sorte beaucoup de corps, d'une couche de métal qui les protège ; on peut aussi faire des moules creux d'objets que l'on remplit ensuite de métal ; le métal prend exactement la forme du corps que l'on a moulé.

TRENTE-DEUXIÈME LEÇON.

La Lumière.

281. Les corps qui éclairent. — Les corps éclairés. — 1. Quand le soleil est au-dessus de l'horizon, il fait jour, on y voit : le soleil est un corps qui nous éclaire. Quand, pendant la nuit, nous enflammons une allumette, la

---

281. — 1 Qu'est-ce qu'un corps éclairant ?

flamme de cette allumette nous éclaire : l'allumette, comme le soleil, est un corps éclairant.

Il y a donc des corps qui, naturellement ou artificiellement, sont des sources de lumière, c'est-à-dire qu'ils nous permettent de voir les objets environnants.

2. On voit un objet quand, sans le toucher, on se rend compte de sa forme et de l'endroit où il est.

La plupart des corps ne sont pas visibles par eux-mêmes ; il est nécessaire, pour que nous les voyions, qu'ils soient sous l'influence d'un corps éclairant.

282. La lumière se propage en ligne droite. — Tout le monde sait que si l'on regarde la flamme d'une bougie, et que l'on mette un livre entre cette bougie et l'œil, on ne voit plus la bougie. La lumière se propage donc en ligne droite.

Cette direction, suivie par la lumière, est d'ailleurs très facile à vérifier. Quand on ferme les volets dans une chambre, et qu'on ne laisse qu'une toute petite ouverture du côté du soleil, on voit un rayon lumineux qui entre dans la chambre ; ce rayon est parfaitement droit.

283. Corps opaques. — Ombre. — Obscurité. — 1. La plupart des corps ne se laissent pas traverser par la lumière; on ne voit pas au travers de la pierre, du bois, du fer; ces corps sont *opaques*.

2. Quand on arrête par un corps opaque les rayons qui viennent d'un corps lumineux, d'une bougie par exemple, on produit de l'*ombre* du côté où les rayons n'arrivent pas ; et la partie de l'espace qui est dans l'ombre par rapport à la bougie ne recevait pas de lumière de la part des autres corps, cette partie de l'espace serait dans l'*obscurité*. L'obscurité, en effet, n'est pas autre chose que l'absence de lumière.

---

2. Quand voit-on un corps ?

282. — Quelle est la direction que suit la lumière ? — Comment le vérifie-t-on ?

283. — 1. Qu'est-ce qu'un corps opaque ? — 2. Qu'est ce que l'ombre ? Qu'est-ce que l'obscurité ?

284. Un objet lumineux est moins brillant de loin que de près. — 1. Si, la nuit, on s'éloigne d'un objet lumineux, d'une bougie par exemple, on voit cette bougie de moins en moins nettement, à mesure qu'on en est séparé par une distance plus grande; on finirait même, en s'éloignant toujours, par ne plus la distinguer du tout.

2. On peut se rendre compte de cet effet, en considérant que la lumière émise par le corps lumineux se répand dans un espace considérable, et que, par conséquent, il y a moins de lumière entrant dans l'œil quand on est loin du corps lumineux que lorsqu'on en est plus rapproché. L'*intensité* de la lumière produite par un corps lumineux diminue donc quand on s'éloigne de ce corps.

285. La lumière traverse certains corps. — 1. La lumière traverse certains corps, comme le verre, l'eau, l'air, qui sont des corps *transparents;* elle est arrêtée au contraire, par la plupart des corps, qui sont des corps *opaques*.

2. Mais les corps transparents, même ceux qui paraissent les plus limpides, retiennent cependant une partie de la lumière qui les traverse, et deviennent opaques quand ils atteignent une certaine épaisseur.

3. L'eau, par exemple, devient absolument opaque quand elle a une profondeur de plusieurs centaines de mètres; le fond d'une grande partie des océans ne reçoit donc pas la moindre lumière du soleil et serait toujours plongé dans l'obscurité la plus complète, si de nombreux animaux habitant ces profondeurs n'avaient la propriété de devenir lumineux comme le fait le ver luisant à la surface de la terre.

4. L'air lui-même n'est pas absolument transparent; c'est pour cela qu'on peut sans inconvénient fixer un instant le soleil quand il est à l'horizon, soit qu'il se lève, soit qu'il se couche; les rayons qui nous arrivent alors du soleil ont à

---

284. — 1. Quel est l'effet de la distance sur la manière dont on voit un objet ? — 2. Comment peut-on se rendre compte de cet effet ?

285. — 1. Qu'est-ce qu'un corps transparent ? — 2. Y a-t-il des corps absolument transparents ? — 3. Quel est l'effet de la profondeur de l'eau sur sa transparence ? — 4. Citez des faits qui prouvent que l'air n'est pas absolument transparent.

traverser une bien plus grande masse d'air que lorsque cet astre est presque au-dessus de nous.

Si l'on monte sur une haute montagne, on voit pendant la nuit beaucoup plus d'étoiles dans la même région du ciel qu'on n'en aperçoit de la plaine. Ces étoiles n'étaient pas visibles en bas parce que les rayons qui en venaient étaient absorbés par la partie de l'atmosphère qui se trouve entre le sommet et le bas de la montagne.

286. La sensibilité de l'œil est limitée. — La sensibilité de la vue est d'ailleurs assez variable ; on sait, par exemple, qu'une personne distinguera très nettement un objet qu'une autre personne ne pourra voir ; il y a même des personnes qui y voient assez nettement pendant la nuit. Beaucoup d'animaux, les chats, par exemple, sont dans ce cas. Remarquons toutefois que, dans le cas où l'obscurité serait complète, aucun être ne pourrait y voir ; ce que nous appelons la *nuit*, c'est une ombre plus ou moins grande par rapport au soleil, mais ce n'est pas l'obscurité absolue ; pendant la nuit, il peut y avoir encore assez de lumière pour que les yeux très sensibles des êtres dont nous venons de parler en soient impressionnés.

287. Pourquoi l'on ne voit pas les étoiles pendant le jour. — 1. Nous ne voyons les étoiles que lorsque le soleil est couché, mais nous savons bien qu'elles existent pendant le jour comme pendant la nuit. Si, en effet, du fond d'un puits profond, par un jour de beau soleil, on regarde le ciel, on aperçoit les étoiles qui brillent comme en pleine nuit.

2. Ce qui empêche de voir les étoiles dans le jour, c'est la lumière provenant du soleil qui produit sur nos yeux une impression si vive, qu'ils ne peuvent plus être impressionnés par la lumière beaucoup plus faible venant des étoiles.

3. On a pu constater par l'expérience qu'une lumière qui

---

286 — Peut-on y voir dans l'obscurité absolue ? — Pourquoi certains animaux peuvent-ils voir pendant la nuit ?

287. — 1 Peut-on voir les étoiles dans le jour ? — Comment faut-il faire ? — 2. Pourquoi ne voit-on pas les étoiles en plein jour ? — 3. Combien de fois faut-il qu'une lumière soit plus vive qu'une autre pour empêcher de voir cette autre ? — Pourquoi ne voit-on pas ce qui est dehors quand on est la nuit dans une chambre éclairée ?

est 64 fois plus intense qu'une autre empêche de voir cette autre ; ainsi en plein soleil on voit à peine la flamme d'une bougie. C'est pour cela que la nuit, si nous sommes dans une chambre éclairée, nous ne voyons pas ce qui est en dehors ; si nous éteignons les lumières, nous voyons alors les objets qui sont en face des fenêtres.

288. Images produites par les petites ouvertures. — Fermons les volets d'une chambre et pratiquons dans un de ces volets une toute petite ouverture ; mettons dans la chambre, à côté de cette ouverture, une feuille de papier verticale : nous verrons sur cette feuille se former une image, toute petite et renversée, de tout ce qui est en face de la fenêtre.

Fig. 369. — Chambre noire. L'image de la bougie BA vient se faire en AB, renversée et rapetissée, au fond de la boîte

On peut faire très simplement l'expérience en allumant une bougie B'A' (fig. 369) dans une chambre obscure, et en mettant en face de cette bougie une boîte percée d'une petite ouverture ; on voit sur la face opposée de la boîte se former l'image AB de la bougie.

La formation de cette image peut s'expliquer en remarquant que le point B' envoie des rayons qui passent par la petite ouverture et viennent aboutir en B ; de même les rayons envoyés par A' viennent aboutir en A ; tous les points de la flamme A'B' envoient aussi à la petite ouverture des rayons qui aboutissent entre B et A ; et, en somme, on a en A B l'image renversée de A'B'. Cette petite boîte, qu'on a perfectionnée pour rendre les images plus nettes, est connue sous le nom de *chambre noire;* on l'emploie dans le dessin, surtout pour faire le croquis des paysages ; la chambre noire est aussi employée par les photographes.

289. La lumière se propage très vite. — La lumière se propage avec une rapidité dont rien ne peut nous

---

288. — Expliquez ce qui se produit, si l'on fait une petite ouverture dans le volet d'une chambre obscure ?

289. — Donnez une idée de la rapidité avec laquelle se propage la lumière.

LA LUMIÈRE.   305

donner l'idée ; les trains de chemin de fer lancés à toute vapeur, les projectiles de nos armes à feu vont incomparablement plus lentement que les rayons lumineux. Un boulet de canon qui conserverait la vitesse qu'il a au sortir du canon, c'est-à-dire d'environ 400 mètres par seconde, mettrait 17 ans pour atteindre le soleil, tandis que la lumière, d'après des mesures très précises, ne met que 8 minutes 13 secondes à traverser les 38 millions de lieues qui séparent la terre du soleil. Cette vitesse de la lumière est si grande que l'on ne peut en tenir compte pour les distances que l'on veut observer sur la terre ; quand nous voyons un phénomène quelconque se produire au loin, un coup de fusil qui part, un éclair qui jaillit, nous pouvons admettre que ces phénomènes se sont passés au moment même où nous les avons vus.

290. La lumière se réfléchit. — 1. Laissons dans une chambre bien obscure pénétrer un rayon I de soleil (fig. 370) et à l'endroit où il aboutit sur une table, mettons un miroir M : le rayon de soleil se brise en P et revient en R, Il *se réfléchit*. Le rayon ne prend pas, en se réfléchissant, une direction quelconque. Si l'on menait une perpendiculaire PN à la surface du miroir, on verrait que l'angle OPN est toujours égal à l'angle NPR. C'est ce qu'on appelle la *loi de la réflexion*.

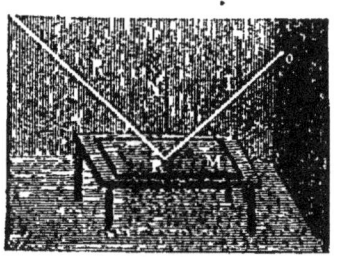

Fig 370 — Le rayon R se réfléchit sur la glace M, en faisant avec la perpendiculaire PN, au point P, un angle RPN, égal à l'angle NPO.

L'angle OPN s'appelle l'angle *d'incidence* et l'angle NPR s'appelle l'angle de *réflexion*. On dit que l'angle d'incidence est égal à l'angle de réflexion.

291. Comment les images se forment dans les miroirs. — 1. Mettons la bougie B (fig. 371) devant la glace MN, et regardons la glace en mettant notre œil au point O. La bougie envoie de la lumière dans toutes les direc-

---

290 — Quand la lumière se réfléchit elle ?
291. — 1. Décrivez la manière dont se forment les images dans les miroirs. — A quelle distance se forme une image dans un miroir ?

tions ; mais il y a entre autres un rayon de lumière tel que BM qui, après s'être réfléchi sur le miroir en M, prendra une direction MO et viendra entrer dans l'œil. Notre œil alors verra la bougie M comme si elle était en I, sur le prolongement du rayon de lumière qui l'a impressionné. La ligne MB paraitra alors être en MI, en arrière du miroir, à une distance NI égale à la distance NB à laquelle la bougie se trouve en avant du miroir. Quand nous nous regardons dans une glace, nous nous voyons de l'autre côté de la glace, à une distance égale à celle qui nous sépare de la glace.

Fig 371 — Une personne dont l'œil est en O voit en I l'image de la bougie B.

2. La surface de l'eau réfléchit la lumière comme le ferait un miroir ; si on est placé en O (fig. 372), on voit en T' l'image du toit T de la maison située sur le bord de l'eau. Ce qui nous fait voir le point T en T', c'est le rayon TP qui se réfléchit en PO, et qui entre dans notre œil.

Fig. 372 — Le rayon TP en se réfléchissant en P, a la surface de l'eau, nous a fait voir en entrant dans notre œil O, le point T en T'

3 Si la lumière qui réfléchit la surface de l'eau est très vive, comme si elle provenait des rayons du soleil, nous ne distinguerons plus du tout le fond de la rivière, parce que la lumière qui nous en vient est trop faible par rapport à celle du soleil.

4. C'est pour la même raison que le matin et le soir les vitres des fenêtres exposées au levant et au couchant parais-

---

2 Décrivez la réflexion de la lumière sur l'eau — 3 Qu'arrive-t-il si la lumière réfléchie sur l'eau est très vive ? — 4 Citez des effets de la réflexion sur des corps transparents.

sent en feu ; elles réfléchissent le soleil quand il est près de l'horizon et l'on ne voit rien de l'autre côté de ces vitres.

Cet effet se produit aussi très souvent sur les vitres des magasins ; si le jour est vif, la lumière qui se réfléchit sur ces vitres les fait paraître toutes brillantes et empêche de rien voir à l'intérieur.

292. Un rayon lumineux change de direction en entrant dans l'eau. — Si au lieu de faire tomber sur une glace le rayon lumineux qui passe par la petite ouverture du volet de la fenêtre, nous le faisons tomber sur de l'eau renfermée dans un vase de verre, nous voyons ce rayon changer de direction. En entrant dans l'eau E (fig. 373), ce rayon IP prend une direction PR, qui le rapproche de la perpendiculaire PN que l'on mènerait au point P. On donne le nom de *réfraction* à ce changement.

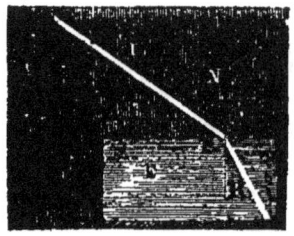

Fig 373 — Le rayon de lumière IP prend la direction PR en entrant dans l'eau.

293. Pourquoi un bâton paraît brisé au point où il entre dans l'eau. — 1 C'est par la réfraction qu'on explique ce fait que tout le monde connaît, que si l'on enfonce un bâton dans l'eau, ce bâton paraît brisé à l'endroit où il entre dans l'eau. L'extrémité A (fig. 374) du bâton CBA envoie des rayons de lumière tel que AD, qui, en sortant de l'eau, prennent une direction DO ; si alors ils pénètrent dans l'œil O, cet œil verra le point A en A'. Le bâton paraîtra alors coudé au point B, et semblera avoir la forme CBA'.

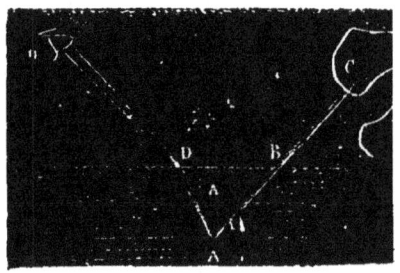

Fig 374 — Le bâton CBA semble brisé au point B, où il pénètre dans l'eau ; l'extrémité A paraît être en A'

---

292. — Que se passe-t-il quand un rayon de lumière entre dans l'eau ?

293. — 1 Expliquez pourquoi un bâton plongé dans l'eau paraît brisé à l'endroit où il entre dans l'eau.

2. C'est pour la même raison qu'une pièce de monnaie placée au fond d'un vase paraît relevée (fig. 375) quand on met de l'eau dans ce vase.

3. D'après cela, le fond d'une rivière semble toujours plus haut qu'il n'est en réalité ; l'eau est plus profonde que l'on ne croit ; on a pu constater avec exactitude que, quand l'eau a une profondeur de 4 mètres, elle ne paraît en avoir que 3. On comprend pourquoi les poissons nous font l'effet, dans l'eau, d'être plus gros qu'ils ne sont en réalité, c'est qu'ils nous semblent plus près qu'ils ne le sont.

Fig 375 — Une pièce de monnaie placée dans un vase paraît relevée quand on met de l'eau dans le vase.

294. Effets des lentilles sur la lumière. — 1. Nous avons vu que les rayons du soleil, tombant sur un morceau de verre en forme de lentille, se réunissaient en un même point de l'autre côté de cette lentille, où la chaleur était assez grande pour enflammer ou fondre des corps (fig. 376) : le même effet se produit en même temps pour la lumière. Le point où se concentre toute la chaleur des rayons qui tombent sur la lentille et qu'on nomme *foyer*, est aussi extrêmement brillant, toute la lumière des rayons s'y concentre.

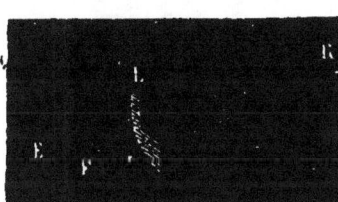

Fig 376 — Toute la lumière et toute la chaleur des rayons R viennent après réfraction, se concentrer au foyer F de la lentille E.

2. Si l'on regarde à travers une lentille (fig. 377) un objet placé tout près de cette lentille, on voit cet objet très grossi. Quand on se sert d'une lentille pour voir ainsi les objets grossis, on lui donne le nom de *loupe*.

---

2 — Quel effet produit l'eau sur une pièce de monnaie placée au fond d'un vase ? — 3 Pourquoi une rivière est-elle plus profonde qu'elle ne le paraît ? — De combien est-elle plus profonde ?

294. — 1 Quel est l'effet d'un rayon du soleil sur une lentille ? 2 Que voit-on si l'on regarde à travers une lentille un objet placé tout près de cette lentille ?

3. On peut aussi, en mettant une bougie à une certaine distance de la lentille (fig. 378), voir de l'autre côté de la lentille une image de cette bougie. Cette image varie de dimension suivant la distance où la bougie est de la lentille.

4. Il y a aussi des lentilles qui sont plus minces au milieu que sur les bords (fig. 379); si on regarde un objet à travers ces lentilles, cet objet paraît toujours rapetissé.

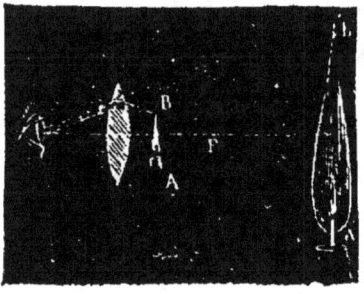

Fig. 377. — Loupe En regardant la bougie AB à travers la loupe on le voit très grossie en AB

Les microscopes qui servent à grossir les petits objets, les lunettes qui servent à voir les objets éloignés comme

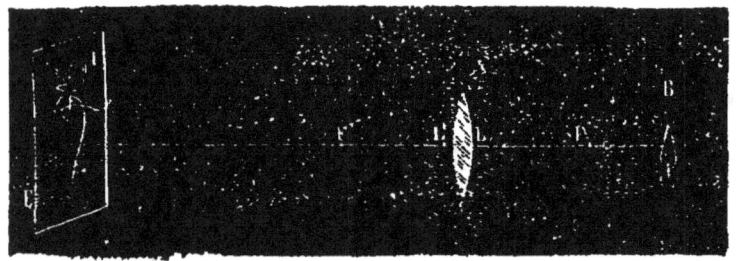

Fig. 378. — En mettant une bougie B devant une lentille LL', on peut voir son image en BI, grandie et renversée

s'ils étaient plus près, sont des instruments basés sur les propriétés des lentilles.

295. L'arc-en-ciel. Décomposition de la lumière. — 1. Tout le monde a vu cette bande circulaire admirablement colorée en sept couleurs : *violet, indigo, bleu, vert, jaune, orangé, rouge*, qui se déploie dans le ciel quand on tourne le dos au soleil et qu'il pleut devant vous : c'est l'arc-en-ciel.

---

3. Que se passe-t-il si l'on met une bougie à quelque distance d'une lentille ? — 4 Comment voit-on un objet qu'on regarde à travers une lentille plus mince au milieu que sur les bords ?

295. — 1. Comment explique-t-on l'arc-en-ciel ?

310 PHYSIQUE.

Ce beau phénomène est une conséquence de la réfraction des rayons de lumière à travers les gouttes d'eau de la pluie.

Fig. 379 — En regardant une bougie A' B' à travers une lentille plus mince au milieu que sur les bords, cette bougie paraît rapetissée en AB.

2. Si nous mettons sur la table, en plein soleil, une carafe pleine d'eau, nous voyons apparaître les couleurs de l'arc-en-ciel; c'est que la lumière du soleil qui n'a pas de couleur particulière, qui est blanche, est en réalité composée de rayons colorés, et que ces rayons colorés se séparent les uns des autres quand ils sont réfractés, parce qu'ils ne sont pas aussi réfractés les uns que les autres.

296. En réunissant les couleurs de l'arc-en-ciel, on recompose la lumière blanche. — Comme preuve de cette composition de la lumière du soleil, on peut faire l'expérience suivante : on prend une toupie qui porte un petit disque (fig. 380) divisé en sept secteurs ayant chacun une des couleurs de l'arc-en-ciel; quand on fait tourner rapidement la toupie (fig. 381), on voit que le disque paraît blanc. Les secteurs, en effet, se déplacent si vite que l'on a en même temps dans les yeux l'image des sept couleurs dont la réunion forme du blanc.

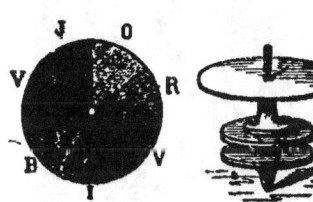

Fig. 380 — Disque à secteurs violet, indigo, bleu, vert, jaune, orange, rouge, placé sur une toupie.

Fig 381. — Quand la toupie tourne vite, le disque qui est en haut, paraît blanc.

RÉSUMÉ.

281. La lumière. — C'est grâce à la lumière que nous voyons les corps.

---

2 Citez une expérience à l'appui de cette explication.

296. — Peut-on décomposer la lumière blanche ? — Comment fait-on ?

Il y a des corps visibles par eux-mêmes, des corps éclairants; plupart des corps ne sont visibles que lorsqu'ils sont sous l'action d'un corps éclairant.

282. Propagation de la lumière. — La lumière se propage en ligne droite; on le voit en laissant pénétrer un rayon de lumière dans une chambre obscure.

283. Corps opaques. — La plupart des corps ne sont pas traversés par la lumière. Quand des rayons de lumière tombent sur un de ces corps appelés corps opaques, ils sont arrêtés; il se forme de l'ombre de l'autre côté de ces corps.

L'obscurité est l'absence de lumière.

284. L'intensité de la lumière diminue avec la distance. — Plus on s'éloigne d'un corps lumineux, moins on le voit nettement; a une certaine distance on ne le voit plus du tout, parce qu'il n'envoie plus assez de lumière pour impressionner les yeux.

285. Corps transparents. — Il y a des corps qui, lorsqu'ils n'ont pas une trop grande épaisseur, se laissent traverser par la lumière; ce sont des corps transparents.

286-287. Sensibilité de la vue. — Dans l'obscurité complète, on ne voit absolument rien; la nuit, on n'y voit que s'il y a encore un peu de lumière.

Une lumière très vive, venant d'un corps lumineux, empêche les yeux d'être impressionnés par la lumière plus faible qui vient d'un autre corps; c'est pour cela qu'on ne voit pas les étoiles dans le jour.

288. Images dans la chambre noire. — La lumière qui pénètre dans une très petite ouverture d'une chambre noire va former dans cette chambre des images très petites et renversées, des objets placés en face de cette ouverture.

289. Vitesse de la lumière. — La lumière se propage avec une vitesse extrême, elle parcourt environ 70,000 lieues en une seconde, et met 8 minutes 13 secondes pour nous arriver du soleil.

290-291. Reflexion de la lumière. Miroirs — Un rayon de lumière, en rencontrant un corps poli, est brisé; on dit qu'il est réfléchi. Le rayon réfléchi forme avec la surface du corps poli, un angle égal à celui que fait avec cette même surface, le rayon qui vient s'y réfléchir.

L'image d'un objet placé devant un miroir se fait de l'autre côté de ce miroir, à la même distance que celle dont l'objet lui-même est du miroir.

292-293. Refraction de la lumière — Un rayon de

lumière change de direction quand il entre dans l'eau; on dit qu'il se réfracte.

C'est ce qui explique qu'un bâton mis dans l'eau paraît coudé à l'endroit où il entre dans l'eau, et que le fond d'une rivière semble plus haut qu'il n'est en réalité.

294. Les lentilles. — Si l'on met une lentille en face du soleil, la lumière et la chaleur des rayons qui tombent sur cette lentille se concentrent au foyer de cette lentille.

La loupe est une lentille avec laquelle on regarde ; placé très près de cette lentille, l'objet paraît grossi.

Les lentilles forment des images des objets qui sont placés en face d'elles.

Les lentilles plus minces au milieu que sur les bords font toujours voir les objets plus petits qu'ils ne sont.

295-296. Décomposition et recomposition de la lumière. — La lumière blanche, en se réfractant, se décompose en sept couleurs : violet, indigo, bleu, vert, jaune, orangé, rouge. En réunissant ces sept couleurs, on reforme de la lumière blanche.

DEVOIRS A FAIRE.

N° 1. — Pesanteur. — Effet de l'air sur la rapidité de la chute des corps. — Comment peut-on mesurer la hauteur d'une tour par le temps que met pour arriver au pied de cette tour une pierre qu'on laisse tomber du sommet (§§ **176, 177, 178, 179**)?

N° 2. — Équilibre. — Corps en équilibre stable. — Exemples : Indiquer comment on peut augmenter la stabilité de l'équilibre d'un corps (§§ **181, 182, 183**).

N° 3. — Poids des corps. — Comment on mesure le poids des corps (§§ **176, 184, 185, 186, 187**).

N° 4. — Force. — Leviers (§§ **175, 188**).

N° 5. — Expérience prouvant l'existence de pressions dans l'intérieur des liquides. — Application de ces pressions à la presse hydraulique (§§ **189, 190**).

N° 6. — Vases communiquants. — Leurs applications (§ **191**).

N° 7. — Principe d'Archimède. — Ses applications aux corps flottants (§§ **192, 193, 194**).

EXPÉRIENCES A FAIRE. 313

N° 8. — Expériences qui prouvent la pression de l'atmosphère. — Baromètres (§§ **195, 196, 197, 200, 201**).

N° 9. — Pompes. — Siphon (§§ **198, 199, 202**).

N° 10. — Quel effet se produit il sur les corps solides, liquides et gazeux, quand on les chauffe (§§ **204, 205, 206**).

N° 11. — Du thermomètre (**207, 208**).

N° 12. — Changement d'état des corps sous l'effet de la chaleur (§§ **209, 211, 212, 213, 214, 215**).

N° 13. — Modes de propagations de la chaleur (§§ **216, 217, 218, 219, 220, 221**).

N° 14. — Description des parties les plus importantes d'une machine à vapeur (§§ **224, 227, 228, 229**).

N° 15. — Descriptions des principaux phénomènes des orages (§§ **234, 236, 237, 238, 239, 240, 241, 242, 243**).

N° 16. — Électricité. — Principaux phénomènes. — Comparaison de ces phénomènes avec ceux des orages. — Paratonnerre (§§ **244, 245, 246, 247, 248, 249, 250**).

N° 17. — Découverte de Galvani. — Pile de Volta. — Pile de Bunsen (§§ **252, 253, 254, 255**).

N° 18. — Principaux phénomènes que présentent les aimants (§§ **256, 257, 258, 259, 260, 261, 262**).

N° 19. — Déclinaison. — La boussole, ses usages (§§ **263, 264**).

N° 20. — Principe des télégraphes électriques (§§ **266, 267, 268**).

N° 21. — Description des parties les plus importantes du télégraphe Morse (§§ **269, 270, 271, 272, 273, 274, 275**).

N° 22. — Application des courants électriques au téléphone, à la lumière électrique, à la galvanoplastie (§§ **277, 278, 280**).

N° 23 — Comment se propage la lumière (**282, 285, 289**).

N° 24. — Réflexion de la lumière. — Miroirs (**290, 291**).

N° 25 — Refraction de la lumière. — Explication de quelque phénomènes de réfraction (§§ **292, 293**).

N° 26 — Application de la refraction aux lentilles. — Usage des lentilles (§ **294**).

N° 27. — Décomposition de la lumière. — L'arc-en-ciel (§§ **295, 296**).

VI

NOTIONS DE CHIMIE

TRENTE-TROISIÈME LEÇON.

L'Air. — La Combustion.

297. Ce que c'est que la chimie. — 1. Si nous laissons un morceau de fer, un clou par exemple, exposé à l'air humide, tout le monde sait qu'au bout de quelques heures, ce clou sera recouvert d'une couche formée par une poussière brune : on dit alors que le fer est rouillé.

2. Cette couche augmente assez rapidement d'épaisseur, et au bout d'un certain temps le clou tout entier, transformé en rouille, n'a plus la moindre solidité ; on ne retrouve plus dans cette poussière les propriétés du fer.

3. Le fer, sous l'action de l'air, a donc donné naissance à un nouveau corps. La *chimie* est la science qui étudie les transformations qui se produisent dans les corps et les rendent méconnaissables, même lorsqu'ils sont placés de nouveau dans les mêmes conditions qu'au début.

Ainsi le fer devient d'un rouge éclatant lorsqu'on le chauffe très fortement : mais, refroidi, il reprend son aspect primitif ; c'est un phénomène physique.

Tandis que si le fer se transforme en rouille dans l'air hu-

---

297. — 1. Quand dit-on que le fer est rouillé ? — 2 La rouille a-t-elle les mêmes propriétés que le fer ? — 3 Qu'est-ce que la chimie ?

mide, la rouille placée dans l'air sec reste de la rouille et ne redevient pas du fer; c'est un phénomène chimique.

4. La poudre qui éclate, en produisant des gaz qui occupent instantanément un volume considérable, le bois qui brûle en se transformant en cendre et en fumée, le jus du raisin qui devient du vin, sont des phénomènes chimiques, parce qu'ils changent complètement et d'une manière durable la nature des corps.

298. Corps composés; corps simples. — 1. Nous avons vu (§ 279) que l'eau est composée de deux gaz; la plupart des corps sont ainsi formés par la réunion de plusieurs corps : on les appelle *corps composés*.

2. La craie qui nous sert à écrire sur le tableau, est un corps composé; en effet, si nous en mettons pendant quelques instants un morceau dans le feu, il ne reste bientôt plus qu'un corps de même forme que le morceau de craie, mais plus léger et doué de propriétés très différentes; c'est de la chaux vive; un gaz qui s'est mêlé à l'air s'est dégagé de la craie, quand elle était sur le feu. Pour constater l'existence de ce gaz dans la craie, il nous suffit de jeter un peu de vinaigre sur un morceau de craie (fig. 382), nous voyons une masse de petites bulles de gaz monter à la surface.

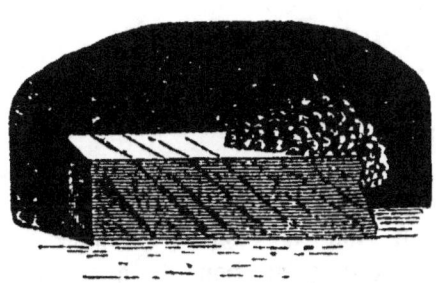

Fig. 382. — Quand on verse du vinaigre sur un morceau de craie, l'acide carbonique qui est dans la craie se dégage en formant de nombreuses bulles.

3. Le sucre est aussi un corps composé. Mettons-en un morceau sur une pelle rougie au feu, il se produit une fumée très épaisse (fig. 383); si nous mettons au-dessous de cette fumée une assiette bien froide, nous voyons de l'eau se déposer sur cette assiette; nous pouvons en faire couler quelques gouttes en inclinant l'assiette. Cette eau ne peut provenir que du

---

4. — Citez quelques exemples de phénomènes chimiques.
298 — 1 Qu'est ce que des corps composés? — 2 Prouvez que la craie est un corps composé. — 3. Prouvez que le sucre est un corps composé.

L'AIR. — LA COMBUSTION. 317

sucre qui se décompose sous l'action de la chaleur de la pelle ; bientôt il ne reste plus sur la pelle qu'un petit morceau de

Fig. 383 — En mettant du sucre sur une pelle rougie au feu, le sucre se décompose en formant de l'eau que l'on peut condenser sur une assiette froide.

charbon très léger (fig. 384). Le sucre renferme donc du charbon et de l'eau ; le sucre est un corps composé.

4. Si au contraire, nous cherchons à décomposer du soufre, de l'or, de l'argent, du fer, etc., cela nous sera impossible : ces corps sont des *corps simples*.

299. Composition de l'air. —
1. L'air, au milieu duquel nous vivons, n'est pas un corps simple.

Fig. 384. — Il ne reste plus sur la pelle qu'un petit morceau de charbon très léger.

Prenons un gros tube de verre fermé à une extrémité

---

4. Qu'est-ce qu'un corps simple ? Citez en quelques-uns.
299. — 1. L'air est-il un corps simple ?

(fig. 385) et ouvert à l'autre bout et qu'on nomme *éprouvette;* après l'avoir à moitié remplie d'eau, renversons cette éprouvette en maintenant l'ouverture fermée avec la main, et plongeons dans l'eau la partie ouverte (fig. 386); l'éprouvette renferme alors de l'air au-dessus de l'eau. Faisons pénétrer dans ce tube un morceau de fer tenant à son extrémité un petit bâton Ph formé de phosphore, ce corps que l'on met au bout des allumettes; nous voyons bientôt le niveau de l'eau monter dans le tube : le volume de l'air enfermé diminue donc. Au bout de quelques heures, l'eau cesse de monter; on peut alors s'assurer que le volume de l'air enfermé a diminué d'un cinquième. Le phosphore peut donc ainsi absorber une partie de l'air.

Fig. 385. — Eprouvette.

2. Il est intéressant d'étudier le gaz restant dans l'éprouvette; mais il y en a très peu: et puis, il faut attendre longtemps avant que le phosphore ait produit toute son action. Pour en avoir davantage et pour aller plus vite, on peut disposer l'expérience de la manière suivante.

Fig. 386. — Eprouvette remplie d'air dans laquelle on a fait pénétrer, au moyen d'un fil de fer, un morceau de phosphore Ph; 1/5 de l'air disparait. 4/5 restent.

Fig. 387. — Cloche remplie d'air que l'on a renversée sur l'eau au-dessus d'un morceau de phosphore enflammé, posé sur un morceau de bois qui flotte sur l'eau. L'oxygène disparait, l'azote reste.

---

2 Quel effet produit un morceau de phosphore que l'on met dans une éprouvette pleine d'air renversée sur l'eau?

On enflamme un morceau de phosphore qu'on a mis sur une petite pierre plate, placée sur un gros bouchon qui flotte

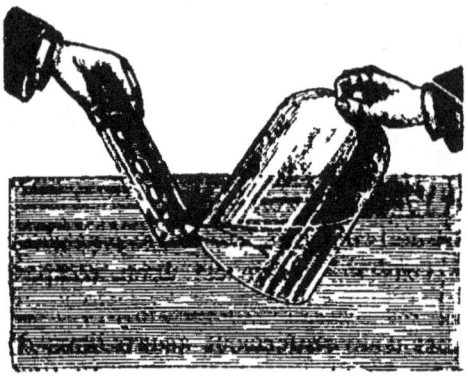

Fig. 388. — On transvase l'azote de la cloche dans une éprouvette.

sur l'eau; puis on met au-dessus de ce morceau de phosphore enflammé une cloche de verre que l'on renverse sur l'eau (fig. 387); on voit se produire d'épaisses fumées blanches; bientôt le phosphore s'éteint, les fumées disparaissent, et l'on voit que, lorsque les gaz qui sont sous la cloche sont refroidis, leur volume a, comme précédemment, diminué d'un cinquième.

300. L'azote. — Remplissons une éprouvette du gaz qui reste dans la cloche (fig. 388), et plongeons dans cette éprouvette une bougie allumée : nous voyons cette bougie s'éteindre immédiatement (fig. 389). Si dans ce gaz nous mettions un animal, nous verrions cet animal mourir presque tout de suite.

Fig. 389 — Une bougie allumée, plongée dans une éprouvette pleine d'azote, s'y eteint immédiatement.

Ce gaz, qui n'a pas du tout les propriétés de l'air mais qui

---

300. — L'azote entretient-il la combustion, la respiration ? — Comment s'appelle le gaz qui reste dans une cloche de verre sous laquelle on a brûlé du phosphore ?

fait partie de l'air dont il forme les quatre cinquièmes se nomme l'*azote*.

301. L'oxygène. — 1. Cherchons maintenant ce qu'est devenue cette partie de l'air qui a disparu. Nous remarquerons d'abord qu'une portion du phosphore a aussi disparu en brûlant, et qu'en même temps que le phosphore et l'air disparaissaient, une fumée abondante se produisait : cette fumée, c'est un nouveau corps qui est formé de phosphore et de la partie de l'air qui disparaît. Le corps ainsi formé se dissout dans l'eau, et l'azote seul reste.

2. La partie de l'air qui se fixe sur le phosphore qui brûle a été nommée l'*oxygène*. L'air est donc composé d'azote et d'oxygène.

3. Cinq litres d'air renferment quatre litres d'azote et un litre d'oxygène.

4. L'oxygène a des propriétés absolument différentes de celles de l'azote : les corps combustibles, le phosphore, le soufre, le charbon, le fer lui-même, y brûlent avec une très grande intensité.

5. L'oxygène est le corps simple le plus répandu dans la nature ; presque tous les corps composés en renferment.

6. L'azote, qui dans l'air est mêlé à l'oxygène, a pour effet de diminuer l'action de l'oxygène pur, qui serait trop intense ; tous les corps combustibles seraient, en effet, bientôt brûlés dans une atmosphère d'oxygène pur.

302. Mélange; combinaison. — 1. Mettons de la limaille de fer dans une assiette, et jetons aussi dans cette assiette un peu de cette poussière jaune qu'on appelle la fleur de soufre. Mêlons tant que nous pourrons ces deux poussières, nous verrons toujours, si nous regardons avec soin, des grains jaunes de soufre et des grains brillants de fer ; le soufre reste toujours du soufre, le fer reste toujours du fer ; nous pouvons

---

301. — 1. Que voit-on dans la cloche quand le phosphore brûle ? Que devient cette fumée blanche ? De quoi est composée cette fumée ? — 2. De quoi l'air est-il composé ? — 3. Dans quelles proportions se trouvent ces deux gaz ? — 4. L'oxygène entretient-il la combustion ? — 5. L'oxygène est-il répandu dans la nature ? — 6. Quel est l'effet de la présence de l'azote dans l'air ?

302. — 1. Citez un exemple de mélange de deux corps.

même séparer ces deux corps très facilement en jetant dans l'eau le contenu de l'assiette, le soufre reste à la surface, le fer tombe tout de suite au fond ; nous pouvons aussi opérer cette séparation au moyen d'un aimant, qui attire le fer et laisse le soufre.

Si cette séparation est si facile à effectuer, c'est que le fer et le soufre sont simplement *mélangés*.

2. Mais jetons un peu d'eau dans l'assiette et formons une pâte avec cette poussière de fer et de soufre ; bientôt, surtout si nous chauffons un peu l'assiette, nous verrons des jets de vapeur se dégager de la pâte, qui change d'aspect et devient noire.

Au bout de quelque temps, quand la température s'est abaissée, regardons cette poussière noire qui vient de se former, nous n'y voyons plus ni grains de soufre, ni grains de fer ; si nous essayons d'opérer une séparation par l'eau ou par l'aimant, cela nous est impossible ; il n'y a plus dans ce corps ni grains de fer, ni grains de soufre ; il s'est formé un nouveau corps qui n'a pas les propriétés du soufre et qui n'a pas non plus celles du fer : ces deux corps se sont *combinés* pour former un corps composé. Ce qui caractérise donc une combinaison, c'est qu'on ne puisse pas reconnaître, dans le nouveau corps qui s'est constitué, les corps qui ont servi à le former.

3. L'air est un mélange d'oxygène et d'azote et non une combinaison, car ces deux gaz conservent tous les deux leurs propriétés ; on peut, en effet, avec l'air, reproduire toutes les expériences qu'on fait avec l'oxygène pur, l'intensité seule est diminuée.

303. Ce que c'est qu'une combustion. — 1. Nous avons vu que lorsque le phosphore brûle dans l'air, il absorbe de l'oxygène pour former un corps composé qui produit des fumées abondantes ; ce corps a une odeur forte, une saveur

---

2 Que se passe-t-il si l'on met de l'eau sur de la poussière de soufre et de fer mélangés ? Pourquoi dit-on que ces deux corps se sont combinés ? En quoi un mélange diffère-t-il d'une combinaison ? — 3. L'air est-il un mélange ou une combinaison ? Pourquoi ?

303. — 1. Qu'est-ce qu'une combustion ? Que se produit-il quand du phosphore brûle ?

brûlante et est un poison ; il est soluble dans l'eau ; on le nomme *acide phosphorique*. La combinaison de ces deux corps se fait avec un grand dégagement de chaleur et de lumière. C'est ce qu'on appelle une *combustion*.

2. De même, quand le soufre brûle, il prend de l'oxygène ; il se forme alors un corps composé, nommé *acide sulfureux*, qui est un gaz sans couleur, à odeur très vive, qui fait tousser s'il pénètre dans la poitrine ; c'est ce gaz que l'on sent, quand on vient d'allumer une allumette en bois. Dans ce cas, la combustion a été produite par l'union du soufre et de l'oxygène de l'air.

3. Le charbon produit aussi, quand il brûle dans l'air, des phénomènes de même nature. Il se combine à l'oxygène, en formant un corps composé, le *gaz carbonique*, gaz inodore et incolore.

4. On peut facilement s'assurer de la présence du gaz carbonique dans le flacon où l'on vient de brûler du charbon ; il suffit de jeter dans ce flacon quelques gouttes d'eau tenant en dissolution de la chaux, c'est ce qu'on appelle de l'*eau de chaux*; on voit cette dissolution qui était parfaitement limpide se troubler immédiatement ; c'est un nouveau corps, le *carbonate de chaux* ou calcaire qui vient de se former par suite de la combinaison de l'acide carbonique avec la chaux.

5. De même, le fer en brûlant se combine à l'oxygène, pour former de l'*oxyde de fer*, corps qui présente l'aspect de petits grains rougeâtres. On voit cette combustion du fer se produire dans l'air, quand un forgeron frappe à grands coups de marteau un morceau de fer rouge. Les étincelles qui jaillissent du bloc de fer sont produites par la combustion du fer qui forme de l'oxyde de fer, en s'unissant à l'oxygène de l'air. C'est encore le fer qui brûle quand, sous l'action d'un choc, on voit des étincelles jaillir d'un morceau de fer, sous les pieds des chevaux, par exemple.

---

2. Que se produit-il quand du soufre brûle. — 3. Que se produit-il quand du charbon brûle ? — 4. Comment peut-on constater la présence du gaz carbonique ? Qu'est ce que de l'eau de chaux ? Que se produit-il quand on met de l'eau de chaux dans le gaz carbonique ? — 5. Que produit le fer en brûlant ? Dans quelles circonstances voit-on le fer brûler dans l'air ?

6. Le gaz dont on se sert dans les villes pour l'éclairage est un gaz qui, en brûlant, s'unit de même à l'oxygène ; dans cette combustion, il se forme de l'eau. Il suffit, pour le prouver, de mettre au-dessus d'un bec de gaz D (fig. 390) une

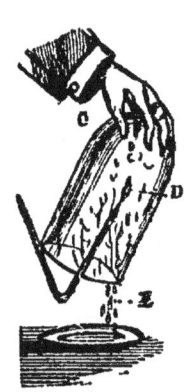

Fig. 390. — Le gaz d'éclairage, brûlant en D au-dessous d'une cloche de verre C, produit de l'eau qui se dépose sur cette cloche et tombe en gouttes E.

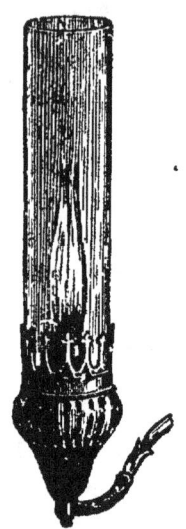

Fig. 391. — Quand on allume un bec de gaz entouré d'un verre, de la vapeur d'eau se dépose sur le verre, jusqu'à ce qu'il soit échauffé.

cloche de verre froide ; on la voit immédiatement se couvrir d'humidité et bientôt des gouttes d'eau peuvent glisser sur les parois de la cloche ; c'est ce qu'on voit se produire toutes les fois que l'on allume un bec de gaz entouré d'un verre (fig. 391).

7. En mettant une assiette froide au-dessus d'une bougie ou d'une lampe, on peut observer de même que l'humidité se dépose sur cette assiette.

8. Nous voyons donc que, dans la combustion de ces différents corps, phosphore, soufre, charbon, fer, gaz d'éclairage,

---

6. Que se produit-il quand le gaz d'éclairage brûle ? Comment prouve-t-on cette formation d'eau ? — 7. Obtient-on un résultat du même genre avec une bougie ou avec une lampe ? — 8. Quelle action chimique se produit-il dans toutes les combustions des corps dans l'air ?

il se produit toujours le même phénomène : l'oxygène se combine avec le corps qui brûle, pour fournir un corps composé.

On donne donc le nom de combustion à la combinaison d'un corps avec l'oxygène, quand cette combinaison est accompagnée d'une production de chaleur et de lumière.

304. Oxydation. — 1. Mais l'oxygène peut former des corps composés avec beaucoup de corps, sans que cette union produise de la chaleur et de la lumière.

2. La rouille qui recouvre un morceau de fer laissé à l'air depuis quelque temps, est formée de fer et d'oxygène, comme l'oxyde de fer qui se produit quand le fer brûle ; du plomb, de l'étain, du zinc se recouvrent aussi, quand ils sont exposés à l'air, d'une couche terne qui est formée par la réunion de ces métaux avec l'oxygène.

3. On donne le nom d'*oxydation lente* à toutes ces formations produites par un corps qui se combine peu à peu avec l'oxygène, sans dégagement de chaleur ni de lumière.

305. Pourquoi les courants d'air activent les combustions. — 1. Tout le monde sait qu'on active le feu en soufflant dessus ; le courant d'air que l'on produit ainsi chasse les gaz qui proviennent de la combustion, et qui empêchent les corps combustibles de brûler ; ces gaz sont remplacés par l'air que l'on fait arriver, et l'oxygène de cet air active la combustion, d'autant plus énergiquement qu'il en arrive davantage.

2. On comprend pourquoi, si le feu prend à une cheminée, il faut autant que possible boucher l'entrée de cette cheminée avec des draps mouillés ; on empêche ainsi l'air de se précipiter dans le tuyau ; si la cheminée reste ouverte, il se produit, au contraire, un courant d'air très violent qui fait ronfler la cheminée et qui active la combustion de la suie.

3. En soufflant sur les bûches qui brûlent dans une chemi-

---

304. — 1. L'oxygène produit-il toujours de la chaleur et de la lumière en se combinant avec les corps ? — 2. Qu'est-ce que la rouille ? De quoi est composée la couche terne qui recouvre quelques métaux exposés à l'air ? — 3. Qu'appelle-t-on oxydation ?

305. — 1. Pourquoi active-t-on le feu en soufflant dessus ? — 2. Que doit-on faire quand le feu prend à une cheminée ? Que se produit-il alors ? — 3. Pourquoi éteint-on une bougie en soufflant dessus ?

née, on active la combustion, tandis qu'en soufflant sur une bougie on l'éteint ; ces deux effets paraissent contradictoires ; ils s'expliquent cependant facilement. Le courant d'air produit deux actions toutes différentes : par son oxygène, il active la combustion ; mais cet air est très froid par rapport au foyer sur lequel il est lancé ; si donc il arrive beaucoup d'air à la fois et si le foyer n'a pas une grande étendue, cet air peut refroidir les gaz qui brûlent, au point d'empêcher la continuation de leur combustion.

C'est ce qui a lieu pour une bougie dont le seul point en combustion, l'extrémité de la mèche, est très restreint ; un courant d'air rapide refroidit les gaz combustibles qui se dégagent de la mèche et le foyer n'est pas assez intense pour les rallumer.

306. La combustion cesse si l'oxygène manque.
— 1. Qu'arrive-t-il si l'on met du charbon bien allumé dans un étouffoir ?

Tout le monde sait que le charbon s'y éteint rapidement.

Si nous mettons un bout de bougie au fond d'un bocal en verre et que nous bouchions ensuite ce bocal, nous verrons la flamme de la bougie devenir de plus en plus petite et finir par s'éteindre (fig. 392) ; il en serait de même des corps qui brûlent le plus facilement ; un morceau de phosphore, par exemple, que l'on enflamme sur une petite pierre plate fixée à un fil de fer,

Fig. 392 — Une bougie allumée s'éteint bientôt si on la plonge au fond d'un flacon

puis qu'on enfonce (fig. 393) dans un bocal bien exactement bouché, s'éteint rapidement.

2. Tous ces faits nous prouvent que, toutes les fois qu'on empêche l'air de se renouveler autour des corps qui brûlent,

---

306 — 1. Que se passe-t-il si l'on met du charbon enflammé dans un étouffoir, ou une bougie allumée au fond d'un flacon ? — 2. Pourquoi ces corps s'éteignent-ils ?

la combustion est arrêtée : c'est que le corps, en brûlant, a absorbé l'oxygène, et lorsqu'il ne reste plus que de l'azote, la combustion ne peut plus continuer.

Fig. 393. — Un morceau de phosphore enflammé s'éteint bientôt si on le met dans un flacon bouché.

307. L'air renferme de la vapeur d'eau et du gaz carbonique. — 1. Si l'on met de l'eau très fraîche dans une carafe, on voit l'extérieur de cette carafe se ternir immédiatement ; c'est que de l'eau en très fines gouttelettes se dépose à sa surface ; cette eau était à l'état de vapeur dans l'air, et elle s'est condensée au contact de la surface froide de la carafe.

2. L'air peut renfermer des quantités variables de vapeur d'eau, mais il en contient toujours un peu. C'est cette vapeur d'eau contenue dans l'air qui forme, en se condensant sous l'effet du froid, la pluie et la neige.

3. L'air renferme aussi une petite quantité de ce gaz que nous avons appelé gaz carbonique, qui se produit quand le charbon brûle.

Pour s'en assurer, on laisse à l'air un verre d'eau de chaux ; on voit ce liquide se recouvrir, au bout d'un certain temps, d'une couche solide blanche : c'est une couche de carbonate de chaux, qui se forme, ainsi que nous l'avons déjà vu, par suite de la combinaison de la chaux avec le gaz carbonique de l'air.

4. La présence du gaz carbonique dans l'air est indispensable à la végétation ; toutes les plantes mourraient dans un air qui n'en renfermerait pas (1).

308. Poussières renfermées dans l'air. — L'air parfaitement pur ne renferme que de l'oxygène, de l'azote, de

(1) L'air renferme encore une certaine quantité d'un gaz inactif appelé *argon*, qui avait été confondu avec l'azote.

---

307. — 1. Que voit-on quand on met de l'eau très fraîche dans une carafe ? — 2. L'air renferme-t-il toujours de la vapeur d'eau ? Quels phénomènes produit cette vapeur ? — 3. Comment prouve-t-on que l'air renferme du gaz carbonique ? — 4. Que se passerait-il si l'air ne renfermait pas du tout de gaz carbonique ?

308. — De quoi est formée la poussière ? Pouvons-nous toujours apercevoir les grains de poussière ? Par quoi peuvent être causées cer-

la vapeur d'eau et du gaz carbonique, mais habituellement, en passant sur la surface du sol, il emporte une quantité de corps très petits et très légers, qui forment ce qu'on appelle la poussière ; c'est cette poussière que nous voyons quand un rayon de soleil entre dans une chambre un peu obscure. Il y a beaucoup de ces grains de poussière qui sont trop petits pour que nous puissions les voir sans nous servir d'un microscope ; de nombreuses maladies épidémiques sont causées par la présence dans l'air, de corps extrêmement petits, qui sont des germes d'êtres pouvant se développer s'ils sont introduits dans le corps humain ; ces germes étant plus nombreux dans les endroits habités, on comprend pourquoi l'air des campagnes est plus sain que celui des villes.

309. La respiration est une combustion. — **1.** Nous avons vu qu'en respirant, nous absorbons une partie de l'oxygène de l'air, et que nous dégageons, à la place, du gaz carbonique; l'action chimique qui se produit dans la respiration est donc absolument la même que celle qui se produit quand du charbon brûle dans l'air.

2. C'est la combustion du charbon que renferme notre organisme qui est cause de la chaleur de notre corps.

3. On peut facilement prouver que la respiration est une combustion ; en soufflant avec un tube de verre ou avec une paille dans un verre rempli d'eau de chaux (fig. 391), nous voyons cette eau devenir toute blanche, par suite de la formation du carbonate de chaux. Nous voyons donc que

Fig. 391. — Si l'on souffle dans de l'eau de chaux, elle blanchit parce qu'on y met du gaz carbonique qui forme du carbonate de chaux.

---

taines épidémies ? Pourquoi l'air des campagnes est-il plus sain que l'air des villes ?

309. — **1.** Quel gaz absorbe-t-on pendant la respiration ? Quel gaz dégage-t-on ? A quoi peut-on comparer l'action chimique qui se produit dans la respiration ? — **2.** Quelle est la cause de la chaleur de notre corps ? — **3.** Comment peut-on prouver que la respiration est une combustion ?

le gaz carbonique se dégage dans la respiration, comme il se dégage lorsqu'on brûle du charbon dans l'air (fig. 395).

310. L'acide azotique.

Fig. 395. — Si l'on met un peu d'eau de chaux dans un flacon où l'on a fait brûler du charbon, cette eau de chaux blanchit, parce qu'il se forme du carbonate de chaux avec le gaz carbonique provenant de la combustion du charbon.

— 1. L'oxygène et l'azote *mélangés* forment l'air, mais ces deux gaz peuvent se *combiner* pour former un corps composé liquide, nommé *acide azotique* ou *nitrique*, ou encore *eau forte*.

2. Ce liquide très employé dans l'industrie, a une teinte jaunâtre, une odeur vive et il détruit un grand nombre de corps, rien qu'en les touchant, les étoffes, par exemple ; versé sur un métal, il le dissout en produisant des vapeurs rouges d'une odeur très forte, qui font tousser, et qu'il serait dangereux de respirer (fig. 396).

3. Cette propriété d'attaquer ainsi les métaux a fait employer l'acide azotique pour graver sur métal. On recouvre pour cela d'une mince couche de cire une lame de métal en la plongeant dans de la cire fondue, puis avec la pointe d'un couteau, on écrit sur cette cire, en ayant soin d'enfoncer toujours la pointe du couteau jusqu'au métal ; on verse ensuite un peu d'acide azotique sur cette lame, la lame n'est attaquée qu'aux endroits où la pointe du couteau l'a mise à jour en enlevant la cire.

Fig. 396. — L'acide azotique jeté sur un métal dissout ce métal, et produit d'abondantes vapeurs rouges.

---

310. — 1. L'oxygène et l'azote peuvent-ils se combiner ? Comment nomme-t-on le corps qui se forme alors ? — 2. Quelles sont les principales propriétés de l'acide azotique ? — 3 Comment grave-t-on sur métal ?

4. L'acide azotique est un liquide qu'il faut faire bien attention de ne pas renverser ; il causerait des blessures très dangereuses s'il était en contact avec la peau, et détériorerait profondément tous les corps sur lesquels il tomberait. Il faut que les flacons dans lesquels on conserve de l'acide azotique soient munis de bouchons de verre ; le liège, en effet, prend bientôt sous l'action des vapeurs que dégage cet acide, l'apparence d'une pâte jaune, molle, qui ne tarderait pas à tomber dans le flacon.

RÉSUMÉ.

297, 298. Chimie. Corps simples. Corps composés. — La *chimie* est la science qui étudie les transformations qui se produisent dans les corps, quand ces transformations les rendent méconnaissables.

Il y a des corps qu'on ne peut pas décomposer : ce sont des *corps simples*.

Il y a d'autres corps que l'on peut décomposer en plusieurs corps simples, ce sont des *corps composés*.

299 à 301. L'air, l'azote, l'oxygène. — L'air est composé de deux gaz, l'*azote* et l'*oxygène*. Dans cinq litres d'air, il y a quatre litres d'azote et un litre d'oxygène. On sépare l'oxygène de l'azote en mettant un morceau de phosphore sous une cloche pleine d'air, qui repose sur de l'eau : le phosphore absorbe l'oxygène qui forme un cinquième du volume de l'air, et il ne reste plus que l'azote qui forme les quatre cinquièmes.

L'oxygène entretient la combustion et la respiration ; c'est le corps le plus répandu dans la nature.

L'azote n'entretient ni la combustion, ni la respiration ; il tempère l'action trop vive de l'oxygène pur.

302. Mélange, combinaison. — On dit que les corps sont *mélangés*, quand on peut les distinguer les uns des autres et les séparer, et que chacun des corps conserve les propriétés qui lui sont propres.

On dit, au contraire, que les corps sont *combinés*, quand il devient impossible de distinguer ces corps les uns des autres dans le nouveau corps qu'ils constituent. Dans une combinaison, les

---

4. Y a-t-il des précautions à prendre quand on se sert de l'acide azotique ?

corps qui servent à former le corps composé perdent toutes les propriétés qui leur sont spéciales.

303 à 306. Combustion, oxydation. — Quand deux ou plusieurs corps se combinent en produisant un dégagement de chaleur et de lumière, on dit qu'ils produisent une *combustion*.

Les combustions dans l'air sont dues à l'union des corps avec l'oxygène de l'air. Les produits de la combustion sont toujours des combinaisons de ces corps avec l'oxygène.

Quand l'oxygène de l'air se combine avec des corps sans dégager de lumière ou de chaleur appréciables, on dit qu'il se produit une simple oxydation.

Un courant d'air active une combustion en amenant sur le foyer une plus grande quantité d'oxygène ; ce courant d'air enlève les produits de la combustion qui, en restant sur le corps, empêcheraient l'oxygène de produire son action sur les corps qui brûlent.

Si, au contraire, on empêche l'air d'arriver sur un foyer, les corps qui brûlaient s'éteignent, parce que l'oxygène est bientôt absorbé et que lorsqu'il ne reste plus que l'azote, comme ce gaz n'entretient pas la combustion, le foyer s'éteint.

307. Vapeur d'eau et gaz carbonique de l'air. — L'air renferme toujours de la vapeur d'eau ; c'est cette eau qui, en se condensant, produit la pluie.

L'air renferme aussi toujours du gaz carbonique ; on peut s'en assurer en voyant blanchir l'eau de chaux qu'on laisse exposée à l'air.

308. Impuretés de l'air. — La poussière est formée par tous les petits débris que l'air, quand il est en mouvement, enlève de la surface du sol. L'air contient aussi des germes d'êtres vivants très petits, qui sont enlevés par le vent, et qui peuvent se développer dans certaines conditions. Des germes de cette nature sont la cause de certaines maladies épidémiques.

309. La respiration est une combustion. — Si du charbon brûle dans l'air, il se produit du gaz carbonique; si un animal respire, il dégage aussi du gaz carbonique. C'est la combustion du charbon dans notre organisme qui est la cause de la chaleur de notre corps.

310. L'acide azotique. — L'acide azotique est une combinaison d'oxygène et d'azote. C'est un acide extrêmement énergique et dangereux à manier, qui attaque presque tous les corps, particulièrement les métaux. Cette propriété a été appliquée pour graver sur métal.

TRENTE-QUATRIÈME LEÇON.

L'Eau, le Charbon, le Soufre, le Phosphore et le Chlore.

311. L'hydrogène. — **1.** En faisant passer le courant d'une pile à travers de l'eau, nous avons vu cette eau se décomposer et donner naissance à deux gaz (fig. 399). L'un de ces gaz a un volume de moitié plus petit que celui de l'autre; c'est l'oxygène; l'autre gaz, dont nous allons étudier les propriétés, s'appelle l'*hydrogène*.

2. On obtient toujours l'hydrogène en décomposant l'eau, et il y a beaucoup de moyens d'opérer cette décomposition.

3. Dans les laboratoires de chimie, on se sert d'un flacon (fig. 397) à deux ouvertures supérieures; c'est ce qu'on appelle un flacon à deux tubulures. Ce flacon renferme de l'eau au fond laquelle on a jeté quelques petits morceaux de zinc : au moyen d'un tube terminé en haut par un entonnoir, et qui va jusqu'au fond du flacon C, on verse quelques gouttes d'acide sulfurique ou huile de vitriol (1), mêlé avec un peu d'eau ;

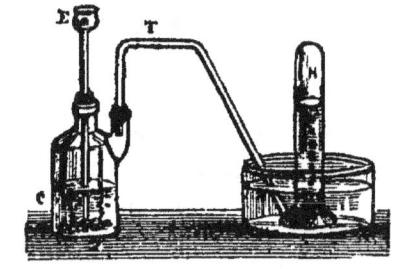

Fig. 397. — Appareil pour faire de l'hydrogène; C, flacon à deux tubulures, au fond duquel on a mis des morceaux de zinc et de l'eau ; on verse par le tube à entonnoir E, de l'acide sulfurique mêlé a de l'eau ; l'hydrogène se dégage par le tube T et se rend dans l'éprouvette H.

(1) L'huile de vitriol est un liquide très dangereux à manier, qui détruit presque tout ce qu'il touche ; les expériences avec ce liquide doivent être faites avec la plus grande prudence.

---

311. — **1.** Que se produit-il quand le courant d'une pile traverse de l'eau ? Quels sont ces deux gaz ? Quel est le rapport des volumes de ces deux gaz ? — **2** D'où retire-t-on toujours l'hydrogène ? — **3** Comment obtient-on de l'hydrogène dans les laboratoires de chimie ? — Qu'est-ce que l'huile de vitriol ?

sous la double action de l'acide sulfurique et du zinc, l'eau t décomposée et l'hydrogène se dégage de l'eau sous forme de nombreuses bulles ; ce gaz passe par le tube de verre T, coudé deux fois, et va remplir une éprouvette E placée au-dessus de l'ouverture inférieure de ce tube T.

4. Il est facile de se procurer assez d'hydrogène pour l'étudier, en décomposant l'eau au moyen du fer rouge ou mieux encore au moyen du charbon.

Sous une cloche de verre A (fig. 398) pleine d'eau que nous tenons renversée au-dessus de l'eau, introduisons rapidement un charbon C bien allumé, il s'éteindra rapidement; mais avant de s'éteindre il décomposera, sous l'influence de la haute température à laquelle il se trouve, une petite quantité d'eau. Les bulles que nous voyons monter dans la cloche sont formées en grande partie par de l'hydrogène, qui va s'accumuler en AB au sommet de la cloche; en mettant les uns après les autres quelques morceaux de charbon bien allumés au-dessous de la cloche A, on peut la remplir d'un gaz qui est presque entièrement formé d'hydrogène. On arriverait au même résultat, mais plus lentement encore, en mettant sous la cloche une lame de fer chauffée au rouge.

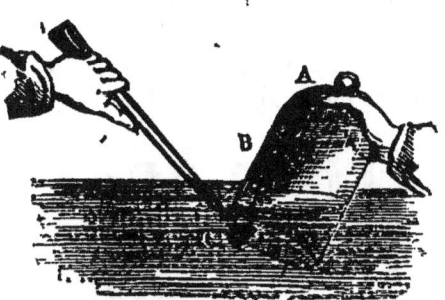

Fig. 398. — En éteignant sous l'eau un charbon C, au-dessous d'une cloche AB, pleine d'eau, on voit des bulles de gaz monter en A; ces bulles sont, en grande partie, formées d'hydrogène.

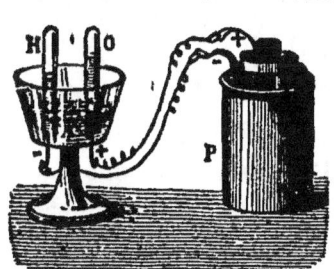

Fig. 399. — Le courant d'une pile P décompose l'eau en hydrogène H et en oxygène O.

5. Faisons passer l'hydrogène ainsi obtenu dans une éprou-

---

4. Décrivez une manière plus simple de se procurer de l'hydrogène ? — Par quoi pourrait-on remplacer, dans cette expérience, le charbon enflammé ? — 5. Que se passe-t-il si l'on approche une bougie allumée de

vette (fig. 400). Quand elle est remplie d'hydrogène, tenons-la renversée, l'ouverture en bas, et approchons un bout de bougie enflammée (fig. 401) ; nous voyons immédiatement une flamme apparaître à l'entrée de l'éprouvette : l'hydrogène brûle, c'est donc un gaz combustible ; enfonçons le bout de bougie dans l'éprouvette et nous le voyons s'éteindre (fig. 402), l'hydrogène n'entretient donc pas la combustion, comme le fait l'oxygène.

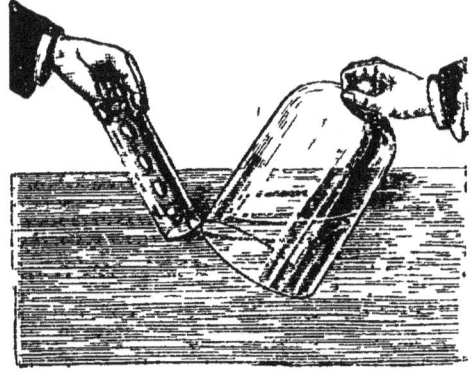

Fig. 400 — On transvase l'hydrogène de la cloche dans une éprouvette.

6. Si, au lieu de tenir l'éprouvette renversée, la partie ouverte en bas, nous mettons l'ouverture en haut, l'expérience ne réussit pas ; il

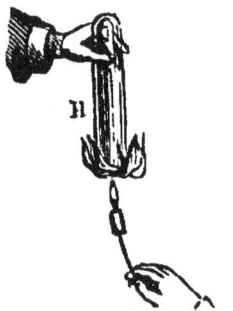

Fig. 401. — L'hydrogène s'enflamme quand on en approche une allumette enflammée.

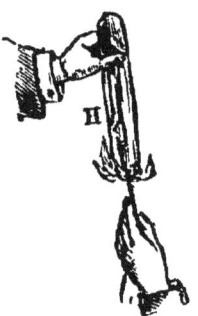

Fig. 402 — Une bougie enflammée s'éteint quand on la plonge dans de l'hydrogène

n'y a plus d'hydrogène dans cette éprouvette ; ce gaz, en effet, est plus léger que l'air : il s'est échappé. Pour prou-

---

l'ouverture d'une éprouvette renversée, remplie d'hydrogène ? Que se passe-t-il si l'on enfonce la bougie dans l'éprouvette ? — Qu'est-ce que prouvent ces deux expériences ? — 6. L'hydrogène est-il plus léger que l'air ? Comment le prouve-t-on ?

ver la grande légèreté de l'hydrogène, nous pouvons faire l'expérience suivante : remplissons d'hydrogène une éprouvette A et retournons-la (fig. 403), en mettant au-dessus une autre éprouvette B, que nous tenons la partie ouverte en bas ; nous pouvons constater (fig. 404) qu'il n'y a plus d'hy-

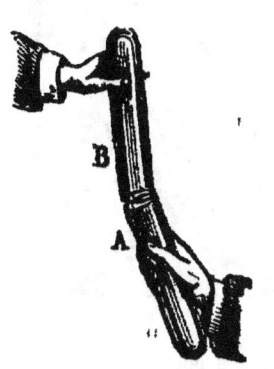

Fig. 403. — L'hydrogène de l'éprouvette A passe dans l'éprouvette B, qui était pleine d'air, l'hydrogène étant plus léger que l'air.

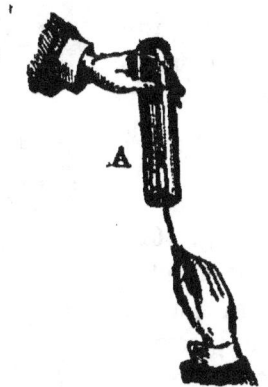

Fig. 404. — Il n'y a plus d'hydrogène dans l'éprouvette A; une bougie allumée qu'on y plonge continue à brûler et il ne se produit pas de flamme à l'entrée de l'éprouvette.

drogène dans l'éprouvette A, car la bougie que nous y plongeons reste allumée et ne provoque pas de flamme ; nous pouvons nous assurer que l'hydrogène qui était dans l'éprouvette A est passée dans l'éprouvette B, car la bougie que nous en approchons enflamme le gaz qui y est contenu (fig. 401) elle s'éteint quand on l'y plonge (fig. 402).

7. La grande légèreté de l'hydrogène l'a fait employer pour le gonflage des ballons.

312. L'eau. — 1. Quand elle est parfaitement pure, l'eau ne contient que de l'hydrogène et de l'oxygène, mais presque toujours elle renferme d'autres substances qu'elle a dissoutes, soit en passant dans l'atmosphère à l'état de pluie, soit en coulant à la surface du sol.

---

7 — A quoi la grande légèreté de l'hydrogène a-t-elle permis d'employer ce gaz?

312. — 1. L'eau ne renferme-t-elle ordinairement que de l'hydrogène et de l'oxygène ?

L'EAU, L'HYDROGÈNE. 335

2. L'eau renferme presque toujours de l'air en dissolution ; de l'eau qui ne contiendrait pas d'air ne serait pas potable, ou du moins serait d'une digestion difficile ; et comme sous l'action de la chaleur, l'air s'échappe de l'eau, on comprend pourquoi l'eau qui a bouilli et qui n'a pas eu le temps de s'aérer de nouveau peut être mauvaise pour la digestion.

3. Les poissons meurent asphyxiés dans une eau privée d'air ou dans une eau où l'air ne peut pas se renouveler ; c'est ce qui a lieu quand l'eau d'un bassin se couvre de glace. Si ce bassin n'est pas grand, les poissons meurent étouffés sous la glace, qui empêche l'air de se dissoudre dans l'eau, et le gaz carbonique de s'échapper de l'eau pour se répandre dans l'air.

4. L'eau renferme aussi du gaz carbonique en dissolution.

5. Comme substance solide se trouvant habituellement dissoute dans l'eau, nous pouvons citer le calcaire ; la présence de cette substance dans l'eau ne l'empêche pas d'être potable, si elle ne s'y trouve pas en trop grande quantité ; s'il y en avait beaucoup, l'eau serait *lourde*; une eau qui renferme beaucoup de calcaire blanchit quand on la fait chauffer, et se trouble quand on y dissout du savon ; elle présente l'inconvénient de mal cuire les légumes.

6. Les eaux qu'on appelle « eaux minérales » sont ordinairement chaudes, et renferment en dissolution des corps composés dans lesquels il entre des métaux. Beaucoup de ces eaux ne seraient pas potables comme boisson ordinaire, mais elles sont employées comme remèdes dans un grand nombre de maladies.

313. Pourquoi l'eau éteint le feu. — 1. Quand on

---

2. L'eau serait-elle potable si elle ne renfermait pas d'air en dissolution ? Dans quel cas l'eau bouillie peut-elle être mauvaise pour la digestion ? — 3. Dans quelles conditions des poissons peuvent-ils mourir étouffés dans l'eau ? — 4. Quel est le gaz qui est toujours en dissolution dans l'eau ? — 5. Citer un corps solide qui se trouve fréquemment en dissolution dans l'eau ? Une eau qui renferme beaucoup de calcaire en dissolution est-elle potable ? — Cuit-elle bien les légumes ? — Comment reconnaît-on qu'une eau renferme beaucoup de calcaire ? — 6. Qu'appelle-t-on eaux minérales ? A quoi ces eaux sont-elles employées

313. — 1. Pourquoi éteint-on le feu en jetant de l'eau dessus ?

jette de l'eau sur un corps enflammé on le refroidit beaucoup, parce qu'une partie de l'eau passe à l'état de vapeur en absorbant beaucoup de chaleur ; de plus, on entoure le corps qui brûle d'une couche d'eau qui empêche l'oxygène de l'air d'être en contact avec lui ; la combustion ne peut donc pas continuer.

2. Mais l'eau est composée d'hydrogène et d'oxygène, c'est-à-dire d'un gaz qui brûle et d'un gaz qui entretient la combustion, et de plus l'eau, si on la porte à une très haute température, se décompose en ses deux éléments, oxygène et hydrogène ; il en résulte que si on jette très peu d'eau sur un foyer très ardent, cette eau peut être décomposée, et la combustion, loin de s'éteindre, augmente d'intensité sous l'action de l'hydrogène et de l'oxygène de l'eau décomposée.

C'est ainsi qu'on peut activer la combustion d'un foyer de charbon de terre, en y jetant quelques gouttes d'eau.

314. Le charbon. — Le charbon est un corps simple qui se présente sous des aspects très différents.

On trouve dans le sol le *graphite*, nommé improprement *mine de plomb*, dont on se sert pour faire des crayons à cause de sa propriété de laisser sur le papier sur lequel on vient de le passer un trait qui s'efface difficilement ; on trouve encore la *houille* ou charbon de terre, l'*anthracite*, le *lignite*, la *tourbe*, employés comme combustibles, le *jais* employé dans la bijouterie. Tous ces charbons sont plus ou moins impurs ; le charbon parfaitement pur, c'est le *diamant*, cette pierre fine si recherchée dont l'éclat est très vif, et qui est la substance la plus dure que l'on connaisse.

315. Le charbon de bois. — 1. Il y a aussi des charbons que l'on fabrique : tel est le *charbon de bois* qu'on obtient en faisant brûler incomplètement du bois. Pour cela, on réunit de grandes quantités de branches d'arbres que l'on

---

2. Y a-t-il des cas où l'on active la combustion en jetant un peu d'eau sur le feu ? Comment explique-t-on ce fait ?

314. — Qu'est-ce que le charbon ? Citez quelques aspects différents présentés par le charbon ? Décrivez les propriétés de ces différents charbons ?

315. — 1. Décrivez la fabrication de charbon de bois.

dispose régulièrement (fig. 405) de manière à former une sorte de pyramide, qu'on recouvre de terre, en laissant une ouverture centrale par laquelle on allume le bois ; quelques petites ouvertures latérales au bas de cette pyramide permettent un tirage suffisant pour que le feu se propage lentement. On laisse le feu durer un certain temps, au bout duquel le bois est entièrement décomposé; il ne reste presque plus que du charbon; quand on juge que ce résultat est atteint, on ferme toutes les ouvertures et le charbon

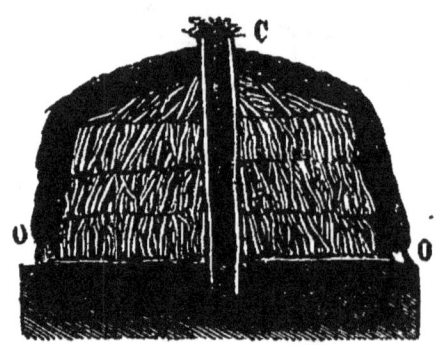

Fig. 405. — Disposition que l'on donne au bois pour en faire du charbon C cheminée, O ouvertures laterales par lesquelles l'air peut entrer. Tout le bois est recouvert d'une couche de terre.

qui était en feu s'éteint peu à peu ; on n'a plus alors qu'à démolir la pyramide qu'on avait bâtie, et à en extraire le charbon.

2. Le charbon de bois est très utile comme combustible parce qu'il brûle sans donner de fumée et qu'il donne beaucoup de chaleur en brûlant ; il est en outre plus commode à transporter que le bois, parce qu'il est plus léger.

3. Le charbon de bois a la curieuse propriété de retenir les gaz qui ont de l'odeur. Cette propriété est très utilisée pour *filtrer* l'eau ; on fait passer à travers une couche de charbon une eau qui a une mauvaise odeur ; cette eau est complètement inodore après qu'elle a traversé le charbon.

316. Le coke. — Le *coke* est obtenu en faisant chauffer très fortement de la houille dans des vases où l'air n'arrive pas. Le coke est un bon combustible, très employé dans l'industrie ; il donne en brûlant une grande chaleur.

---

2. Pourquoi fabrique-t-on du charbon de bois ? — 3. Quelle est l'action du charbon sur les gaz qui ont de l'odeur ? Quel usage fait-on de cette propriété ?

316. — Comment fabrique-t-on le coke ? Le coke est-il un bon combustible ?

317. Charbon de Paris et briquettes. — La poussière de charbon de bois comprimée avec du goudron, donne un charbon très apprécié, nommé charbon de Paris (fig. 406) ; avec des débris de charbon de terre pressés avec du goudron, on fabrique des briquettes (fig. 407) qui sont aussi un excellent combustible.

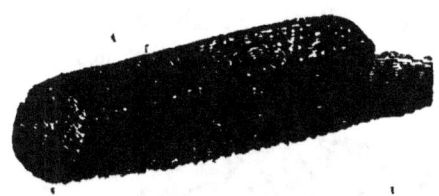

Fig. 406. — Le charbon de Paris est formé de poussière de charbon de bois et de goudron.

318. Le noir animal. — 1. Le *noir animal* est un charbon qui s'obtient en calcinant les os dans des vases où l'air ne peut se renouveler ; les os deviennent noirs ; on les écrase, puis on les lave avec un liquide nommé acide chlorhydrique ; il ne reste plus alors qu'une poussière noire qui est le noir animal.

Fig. 407. — Les briquettes sont fabriquées avec des debris de charbon de terre et avec du goudron.

2. Ce charbon a la propriété de retenir les matières colorantes ; si l'on fait traverser par du vin rouge une couche de noir animal, le vin quand il est passé de l'autre côté est entièrement décoloré.

319. Le noir de fumée. — Le noir de fumée, employé dans la peinture, est un charbon très fin qui s'obtient en recueillant la suie qui provient de la combustion de corps gras ou résineux, dans les chambres mal aérées.

320. Le gaz carbonique. — 1. Le gaz carbonique

---

317. — Comment fabrique-t-on le charbon qu'on appelle charbon de Paris ?
318. — 1. Comment fabrique-t-on le noir animal ? — 2. Quelle action le noir animal exerce-t-il sur les matières colorantes ? Citez un usage du noir animal.
319. — Comment fabrique-t-on le noir de fumée ? A quoi sert-il ?
320. — 1 Quand le gaz carbonique se produit-il ?

LE CHARBON. 339

se produit en grande quantité toutes les fois que du charbon brûle; il se produit aussi en très grande quantité dans les fours à chaux (§ 141); dans quelques pays, ce gaz se dégage du sol.

2. C'est le gaz carbonique qui se trouve dans l'eau de Seltz, dans la bière et dans tous les vins mousseux : ce gaz donne à ces boissons leur saveur légèrement piquante.

3. Dans les laboratoires de chimie, on l'obtient au moyen d'un appareil tout semblable à celui qui sert à former l'hydrogène. Dans le flacon F (fig. 408), on jette des morceaux de craie, on les recouvre d'eau;

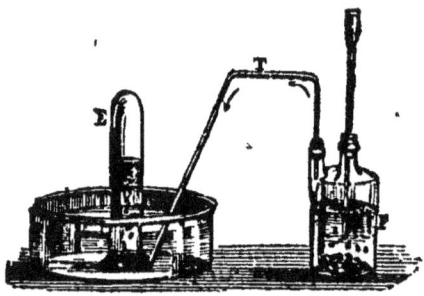

Fig. 408. — Appareil pour faire de l'acide carbonique. Dans le flacon F, on met de la craie qu'on recouvre d'eau; on verse de l'acide chlorhydrique dans le tube à entonnoir; l'acide carbonique passe par le tube T et se rend dans l'éprouvette E.

puis, par le tube à entonnoir *t*, on verse de l'acide chlorhydrique. Ce liquide, qui doit être manié avec beaucoup de précaution, décompose la craie et en fait sortir le gaz carbonique, qui s'échappe par le tube T et peut être recueilli dans l'éprouvette E.

4. Le gaz carbonique est très lourd; on peut le transvaser comme on transvase un liquide; quand l'éprouvette est remplie, on la tient l'ouverture en haut, puis on l'incline au-dessus d'un vase B (fig. 409) au fond duquel est un bout de bougie allumée; on voit la bougie s'éteindre

Fig. 409. — L'acide carbonique est très lourd. On peut le verser comme un liquide de l'éprouvette A dans le vase B, où il éteint une bougie qu'on a placée au fond.

---

2. Citez quelques liquides qui renferment du gaz carbonique. Quelle est la saveur du gaz carbonique? — 3. Comment obtient-on du gaz carbonique dans les laboratoires? — 4. Le gaz carbonique est-il lourd? Comment le prouve-t-on?

cela prouve que le gaz carbonique est tombé au fond du vase et que ce gaz n'entretient pas la combustion, ce que nous savions déjà.

5. Un autre gaz se produit quand le charbon brûle lentement ou encore à une très haute température, c'est l'*oxyde de carbone*. Ce gaz brûle avec une flamme bleue ; il est très dangereux à respirer. Les *poêles mobiles* qu'on place souvent dans les appartements ne doivent jamais être employés, car il s'en dégage ce gaz vénéneux.

321. Le gaz des marais. — 1. Si, avec un bâton, on remue le fond d'une mare d'eau, on voit ordinairement des bulles de gaz monter à la surface. Ce gaz qui monte n'est pas de l'air, c'est un gaz

Fig. 410. — On recueille le gaz des marais en remuant avec un bâton B la vase, au-dessous d'un flacon F plein d'eau, renversé sur l'eau, et sous l'ouverture duquel est un entonnoir E.

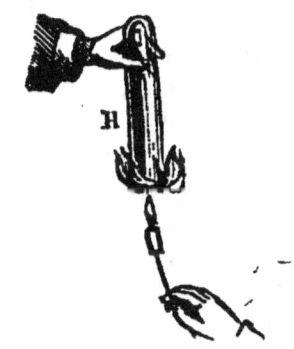

Fig. 411. — Le gaz des marais brûle comme l'hydrogène, mais avec une flamme plus éclairante.

combustible ; car, si on approche une allumette enflammée d'une de ces bulles, on la voit crever en produisant une petite flamme ; on nomme ce gaz le *gaz des marais*. On peut le recueillir en mettant un flacon F (fig. 410) plein d'eau, au-dessus d'un entonnoir E plongé dans l'eau, et en remuant au-dessous la vase avec un bâton B. Les bulles de gaz qui étaient sus la vase se dégagent et montent dans le flacon F.

---

5. Quel autre gaz peut se produire quand le charbon brûle ? Quels sont ses caractères ? Quel est le danger de l'emploi des poêles mobiles ?

321. — 1. Qu'est-ce que le gaz des marais ? Comment peut-on le recueillir ?

2. En transvasant ce gaz dans une éprouvette, on voit qu'il brûle comme l'hydrogène (fig. 411), mais avec une flamme plus éclairante.

3. Il faut faire grande attention, dans cette expérience, à ne pas laisser rentrer d'air dans l'éprouvette, car un mélange d'air et de gaz des marais produit, quand on l'enflamme, une explosion extrêmement forte, qui peut briser le flacon ou l'éprouvette dans lequel on l'enflamme; et l'on pourrait être grièvement blessé.

322. Le feu grisou. — 1. C'est ce mélange qui, dans les mines de houille, produit les terribles explosions du *feu grisou*, quand la lampe d'un mineur y met le feu.

2. Le gaz des marais se dégage, en effet, de la houille, dans un grand nombre de mines; à cause de sa grande légèreté, ce gaz s'élève au sommet des galeries où il reste mêlé à l'air. Nous avons vu comment on pouvait éviter ces tristes accidents, en entourant la flamme des lampes d'une toile métallique assez serrée (fig. 412).

323. Le gaz d'éclairage. — 1. Si l'on fait chauffer très fortement de la houille dans un vase où l'air ne peut pas entrer, cette houille se décompose; il reste dans le vase où l'on a fait chauffer la houille, du coke et un charbon très compact, ap-

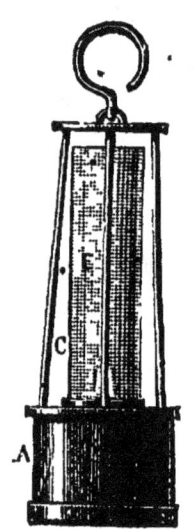

Fig. 412. — Lampe de Davy. — La flamme de la lampe est entourée d'une toile métallique, qui empêche la lampe d'enflammer le feu grisou.

pelé *charbon de cornue*, dont on se sert en électricité. Un gaz se dégage de la houille ainsi chauffée, c'est un gaz combustible qu'on appelle le *gaz d'éclairage*.

---

2. Le gaz des marais est-il combustible? — 3 Quelle précaution faut-il prendre en enflammant du gaz des marais enfermé dans un flacon?

322. — 1. Qu'appelle-t-on feu grisou? — 2 Comment se produit-il dans les mines de houille? Comment peut-on éviter les terribles accidents causés par le feu grisou?

323. — 1. Que se produit-il si l'on fait chauffer de la houille dans un vase où l'air ne peut pas pénétrer?

2. On remplit à moitié de houille de grands cylindres *c* (fig. 413) placés au-dessus d'un foyer F, puis on les ferme bien exactement pour que l'air n'entre pas; on ne laisse d'autre ouverture que celle du tube par lequel passe le gaz d'éclairage, dans le sens indiqué par la flèche.

Ce gaz passe sur un certain nombre de corps qui le purifient et l'empêchent de fumer quand il brûle.

3. Le gaz purifié arrive par un tube *t* (fig. 414) sous une grande cloche G qui repose sur l'eau EE; cette cloche est retenue par un contre-poids P.

Fig. 413. — Pour fabriquer le gaz d'éclairage, on met de la houille dans un cylindre en terre *c*, nommé cornue, situé au-dessus d'un foyer F; la houille devient du coke et le gaz se dégage dans le sens indiqué par la flèche.

4. Quand la cloche G est remplie de gaz, on ferme au moyen d'un robinet le tube *t*, on ouvre alors un autre robinet qui fermait un tube *s*, puis on diminue le contre-poids P; la cloche pèse alors davantage sur le gaz, qui est chassé dans le tube *s*. Le tube *s* porte le gaz dans la ville, en se ramifiant un grand nombre de fois.

Si l'on ouvre le robinet qui ferme le tube amenant le gaz à un bec (fig. 415), on entend un sifflement; c'est le gaz qui se dégage. On sent une odeur assez forte; en approchant une allumette, une flamme très éclairante et d'un éclat régulier se produit à l'ouverture du tube.

5. Il est très heureux que le gaz d'éclairage ait une odeur forte, qui annonce sa présence, car ce gaz forme avec l'air un mélange explosif, comme le fait le feu grisou; si un robinet reste ouvert, ou si les tubes d'arrivée ne sont pas en bon état, s'il y a ce qu'on appelle une fuite de gaz, l'odeur nous avertit du danger, que l'on peut alors éviter. Malgré cela, il arrive

---

2. Comment fabrique-t-on le gaz d'éclairage? Comment purifie-t-on ce gaz? — **3.** Où recueille-t-on le gaz d'éclairage que l'on vient de fabriquer? **4.** Comment distribue-t-on dans une ville le gaz qui est enfermé sous la cloche? — **5.** Est-il avantageux que le gaz d'éclairage ait de l'odeur? Pourquoi?

encore assez fréquemment des accidents causés par des explosions de gaz.

6. C'est un gaz absolument comparable au gaz d'éclairage,

Fig. 414. — Le gaz arrive par le tube *t* sous une cloche qui est retenue par un contrepoids P, et qui repose sur l'eau E ; quand on veut envoyer le gaz dans la ville, on ferme le tube *t* et on ouvre le tube *s*, on laisse la cloche peser un peu sur le gaz qui s'échappe par le tube *s*.

qui brûle dans nos bougies, nos lampes, ou même dans les bûches qui sont dans la cheminée. L'on peut s'en convaincre en mettant une toile métallique sur la flamme d'une bougie, et en rallumant de l'autre côté de la toile les gaz combustibles qui viennent de la traverser.

324. Le soufre. —
1 Le soufre est ce corps jaune

Fig. 415. — Bec de gaz.

---

6 Le gaz qui brûle dans les bougies et dans les lampes diffère-t-il beaucoup du gaz d'éclairage ? Comment le prouve-t-on ?

324. — 1. Qu'est-ce que le soufre ? D'où le tire-t-on ? Comment le sépare-t-on de la terre avec laquelle il est mêlé ?

clair, dont on entoure l'extrémité des allumettes en bois sur une longueur d'un centimètre environ; le soufre se trouve mélangé à la terre de beaucoup de pays volcaniques, particulièrement dans la Sicile; c'est de là qu'on le retire. On met ce mélange de soufre et de terre dans de grands vases que l'on fait chauffer fortement; le soufre se fond, se volatilise, et va se condenser dans d'autres vases froids où on le recueille; la terre seule reste dans les premiers vases.

2. Le soufre est d'ailleurs très répandu dans la nature; la pierre à plâtre et les minerais de beaucoup de métaux en renferment.

3. Le soufre a de très nombreux usages. Il entre dans la composition de la poudre, et est très employé pour la fabrication des allumettes. Sous forme d'une poudre extrêmement fine qu'on appelle fleur de soufre, il sert à combattre une maladie de la vigne nommée l'*oïdium*; enfin, il est aussi employé dans la médecine.

325. L'acide sulfureux; l'acide sulfurique. —
1. En brûlant, le soufre produit un gaz, d'une odeur très vive, que tout le monde connaît; ce gaz, c'est *l'acide sulfureux*.

2. L'acide sulfureux éteint les corps en combustion. Si dans un flacon où l'on vient de brûler du soufre, on introduit un bout de bougie allumée, cette bougie s'éteint tout de suite; c'est la présence de l'acide sulfureux autour de l'allumette dont le soufre brûle encore, qui empêche d'allumer immédiatement une bougie, tandis que si l'on approche de la mèche d'une bougie une allumette dont le bois seul brûle, cette bougie s'allumera immédiatement.

3. Cette propriété de l'acide sulfureux d'éteindre les corps en combustion est journellement employée pour éteindre les feux de cheminée. Si, quand le feu vient de prendre à une cheminée, on jette du soufre sur le foyer, il se forme un

---

2. Le soufre est-il répandu dans la nature? — 3. Citez quelques usages du soufre.

325. — 1. Que produit le soufre en brûlant? — 2. Quelle est l'action du soufre sur les corps en combustion? Pourquoi ne peut-on pas allumer immédiatement une bougie avec une allumette dont le soufre brûle encore? — 3. Quelle application fait-on de cette propriété que possède l'acide sulfureux d'éteindre les corps en combustion?

volume considérable d'acide sulfureux, qui remplit le tuyau de la cheminée; si alors on ferme l'entrée de la cheminée, tout le tuyau va se trouver rempli d'acide sulfureux et le feu ne tardera pas à s'éteindre.

4. Une des propriétés les plus curieuses de l'acide sulfureux, c'est celle de décolorer complètement un grand nombre de matières colorées : la laine et la soie, par exemple, n'acquièrent une grande blancheur que si ces deux substances sont restées un certain temps dans une chambre où l'on fait dégager de l'acide sulfureux en brûlant du soufre.

5. Les taches de vin, de fruit, de verdure, sur le linge blanc, disparaissent rapidement si on fait brûler un peu de soufre

Fig. 416. — L'acide sulfureux qui se produit, quand le soufre brûle, décolore une rose sur laquelle il agit.

au-dessous de l'étoffe tachée, qu'il faut avoir le soin de mouiller légèrement.

6. Des violettes, des roses (fig. 416) que l'on soumet à l'action de l'acide sulfureux perdent leur couleur et deviennent blanches.

---

4. Quelle est l'action de l'acide sulfureux sur quelques matières colorées ? Comment blanchit-on la laine et la soie ? — 5 Comment retire-t-on les taches de vin ou de verdure faites sur du linge blanc ? — 6. Quelle est l'action de l'acide sulfureux sur les roses ou les violettes ?

7. L'*acide sulfurique* ou huile de vitriol, ce liquide qu'il faut manier avec tant de précaution, parce qu'il détruit presque tout ce qu'il touche, est comme l'acide sulfureux composé d'oxygène et de soufre. Si l'on jette une goutte d'acide sulfurique sur du papier, ce papier devient tout noir, il est comme brûlé, il n'en reste plus que du charbon : il en serait de même pour du bois; la sciure de bois devient immédiatement toute noire si on la jette dans cet acide. L'acide sulfurique est un corps très employé dans l'industrie, où il rend de grands services.

326. Le phosphore. — 1. Tout à fait au bout des allumettes est fixée une sorte de pâte ordinairement bleue ou rouge; cette pâte est en partie formée d'une substance nommée phosphore.

2. Le phosphore, quand il est pur, est jaune clair, il a une consistance cornée; mais il faut éviter de le plier, de le casser ou de le couper, et même de le presser dans les doigts, car il s'enflamme avec une très grande facilité; le moindre frottement lui fait prendre feu, la chaleur de la main peut même être suffisante pour produire cet effet. Le phosphore ne doit être manié que sous l'eau, et toujours, avec les plus grandes précautions, car les brûlures qu'il produit sont très profondes, et difficiles à guérir.

3. Les substances qu'on ajoute au phosphore qu'on met au bout des allumettes, ont pour effet de rendre le phosphore bien visible, et de plus d'empêcher ce corps de s'enflammer trop facilement. Ces substances sont de la colle forte, une matière colorante quelconque et de l'eau. Une pâte ainsi formée s'enflammant plus difficilement, on y met alors du sable pour augmenter l'action du frottement et enflammer sûrement le phosphore.

Le phosphore est un poison très énergique; on voit donc qu'à

---

7. Que se produit-il si l'on jette une goutte d'acide sulfurique sur du papier ou sur du bois?

326. — 1. Qu'est-ce que le phosphore? — 2. Quelles sont les principales propriétés du phosphore? Pourquoi ne doit-on manier ce corps que sous l'eau? — 3. Quelles substances mêle-t-on au phosphore que l'on met au bout des allumettes? Pourquoi y ajoute-t-on ces substances? Énoncez les motifs pour lesquels les allumettes doivent toujours être employées avec prudence.

tous les points de vue les allumettes doivent toujours être employées avec une grand prudence.

4. Un certain nombre de corps répandus dans le sol renferment du phosphore; la présence de ces corps dans un sol le rend même très fertile. La plupart des végétaux, en effet, doivent nécessairement renfermer un peu de phosphore; le corps de presque tous les animaux en contient une grande quantité, et dans le corps d'un homme il y en a à peu près un kilogramme. C'est surtout dans les os qu'il se trouve, et c'est même des os des animaux que l'on retire tout le phosphore dont on se sert dans l'industrie.

327. Le chlore. — 1. Le chlore est un gaz de couleur verte, qui est très employé dans l'industrie. Mettons dans un verre un peu d'un corps blanc qu'on vend chez les pharmaciens, sous le nom de chlorure de chaux; jetons un peu de vinaigre sur ce corps, et immédiatement nous voyons le verre se remplir d'un gaz verdâtre; c'est du chlore.

2. On ne trouve jamais le chlore libre dans la nature, il faut, pour le voir, le retirer des corps composés dont il fait partie; ces corps sont nombreux, le sel marin et beaucoup de minerais en renferment.

3. Le chlore a une odeur très forte, et il ne faudrait pas le respirer franchement, il agirait comme un vrai poison, il désorganiserait les poumons.

4. Le chlore est très employé pour *désinfecter;* toutes les mauvaises odeurs, les miasmes qui proviennent de la décomposition de matières animales ou végétales sont détruits par le chlore; on met, dans les endroits où se produisent ces gaz infectants, du chlorure de chaux, le chlore se dégage peu à peu, et à mesure qu'il se produit des gaz à détruire.

---

4. Où trouve-t-on du phosphore ? Quel est l'effet sur la végétation de la présence du phosphore dans le sol ? Combien y a-t-il, à peu près, de phosphore dans le corps d'un homme ? D'où retire-t-on le phosphore ?

327. — 1. Qu'est-ce que le chlore ? Comment peut-on en obtenir ? — 2. Citez des corps qui renferment du phosphore. — 3. Qu'arriverait-il si l'on aspirait du chlore ? — 4. A quoi le chlore est-il employé ? Quel effet produit le chlorure de chaux dans les endroits où il se dégage des miasmes ?

5. Le chlore est aussi employé pour *décolorer*, ainsi, si l'on introduit dans un verre qui renferme du chlore un morceau de papier sur lequel on a écrit, et qu'on a légèrement mouillé, on voit les caractères à l'encre disparaître complètement; des feuilles d'arbres, des fleurs, sont décolorées dans les mêmes conditions; c'est avec du chlore que l'on donne sa grande blancheur à la pâte à papier qui est en grande partie formée de chiffons.

328. L'acide chlorhydrique. — 1. Le chlore forme, en se combinant avec l'hydrogène, un acide très énergique, très employé dans l'industrie: l'*acide chlorhydrique*. C'est un gaz extrêmement soluble dans l'eau, et ce qu'on utilise dans l'industrie c'est toujours sa dissolution dans l'eau et non l'acide chlorhydrique lui-même.

2. Cette dissolution est un liquide jaunâtre donnant à l'air des fumées blanches et possédant une odeur piquante. L'acide chlorhydrique doit être, comme l'acide sulfurique, manié avec beaucoup de précaution.

RÉSUMÉ.

311 à 313. L'hydrogène et l'eau. — L'eau est composée de deux volumes d'hydrogène et d'un volume d'oxygène.

On obtient toujours l'hydrogène en décomposant l'eau, soit par l'action du zinc et de l'acide sulfurique, soit par l'action du charbon ou du fer chauffé au rouge.

L'hydrogène est un gaz très léger qui brûle et qui n'entretient pas la combustion.

L'eau n'est presque jamais pure; elle renferme de l'air en dissolution, c'est ce qui permet aux poissons d'y vivre.

L'eau renferme aussi du gaz carbonique; elle renferme encore souvent du calcaire.

---

5. Quelle est l'action du chlore sur l'encre, sur les feuilles d'arbres, sur les fleurs? De quoi est composée la pâte à papier? Avec quoi blanchit-on cette pâte?

328. — 1. Qu'est-ce que l'acide chlorhydrique? Ce gaz est-il soluble dans l'eau? — 2 Quelles sont les principales propriétés de l'acide chlorhydrique du commerce?

L'EAU, LE CHARBON, LE SOUFRE.

Les eaux minérales, si employées dans la médecine, renferment beaucoup de substances qui contiennent des métaux.

L'eau éteint le feu, en empêchant les corps qui brûlent d'être en contact avec l'air. Si le foyer est à une température très élevée, l'eau peut être décomposée; l'hydrogène et l'oxygène qui proviennent de cette décomposition activent alors le feu au lieu de l'éteindre.

314 à 319. Les charbons. — Le charbon se présente sous des aspects très différents, tels que le *diamant*, le *graphite*, le *jais*, l'*anthracite*, la *houille*, le *lignite* la *tourbe*.

On fabrique du *charbon de bois* qui brûle sans fumée et qui donne beaucoup de chaleur en brûlant; le charbon de bois absorbe les gaz qui ont de l'odeur; on l'emploie à cause de cela dans les filtres.

Le *coke*, qu'on obtient en faisant incomplètement brûler de la houille, est un très bon combustible.

Le *noir animal* est un charbon qui absorbe les matières colorantes; on l'obtient en chauffant des os en vases clos.

Le *noir de fumée* est employé dans la peinture.

320. Le gaz carbonique. — Le gaz carbonique est un gaz très lourd, soluble dans l'eau, et de saveur piquante; c'est ce gaz qui se trouve dans la bière et dans les vins mousseux.

321-322. Le gaz des marais, le feu grisou. — Le gaz qui se dégage du fond des marais peut brûler; s'il est mêlé à l'air il produit une explosion en s'enflammant; c'est ce gaz qui, en se dégageant des mines de houille, produit le *feu grisou* qui cause si fréquemment des accidents.

323. Le gaz d'éclairage. — La houille, fortement chauffée dans un vase où l'air ne peut pas pénétrer, se décompose en produisant du coke qui reste dans le vase, et un gaz nommé *gaz d'éclairage* qui se dégage. Le gaz d'éclairage est recueilli sous une grande cloche de fer, d'où on le distribue dans la ville.

324-325. Le soufre et l'acide sulfureux. — Le soufre est un corps jaune qui brûle avec une flamme bleue, en produisant un gaz à odeur vive et désagréable qu'on nomme acide sulfureux. On retire le soufre du sol des pays volcaniques. Ce corps a de très nombreux usages. L'acide sulfureux éteint les corps en combustion; on l'emploie à cause de cette propriété pour éteindre les feux de cheminée.

Ce gaz décolore beaucoup de matières colorées; on s'en sert à cause de cela pour blanchir la laine et la soie.

L'acide sulfurique est un liquide composé de soufre et d'oxygène, qui décompose presque tout ce qu'il touche; ce liquide doit être manié avec la plus grande prudence.

326. Le phosphore. — Le phosphore est un corps jaunâtre qui se trouve dans les os; ce corps s'enflamme très facilement et doit toujours être manié sous l'eau. C'est un poison énergique.

327-328. Le chlore et l'acide chlorhydrique. Le chlore est un gaz verdâtre, qui a une forte odeur et qui attaquerait les poumons si on le respirait. Il est très employé comme desinfectant et comme décolorant; c'est avec le chlore qu'on blanchit la pâte avec laquelle on fait le papier.

L'acide chlorhydrique est composé de chlore et d'hydrogène; c'est un acide énergique très employé dans l'industrie.

TRENTE-CINQUIÈME LEÇON.

Les Métaux.

329. Les métaux, les métalloïdes. — 1. Tout le monde connait le fer, le cuivre, le zinc, l'étain, le plomb, l'or, l'argent : ce sont des *métaux*. Les métaux sont des corps simples comme le phosphore, le soufre, l'oxygène, l'hydrogène, etc., mais ils sont bien différents de ces corps que nous venons d'étudier.

2. Les métaux sont brillants; ils paraissent froids quand on les touche; la plupart ont un grand poids et, excepté le mercure qui est un métal liquide (fig. 417), ils sont solides à la température ordinaire.

3. Les corps dont nous nous sommes occupés jusqu'ici sont gazeux ou, s'ils sont solides, ils n'ont pas d'éclat, ne paraissent pas froids au toucher et leur poids n'est pas considérable; on a donné à tous ces corps, pour les distinguer des métaux, un nom spécial; on les a appelés des *métalloïdes*.

330. Les minerais et les mines. — 1. Il est très rare de trouver dans le sol les métaux à l'état de pureté, on

---

329. — 1. Les métaux sont-ils des corps simples comme les corps précédemment étudiés ? — 2. Indiquez les principales propriétés des métaux. — 3. En quoi les métalloïdes diffèrent-ils des métaux ?

330 — 1. Les métaux se trouvent-ils habituellement dans le sol à l'état de pureté ? Qu'appelle-t-on minerai ? Qu'appelle-t-on mine ?

LES MÉTAUX.   351

les trouve presque toujours combinés avec d'autres corps, surtout avec l'oxygène, le soufre ou le chlore. Ces combinaisons s'appellent des *minerais*, et l'endroit où on les trouve sont les *mines*.

2. Le plus souvent les minerais ne sont pas réunis en grande masse, mais ils forment dans l'intérieur du sol des sortes de traînées de forme irrégulière, des *filons*, qui n'ont quelquefois qu'une très faible largeur. Il faut creuser les *galeries* pour suivre ce filon et l'exploiter ; c'est un travail très pénible et souvent dangereux.

Fig. 417. — Le mercure est un métal liquide qu'on peut verser comme de l'eau. Quand il tombe, il forme de petites gouttes rondes qui ne mouillent pas.

331. Comment on retire un métal de son minerai. — Le minerai retiré de la mine est d'abord séparé des morceaux de pierre avec lesquels il est mêlé, puis il est cassé en petits fragments. On emploie souvent pour cela une machine composée de deux cylindres cannelés (fig. 418), qui tournent en sens inverse comme l'indiquent les flèches, et à une faible distance l'un de l'autre ; ils sont disposés de manière qu'une cannelure de l'un coïncide avec un sillon

Fig. 418. — Le minerai jeté dans ne rigole R est cassé en petits fragments en passant entre deux cylindres cannelés CC, qui tournent en sens inverse ; les fragments tombent dans une auge D.

---

2. Qu'est-ce que des filons ? Comment exploite-t-on les filons ?

331. — Que fait-on des minerais que l'on retire d'une mine ? Comment en retire-t-on le métal qu'ils contiennent ?

de l'autre; les morceaux de minerais qu'on fait arriver par une rigole inclinée R, tombent sur ces cylindres, s'y entrechoquent, et sont pris dans une espèce d'engrenage; ils se cassent et tombent en D réduits en petits morceaux.

Ces petits blocs de minerais sont le plus souvent jetés sur du charbon enflammé avec lequel il se mêle. Sous l'influence d'une haute température le minerai est décomposé et l'on peut obtenir le métal isolé.

332. Propriétés générales des métaux — 1. Les métaux ont des qualités qui rendent beaucoup d'entre eux extrêmement utiles. Quelques-uns sont assez résistants pour qu'on puisse en faire des fils, qui sont très forts, même quand ils sont minces.

Pour faire des fils de métal, on prend un morceau de ce métal assez chaud pour pouvoir être facilement déformé, et on lui donne une forme allongée que l'on termine en pointe; puis on introduit cette pointe dans un trou dont est percée une lame d'acier; on saisit la pointe au moyen d'une pince et l'on tire fortement; le métal se déforme alors pour passer dans le trou et en sort à l'état de fil. Quand toute la masse de métal a

Fig. 419. — On fabrique des fils de métal en faisant passer le métal à travers des trous de plus en plus petits.

ainsi passé par ce premier trou, on la fait passer successivement par les trous de plus en plus petits de la plaque (fig. 419) et l'on obtient des fils de plus en plus fins que l'on fait enrouler sur une bobine B. On peut faire des fils d'or et d'argent qui sont extrêmement minces, mais ce ne sont pas les plus solides; les fils de métal qui sont de beaucoup les plus solides sont ceux en fer; un fil de fer de 2 millimètres de diamètre ne se brise que sous le poids de 250 kilogrammes.

2. Les métaux peuvent aussi être mis sous forme de lames

---

332. — 1. Comment fabrique-t-on des fils de métal? Quel est le métal avec lequel on fait les fils les plus forts?

LES MÉTAUX. 353

plus ou moins minces. Pour cela on introduit entre deux
cylindres, bien durs, en fonte (fig. 420),
qui peuvent tourner autour de leur axe,
une barre de métal assez chauffée pour
être un peu amollie ; cette barre B est
fortement serrée entre ces deux cylindres et en sort en A plus large et plus
mince ; on recommence plusieurs fois
cette même opération, en rapprochant
chaque fois les cylindres de fonte, et
l'on finit par obtenir des lames qui peuvent être très minces. Il y a des métaux
qu'on ne peut pas transformer en lames
aussi facilement que d'autres ; avec l'or
on obtient des lames tellement minces

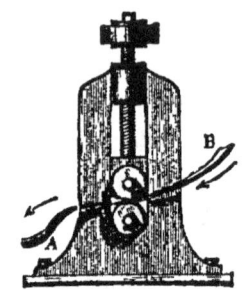

Fig. 420. — On fabrique des lames de métal en faisant passer le métal BA, entre deux cylindres lisses tournant en sens inverse.

qu'on peut voir au travers ; on peut obtenir aussi des lames
d'étain qui sont assez minces,
mais pas autant que celles de
l'or.

3. Tous les métaux ne conduisent pas également la chaleur et l'électricité : le cuivre
est un des meilleurs conducteurs, aussi l'emploie-t-on beaucoup en physique pour les expériences d'électricité. Le fer
conduit beaucoup moins bien
la chaleur et l'électricité que le
cuivre ; cependant c'est le fer
qu'on emploie pour faire les fils
de télégraphe (fig. 421) ; parce
que le fer est beaucoup plus
solide que le cuivre et qu'il

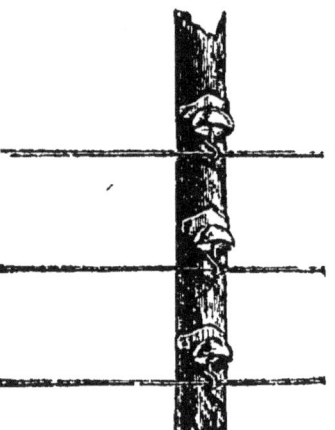

Fig. 421. — Les fils de télégraphe ne se rouillent pas parce qu'ils sont couverts d'une couche de zinc.

est meilleur marché. Ces fils de fer sont recouverts d'une
couche de zinc qui les empêche de se rouiller.

---

2. Comment fabrique-t-on des lames de métal ? Comment peut-on
obtenir des lames d'épaisseur différente ? Citez un métal avec lequel on
fabrique des lames très minces. — **3** Citez un métal très bon conducteur
de la chaleur et de l'électricité Pourquoi les fils du télégraphe sont-ils
en fer ? De quoi sont recouverts les fils de fer du télégraphe ?

333. Métaux qui se détériorent à l'air. — 1. Presque tous les métaux perdent rapidement leur éclat quand on les laisse à l'air. Cet effet est dû à ce que le métal s'est combiné avec l'oxygène ou quelque autre corps qui se trouve dans l'air.

2. La couche terne qui les couvre est généralement tout à fait superficielle; car en grattant très peu profondément un morceau de plomb, d'étain, de cuivre, ternis à l'air, on aperçoit immédiatement en-dessous le métal brillant, qui n'a subi aucune transformation.

3. Mais quelquefois cette altération du métal pénètre profondément, le fer, par exemple, se détruit entièrement au bout d'un certain temps et tombe en poussière; il se rouille.

4. Enfin, il y a des métaux, comme l'or et l'argent qui ne s'altèrent pas à l'air; ils restent toujours brillants : on les appelle les métaux précieux.

334. Comment on empêche le fer de se rouiller. — Pour empêcher cette action destructrice de se produire, il suffit de recouvrir le métal d'un corps qui l'empêche d'être au contact de l'air. C'est pour cela qu'on recouvre habituellement le fer d'une couche de peinture; on peut encore le recouvrir d'une mince couche de métal qui ne s'altère à l'air que superficiellement, comme l'étain, le zinc ou le plomb, par exemple. Le fer recouvert d'étain est connu sous le nom de *fer-blanc;* celui recouvert de zinc sous le nom de *fer galvanisé.*

335. Le fer. — Le fer est le métal le plus utile. La facilité avec laquelle on le travaille, quand il est très chaud, permet de lui donner toutes les formes que l'on veut en le battant et en le façonnant au marteau, c'est-à-dire en le for-

---

333. — 1. Pourquoi la plupart des métaux se ternissent-ils à l'air ? — 2. La couche qui recouvre ces métaux est-elle ordinairement profonde. Citez des métaux chez lesquels cette oxydation est tout à fait superficielle. — 3. Citez un métal dont l'oxydation est profonde. — 4. Qu'appelle-t-on métaux précieux ?

334. — Indiquez quelques moyens employés pour empêcher le fer de se rouiller. Qu'appelle-t-on fer-blanc ?

335. — Quel est le métal le plus utile ? Comment se fait-il que l'on

géant; sa grande dureté le rend très précieux dans une foule de circonstances, par exemple pour faire des essieux de voitures, qui peuvent supporter, sans se briser, des poids très grands; des cercles pour les roues, des bêches, des charrues, des rails de chemins de fer (fig. 422) qui ne s'usent qu'à

Fig. 422. — Rail de chemin de fer: T, traverse; R, rail; A. B pièces servant à maintenir le rail.

la longue; des clous qui résistent à de violents coups de marteaux qui sont eux-mêmes en fer. En général, tous les objets qui doivent recevoir des chocs ou supporter des pressions sont en fer: les chaudières, les serrures, les clefs, les poutres de grandes constructions, les fers pour les chevaux, etc.

La grande résistance des fils de fer les fait employer pour soutenir des ponts suspendus; des chaînes de fer présentent, pour la même raison, une extrême solidité.

336. La fonte. — 1. La fonte est à peu près aussi dure que le fer, mais elle n'a pas la même résistance au choc; elle se brise facilement, on ne peut donc pas en fabriquer des objets qui doivent subir des chocs.

2. Le grand avantage de la fonte, c'est que, sous l'action

---

puisse facilement travailler le fer qui est si dur? Qu'est-ce que forger le fer? Citez quelques objets en fer. Montrez qu'il est avantageux que ces objets soient en fer.

336. — 1. La fonte résiste-t-elle au choc autant que le fait le fer?

2 Quel est l'avantage que la fonte présente sur le fer? Citez des objets qu'il est avantageux de faire en fonte.

d'une forte chaleur, au lieu de rester pâteuse comme le fer, elle devient tout à fait liquide et peut être coulée dans des moules; c'est ainsi que sont fabriqués des colonnes, des grilles, des fontaines, des poêles, des marmites, des statuettes.

337. L'acier. — 1. L'acier est plus dur que le fer et se casse moins facilement que la fonte. Ses usages sont très nombreux; on l'emploie de préférence au fer pour tous les objets qui doivent supporter des frottements énergiques : les rails d'acier, par exemple, durent vingt fois plus que les rails de fer; on fait aussi des essieux de wagons qui durent très longtemps, mais il arrivent quelquefois qu'ils se fendent pendant leur trajet, ce qui n'arriverait pas s'ils étaient en fer.

Fig. 423. — On fabrique avec l'acier des ressorts de montre très élastiques.

2. L'acier chauffé très fortement, puis refroidi brusquement devient plus élastique et encore beaucoup plus dur; on l'appelle acier *trempé*; c'est en acier trempé que sont les ressorts des montres

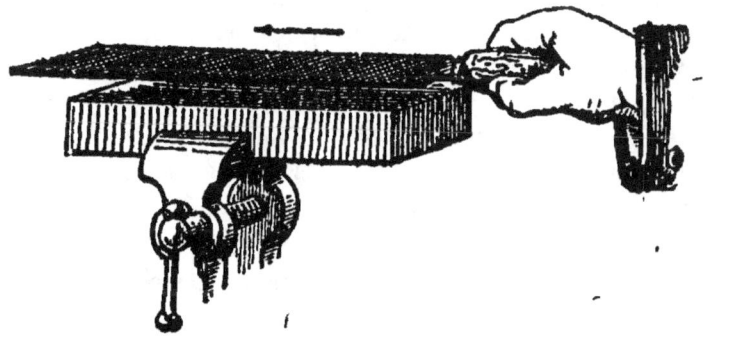

Fig. 424. — On fabrique avec l'acier des limes extrêmement dures

(fig. 423), les limes (fig. 424) et les parties des instruments

---

337. — . Quel avantage l'acier présente-t-il sur le fer, et quel avantage présente-t-il sur la fonte? Quand est-il avantageux de construire des objets en acier? Citez quelques objets qu'il est avantageux de faire en acier. — 2 Qu'est-ce que l'acier trempé? Citez quelques objets d'acier qu'il est avantageux de tremper.

de fer qui doivent être très dures (fig. 425 : les scies, les faux, les couteaux, les canifs, les rasoirs, les épées.

Fig. 425. — On fait en fer et en acier des instruments très résistants. FF est en fer, AA est en acier.

338. Comment se produit la fonte. — 1. La fonte s'obtient dans un four de grandes dimensions ; ce four a habituellement une quinzaine de mètres de hauteur ; on le nomme *haut-fourneau*. Il est construit en briques *réfractaires*, c'est-à-dire qui ne peuvent être ni fondues ni fendillées sous l'action du feu.

2. Ce fourneau (fig. 426) est très large au-dessus de sa base ; la partie supérieure est plus étroite pour augmenter le tirage ; la partie inférieure B est très rétrécie pour pouvoir facilement supporter le minerai et le charbon qu'on jette dans le fourneau en D, par une ouverture O. Un gros soufflet T lance une quantité considérable d'air à la base A du fourneau.

Fig. 426. — Haut-fourneau: O ouverture par où l'on jette en D le combustible et le minerai ; C partie centrale du haut fourneau ; B point où la fonte coule pour se rassembler en A ; T, tuyère jetant de l'air sur le foyer.

3. A mesure que le charbon brûle, la masse qui est dans le haut-fourneau s'affaisse et on continue alors à verser en O du charbon et du minerai ; de cette manière le feu ne s'éteint

---

338. — 1 Qu'est-ce qu'un haut-fourneau ? Que fabrique-t-on dans un haut-fourneau ? En quoi est construit un haut fourneau ? — 2 Indiquez la forme d'un haut-fourneau — 3 Décrivez ce qui se passe dans un haut-fourneau. Qu'appelle-t-on scories ? — Que deviennent les scories ?

jamais. Le minerai est décomposé ; mais sous l'influence de l'énorme chaleur du haut-fourneau le fer s'unit à une certaine quantité de charbon et devient de la fonte ; cette fonte tombe en A, où elle se rassemble dans une cavité située au bas du haut-fourneau ; de temps en temps, on perce les parois de cette cavité et l'on fait écouler la fonte. La cendre du charbon et les débris de pierre mêlés au minerai forment un liquide qui se répand au-dessus de la fonte, et produit ce qu'on appelle des *scories*. Ces scories s'écoulent par dessus la cavité où se rassemble la fonte.

339. Comment on transforme la fonte en fer et en acier. — Pour obtenir du fer avec de la fonte, il faut retirer de la fonte le charbon qu'elle renferme ; pour cela, on fait passer, pendant un certain temps, sur cette fonte en fusion un courant d'air qui brûle le charbon contenu dans cette fonte ; il se forme des gaz qui sont emportés par le courant d'air et le fer reste seul. La masse métallique devient pâteuse et forme un seul bloc ; le fer, comme nous le savons, est moins fusible que la fonte.

340. Comment on fait l'acier. — On peut transformer la fonte en acier en lançant pendant quelques instants dans la fonte en fusion, un violent courant d'air qui brûle une partie du charbon qu'elle contient : l'acier, en effet, renferme du charbon mêlé au fer, mais il en renferme moins que la fonte. On peut aussi faire de l'acier en faisant fortement chauffer des barres de fer, entourées de charbon de bois en poussière, de sel et de cendre ; on fait ensuite fondre ensemble toutes ces barres, et l'on obtient ainsi un acier de très bonne qualité.

341. Le cuivre. — Le cuivre est ce métal rouge ou jaune qui dégage, quand on le frotte, une odeur désagréable. Il est beaucoup moins dur que le fer et ne produit pas sous l'effet du choc, des étincelles, comme le fait le fer. Le cuivre

---

339. — Comment fait-on pour transformer la fonte en fer ?

340. — Comment transforme-t-on la fonte en acier ? Peut-on fabriquer directement de l'acier avec du fer ? Comment fait-on ?

341. — Qu'est-ce que le cuivre ? Est-il aussi dur que le fer ? Fabrique-t-on facilement des lames de cuivre ? Citez quelques objets en cuivre.

se met plus facilement en lames que le fer; on a donc avantage à en faire des casseroles, des chaudières, des marmites.

342. Vert-de-gris. Étamage du cuivre. — 1. Le cuivre ne se rouille pas comme le fer, mais à l'air humide, il se recouvre d'une mince couche verte qui est ce qu'on appelle du *vert-de-gris*.

2. Le vert-de-gris est un poison, il faut donc l'empêcher de se former sur les ustensiles de cuisine; pour cela, il suffit de tenir ces objets parfaitement propres, ce qui est assez facile car le vert-de-gris est très peu adhérent; en frottant même assez légèrement, on voit le cuivre reprendre son éclat. Mais certains aliments, le vinaigre, les fruits, peuvent devenir de véritables poisons, si on les laisse au contact du cuivre le plus propre, surtout si on les y laisse refroidir; c'est pour empêcher ces inconvénients qu'on *étame* l'intérieur et le bord des casseroles (fig. 427), c'est-à-dire qu'on les recouvre d'une

Fig. 427. — On étame les casseroles à l'intérieur et au bord, parce que le cuivre peut former du vert-de-gris, substance vénéneuse.

couche d'étain qui empêche ce qu'on met dans ces casseroles d'être en contact avec le cuivre.

L'étamage du cuivre a aussi l'avantage d'empêcher l'odeur du cuivre de se communiquer aux aliments.

343. L'étain. — 1. L'étain peut être mis en feuilles

---

342. — 1. Le cuivre se rouille-t-il comme le fer ? Qu'est-ce que le vert de-gris ? — 2. Pourquoi faut-il empêcher le vert-de-gris de se former dans les ustensiles de cuisine ? Le vert-de-gris s'enlève-t-il facilement ? Citez quelques aliments qui peuvent devenir des poisons au contact du cuivre. Qu'est-ce que l'étamage du cuivre ? Quels avantages y a-t-il à étamer le cuivre ?

343. — 1. Citez quelques emplois des lames d'étain très minces ?

aussi minces que du papier ; ces feuilles d'étain sont employées pour garantir de l'humidité quelques substances alimentaires, telles que le chocolat et le saucisson.

2. Un des plus grands avantages de l'étain, c'est de ne jamais former avec les aliments de composés qui soient nuisibles à la santé ; c'est pour cela que, ainsi que nous venons de le voir, on en recouvre l'intérieur des ustensiles de cuisine. On en fait des mesures pour les liquides, des fourchettes et des cuillers, de la vaisselle ; l'inconvénient de ces objets est de dégager, quand on les frotte, une odeur désagréable.

3. La fabrication de tous ces objets est assez facile parce que l'étain fond à une température très peu élevée ; on peut même, avec beaucoup de précaution, faire fondre de l'étain sur du papier (fig. 428).

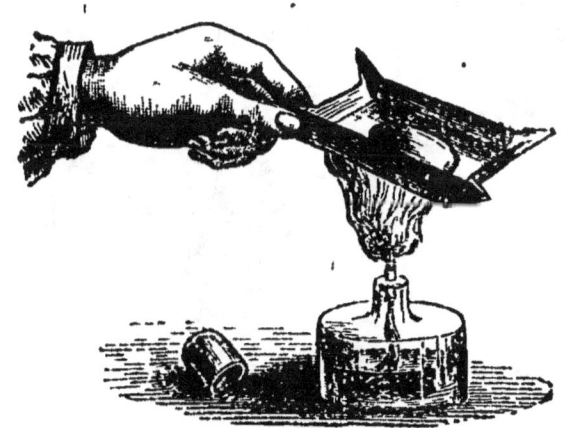

Fig. 428. — L'étain est si fusible qu'on peut le faire fondre sur du papier.

L'étain ne se rouille pas, il se recouvre seulement à l'air humide d'une couche grisâtre très mince.

344. Le plomb. — 1. Le plomb est très utile à cause de sa propriété de pouvoir se plier dans tous les sens avec la plus grande facilité, sans se casser.

---

2. Quel est l'un des plus grands avantages de l'étain ? Citez quelques objets que l'on fait habituellement en étain. — 3. La fabrication de ces objets est-elle difficile ? Pourquoi ? — 4. Que se produit-il sur l'étain exposé à l'air ?

344. — 1. Quelle est l'une des propriétés les plus utiles du plomb ?

2. On en fait des tuyaux (fig. 429) pour conduire de l'eau ou du gaz, et l'on peut donner à ces tuyaux, tant le plomb est mou, toutes les formes qu'on veut. De plus, comme il fond à une température peu élevée, on peut le souder facilement.

On emploie aussi le plomb en fils pour attacher les branches des arbres taillés en espalier.

3. Le plomb ne se rouille pas, il se recouvre seulement d'une couche grisâtre comme le fait l'étain ; cependant, on ne s'en sert jamais pour recouvrir les ustensiles de cuisine

Fig. 429. — On fait en plomb des tuyaux T T' qui sont extrêmement souples, et qui peuvent se souder facilement comme on le voit en S.

en cuivre parce qu'il formerait avec les aliments des composés extrêmement vénéneux ; quelquefois même l'eau qui a séjourné dans des tuyaux en plomb peut occasionner des accidents.

Le plomb est encore employé à faire des balles et du plomb de chasse, il sert aussi à recouvrir des toits, des terrasses, et à faire des gouttières.

345. Le zinc. — 1. C'est en zinc que sont faits les arrosoirs, les seaux, les baignoires. Ce métal gris bleuâtre, quand il est pur, se recouvre aussi d'une légère couche grise comme le font le plomb et l'étain, et il ne rouille pas comme le fer.

2. On l'emploie comme le plomb pour recouvrir les toits et faire des gouttières ; étendu en lames minces sur le fer, il

---

2. Citez quelques objets en plomb. — 3. Que se produit-il sur le plomb exposé à l'air ? Pourquoi ne recouvre-t-on jamais de plomb les ustensiles de cuisine ? Quel effet les tuyaux en plomb peuvent-ils avoir sur l'eau ?

345. — 1. Qu'est-ce que le zinc ? Citez quelques objets en zinc. — 2 Quel effet produit-il quand il est étendu sur le fer ? L'emploie-t-on pour recouvrir les ustensiles de cuisine ? Pourquoi ?

l'empêche de se rouiller, il le garantit même mieux que ne le fait l'étain. Il est impossible d'employer ce métal pour recouvrir les ustensiles qui servent à la cuisine, car il formerait avec beaucoup d'aliments un poison énergique.

3. Le zinc fond facilement et brûle dans l'air avec une très belle flamme. On fait fondre du zinc dans un petit pot en terre réfractaire c', nommé *creuset* (fig. 430), on met ce creuset

Fig. 430. — Pour fondre du zinc on met quelques morceaux de ce métal dans un creuset c, qu'on ferme avec un couvercle et qu'on met dans un fourneau.

dans un fourneau; quand le zinc est bien fondu, on prend ce creuset c' et on l'incline (fig. 431); on voit alors le zinc s'en-

Fig. 431. — On verse le zinc fondu dans l'air; il se produit du blanc de zinc.

flammer; il se forme une fumée blanche qui est le produit de

---

3. Comment fait-on fondre le zinc? Que forme le zinc en brûlant?

la combustion du zinc, c'est-à-dire une combinaison du zinc avec l'oxygène de l'air, qui est employée en peinture sous le nom de *blanc de zinc*.

316. L'argent. — 1. L'argent ne se rouille pas, il ne se ternit même pas à l'air, c'est un métal précieux; c'est là sa propriété la plus caractéristique qui le fait rechercher pour la fabrication de beaucoup d'objets; mais sa grande importance tient surtout à ce qu'on s'en sert pour la fabrication des monnaies, et qu'on est alors convenu d'attribuer une valeur déterminée à un certain poids d'argent.

2. En recouvrant un objet d'une mince couche d'argent, on peut lui donner, tant que cette couche n'est pas usée, les mêmes avantages qu'il aurait s'il était tout entier en argent; c'est ainsi qu'on argente les couverts de cuivre, comme nous l'avons vu en étudiant la galvanoplastie.

317. L'or. — 1. L'or est un métal précieux, comme l'argent; il est employé aux mêmes usages, mais il est encore moins altérable que l'argent. Sa grande importance vient comme celle de l'argent de son emploi pour les monnaies et de la valeur conventionnelle qu'on lui attribue; cette valeur est environ quinze fois et demie plus grande que celle de l'argent.

2. L'or se trouve à l'état libre; il n'y a pas, à proprement parler, de minerai d'or; on n'a donc qu'à séparer l'or des pierres avec lesquelles il se trouve mêlé, et l'on n'a pas, comme pour la plupart des autres métaux, à le retirer d'un corps composé.

318. Les alliages. — 1. Quand on fait fondre ensemble deux ou plusieurs métaux, on obtient ce qu'on appelle un *alliage*.

2. Les alliages sont très employés dans l'industrie, parce que l'on peut associer les qualités d'un métal à celle d'un autre

---

316. — 1. Quelle est la propriété la plus caractéristique de l'argent ? A quoi tient la grande importance de l'argent ? — 2 Quel avantage a-t-on a argenter certains objets de cuivre ?

317 — 1 Quelles sont les propriétés les plus importantes de l'or ? Quels sont ses usages ? — 2 Comment trouve-t-on l'or dans le sol ?

318. — 1. Qu'est-ce qu'un alliage — 2 Quel avantage a-t-on à fabriquer des alliages ?

métal, ou même faire apparaître des qualités spéciales que ne présentaient pas au même degré les métaux alliés.

3. Ainsi le cuivre est très résistant, seulement il se couvre de vert-de-gris : l'argent se plie facilement, mais ne se ternit pas à l'air ; en faisant fondre un dixième de cuivre avec neuf dixièmes d'argent et en faisant des monnaies avec cet alliage, on donne à ces monnaies une résistance beaucoup plus grande, et le cuivre n'y est pas en assez grande quantité pour qu'il se forme du vert-de-gris.

4. En fondant du cuivre avec de l'étain, on forme le *bronze* qu'on travaille plus facilement que le cuivre seul, et qui est beaucoup plus solide que l'étain ; un grand nombre d'objets d'art sont en bronze.

La sonorité du bronze est plus grande que celle du cuivre et que celle de l'étain.

5. En alliant du cuivre et du zinc on forme le *laiton* ou *cuivre jaune* qui se travaille bien plus facilement que le cuivre, il est aussi beaucoup plus fusible : les instruments de musique et une foule d'objets usuels, balances, chandeliers, boutons de porte, lampes, etc., sont en laiton ; les épingles sont en laiton et sont recouvertes d'une très légère couche d'étain.

RÉSUMÉ.

329. Les métaux, les métalloïdes. — Les métaux sont des corps simples, presque toujours solides, brillants, froids au toucher. Exemples : fer, zinc, plomb, cuivre, or.

Les métalloïdes sont des corps simples, la plupart gazeux ; quand ils sont solides, ils n'ont pas d'éclat et ne sont pas froids au toucher. Exemples : soufre, phosphore, oxygène, hydrogène, azote.

330-331. Les minerais. — On retire les métaux du sol, où ils forment habituellement avec d'autres corps des combinaisons nommées minerais.

---

3 Indiquer pourquoi l'on fabrique les monnaies dites d'argent, avec un alliage formé d'argent et de cuivre. — 4 Quel est l'avantage du bronze sur le cuivre et sur l'étain ? Quels sont les usages du bronze ? — 5. Qu'est-ce que le laiton ? Quelles sont les propriétés de cet alliage ? Citez quelques objets en laiton.

Les minerais retirés des mines, sont cassés en petits fragments et chauffés ordinairement avec du charbon. Le minerai est décomposé par la chaleur et le métal est isolé.

332. Propriétés générales des métaux. — Les métaux peuvent être étirés en fils qui sont quelquefois très fins; avec quelques métaux, on obtient des fils très résistants. Ces métaux peuvent être mis sous forme de lames, qui, pour certains métaux atteignent une très grande minceur.

Ces métaux sont tous bons conducteurs de la chaleur et de l'électricité.

333-334. Métaux qui s'altèrent à l'air. — La plupart des métaux s'altèrent sous l'action de l'air, mais le plus souvent l'altération n'est que superficielle. Pour le fer, au contraire, l'altération pénètre profondément, le métal se rouille. Pour empêcher le fer de se rouiller, on le recouvre d'une couche de peinture, ou d'une couche d'un métal qui ne s'altère que superficiellement au contact de l'air.

L'air n'a pas d'action sur l'or, ni sur l'argent.

335 à 337. Le fer, la fonte, l'acier. — Le *fer*, qui est le métal le plus utile, peut, quand il est très chaud, se travailler au marteau; c'est en fer que l'on fait les objets qui doivent recevoir des chocs ou supporter de fortes pressions.

La *fonte* est cassante et ne peut se travailler au marteau, mais elle fond plus facilement que le fer et peut être coulée dans des moules.

L'*acier* est plus dur que le fer et est moins cassant que la fonte. L'acier trempé devient extrêmement dur.

338 à 340. Comment on obtient la fonte, le fer et l'acier. — On obtient de la fonte en chauffant très fortement le minerai de fer dans un haut fourneau; la fonte s'écoule à la partie inférieure.

En dirigeant un vif courant d'air pur la fonte liquide, on la transforme en fer.

Si ce courant d'air ne dure que quelques instants, la fonte peut se transformer en acier.

341-342. Le cuivre. — Le cuivre est moins dur que le fer; il dégage quand on le frotte une odeur désagréable; il se couvre à l'air d'une couche de vert-de-gris, qui est un poison. Les ustensiles de cuisine en cuivre sont le plus souvent étamés au dedans.

343. L'étain. — L'étain se met facilement en feuilles très minces; ce métal fond à une température très peu élevée.

344. Le plomb. — Le plomb est très flexible; on en fait des tubes et des lames; il formerait avec les aliments de véritables poisons.

345. Le zinc. — C'est un métal gris bleuâtre, dont on fait grand usage pour recouvrir le fer, qu'on appelle alors *fer galvanisé*. Ce métal fond facilement et brûle à l'air en formant le *blanc de zinc* employé dans la peinture.

346-347. L'argent, l'or. — L'argent et l'or ne sont pas détériorés par l'air; on emploie avantageusement ces métaux pour recouvrir les autres métaux. Leur usage le plus important est dans la fabrication des monnaies.

348. Les alliages. — En fondant ensemble deux ou plusieurs métaux on obtient des alliages dont les propriétés diffèrent de celles des métaux qui les composent; l'alliage des monnaies, le bronze, le laiton, sont des alliages très employés.

TRENTE-SIXIÈME LEÇON.

Les Sels usuels.

349. Les acides usuels. — 1. Parmi les corps composés de deux corps simples, on en trouve un certain nombre qui ont une saveur acide, dans le genre de celle du vinaigre; ces corps ont toujours une action plus ou moins vive sur les métaux qu'ils rongent, comme le font l'acide azotique ou l'acide sulfurique.

Si l'on verse quelques gouttes d'un de ces corps dans un liquide bleu nommé *teinture de tournesol*, ce liquide devient immédiatement rouge.

Tous les corps qui présentent ces propriétés ont été nommés des *acides*.

2. Nous avons vu les principaux acides, le gaz carbonique, l'acide sulfureux, l'acide sulfurique ou huile de vitriol, l'acide azotique ou acide nitrique ou encore eau-forte, et l'acide chlorhydrique.

350. Bases. — **Les bases usuelles.** — 1. D'autres corps, composés de deux corps simples, ont des propriétés

---

349. — 1. Quelles sont les propriétés des corps qu'on nomme des acides ? De quoi sont-ils composés ? — 2. Citez quelques acides.

350. — 1. Quelles sont les propriétés des corps qu'on nomme des bases ? De quoi sont-ils composés ?

très différentes; ils ne rongent pas les métaux, et leur saveur qui n'est jamais acide, est à peu près celle de l'encre. Tous les corps qui ont ces propriétés ont été nommés des *bases*.

Si l'on verse quelques gouttes de la dissolution d'une base soluble dans de la teinture de tournesol rougie par un acide, ce liquide redevient bleu.

2. L'oxyde de fer et l'oxyde de zinc que nous avons vu se produire dans la combustion de ces métaux, la chaux qui se forme quand on chauffe la craie sont des bases.

Les bases les plus usuelles sont la potasse, la soude et l'ammoniaque.

351. La potasse. — 1. On se sert beaucoup d'une base nommée *potasse*, qui est composée d'oxygène et d'un métal nommé *potassium*. La potasse est un corps qui, mis sur la peau, la détruit complètement; elle agit d'ailleurs de la même manière avec toutes les matières animales ou végétales dont aucune ne peut résister à son action. Cette base est quelquefois employée en pharmacie.

2. La potasse s'extrait de la cendre des végétaux terrestres.

352. La soude. — La *soude* est une autre base formée d'oxygène et d'un métal nommé *sodium*; on l'emploie à peu près, pour les mêmes usages que la potasse.

La soude s'extrait de la cendre des végétaux marins.

353. L'ammoniaque. — 1. Une autre base dont on se sert beaucoup, c'est l'*ammoniaque* ou *alcali volatil*. Ce corps composé d'hydrogène et d'azote est un gaz extrêmement soluble dans l'eau, on ne le voit jamais dans le commerce qu'à l'état de dissolution. Son odeur est extrêmement vive et provoque les larmes.

2. L'ammoniaque est employée dans une foule de circonstances : pour atténuer les effets des piqûres des insectes ou les morsures des serpents, pour dissoudre les corps gras dans le

---

2 Citez quelques bases.

351. — 1. Qu'est-ce que la potasse? Indiquez les principales propriétés de cette base. — 2 D'où extrait-on la potasse?

352. — Qu'est-ce que la soude? D'où l'extrait-on?

353. — 1 Qu'est-ce que l'ammoniaque? De quoi cette base est-elle composée? — 2 Quelles sont ses principales propriétés? Indiquer quelques usages de l'ammoniaque.

dégraissage, etc. Les médecins et les vétérinaires s'en servent pour la préparation de plusieurs remèdes. Il se forme naturellement de l'ammoniaque, toutes les fois que des matières animales se décomposent.

354. Les corps neutres. — Enfin, on trouve aussi parmi les corps composés de deux corps simples, un grand nombre de corps, qui, comme le sulfure de fer composé de soufre et de fer, ou le sel ordinaire composé de chlore et du métal nommé sodium, ne sont ni des acides ni des bases; on appelle quelquefois ces corps des *corps neutres*, parce qu'ils n'ont pas d'action sur la teinture de tournesol.

355. Le sel marin. — 1. Nous avons vu comment on retire le sel de l'eau de la mer que l'on introduit dans les marais salants.

2. Ce corps, qui se présente sous forme de petites pyramides à base carrée (fig. 432) est extrêmement utile, pour saler nos aliments, et conserver les viandes; les bestiaux l'apprécient beaucoup. Dans l'industrie, on l'emploie fréquemment, particulièrement pour la fabrication du verre et du savon.

Fig. 432. — Le sel marin cristallisé en petites pyramides régulières à base carrée.

3. En France, on consomme environ 10 kilogrammes de sel par an, par personne.

356. Sels. — **Les sels usuels.** — 1. Les acides et les bases s'unissent pour former des corps composés plus complexes; on donne, en chimie, le nom de *sels* à ces composés. Un grand nombre de sels sont extrêmement employés dans l'industrie.

2. Quand nous avons soufflé dans de l'eau de chaux, l'eau s'est troublée; l'acide carbonique que nous avons dégagé dans la respiration et la chaux, base qui se trouvait en dissolution

---

354. — Qu'appelle-t-on corps neutres? Citez-en un.

355. — 1. D'où retire-t-on le sel? — 2 Comment le sel cristallise-t-il? A quoi emploie-t-on le sel? — 3. Donnez une idée de sa consommation en France.

356. — 1. Qu'appelle-t-on sels en chimie? — 2 Qu'est-ce que le carbonate de chaux? — 3. Citez quelques sels usuels.

dans l'eau, se sont combinés en formant un sel, qui est blanc et insoluble.

Ce sel, c'est le carbonate de chaux ou calcaire.

3. Les sels les plus usuels sont : le calcaire et le mortier, les carbonates de potasse et de soude, le savon, le salpêtre, le verre (1).

357. Le calcaire, le mortier. — Le calcaire est, comme nous le savons, formé d'acide carbonique et de chaux ; il est extrêmement répandu dans la nature où il se présente sous des aspects très différents (voir § 136).

Nous avons vu que le mortier est formé de sable et de chaux, et que ce mélange a la propriété de se durcir à l'air. Cet effet est dû à ce que la chaux se combine peu à peu avec l'acide carbonique de l'air, et forme ainsi du calcaire : ce calcaire entoure les grains de sable, et donne à ce mélange la grande consistance qu'il acquiert avec le temps.

358. Le carbonate de potasse. — Le carbonate de soude. — 1. Si l'on fait passer de l'eau sur des cendres, cette eau dissout plusieurs sels solubles qui se trouvent dans ces cendres ; le plus important de ces sels est le *carbonate de potasse*. Ce sel, que l'on peut facilement isoler des autres sels avec lesquels il se trouve mêlé, est utilisé dans une foule d'industries. C'est le carbonate de potasse qui agit dans la lessive, pour nettoyer le linge, en dissolvant les corps gras qui s'y trouvent.

2. Le carbonate de soude est encore plus employé que le carbonate de potasse, on peut le retirer des cendres des végétaux marins où il se trouve en grande quantité.

---

(1) Remarquons que le corps que l'on nomme habituellement le sel ou sel marin n'est pas un *sel* au point de vue chimique, puisque le nom de sel, en chimie, est donné à la combinaison d'un acide et d'une base.

---

357. — 1. De quoi est composé le calcaire ? Le calcaire est-il répandu ? — 2. De quoi est composé le mortier ? Quelle est sa principale propriété ? Pourquoi le mortier durcit-il à l'air ?
358. — 1. Comment retire-t-on des cendres le carbonate de potasse ? Comment le carbonate de potasse agit-il dans la lessive ? — 2. D'où retire-t-on le carbonate de soude ?

3. Les carbonates de soude et de potasse se vendent dans le commerce sous le nom de *cristaux*, pour laver le linge.

359. Le savon. — 1. Le savon, si indispensable pour l'entretien de la propreté, est composé d'un acide et d'une base. L'acide se trouve dans les corps gras, c'est-à-dire dans les graisses, les suifs et les huiles, et la base est la potasse et la soude.

2. La grande utilité du savon vient de ce que ce corps est soluble dans l'eau, et que l'eau qui le tient en dissolution, acquiert la propriété de dissoudre les corps gras.

3. Sous l'action de l'eau de savon, les corps gras sont enlevés du linge sur lequel ils étaient, et ils entraînent, en s'en allant, les poussières qu'ils fixaient sur ce linge.

4. Pour fabriquer du savon, on met de la chaux dans une marmite ou l'on fait chauffer une dissolution de carbonate de potasse ou de soude; quand la dissolution est bien bouillante, on y met des corps gras et on laisse bouillir plusieurs heures; il se forme alors à la surface une pâte épaisse que l'on retire à mesure qu'elle se produit. On fait de nouveau bouillir cette pâte dans une dissolution de carbonate de potasse ou de soude, dans laquelle on a ajouté du sel marin; le savon achève de se former, il se rassemble à la surface et l'on n'a plus qu'à le retirer pour le couler dans des moules.

360. Le salpêtre. — 1. Le *salpêtre* formé d'acide azotique et de potasse, se trouve en grande quantité à la surface du sol de beaucoup de pays; il se produit aussi dans nos pays sur les murailles de quelques maisons humides, et surtout dans les caves. Il a un goût salé et se fond facilement dans l'eau.

2. Ce sel renferme beaucoup d'oxygène, et si on en jette un morceau sur des charbons incandescents, il se produit une

---

3. Que vend-on dans le commerce sous le nom de cristaux?

359 — 1. De quoi le savon est-il composé? Où se trouve l'acide? Quelle est la base? — 2. D'où provient la grande utilité du savon? — 3. Quelle est l'action du savon sur le linge? — 4. Comment fait-on pour fabriquer du savon?

360. — 1. De quoi est composé le salpêtre? Où trouve-t-on le salpêtre? — 2. Que se produit-il si l'on jette du salpêtre sur du charbon?

flamme très vive; c'est le charbon qui brûle avec une grande activité à cause de l'oxygène que lui cède le salpêtre.

3. Le principal emploi du salpêtre est dans la fabrication de la *poudre*.

4. Si l'on réduit du salpêtre en poussière, et qu'on le mêle avec de la poussière de charbon, on produit un mélange qui s'enflamme tout d'un coup avec une grande violence, en formant une quantité considérable de gaz; on obtient le même résultat en mêlant du salpêtre avec du soufre. La poudre avec laquelle on charge les armes est un mélange très intime de salpêtre, de charbon et de soufre. En s'enflammant dans un espace très petit, la poudre produit des gaz qui tendent à occuper un volume 1500 fois plus grand que la poudre; ils chassent alors avec une extrême violence le projectile qui bouche l'ouverture de l'arme, et se répandent dans l'air sous l'aspect de fumée.

361. Le verre. — 1. Le *verre* est aussi un sel, il est formé d'un acide qui se trouve dans les pierres siliceuses que nous avons étudiées (§ 152), et d'une base qui peut être la potasse ou la soude; quand le verre est de belle qualité, il porte le nom de *cristal* et renferme alors de l'oxyde de plomb.

2. Pour fabriquer du verre, on chauffe fortement un mélange de sable, de chaux et de carbonate de soude.

3. Le verre porté à une haute température, puis refroidi brusquement, *se trempe* et devient très dur : il résiste alors aux chocs beaucoup mieux que le verre ordinaire.

RESUMÉ.

349. Acides. — Les corps composés de deux corps simples qui ont une saveur du genre de celle du vinaigre, et qui rougissent la teinture de tournesol, sont des acides.

---

3 A quoi sert surtout le salpêtre ? — 4. De quoi est composée la poudre ? Quel volume occupent les gaz formés par la poudre quand elle s'enflamme ? Expliquez pourquoi un projectile est chassé d'une arme.

361. — 1. De quoi est composé le verre ? Qu'est-ce que le cristal ? — 2. Avec quoi fabrique-t-on le verre ? — 3. Qu'est-ce que le verre trempé. Quels sont les avantages du verre trempé ?

350 à 353. Bases. — Les corps, en général, composés de deux corps simples, qui ont une saveur du genre de celle de l'encre, et qui ramènent au bleu la teinture de tournesol rougie par des acides sont des bases.

La potasse, la soude, l'ammoniaque, sont des bases.

354-355. Corps neutres. — Les corps composés d'un métalloïde et d'un métal et qui n'ont pas d'action sur la teinture de tournesol sont des corps neutres.

Le sel marin, dont on fait un si grand emploi, est un corps neutre.

356 à 361. Sels. — Les corps formés par la combinaison d'un acide et d'une base sont des sels.

Le calcaire, les carbonates de potasse et de soude sont des sels.

Le savon aussi est un sel formé d'un acide qui se trouve dans les corps gras, et d'une base qui est la potasse ou la soude. La grande utilité du savon vient de la propriété qu'il possède de dissoudre les corps gras.

Le salpêtre, employé pour la fabrication de la poudre, est un sel formé d'acide azotique et de potasse.

Le verre est un sel formé d'un acide qui se trouve dans les pierres siliceuses et d'une base, la potasse ou la soude.

DEVOIRS A FAIRE

N° 1. — L'air. — Ses propriétés. — Sa composition. — Propriétés des éléments qui constituent l'air (§§ **299, 300, 301, 302, 307, 308**).

N° 2. — Action de l'oxygène sur les corps. — Oxydation. — Combustion. — Respiration (§§ **303, 304, 305, 306, 309**).

N° 3. — L'eau. — Ses propriétés. — Sa composition. — Propriétés de l'hydrogène (§§ **311, 312, 313**).

N° 4. — Principales sortes de charbons naturels. — Charbons artificiels, leur fabrication. — Principales propriétés des charbons (§§ **314, 315, 316, 317, 318, 319**).

N° 5. — Le gaz carbonique. — Propriétés et usages. — L'oxyde de carbone (§§ **303, 307, 309, 320**).

N° 6. — Le gaz des marais et le feu grisou. — Le gaz d'éclairage (§§ 321, 322, 323).

N° 7. — L'acide sulfureux. — Le chlore. — Leurs propriétés, leurs usages (§§ 325, 327).

N° 8. — Le soufre et le phosphore. — Leurs propriétés, leurs usages (§§ 324, 326).

N° 9. — Métaux; leurs propriétés générales. — Minerais. — Mines (§§ 329, 330, 331, 332).

N° 10. — La fonte, le fer, l'acier. — Comment on les obtient (§§ 335, 336, 337, 338, 339).

N° 11. — L'étain, le plomb, le zinc. — Usages de ces métaux (§§ 333, 334, 343, 344, 345, 348).

N° 12. — Le cuivre, l'or, l'argent. — Usages de ces métaux (§§ 341, 342, 346, 347, 348).

N° 13. — Ce que c'est que les acides. — Propriétés des acides les plus énergiques (§§ 349, 340, 325 (7), 328).

N° 14. — Ce que c'est que les bases. — Propriétés des bases les plus énergiques (§§ 350, 351, 352, 353).

N° 15. — Ce que c'est que les sels. — Propriétés et usages des sels les plus usuels (§§ 356, 357, 358; 359, 360 361).

PRINCIPE DE LA TÉLÉGRAPHIE SANS FIL.

862. Radio-conducteur ou cohéreur de Branly (1).
— Mettons un tube de verre entre deux tampons en métal, un peu de limaille de fer : nous constituons ainsi un *cohéreur* ou *radio-conducteur* ; joignons les deux tampons à une pile et à un galvanomètre ; l'aiguille du galvanomètre devrait dévier, puisque la limaille métallique devrait laisser passer le courant, on constate qu'il n'en est pas ainsi : *la limaille ne conduit pas le courant*. Mais si, à une grande distance du cohéreur, on produit une étincelle, par exemple avec une bobine de Ruhmkorff, l'aiguille du galvanomètre dévie brusquement, indiquant que le courant passe. Il cesse de passer si l'on frappe légèrement avec un marteau sur le tube à limaille : l'expérience peut être reproduite autant de fois qu'on le désire (fig. 90 *bis*).

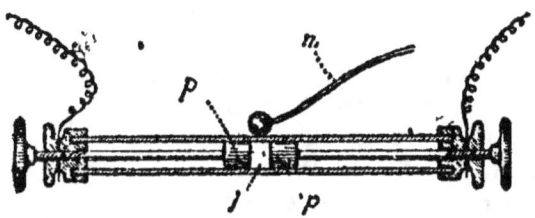

Fig. 90 *bis*. — Cohéreur de Branly : entre deux tampons de métal se trouve un peu de limaille, celle-ci ne laisse passer le courant que si une étincelle électrique a jailli à quelque distance. En frappant avec un marteau sur le cohéreur, le courant ne passe plus.

Plaçons le cohéreur dans une boîte métallique hermétiquement fermée ; il ne laisse plus passer le courant : l'étincelle n'a plus d'action ; mais si un fil conducteur isolé de la boîte métallique et relié à un des tampons du cohéreur sort de la boîte, le cohéreur subit à nouveau l'action de l'étincelle.

Le cohéreur permet donc de déceler l'existence d'étincelles électriques qui éclatent à de très grandes distances du cohéreur. On dit que ces étincelles produisent des *ondes* qui ont pour effet d'actionner le cohéreur. Supposons que dans le circuit du cohéreur, au lieu d'un galvanomètre, on place un récepteur Morse. Celui-ci inscrira le passage du courant dans le cohéreur, dès que l'étincelle aura jailli et tant que l'on n'aura pas frappé sur le tube à limaille. Le choc sur le tube à limaille est en général automatiquement obtenu au moyen du frappeur d'une sonnerie électrique actionnée par la pile qui produit le courant dans le cohéreur : l'ensemble du cohéreur, du récepteur et du frappeur constitue le *poste récepteur de télégraphie sans fil*.

Supposons maintenant qu'à une grande distance de ce poste récepteur on produise des étincelles dont la durée soit variable et réglable à volonté, par exemple au moyen d'un manipulateur Morse. Pendant le temps que durera une étincelle, et pendant ce temps seulement, le poste récepteur l'inscrira ; en utilisant le manipulateur comme en télé-

---

(1) BRANLY, physicien français, né à Amiens en 1846

graphie ordinaire, on voit qu'on peut ainsi transmettre des signaux de durée variable et, par conséquent, des dépêches, sans qu'il y ait aucun lien métallique entre le poste transmetteur et le poste récepteur.

C'est le physicien italien Marconi qui, en perfectionnant l'expérience de Branly, a rendu pratique la télégraphie sans fil.

BALLON DIRIGEABLE — AÉROPLANE.

363. Ballon dirigeable. — Un ballon est, nous le savons (Voir § 56), formé par une grande masse d'étoffe arrondie, qui renferme du gaz d'éclairage, gaz qui est plus léger que l'air. On sait qu'à l'aide des ballons, on peut voyager dans les airs. Mais avec des ballons ordinaires on ne peut aller que dans la direction du vent.

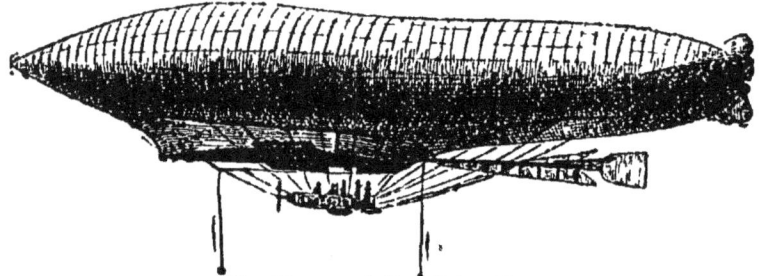

Fig. 90 *ter*. — Ballon dirigeable.

Depuis quelques années, de grands efforts ont été faits en vue de la direction des ballons. Un *ballon dirigeable* a une forme allongée (fig. 90 *ter*). Il se déplace au moyen d'une hélice assez analogue à celle des bateaux, mise en mouvement par un moteur ressemblant aux moteurs des automobiles.

Aéroplanes. — Un autre moyen de se déplacer dans l'air a été imaginé plus récemment encore : il consiste à s'élever au-dessus du sol et même à voler à une grande hauteur au moyen d'un appareil *plus lourd que l'air*, qu'on appelle *aéroplane*.

On voit que l'aéroplane que représente la fig 90(4) est formé par des tiges métalliques reliées entre elles qui supportent des sortes d'ailes formées par des toiles tendues, et un gouvernail. L'aéroplane

Fig. 90 (4). — Aéroplane de Blériot.

est mis en mouvement par une hélice que fait tourner un moteur puissant. Avant de s'envoler, cet aéroplane prend un élan en roulant sur le sol, au moyen de trois petites roues. Tel est le modèle d'aéroplane qu'a employé Blériot pour traverser la Manche en volant de France en Angleterre (juillet 1909). Les aéroplanes subissent sans cesse de nouveaux perfectionnements.

LISTE D'EXPÉRIENCES

TRÈS SIMPLES

SUR LES NOTIONS

DE PHYSIQUE ET DE CHIMIE

23ᵉ LEÇON (*Physique*).

1. Attacher l'extrémité d'un bout de ficelle à un clou; montrer en tirant l'autre extrémité ce que c'est qu'une force : 1° son point d'appui; 2° sa direction; 3° son intensité.

2. Suspendre un poids à cette ficelle pour montrer que ce poids agit comme une force.

3. Laisser tomber en même temps un morceau de plomb, un bouchon, un clou, un morceau de papier, une plume, pour montrer la différence de temps de chute.

4. Laisser tomber en même temps un sou et un disque de papier d'un diamètre un peu plus petit que le sou, puis le laisser tomber en mettant le disque de papier sur le sou.

5. Laisser tomber isolément une boîte et du duvet, puis mettre le duvet dans la boîte ouverte, l'ouverture tournée en haut, et laisser tomber le tout.

6. Laisser tomber une feuille de papier, puis en faire une boule, et la laisser tomber de nouveau.

7. Faire constater qu'un corps qui tombe de haut frappe plus fort que s'il tombe d'une faible hauteur. — Feuille de papier tendue traversée par une pièce de 5 francs qui tombe de $1^m,50$ à 2 mètres de haut.

8. Faire un fil à plomb en attachant un corps quelconque à l'extrémité d'une ficelle. Mettre au-dessous une assiette où l'on aura mis de l'eau noircie par de l'encre (fig. 259).

9. Suspendre une canne par une ficelle : équilibre stable. La tenir sur le bout du doigt : équilibre instable. La mettre horizontalement sur le sol : équilibre indifférent.

10. Suspendre une chaise par une ficelle fixée successivement à deux points différents, pour trouver le centre de gravité.

11. Faire tenir une pièce de 5 francs sur le bord d'un verre, au moyen de deux fourchettes (fig. 261).

12. Faire tenir une aiguille sur sa pointe (fig. 262).

13. Incliner une table ou une chaise pour indiquer dans quel cas elle se renverse.

14. Montrer que si l'on met sur cette chaise des poids lourds, elle se renverse pour une inclinaison moindre.

15. Faire porter par un élève un poids un peu lourd, puis lui en faire porter un de chaque côté.

21e LEÇON.

16. Faire une pesée avec une balance ordinaire.

17. Vérifier si la balance est juste, en changeant les poids de plateau.

18. Évaluer la sensibilité de la balance en mettant dans un des plateaux des poids très petits.

19. Peser un corps par la méthode de la double pesée.

20. Peser un corps avec une balance romaine; au besoin en faire une avec une règle de bois traversée par un clou, en un point voisin d'une extrémité B (fig. 266) traversée par un autre clou, un peu plus loin en D; attacher une pierre par une ficelle terminée par un anneau que l'on peut faire courir en A, K, H, G, F.

21. Montrer avec un morceau de bois et une pierre le jeu des leviers du 1er genre (fig. 267) et du 2e genre (fig. 269).

22. Montrer que les ciseaux sont un levier du 1er genre, que la brouette est un levier du 2e genre, que les pincettes sont un levier du 3e genre.

25e LEÇON.

23. Pratiquer avec un couteau, dans une boîte de fer blanc, comme celles dont on se sert pour mettre les sardines, des ouvertures à différentes hauteurs; remplir la boîte d'eau; l'eau jaillit à des distances différentes (fig. 273).

24. Suspendre au moyen de quatre ficelles, comme on suspend un plateau de balance, une boîte de fer-blanc, la face ouverte en haut; attacher ces quatre petites ficelles au même point d'une cinquième ficelle qui est fixée à un clou. Faire un trou à la

partie inférieure et latérale d'une face verticale de la boîte et remplir cette boîte d'eau : on voit la boîte tourner en sens inverse de l'eau qui s'écoule; ce qui prouve la pression de l'eau sur les parois de la boîte.

25. Faire, dans les parois de deux boîtes de fer-blanc de dimensions différentes, des trous à la même profondeur et remplir ces boîtes d'eau; on voit l'eau jaillir avec la même force, ce qui prouve que la pression de l'eau sur les parois des vases qui la renferment, ne dépend pas de l'étendue de la surface supérieure de cette eau.

26. Prendre un morceau de verre ou un morceau d'ardoise bien plat, assez grand pour fermer l'ouverture d'un verre de lampe; fixer un fil vers le milieu de ce morceau de verre, au moyen d'une goutte de cire à cacheter et enfoncer l'appareil dans l'eau, comme l'indique la figure 274.

27. Jeter dans un même verre de l'eau et de l'huile pour montrer que les liquides les moins lourds se portent à la partie supérieure.

28. Vases communiquants : mettre un tube de verre C (fig. 277) en communication avec un entonnoir AB, aussi en verre, verser de l'eau dans l'entonnoir.

29. Abaisser le tube C de manière à produire un jet d'eau.

30. Verser de l'huile dans une branche des vases communiquants où il y a déjà de l'eau; on voit que du côté où est l'huile la hauteur du liquide est plus grande.

31. Percer d'un trou le fond d'une boîte de fer-blanc et enfoncer cette boîte dans une cuvette pleine d'eau; l'eau jaillit par le trou; c'est ce qui se passe dans les puits artésiens.

32. Montrer le jeu du niveau d'eau, si l'on a l'appareil à sa disposition; si l'on n'a pas cet appareil, en indiquer le principe au moyen d'un tube de caoutchouc ajusté aux extrémités de deux tubes de verre dans l'un desquels on verse de l'eau.

33. Prouver le principe d'Archimède en suspendant au dessous du plateau d'une balance un corps d'un volume connu et en mesurant la perte de poids que subit ce corps quand on le plonge dans l'eau (fig. 282).

34. Prendre trois verres, remplir le premier d'eau pure, le second, d'eau un peu salée, le troisième, d'eau très salée; mettre un œuf frais successivement dans ces trois verres (fig. 283)

35. Montrer le jeu d'un aéromètre en plongeant cet appareil dans de l'eau salée, de l'eau pure, de l'esprit-de-vin. Si l'on n'a pas d'aréomètre, prendre un morceau de tube de verre d'une dizaine de centimètres, boucher l'une de ces extrémités et jeter

dans ce tube ainsi bouché quelques grains de plomb; mettre ce petit appareil dans l'eau salée, l'eau pure, l'esprit-de-vin; on le verra s'enfoncer davantage dans les liquides les plus légers.

26ᵉ LEÇON.

36. Brûler du papier dans un verre, puis mettre la main sur l'ouverture de ce verre; la pression atmosphérique appuie le verre sur la main (fig. 287 et 288).

37. Fixer avec une ficelle une feuille de papier mouillé, bien tendu, sur l'ouverture d'un vase à rebord, après avoir fait brûler du papier dans ce vase (fig. 289). Si l'ouverture du vase est assez petite, si, par exemple, on fait l'expérience avec une bouteille, on peut appliquer avec la main le papier autour de l'ouverture; Bientôt sous l'effet de la pression atmosphérique, le papier se déchire (fig. 290).

38. Mettre en contact deux petits morceaux de vitre mouillés: la pression de l'air les applique l'un contre l'autre.

39. Verser un peu d'eau dans le plateau d'une carafe; en enlevant la carafe, on enlève le plateau.

40. Brûler du papier dans une carafe, la boucher avec un œuf dur, dont on a retiré la coquille; la pression atmosphérique fait entrer l'œuf dans la carafe; si l'œuf n'est pas trop gros, et si le bord de la carafe est mouillé, ou encore mieux huilé, l'œuf peut entrer dans la carafe sans que le blanc se soit déchiré.

41. Brûler du papier dans un verre renversé sur une assiette et verser de l'eau dans l'assiette. De l'eau monte dans le verre, parce que la pression extérieure est plus forte que la pression qui est dans le verre, à cause de l'air qui est sorti de ce verre quand il était très chaud.

42. Glisser une feuille de papier sur l'ouverture d'une carafe pleine d'eau et renverser la carafe; la feuille de papier reste appliquée à la surface de l'eau et l'empêche de tomber L'expérience se fait aussi avec un verre, mais elle est alors un peu plus difficile à réussir.

43. Mouiller une pièce de monnaie un peu usée et l'appliquer contre un mur bien uni ou contre une porte; la pression de l'atmosphère empêche de tomber la pièce de monnaie.

44. Faire avec un tube de verre ouvert aux deux bouts l'expérience du tâte-vin (fig. 291).

45. Remplir un verre d'eau sous l'eau et le relever le fond en haut, l'ouverture de ce verre restant toujours plongée dans l'eau;

le verre reste plein d'eau, parce que la pression atmosphérique presse sur la surface de l'eau du vase.

46. Faire, si l'on a du mercure et un tube d'une longueur de 0^m,80 environ fermé à une extrémité, l'expérience indiquée à la figure 294, qui permet de mesurer la valeur de la pression atmosphérique.

47. Montrer, s'il est possible, un baromètre.

48. Faire fonctionner un siphon formé soit par un tube de verre deux fois recourbé (fig. 297), soit par un tube de caoutchouc.

Les feuilles d'oignon qui sont cylindriques et creuses peuvent fonctionner, comme le ferait un tube de caoutchouc.

49. Jeter de très petits morceaux de papier sur une pelle chauffée au rouge ; le courant d'air chaud entraîne ces petits morceaux de papier.

50. Approcher du feu une vessie fermée et à moitié remplie d'air, on voit la vessie se gonfler ; l'air augmente de volume.

27º LEÇON.

51. Mettre du feu sous une barre de fer, disposée comme l'indique la figure 299 ; constater l'allongement de cette barre ; constater qu'elle se raccourcit si on la laisse refroidir.

52. Entourer bien exactement un sou d'un fil de fer ; chauffer le sou, il n'entre plus dans l'anneau ; il faut laisser refroidir le sou, ou faire chauffer le fil de fer.

53. Faire chauffer une bouteille absolument remplie d'eau, on voit l'eau déborder.

54. Remplir une bouteille d'eau noircie avec un peu d'encre. Boucher cette bouteille avec un bouchon percé au milieu d'une ouverture par laquelle passe un tube de verre qui plonge dans l'eau. Mettre cette bouteille dans de l'eau chaude ; le niveau de l'eau monte bientôt dans le tube.

55. Disposer une bouteille de la même manière que précédemment, mais ne pas la remplir d'eau. Laisser seulement une petite goutte d'eau noircie à l'encre dans le tube. Toutes les fois qu'on chauffe la bouteille, la petite goutte d'eau est chassée loin de la bouteille, parce que l'air que renferme cette bouteille se dilate.

56. Découper en spirale un morceau de papier un peu fort ; allonger cette spirale en tire bouchon et placer le centre sur le sommet d'un fil de fer fixé au-dessus d'un poêle ou d'une lampe ; on verra la spirale tourner sous l'influence du courant d'air chaud qui se développe au-dessus du foyer.

57. Montrer un thermomètre.

58. Mettre un thermomètre dans de l'eau bouillante.

59. Mettre un thermomètre dans de la glace fondante.

60. Mettre sur le feu un vase renfermant de la glace; un thermomètre, plongé dans la glace, reste au point 0°, tout le temps que la glace met à fondre.

61. Fondre des feuilles d'étain qui entourent le chocolat, sur un morceau de carton placé un peu au dessus d'une bougie.

62 Faire chauffer de l'eau, mettre une assiette froide au-dessus de la vapeur qui se dégage (fig. 308).

63. Jeter quelques gouttes d'éther sur de l'ouate entourant le réservoir d'un thermomètre.

64. Faire bouillir de l'eau troublée par de la sciure de bois, dans un vase en verre transparent (fig. 310).

65. Faire distiller de l'eau trouble, en faisant bouillir de l'eau dans un vase communiquant par un tube de verre avec un autre vase placé dans de l'eau froide.

66. Mettre dans le feu, l'extrémité d'une barre de fer et l'extrémité d'une brique, pour montrer que le fer est meilleur conducteur de la chaleur que la brique.

67. Faire bouillir de l'eau à la partie supérieure d'un tube de verre (fig. 311); un morceau de glace fixé au fond de ce tube par un morceau de plomb ne se fond que très lentement.

68. Mettre au soleil un morceau de papier blanc et un morceau de papier noir : le papier blanc s'échauffe très peu, le papier noir s'échauffe beaucoup.

69. Empêcher une flamme de brûler en mettant sur cette flamme une toile métallique (fig. 319).

70. Faire bouillir de l'eau dans un vase en papier que l'on met sur une toile métallique placée au-dessus d'une bougie.

71. Casser un morceau de vitre en jetant dessus de l'eau bouillante.

72. Saisir un morceau de fer brûlant avec une poignée faite avec des chiffons et avec du papier.

73. Envelopper une boule de métal d'une étoffe très légère, en l'appliquant très exactement; mettre sur cette étoffe un charbon incandescent; l'étoffe n'est pas brûlée, parce que le métal bon conducteur qui est au dessous enlève la chaleur donnée par le charbon.

Faire toucher des métaux, du bois, des étoffes : expliquer pourquoi quelques uns de ces corps sont chauds au toucher, les autres froids.

28ᵉ LEÇON.

74. Faire chauffer de l'eau dans un vase en métal fermé par un bouchon. On voit le bouchon sauter.

Si l'on fait l'expérience avec une bouteille qui peut se casser et occasionner des accidents, il faut boucher la bouteille, non avec un bouchon, mais avec un cylindre de pomme de terre, qui est plus mobile qu'un bouchon.

29ᵉ LEÇON.

75. Frotter avec de la laine un bâton de cire a cacheter; attirer des petits morceaux de papier ou de liège (fig. 328 et 329).

76. Faire les expériences de l'electrophore si l'on a cet appareil; si on ne l'a pas, en faire un, en faisant fondre de la cire à cacheter de manière à en recouvrir une feuille de carton ou un morceau de bois, puis coller sur les deux faces d'une autre feuille de carton ou d'un autre morceau de bois, de même dimension, une feuille de papier d'étain; fixer au milieu une tige de verre au moyen de la cire à cacheter ou autrement.

77. Frotter vivement une feuille de papier bien sec sur une etoffe de laine et la relever rapidement en ne la tenant que d'une main et le moins possible; en approchant l'autre main, on tire une étincelle de cette feuille de papier. On peut aussi attirer les corps légers avec cette feuille de papier.

78. Si l'on approche une pointe de cette feuille de papier, cette feuille perd ses propriétés électriques.

30ᵉ LEÇON.

79. Faire l'experience de Galvani (fig. 334).

80. S'il est possible, monter un element de pile en activite.

Si l'on n'a pas de pile, il serait possible d'en faire un element, en mettant dans un verre, renfermant de l'eau à laquelle on aurait mêlé un peu d'huile de vitriol, une petite lame de zinc et une petite lame de cuivre. En fixant a ces deux lames un fil de cuivre, on peut obtenir un courant électrique.

81. Attraction du fer par un aimant. Faire la chaine magnétique (fig. 339)

82. Separer le premier morceau de fer de l'aimant (fig. 340).

83. Aimanter une aiguille à tricoter en acier (fig. 338).
84. Montrer les pôles d'un aimant en le plongeant dans de la limaille de fer (fig. 342).
85. Disposition de la limaille de fer jetée sur une feuille de papier placée au-dessus d'un aimant.
86. Expérience des aimants brisés (fig. 314).
87. Montrer la direction que la terre donne aux aimants. Si l'on n'a pas d'aiguille aimantée on peut faire porter une aiguille à tricoter aimantée dans une feuille de papier pliée que l'on suspend à un fil; on voit cette aiguille prendre la direction des aiguilles aimantées.
88. Montrer les actions mutuelles des pôles des aimants les uns sur les autres; si l'on n'a pas d'aiguilles aimantées, faire l'expérience avec des aiguilles à tricoter aimantées.

32º LEÇON.

Les expériences à faire pour cette leçon ne peuvent être faites qu'avec des appareils spéciaux.

Jeu du télégraphe Morse.
Disposition des fils du télégraphe.
Décomposition de l'eau par la pile.
Galvanoplastie.

33º LEÇON.

89. Interposer entre une lumière et l'œil un corps opaque pour montrer que la lumière se propage en ligne droite.
90. Montrer les images produites par les très petites ouvertures d'une chambre noire.
91. Un bâton plongé obliquement dans l'eau, paraît brisé à la surface de l'eau.
92. Des pièces de monnaies placées au fond d'une cuvette vide paraissent relevées quand on met de l'eau dans cette cuvette.
93. Montrer l'effet des lentilles convergentes et divergentes.

34º LEÇON (*Chimie*).

1. Montrer un morceau de fer très rouillé.
2. Peser un morceau de craie et le mettre dans le feu; bientôt

il ne reste plus que de la chaux vive ; peser ce morceau de chaux vive pour constater le poids de gaz carbonique qui s'est dégagé.

3. Jeter sur de la craie quelques gouttes de vinaigre (fig. 382).

4. Peser un morceau de sucre, le mettre sur une pelle rouge, peser le charbon qui reste (fig. 383 et 384).

5. Introduire dans une éprouvette aux trois quarts pleine d'air, qui repose sur de l'eau, un morceau de phosphore tenu par un fil de fer (fig. 385, 386). Mettre une bande de papier gomme pour indiquer le niveau de l'eau dans l'éprouvette au commencement de l'expérience.

(*Ne manier le phosphore que sous l'eau.*)

6. Couper un petit morceau de phosphore sous l'eau, le retirer de l'eau et l'essuyer très légèrement, *sans le presser*, avec du papier buvard ; placer ce morceau de phosphore sur un petit morceau de bois qui flotte sur l'eau d'une cuvette, l'enflammer et le recouvrir d'une cloche de verre (fig. 387).

Transvaser l'azote qui reste dans la cloche (fig. 388).

Montrer que l'azote n'entretient pas la combustion (fig. 389).

7. Mettre dans une assiette de la limaille de fer et de la fleur de soufre.

Jeter un peu de ce mélange dans un verre d'eau.

Plonger un aimant dans le mélange.

8. Mettre un peu d'eau dans l'assiette renfermant le mélange de limaille de fer et de fleur de soufre, de manière à en former une pâte.

9. Reconnaître qu'il y a du gaz carbonique dans un flacon où l'on vient de faire brûler du charbon (fig. 393). On n'a qu'à y verser un peu d'eau de chaux ; cette eau de chaux se trouble immédiatement, dès qu'on la secoue dans ce flacon.

Pour fixer le charbon incandescent, on l'attache à l'extrémité d'un fil de fer dont l'autre extrémité est fixée dans un gros bouchon de liège, ou une petite plaque de bois que l'on applique sur l'ouverture du flacon (fig. 393).

(Pour faire de l'eau de chaux, il suffit de mettre dans de l'eau pure quelques fragments de chaux ; il est nécessaire de boucher le flacon dans lequel on conserve l'eau de chaux, pour qu'elle reste bien limpide).

10. Faire jaillir des étincelles d'un morceau de fer en le frappant avec une pierre dure.

11. Mettre une assiette froide au-dessus d'une bougie, l'assiette se couvre d'humidité.

12. Mettre une bougie dans un courant d'air modéré ; elle brûle avec beaucoup d'intensité. Mettre cette bougie dans un courant d'air violent, ou souffler dessus : elle s'éteint.

13. Suspendre par un fil de fer une bougie que l'on plonge au fond d'un bocal (fig. 392).

14. Faire brûler un morceau de charbon ou un morceau de phosphore dans un vase fermé (fig. 393). Pour faire brûler le phosphore, il faut en placer un morceau avec toutes les précautions nécessaires sur une petite pince plate fixée à l'extrémité du fil de fer.

15. Apporter dans la salle une carafe d'eau très fraîche, pour montrer la présence de la vapeur d'eau dans l'air.

16. Verser de l'eau de chaux dans un verre, pour constater la présence du gaz carbonique dans l'air.

17. Souffler au moyen d'un tube dans un verre rempli d'eau de chaux (fig. 394).

Montrer que le gaz carbonique se produit de la même manière quand le charbon brûle (fig. 395).

18. Verser un peu d'acide azotique ou eau-forte sur des petits morceaux de métal jetés au fond d'un verre (fig. 396).

19. Graver sur une lame de metal avec de l'acide azotique § 210).

20. Mettre un petit morceau d'étoffe dans l'acide azotique.

(*Manier l'acide azotique avec une extrême prudence; cet acide pourrait, s'il tombait sur la peau, causer des blessures très dangereuses.*)

35ᵉ LEÇON.

21. Éteindre sous l'eau des charbons bien incandescents, au-dessous d'une cloche pleine d'eau (fig. 398).

Faire passer dans une éprouvette le gaz qui s'est accumulé au haut de la cloche (fig. 400).

Faire brûler le gaz renfermé dans l'éprouvette (fig. 359).

On peut aussi mettre sous la cloche une barre de fer chauffée au rouge, on obtient le même résultat.

22. Montrer que l'hydrogène n'entretient pas la combustion en plongeant dans l'éprouvette une bougie allumée (fig. 400).

23. Prouver que l'hydrogène est plus léger que l'air en transvasant l'hydrogène d'une éprouvette A dans une éprouvette B (fig. 403).

Montrer que l'hydrogène est passé dans l'éprouvette B (fig. 401), et qu'il n'y a plus d'hydrogène dans l'éprouvette A (fig. 404).

24. Mettre un poisson dans de l'eau qu'on a fait bouillir et qu'on a fait refroidir dans une bouteille bouchée.

25. Montrer quelques echantillons de charbons naturels et artificiels, et comparer leurs propriétés physiques : poids, aspect, couleur, etc.

26. Mettre dans de l'eau où l'on aura laissé pourrir des plantes, et qui aura pris une detestable odeur, quelques gros charbons qu'on aura retirés incandescents, d'un foyer; bientôt l'eau n'aura plus la moindre odeur.

Faire un petit filtre a charbon si cela est possible.

27. Faire un filtre avec du papier buvard ; mettre dans un verre de vin et un peu de noir animal; agiter plusieurs fois, et verser le mélange dans le filtre; le vin qui traversera le filtre sera presque incolore.

28. Préparer s'il est possible le gaz carbonique avec l'appareil indiqué à la figure 408, montrer alors que ce gaz n'entretient pas la combustion et qu'il est très lourd (fig. 109).

29. Faire brûler un petit morceau de soufre en le mettant sur une pierre chauffée fortement.

30. Plonger une allumette dans un vase au fond duquel on vient de faire brûler un petit morceau de soufre; l'allumette s'éteint immédiatement.

31. Mettre une rose, une violette, ou une étoffe blanche tachée de vin, et légèrement mouillée, au dessus d'un morceau de soufre qui brûle (fig. 406).

32. Mettre un morceau de papier ou de la sciure de bois dans de l'huile de vitriol.

33. Mettre au fond d'un bocal un peu de chlorure de chaux et jeter sur ce corps quelques gouttes de vinaigre : le bocal se remplit de chlore.

34. Plonger dans le chlore des feuilles bien vertes, ou du papier mouillé taché d'encre; les feuilles, l'encre se décolorent.

36ᵉ LEÇON.

35. Montrer quelques morceaux de métaux usuels, plomb, cuivre, fer, zinc, etain, etc.; reconnaitre leurs propriétés physiques.

36. Montrer, s'il est possible, quelques minerais.

37. Montrer un morceau de fer, de fonte, d'acier.

38. Montrer que le vert-de-gris est tout à fait superficiel, et que l'étain, le plomb, le zinc redeviennent brillants dès qu'on les frotte assez fort pour enlever la couche d'oxyde qui les recouvre.

39. Faire brûler du zinc, en le faisant fortement chauffer dans

un creuset en terre (fig. 430) et on le voisant dans l'air, quand le métal fondu est extrêmement chaud.

40. Verser du vinaigre ou un autre acide dans la teinture de tournesol.

41. Verser une base potasse, soude ou ammoniaque, dans la teinture de tournesol.

42. Jeter quelques petits cristaux de salpêtre sur des charbons enflammés.

TABLE ALPHABÉTIQUE

A

Abeilles, n° 86.
Abeilles (Élevage des), n° 88.
Abricotier, n° 119.
Absorption de la chaleur, n° 219.
Abus des liqueurs fortes, n° 33.
Abus du tabac, n° 33.
Acier, n°⁵ 337, 340.
Acide azotique, n° 310.
Acide phosphorique, n° 303.
Acide sulfureux, n°⁵ 303, 305.
Acide sulfurique, n° 325.
Acides usuels, n° 349.
Aconit, n° 130.
Action de l'eau sur les roches, n° 162.
Action des aimants sur le fer, n° 258
Aigle, n° 50.
Aiguille aimantée, n° 264
Aimantation, n° 257.
Aimantation par l'électricité, n° 265
Aimants naturels, n° 256
Air (Pression de l'), n° 196.
Air (Résistance de l'), n° 177.
Air (L') sa composition, n° 19, 299.
Albumen, n° 102.
Algues, n° 105
Alliages, n° 342
Alluvion, n° 163
Alouette, n° 82
Alvéoles, n° 87 et fig. 124.
Amandier, n° 119.
Amendement des terres, n° 158
Ammoniaque, n° 333
Arc, n° 77.
Angiospermes, n°⁵ 110 à 112
Anguille, n° 62.
Animaux, n° 40
Animaux à os, n° 40
Animaux carnivores, n° 91.
Animaux de basse-cour, n° 81

Animaux domestiques, n° 72.
Animaux nuisibles, n° 91.
Animaux qui aident l'homme, n° 72.
Animaux sauvages utiles à l'agriculture, n° 90.
Animaux utiles, n° 70.
Anthracite, n° 314.
Apétales, n° 112.
Apiculture, n° 88.
Application des piles, n°⁵ 267 à 280.
Araignée, n°⁵ 64, 92
Arbre de couche, n° 227.
Arbres forestiers, n° 128.
Arbres fruitiers, n° 119.
Arbres résineux, n° 128
Arc-en-ciel, n° 203.
Ardoise, n° 150.
Aréomètre, n° 194.
Argent, n° 316.
Argile, n°⁵ 145 et 157.
Arrière-bouche, n° 4.
Artères, n° 12.
Artichaut, n° 118.
Articules, n° 64
Articules parasites et venimeux, n° 92
Asperges, n° 117.
Assimilation par les feuilles, n° 100.
Avoine, n° 114.
Azote, n° 300.

B

Baies, n° 102
Balance, n°⁵ 184 à 187.
Balance romaine, n° 187.
Baleine, n° 48
Ballons, n° 203
Bancs de galets, n° 164.
Baromètre, n° 207.
Barres, n° 163.
Bascule, n° 187.

Bases, n° 350.
Bateaux à vapeur, n° 233.
Batraciens, n° 59.
Bécasse, n°° 50, 82.
Belladone, n° 130.
Betterave, n°° 112, 114, 123.
Beurre, n° 71.
Bière, n° 114.
Blanc d'Espagne, n° 138.
Blatte, n° 94.
Blé, n° 114
Bœuf, n°° 46, 73.
Boucherie (Races de), n° 73.
Bouleau n° 128.
Bourrache, n° 129.
Boussole, n° 264.
Branches, n° 98.
Bronches, n° 21.
Briques, n° 146.
Briquettes, n° 317
Buse, n° 50.

C

Calcaires diverses, pierres calcaires, n°° 157, 357.
Calice, n° 101.
Camomille, n° 129.
Campanule, n° 112.
Canard, n°° 52, 81.
Canines, n° 3.
Canne à sucre, n° 123.
Carabe, n°° 90, 91
Carbonate de chaux, n° 303.
Carbonates de potasse et de soude, n° 358.
Carnivores, n° 43.
Carotte, n° 115
Carpe, n°° 61, 62.
Carrière (Etude d'une), n° 165
Carrières, n°° 134, 173.
Ciment, n° 2.
Centre de gravité, n° 82
Cereales, n° 114.
Cerf, n°° 46, 82
Cerveau n° 28.
Cerisier, n°° 129, 130.
Cerithes, n° 166
Chaleur (La) dilate des corps, n° 204
Chaleur (La) fond les corps, n° 216.
Chaleur (Propagation de la) n° 210.
Chaleur (Reflexion de la), n° 219.
Chaleur (La) volatilise les corps n° 210.
Chameau, n° 46.
Champignons, n° 106.
Chanvre, n° 125
Charbon, n°° 314 à 318.
Charbon de bois, n° 315.

Charbon de Paris, n° 317.
Charme, n° 128.
Chasse, n° 82.
Chat, n°° 43, 80.
Châtaigner, n° 128.
Chaudières, n°° 230, 231.
Chaulage, n° 158.
Chauve-souris, n° 44
Chaux, n° 140.
Chaux hydraulique, n° 151.
Cheminée d'un volcan, n° 171
Chêne, n°° 112, 120.
Cheval, n°° 47, 76.
Chèvre, n° 46, 75.
Chevreau, n° 75.
Chicoree, n° 117.
Chien, n°° 43, 79.
Chimie, n° 297.
Chlore, n° 327.
Chou, n° 117.
Chouette, n°° 50, 90.
Chou-fleur, n° 118.
Chrysalide, n° 71.
Chute des corps (Vitesse de la), n° 178.
Cicindelle, n° 90.
Cigogne, n° 54.
Ciguë, n° 130.
Ciment, n° 151.
Circulation, n° 10.
Circulation (Hygiene de la), n° 18.
Cire, n°° 87, 88.
Clavaire, n° 106.
Cloporte, n° 64.
Coccyx, n° 26
Cocon, n° 89.
Cœur, n° 11
Coiffe de la racine, n° 97.
Coke, n° 316
Colchique, n° 130.
Colza, n° 124.
Combinaison, n° 302.
Combustion, n°° 303, 305, 306, 309.
Conductibilité de la chaleur, n° 218.
Cône volcanique, n° 171.
Corbeau, n° 55.
Coing, n° 70.
Corolle, n° 101.
Corps bons et mauvais conducteurs de la chaleur, n° 221.
Corps bons et mauvais conducteurs de l'électricité, n° 245
Corps composes et corps simples, n° 298.
Corps neutres, n° 334.
Corps opaques, n° 283
Corps transparents, n° 285
Côtes, n° 26.
Cotonnier, n° 125
Cotylédon, n° 202
Coucou, n° 51.
Courant electrique, n° 254
Courbature, n° 34.
Couronne de la dent, n° 2.
Cours d'eau, n° 161.
Courtilière, n° 94.

TABLE ALPHABÉTIQUE. 389

Cousin, n°ˢ 66, 92.
Couteau de la balance, n° 184.
Crapaud, n°ˢ 59, 90, 91.
Cresson, n° 117.
Crin, n° 70.
Crocodile, n°ˢ 58, 91.
Crustacés, n° 61
Cryptogames, n°ˢ 103 à 109.
Cryptogames a racines, n° 109
Cubitus, n° 26.
Cygne, n° 52.

D

Dauphin, n° 48.
Déclinaison, n° 264.
Degré du thermomètre, n° 207.
Delta, n° 163
Dépôts formes par les cours d'eau, n° 163.
Dents, n°ˢ 2, 3
Dialypetales, n° 112.
Diamant, n° 314.
Dicotyledones, n° 112.
Digestion, n° 1.
Digestion (Hygiène de la), n° 9
Dilatation des corps gazeux, n° 206
Dilatation des corps liquides, n° 205
Dilatation des corps solides, n° 204
Dindon, n° 81.
Direction d une force, n° 175.
Distance de l'eclair, n° 236
Distribution de la vapeur, n° 228
Drainage n° 159.
Dunes, n° 164.
Duvet, n° 70.

E

Eau (Composition de l'), n° 312
Eau d'infiltration, n° 161.
Ebullition, n° 215.
Ecaille, 70.
Eclairs, n° 235.
Ecrevisse, n°ˢ 64, 83.
Ecureuil, n° 45.
Effets de l'etincelle electrique, n° 249.
Electricite, n°ˢ 244 a 249.
Electro-aimant, n° 266
Electrophore, n° 246
Elephant, n° 47.
Elytres (Insectes a), n° 36.
Email, n° 2.

Engrais, n° 160.
Epiglotte, n° 4.
Epinoche (nid de l'), n° 62.
Eponges, n° 69.
Equilibre, n°ˢ 181 à 183.
Equilibre des liquides, n°ˢ 189 à 191.
Eruptions, n° 170.
Escargot, n° 67.
Essaim, n° 88.
Estomac, n° 5.
Etain, n° 343.
Etamage des metaux, n° 331.
Etamage du cuivre, n° 342.
Etamines, n° 101.
Etincelle électrique, n° 246
Etoile de mer, n° 68.
Evaporation, n°ˢ 213, 214.

F

Faïence, n° 148.
Fatigue (Exces de), n° 35.
Faucon, n°ˢ 50, 82.
Fauvette, n° 55.
Fauvette (Nid de), n° 56.
Faux bourdons, n° 86.
Femur, n° 26.
Feldspath, n° 154.
Fer, n°ˢ 335, 339
Feu grisou, n° 322.
Feve, n° 116
Feuilles, n° 99.
Feuilles alimentaires, n° 117.
Feuilles (l es) transpirent n° 100
Fibres, n° 125
Fil a plomb, n° 180.
Filasse, n° 126.
Fil de ligne, n° 274.
Filet, n° 101.
Fleau de la balance, n° 184.
Fleurs, n° 101.
Fleurs alimentaires, n° 118.
Foie, n°ˢ 6, 17 bis.
Foin, n° 122
Fonte, n°ˢ 336, 338
Force, n° 175.
Fossiles, n° 106.
Foudre, n° 237.
Foudre (Effets de la), n°ˢ 240 a 244
Foudre (La) tombe sur les points eleves, n° 239
Fougere, n° 109.
Fouine, n° 93
Fourrures, n° 70.
Four a briques, (fig 192).
Four a platre, (fig. 190).
Foyer, n° 293
Fraise, n° 119.
Framboise, n° 119
Franklin (Experience de), n° 248.

Frelons, n° 92.
Frêne, n° 128.
Fromage, n° 71.
Frontal (Os) n° 26
Fruit, n° 102.
Fruits à noyaux, n° 102.
Fruits charnus, n° 102.
Fruits secs, n° 102.
Fulgurites, n° 241.
Fumier, n° 160.

G

Galets, n° 163.
Gallinacés, n.° 53.
Galvani (Expérience de) n° 252
Galvanoplastie, n° 280.
Gamopétales, n° 112.
Garance, n° 127.
Gaude, n° 127.
Gaz carbonique, n°s 20, 303, 320
Gaz carbonique de l'air. n° 307.
Gaz d'éclairage, n° 325.
Gaz des marais, n° 321.
Gemmule, n° 102.
Germination, n° 102.
Gibier, n° 82.
Giroflée, n° 112.
Glandes salivaires, n° 4.
Graduation du thermomètre, n° 208.
Graine, n° 102
Graminées, n° 114.
Granit, n° 154.
Grenouille, n° 60.
Grès, n° 153.
Grès calcaire, n° 153.
Grès siliceux, n° 153.
Griffe, n° 120.
Grillon, n° 66.
Grimpeurs, n° 51.
Grisou, n° 322.
Grousse, n° 116.
Goût, n° 37.
Gui, n° 131.
Gymnastique, n° 32.
Gymnospermes, n° 110.

H

Hameçon, n° 83.
Hanneton, n°s 66, 94.
Haricot, n° 116.
Hérisson, n°s 44, 90.
Héron, n° 54.
Hêtre, n° 128.
Hibou, n° 50, 90.

Hirondelle, n° 55.
Hirondelle (Nid de l'), n° 56.
Homme, n° 1.
Houille, n° 314.
Houille (Mines de), n° 174.
Huile, n° 124.
Humérus, (fig. 16).
Huître, n° 83.
Hydrogène, n° 311.

I

Ichthyosaure, n° 166.
Images (Formation des), n° 291.
Incisives, n° 3
Infiltration (Eau d'), n° 161.
Insectes, n° 65.
Insectes à deux ailes, n° 66.
Insectes à élytres, n° 66.
Insectes domestiques, n° 83
Insectes suceurs, n° 66.
Insectivores, n° 44.
Intensité d'une force, n° 175
Intestins, n° 5.
Ipécacuanha, n° 129.
Irrigation des terres, n° 159.
Ivoire, n° 2.

L

Laine, n°s 70, 74.
Lait, n°s 71, 73.
Laitue, n° 117.
Lampe de Davy, n° 221.
Lapin, n°s 45, 81, 83.
Larynx, n° 21.
Laves, n°s 169 à 172.
Légumineuses, n° 116.
Lentilles, n° 293.
Leviers, n° 188.
Lézard, n°s 58, 90.
Lichen, n° 107.
Libellule, n° 66
Lièvre, n° 45.
Ligne neutre, n° 259.
Lignite, n° 314.
Limace, n° 94.
Limbe de la feuille, n° 99.
Limon, n° 163.
Lin, n° 125.
Lin (huile de), n° 124.
Lion, n° 91.
Liquides (Les) conduisant mal la chaleur, n° 217.

TABLE ALPHABÉTIQUE.

Lis, n° 111.
Locomotives, n° 231.
Longicorne, n° 66.
Loup, n°ˢ 91, 93.
Loupe, n° 293.
Lumière (Décomposition de la), n° 288.
Lumière électrique, n° 278.
Lumière (La), n°ˢ 281 à 296.
Lumière (Propagation de la), n° 289.
Lumière (Réflexions de la), n° 290.
Lunettes, n° 293.
Luzerne, n° 122.
Lymnées, n° 166.

M

Mâche, n° 117.
Machines à vapeur, n°ˢ 222 à 232
Machine de Papin, n° 223.
Magnaneries, n° 89
Maïs, n° 114.
Mammifères, n° 41.
Mammifères marins, n° 48.
Mammouth, n° 166.
Manipulateur, n°ˢ 270, 271.
Manomètre, n° 226.
Marbre, n° 139.
Marnage, n° 158.
Marne, n° 150.
Mauve, n° 129.
Maxillaires, (fig. 24).
Méduse n° 68.
Mésange, n° 55.
Mesure du poids des corps, n° 184.
Métalloïdes, n° 329.
Métamorphoses des batraciens, (fig. 72).
Métamorphoses des insectes, n° 64.
Métaux, n°ˢ 329, 331, 332.
Mica, n° 154.
Microscope, n° 293.
Miel, n°ˢ 87, 88.
Mille-pattes, n°ˢ 64, 92.
Migration des oiseaux, n° 56.
Minerai, n°ˢ 174, 330.
Minéraux, n° 132.
Mines, n°ˢ 174, 330.
Moelle épinière, n° 28.
Moineau, n° 55.
Molaires, n° 3.
Mollusques, n° 67.
Monocotylédones, 111.
Mortier, n°ˢ 140, 357.
Mouche, n° 66.
Moule, n°ˢ 67, 83.
Mousses, n° 108.
Moutarde, n° 129.
Mouton, n°ˢ 46, 74.
Mouvements (Hygiène des), n° 31.
Mouvements, n° 30.

Mulet, n° 78.
Mulot, 94.
Musaraigne, n° 90.
Muscles, n° 30
Myopie, n° 39.

N

Nacelle, n° 203.
Nacre, n° 67.
Nageurs (Oiseaux), n° 52.
Navet, n° 115.
Nerfs, n°ˢ 27, 29.
Nervures de la feuille, n° 100.
Nez (Os du), (fig. 24).
Noir animal, n° 318.
Noir de fumée, n° 319.
Noix (Huile de), n° 124.
Nids, n° 56.
Niveau d'eau, n° 191.
Niveau des maçons, n° 180.
Nuages, n° 161.

O

Obscurité, n° 283.
Occipital (Os), n° 26.
Odorat, n° 36.
Œil, n° 34.
Œsophage, n°ˢ 4, 5.
Œufs des oiseaux, n° 71.
Œufs d'insectes, n° 65
Oie, n°ˢ 52, 81.
Oignon, n° 117.
Oiseaux, n° 49 et Résumé p. 81.
Oiseaux de basse-cour, n° 81.
Oiseaux de proie, n° 50.
Oiseaux de rivage, n° 54.
Olivier, n° 124.
Ombre, n° 283.
Omoplate, n° 26.
Opium, n° 129.
Or, n° 347.
Orages, n°ˢ 234 à 244.
Orang-outang, n° 42.
Oreille, n° 35.
Orge, n° 114.
Orme, n° 128.
Orobanche, n° 131.
Os, n° 26.
Os du bassin, n° 26.
Os de la tête, n° 26.
Ouïe, n° 35.
Ours, n° 43.
Oursin, n°ˢ 68, 82.

Ovaire, n° 101.
Ovules, n° 101.
Oxydation, n° 304.
Oxyde de fer, n° 308.
Oxygène, n° 301.

P

Pachyderme, n° 47.
Pancréas, n° 6.
Papillons, n°ˢ 65, 66.
Paratonnerre, n° 250.
Pariétal (Os), n° 26.
Passereaux, n° 55.
Peau (Utilisation de la), n° 70.
Peigne, n°ˢ 67, 83.
Perche, n° 62.
Perdreau, n° 82.
Peroné, n° 26.
Perroquet, n° 51.
Pesanteur, n° 176.
Pesée (Méthode de la double), n° 186.
Pèse-vin, pèse-lait, pèse-acide, n° 194.
Pétale, n° 101.
Pétiole, n° 99.
Pétrole, 156.
Phoque, n° 48.
Phosphate, n° 160.
Phosphore, n° 326.
Phylloxera, n° 94.
Pic, n° 51.
Pie, n° 55.
Pied (Os du), n° 26.
Pierres, n°ˢ 132 à 141.
Pierres à bâtir, n° 137.
Pierre à fusil, n° 135.
Pierre à plâtre, n° 142.
Pierres calcaires, n° 136.
Pierres de taille, n° 137.
Pierre lithographique, n° 140.
Pierre ponce, n° 172.
Pierres siliceuses, n° 152.
Pigeon, n°ˢ 53 et 81.
Pile de Bunsen, n° 255.
Piles, n° 267.
Pin, n°ˢ 10 et 129.
Pigeon, n° 53.
Pipette, n° 197.
Pisciculture, n° 84.
Pissenlit, n° 117.
Pistil, n° 101.
Plage de sable, n° 164.
Plantes à fleurs, n° 110.
Plantes à huile, n° 124.
Plantes alimentaires, n°ˢ 113 à 122.
Plantes à sucre, n° 124.
Plantes industrielles, n°ˢ 123 à 128.
Plantes médicinales, n° 129.

Plantes nuisibles à l'agriculture n° 131.
Plantes sans fleurs, n°ˢ 103 à 109.
Plantes textiles, n° 125.
Plantes tinctoriales, n° 127.
Plantes vénéreuses, n° 130.
Plantule, n° 102.
Plateau de la balance, n° 184.
Plâtre, n°ˢ 143, 144.
Plomb, n° 314.
Pluie, n° 161.
Plumes, n° 70.
Poids, n° 176.
Poils radicaux, n° 97 et fig. 119.
Poils (Utilisation des), n° 70.
Point d'application d'une force, n° 175.
Pointes (Effet des), n° 247.
Poiriers, n° 119.
Pois, n° 115.
Poissons, n°ˢ 61, 62 et résumé, p. 87.
Poissons (Élevage des), n° 84.
Pôles d'un aimant, n° 259.
Pollen, n° 101.
Pommiers, 119.
Pompe, n° 199.
Porc, n° 47.
Porcelaine, n° 149.
Porphyre, n° 155.
Potasse, n° 351.
Poteries, n° 147.
Poule, n°ˢ 53, 81.
Poumons, n°ˢ 21, 22.
Poussières de l'air, n° 308.
Presbytie, n° 39.
Presse hydraulique, n° 190.
Pression atmosphérique, n° 196.
Pression de l'eau, n° 189.
Principe d'Archimède, n° 192.
Propriétés de l'air, n° 195.
Protozoaires, n° 69.
Puits, n° 161.
Puits artésiens, n° 191.
Pulpe dentaire, n° 2.

Q

Quinquina, n° 129.

R

Racine, n° 97.
Racine de la dent, n° 2.

TABLE ALPHABÉTIQUE.

Radicelle, n° 97.
Radicule, n° 102.
Radis, n° 115.
Radius, n° 26.
Raie, n° 62.
Rat, n° 45.
Rayonnes, n° 68.
Récepteur, n°˙ 272 et 272.
Refraction, n°˙ 292, et 293
Reins, n° 17 bis.
Reptiles, n° 57, et résumé, page 87.
Requin, n° 91 et fig. 138.
Résine, n° 129.
Respiration, n° 19.
Respiration (Hygiène de la), n°˙ 23, 24, 25.
Rétine n° 34.
Rhizopodes, 69.
Roches, n° 132.
Ronce, n°˙ 112, 119.
Rongeurs, n° 45.
Rosacées, n° 119.
Rossignol, n° 55.
Roues à aube, n° 233.
Rouissage, n° 126.
Ruche, n°˙ 86, 87.
Ruminants, n° 46.

S

Sabot, n° 46.
Sable, n°˙ 152, 157 et 163.
Sacrum, n° 26.
Safran, n°˙ 111 et 127.
Sainfoin, n° 122
Salade, n° 117.
Salamandre, n°˙ 59 et 90.
Salive, n° 4.
Salpêtre, n° 360.
Sang, n° 10.
Sang (Globules du), n° 10.
Sanglier, n° 47.
Sapajou n° 42.
Sapin, n°˙ 110, 129.
Sauterelle, n° 66.
Savon, n° 359.
Sédiment (Terrain de) n° 167.
Schistes, n° 156.
Seigle, n° 114
Sel gemme (Mines de) n° 174.
Sel marin n° 355
Sel usuel, n° 356.
Sens, n° 34.
Sensibilité, n° 27.
Sépales, n° 101.
Sériciculture, n° 80.
Serpents, n° 58.
Sève brute, n° 97.
Sève nutritive, n° 100.
Singes, n° 42.
Siphon, n° 202.

Soie, n° 89.
Soude, n° 352.
Souris, n° 45.
Soufre, n° 324.
Soupape de sûreté, n° 230.
Source, n° 161.
Sphénoïde (os), n° 26.
Squelette, n° 26.
Spores, n° 103
Sternum, n° 26.
Stigmate, n° 101.
Style, n° 101.
Sucre, n° 123.
Surface de chauffe, n° 230.
Système nerveux, n° 27.

T

Taille des arbres, n° 120.
Tare, n° 186.
Taret, n° 95
Tâte-vin, n° 197.
Taupe, n°˙ 44, 90
Teillage, n° 186
Telegraphe, n°˙ 269 a 276
Telephone, n° 277.
Temperature, n° 207.
Temporal (os), n° 26.
Ténia, n° 92 et fig. 139, 140.
Térébenthine, n° 129.
Termite, n° 95.
Terrains non formes par les eaux n° 168.
Terre a briques, n° 146.
Terreau, n° 157.
Torre vegetale, n°˙ 157 à 160.
Têtard, n° 59
Tête, n° 26
Tête (Os de la), n° 26
Thermometre, n° 207.
Tibia, n° 26.
Tige, n° 98.
Tigelle, n° 102.
Tigre, n°˙ 43, 91.
Tonnerre, n° 236.
Topinambour, n° 115.
Torrents, n° 161.
Tortues, n° 58.
Toucher, n° 38
Tour a potier, n° 147.
Tourbe, n° 314.
Tournis des moutons, n° 93.
Trachée-artere, n° 21.
Travail (tacos de), n° 73.
Trèfle, n° 122.
Trichine, n° 92 et fig. 141.
Triton, n° 59
Tronc, n° 26.
Tubercules comestibles, n° 115.
Tympan, n° 35.

V

Vaches laitières, n° 73
Vapeur d'eau n° 161.
Vapeur d'eau (force de la), n° 222.
Varech, n° 105.
Vases communiquants, n° 191.
Vautour, n° 50.
Végétaux, n° 96.
Veines, n° 14.
Ver de terre, n° 64.
Ver blanc, n° 94.
Verre, n°s 152, 361.
Vers, n° 64.

Ver à soie, n° 89.
Vert-de-gris, n° 342.
Vertébrale (colonne), n° 26
Vertébrés, n° 40.
Verticale, n° 180.
Vipère, n°s 58, 91 et fig. 18.
Volcans, 169.
Vue, n° 34.

Z

Zinc, n° 345.

TABLE MÉTHODIQUE

	Pages.
Avertissement sur la méthode d'enseignement employée	I
Extraits des nouveaux programmes	II
Préface	III

I. L'HOMME (Anatomie et Physiologie, Hygiène)

Première leçon. — Digestion	1
Deuxième leçon. — Circulation du sang	13
Troisième leçon. — Respiration	24
Quatrième leçon. — Squelette, sensibilité et mouvements	34
Cinquième leçon. — Organes des sens	50
Résumé général	61
Devoirs à faire	64

II. ANIMAUX (Zoologie)

Sixième leçon. — Les divers animaux vertébrés	65
Septième leçon. — Les oiseaux	75

	Pages.
Huitième leçon. — Reptiles, batraciens, poissons.	81
Neuvième leçon. — Les animaux sans os (Invertébrés).	87
Dixième leçon. — Animaux utiles.	95
Onzième leçon. — Animaux nuisibles	112
Devoirs à faire	118

III. VÉGÉTAUX (Botanique)

Douzième leçon. — Les racines et les tiges.	121
Treizième leçon. — Les feuilles, les fleurs et les fruits.	126
Quatorzième leçon. — Les principaux groupes de plantes	133
Quinzième leçon. — Les plantes alimentaires.	141
Seizième leçon. — Les plantes industrielles.	148
Dix-septième leçon. — Les plantes médicales et les plantes nuisibles.	156
Devoirs à faire	160

IV. MINÉRAUX (Géologie)

Dix-huitième leçon. — Les pierres. Pierres calcaires.	163
Dix-neuvième leçon. — Pierre à plâtre, argile et poteries	171
Vingtième leçon. — Pierres siliceuses. La terre végétale	178
Vingt et unième leçon. — Action de l'eau sur les roches. Terrains de sédiment	187
Vingt-deuxième leçon. — Terrains non formés par les eaux. Les mines.	195
Devoirs à faire	201

V. NOTIONS DE PHYSIQUE

Vingt-troisième leçon. — Pesanteur, poids, équilibre.	203
Vingt-quatrième leçon. — Balance, leviers	211
Vingt-cinquième leçon. — L'équilibre des liquides.	218
Vingt-sixième leçon. — La pression de l'air	227
Vingt-septième leçon. — La chaleur.	239
Vingt-huitième leçon. — Machines à vapeur	256

	Pages.
Vingt-neuvième leçon. — Les orages. L'électricité	267
Trentième leçon. — La pile, les aimants, la boussole	278
Trente et unième leçon. — Application des piles	290
Trente-deuxième leçon. — La lumière	300
Devoirs à faire	312

VI. NOTIONS DE CHIMIE

Trente-troisième leçon. — L'air, la combustion	315
Trente-quatrième leçon. — L'eau, le charbon, le soufre, le phosphore, le chlore	331
Trente-cinquième leçon. — Les métaux	350
Trente-sixième leçon. — Les sels usuels	366
Devoirs à faire	372
Liste d'expériences de physique	375
Liste d'expériences de chimie	382
Table alphabétique	387

VII. SUPPLEMENT

Principe de la télégraphie sans fil	374
Ballons dirigeables	374 a
Aéroplanes	374 a

Elim